U0210722

21世纪高等院校教材

仪器分析实验

杨万龙　李文友　主编

科学出版社
北　京

内 容 简 介

本书参照高等学校理科化学专业分析化学教材编审小组修订的综合性大学化学专业《仪器分析教学大纲》的要求编写而成。全书共20章,68个实验,分为基础实验、研究型实验和开放型实验三个层次。在介绍各种近代仪器分析实验的同时,力图反映学科发展的前沿及应用实例,注重培养学生的动手能力、分析问题和解决问题的能力。

本书可作为综合性大学、师范院校、农林和医药等有关专业的仪器分析实验教材,也可供从事分析测试工作的科技人员参考。

图书在版编目(CIP)数据

仪器分析实验/杨万龙,李文友主编.—北京:科学出版社,2008
(21世纪高等院校教材)
ISBN 978-7-03-021112-5

Ⅰ.仪… Ⅱ.①杨…②李… Ⅲ.仪器分析-实验-高等学校-教材
Ⅳ.O657-33

中国版本图书馆CIP数据核字(2008)第024157号

责任编辑:赵晓霞 王国华/责任校对:邹慧卿
责任印制:徐晓晨/封面设计:耕者设计工作室

科学出版社出版
北京东黄城根北街16号
邮政编码:100717
http://www.sciencep.com
北京中科印刷有限公司印刷
科学出版社发行 各地新华书店经销
*
2008年3月第 一 版 开本:B5(720×1000)
2019年11月第七次印刷 印张:22 3/4
字数:446 000
定价:59.00元
(如有印装质量问题,我社负责调换)

前　言

随着近代科学技术的发展，分析化学已经迅速成为一门多学科、综合性的科学。分析化学包括化学分析和仪器分析。仪器分析手段的出现，使分析化学的面貌发生了根本变化，因此，一切新的化学反应或新的仪器测量手段的研究都是现代分析化学必不可少的内容。与化学分析相比，仪器分析发展更快。目前，在科学研究、工农业生产、进出口贸易、环境保护、资源开发、尖端科学、国防建设、新材料、医学、药学等领域中，所遇到的大部分表征与测量已由仪器分析承担。由于仪器分析的方法和内容迅速增加，重要性日益突出，“仪器分析”课程和“仪器分析实验”课程已经列为高等院校化学类及其相关专业的公共基础课。随着科学技术的发展和各种先进的分析仪器的不断出现，开设的仪器分析实验课的内容也不断改革、不断丰富、不断更新。

本书是按照综合性大学化学专业《仪器分析教学大纲》和当前教学改革的需要，吸取我们多年的教学实践经验编写而成的。本书内容丰富，信息量大，不仅涉及仪器分析课程的教学内容对应的实验，而且涉及一些重要的课本之外的仪器分析实验。每一种分析方法，首先介绍实验的基本原理与实验技术、相关仪器的主要结构及使用方法、方法特点等，然后介绍实验部分。对于每一个实验的方法原理、实验步骤等都做了比较详细的说明，使学生即使未上理论课也可以顺利地进行实验，掌握分析方法。

为了培养学生分析问题和解决问题的能力，本书将实验原理与实验技术紧密结合，用原理指导实验操作，使学生能够掌握基本实验技术和方法，通过实验又进一步加深对实验原理的理解。因此本书安排了三个层次的实验，即基础实验、研究型实验和开放型实验。基础实验中有理论验证性实验和实际样品分析实验。研究型实验是比基础实验层次高一些的带有研究性质的实验，实验内容比基础实验复杂。开放型实验具有创新性质，通过实验能使学生进一步熟悉、应用仪器以及更多的实验技术和方法，开拓思路，培养创新精神。

全书共20章，68个实验，内容包括原子发射光谱法、原子吸收光谱法、紫外-可见分光光度法、分子荧光光谱法、红外光谱法、拉曼光谱法、电位分析法、电解与库仑分析法、伏安法和极谱法、气相色谱法、高效液相色谱法、离子色谱法、气相色谱-质谱联用分析法、核磁共振波谱法、热分析法、毛细管电泳法、流动注射-原子光谱联用分析法、圆二色光谱分析法及X射线光电子能谱法。每一种分析方法包括2～6个不同层次的实验。

本书的作者都是南开大学化学学院教学第一线的具有丰富教学经验的中青年教师。具体分工如下：杨万龙教授，第1章；黄志荣教授、沙伟南副教授，第2章；王新省教授，第3章；张贵珠教授、李琰老师，第4章；李文友教授，第5章；姜萍副教授，第6章；郭俊怀教授、陈朗星教授，第7章；陈朗星教授，第8章；李一峻教授，第9章、第10章；刘六战副教授，第11章；董襄朝教授，第12章；杨万龙教授、夏炎博士、只炳文高级工程师，第13章；孔德明副教授，第14章；丁飞实验师、刘双喜教授，第15章；吴世华教授，第16章；尹学博副教授，第17章；唐安娜副教授，第18章；李妍博士，第19章；刘玉萍博士，第20章。

本书由南开大学化学学院何锡文教授、严秀平教授、邵学广教授审阅，他们对本书内容的修改、补充、完善提供了许多宝贵的建议和意见；化学实验教学中心的李琰老师对本书的整理、补充和加工付出了辛勤的劳动；化学实验教学中心主任吴世华教授对本书的编写工作提出了许多指导性、建设性的意见。科学出版社赵晓霞编辑负责本书书稿的编辑加工，付出了繁重的劳动。他们的奉献精神以及认真负责的工作态度令人钦佩，在此一并表示衷心的感谢。

由于作者水平所限，书中缺点、错误在所难免，恳请读者批评指正。

杨万龙　李文友

2007年12月

目　　录

第1章 绪　　论

1.1 引　　言

分析化学是研究物质的分离、组成、含量、结构、测定方法、测定原理及其多种信息，多学科、综合性的科学，是化学学科的一个重要分支。分析化学是大学化学专业及相关专业本科生的一门重要基础课，在培养学生的严谨求实的科学精神和解决实际问题的动手能力方面，有着其他课程不可替代的作用。经过100多年的发展与变革，分析化学已经从一个经典的化学分析发展成为由许多密切相关的分支学科交织起来的学科体系，分析化学的面貌发生了根本变化。分析化学的任务不仅是测定物质的含量和组成，更重要的是对物质的形态、结构、微区、表面、薄层以及活性等做出瞬时追踪、在线监测及过程控制。随着现代科学技术的发展，各种仪器分析手段不断出现，分析化学在技术上已经从常量分析发展到痕量分析，从组成分析发展到形态分析，从总体分析发展到微区表面和逐层分析，从宏观组成分析发展到微观结构分析，从静态分析发展到快速反应追踪分析，从离线分析发展到在线分析，从破坏试样分析发展到无损分析。分析化学的应用范围几乎涉及国民经济、国防建设、资源开发和人类生存等各个方面。可以说，当代科学领域的所谓“四大理论”（天体、地球、生命、人类起源和演化）以及人类社会面临的“五大危机”（能源、资源、人口、粮食、环境）问题的解决都与分析化学的发展有着密切的关系。以计算机应用为主要标志的信息时代的来临，给分析化学带来了更加深刻的变革。在这巨大的变革中，分析化学吸取了当代科学技术的最新成就（包括化学、物理、电子、数学、计算机、生物学等），利用物质一切可以利用的性质，建立表征测量的新方法、新技术，开拓了分析化学的新领域。在即将到来的以信息和生物技术为龙头、以新材料为基础的科技革命的新浪潮中，分析化学也必然是一个十分活跃的领域。

近些年来，由于生命科学、材料科学、能源科学、环境科学等学科的发展，进一步促进了分析化学的发展，一些用于复杂体系、超痕量组分、特殊环境和特殊要求的测量方法正在研究和建立之中。毫无疑问，分析化学已成为“为人类提供更安全未来的关键科学”，定义已经发展为“分析化学是发展和应用各种方法、仪器和策略，以获得有关物质在空间和时间方面组成和性质的信息科学”。

仪器分析技术的出现，使分析化学的面貌发生了根本的变化，仪器分析与化学分析构成了分析化学不可分割的两大支柱。因此，一切新的化学反应或新的仪器测量手段的研究都是现代分析化学必不可少的内容。多年来，仪器分析课程的教学内容、教学方法、教学手段进行了很大的改革，随着各种先进的分析仪器的不断出现，仪器分析课程的教学内容不断更新、不断改革，以适应科学发展的需要。

未来的分析化学将是一门多学科性的综合性科学。它将包括物质化学组成和含量、材料的表面微观结构、工业生产质量、环境质量以及生物过程的控制。因此，在分析技术上将广泛使用计算机，以达到分析过程的自动化，在数据采集和处理上大量采用数学与统计学方法，即化学计量学手段进行快速和有效的分析，新的各种仪器分析手段将得到更加广泛的应用。可以预言，在不远的将来，分析化学将发生更大的质的飞跃，一个崭新的分析化学时代即将来临！

1.2 仪器分析实验和仪器分析课的重要关系

仪器分析是一门实验技术性很强的课程，必须要有严格的实验训练，包括实验方案的设计、实验操作和技能、实验数据的处理和图谱解析以及实验结果的表述等，才能有效地利用这一手段来获得所需要的信息。随着教学改革的不断深入和各种先进的分析仪器的不断出现，仪器分析课程内容也不断丰富、不断更新、不断改革，以适应科学发展的需要。现在所开设的仪器分析课包括原子光谱分析、分子光谱分析、电化学分析、色谱分析、质谱分析、色谱-质谱联用分析、拉曼光谱分析、圆二色光谱分析、核磁共振波谱分析及热分析等。

理论可以更好地指导实验，通过实验可以进一步验证和发展理论，因此仪器分析课和仪器分析实验课是相辅相成的。仪器分析实验特别是大型仪器分析实验，其特点是操作比较复杂，影响因素比较多，信息量大，需要通过对大量的实验数据的分析和图谱解析来获得有用的信息。通过仪器分析实验教学，可以使学生加深对仪器分析各种方法原理的理解，进一步巩固课堂教学的效果，更重要的是通过实验教学，可以培养学生严格的实事求是的科学作风、良好的科学综合素养、独立从事科学实验研究能力、理论联系实际的科学精神，提高分析问题和解决问题的能力，为今后的学习和工作打下良好的和坚实的基础。

1.3 仪器分析实验的内容和安排

南开大学化学实验教学中心中级实验室（仪器分析实验室），现有仪器设备200多台。其中，10万元以上的有19台，40万元以上的有7台，仪器设备总价值约1400万元。实验室主要仪器设备有气相色谱-质谱联用仪、质谱仪、圆二色光谱仪、傅里叶变换红外光谱仪、高效液相色谱仪、气相色谱仪、离子色谱仪、多功能电化学综合测试仪、综合热分析仪、荧光分光光度计、紫外-可见分光光度计、核磁共振波谱仪、ICP-AES全谱直读光谱仪、拉曼光谱仪、原子吸收分光光度计、透射电镜、X射线衍射仪等。针对这些仪器我们都先后开设了相应的实验，随着先进的分析仪器的不断引进，我们所开设的仪器分析实验内容也不断丰富和更新。为了适应教学改革的需要，我们在多年教学实践和总结的基础上，编写了这本《仪器分析实验》。本书内容丰富，仪器分析课程中涉及的教学内容，都有相应的实验，对于未能涉及的一些重要的分析仪器，也安排了一些实验。在每一种分析方法中，首先介绍实验所涉及的基本原理与实验技术、相关仪器的主要结构及使用方法、方法特点等，然后是实验部分。对于每一个实验的方法原理、实验步骤等都做了比较详细的说明，即使学生未上理论课也可以顺利地进行实验，掌握分析方法。

在实验的安排上，将实验原理与实验技术紧密结合，用原理指导实验操作，使学生能够掌握基本实验技术和方法，通过实验又进一步加深对实验原理的理解。实验内容分为基本实验、研究型实验和开放型实验三个层次。基本实验中有理论验证性实验和实际样品分析实验，面向本科生开设，学生按照既定的实验步骤进行操作，通过实验可以掌握所进行实验仪器的结构和各主要部件的基本功能、基本操作、使用方法以及基本实验技术和实验数据的处理方法。研究型实验是比基本实验更高层次的带有研究性质的实验，实验内容比基本实验复杂，面向研究生开设。开放型实验具有创新性质，供本科生、研究生在课余时间选做。通过实验能够使学生进一步熟悉、应用仪器，理解和掌握更多的实验技术和方法，能够开拓思路，培养创新精神，增强学生独立从事科研工作的能力。

1.4 对仪器分析实验的基本要求和注意事项

仪器分析实验的目的，是让学生以分析仪器为工具亲自动手去获得所需要的信息，是学生进行的一种特殊形式的科学实践活动，是学生未来走向社会独立进行科学实践的预演。通过仪器分析实验，能够培养学生独立解决实际问题和独立从事科学实践的能力，掌握和提高从事科学实践的技能，增强学生的创新意识和探索精神。要达到仪器分析实验教学的目的，首先教师要做出表率，对每个做实验的学生应该严格要求。

1.4.1 分析实验室规则

（1）学生在实验之前，必须认真预习，仔细阅读仪器分析实验内容，弄清楚所做实验的方法和原理、实验操作步骤等，在实验报告本上完成预习报告，内容包括实验目的、实验原理、仪器与试剂、简单的实验步骤，上课时教师要认真检查学生的预习情况并签字。

（2）要爱护仪器设备，对不熟悉的仪器设备应该仔细阅读仪器的操作规程，听从教师指导。未经允许切不可随意动手，以防损坏仪器设备。

（3）遵守课堂纪律，不迟到、不早退，不旷课。实验室内要保持安静，不许喧哗，讨论问题时声音要小，不要做与实验无关的事情，不许擅自离开岗位。

（4）在实验过程中，要正确操作、细致观察、认真记录、周密思考。所有的原始数据都应该边实验边准确地记录在报告本上，不要记录在草稿本、小纸片或其他地方。原始数据的记录要做到真实、详细、清楚、及时，不允许随意删改。如果记错了，经过教师认可后，可将错的数据轻轻划一道杠，将正确的数据记在旁边，切不可乱涂乱改或用橡皮擦拭。

（5）遵守实验室安全规则，在实验过程中所用的实验仪器、试剂、工具等应该摆放整齐，用后放回原处，要有条理地进行实验。

（6）注意保持实验室桌面、地面、水池的清洁。要注意节约使用药品、水、电等，不要浪费。将废渣、废液倒在指定的地方。

（7）实验结束后，应该立即把玻璃器皿洗刷干净，仪器复原，整理好实验台面。值日生要认真做好清洁卫生工作，检查实验室的安全，关好门、窗、水、电。

（8）撰写实验报告是仪器分析实验的延续和提高。实验结束后，应该按照要求认真写好实验报告，一个完整的实验报告分为七个部分。

仪器分析实验报告格式如下：

实验××（具体实验名称）　　日期　　合作者姓名

一、实验目的

参照每一个具体实验的实验目的。

二、实验原理

参照每一个具体实验的实验原理，用简练的语言表达清楚。

三、仪器与试剂

写明所用的主要仪器、试剂。

四、实验步骤

写明简要的实验步骤。

以上内容均为预习内容，必须在做实验之前完成，实验课时教师要进行检查。

五、实验数据及结果

包括实验数据（列表表示）、数据处理及结果（列表表示），并打印有关的图表。

六、结果讨论

对实验结果的评价，实验中所遇到的问题及处理方法，对实验的建议等。

七、注意事项

八、思考题

实验操作完成后，必须根据自己的实验记录进行归纳总结，对实验数据进行处理，并用列表的方式表示实验的结果，同时打印有关的图表，对实验结果、思考题都要分析讨论，最后整理成文。实验报告的书写应该做到：内容真实可靠，叙述简明扼要，文字通顺，条理清楚，字迹工整，图表清晰。

1.4.2　实验室安全规则

实验室安全是实验人员必须掌握的基本常识，实验人员在进行实验时必须注意安全。

（1）不能在实验室内吸烟、进食或喝饮料。

（2）浓酸、浓碱具有腐蚀性，在使用时要注意安全。

（3）对于实验中经常使用的一些易燃、易爆的物质，应该了解这些物质的特性，做到安全使用。

（4）汞盐、砷化物、氰化物等剧毒物品，使用时应该特别小心。

（5）使用有机溶剂（如乙醇、乙醚、苯、丙酮等）时，一定要远离火焰和热源。用后应该将瓶塞盖紧，放在阴凉处保存。

（6）加热或进行激烈反应时，实验人员不能离开。

（7）使用电器设备时，切不可用湿的手去开启电闸和电器开关。

（8）如果发生化学灼伤应该立即用大量水冲洗皮肤。眼睛受化学灼伤或有异物进入时，应该立即将眼睛睁开，用大量水冲洗。如果发生烫伤，可以在烫伤处抹上烫伤软膏，严重者应该立即送往医院进行治疗。

第 2 章　原子发射光谱法

2.1　基本原理

分析物在光源中被原子化后，气态原子如果获得能量就会从基态跃迁到较高的能态，这些处于激发态的原子在回到基态或较低的能态时会发出特征辐射。光源中的气态原子在获得较高的能量后还会发生电离，电离后的气态离子如果继续获得能量同样可以从基态跃迁到较高的能态，它们在回到基态或较低的能态过程中同样会发出特征辐射。激发态原子和离子发出的特征辐射取决于元素原子的外层价电子结构，因此通过谱线波长找出同一元素两条以上的灵敏线就可以确定其在样品中是否存在，这就是光谱的定性分析。元素的灵敏线一般是指强度较大的一些谱线，它们通常具有较低的激发能和较大的跃迁概率，多为跃迁至基态的共振线。对每种元素选择一或两条灵敏线测其强度就可进行定量分析。谱线强度与分析元素浓度间存在如下关系：

$$I = Ac^B \tag{2-1}$$

式中：I 为谱线的发射强度；A 为与实验条件、元素性质、存在状态及分析物组成有关的常数；c 为待测元素的浓度；B 为与蒸发过程及谱线自吸收效应有关的常数。此式首先由 Lomakin 和 Scheibe 在 1930～1931 年分别提出，因此称为 Scheibe -Lomakin 公式。它是发射光谱定量分析的基础。光电法光谱分析场合式（2-1）可改写为

$$I = Ac \tag{2-2}$$

可见，谱线发射强度 I 与分析物浓度 c 之间存在简单线性关系。摄谱法光谱分析场合可将其转换为

$$\lg I = B\lg c + \lg A \tag{2-3}$$

此时光谱线强度的对数值与分析物浓度对数值成线性关系。

原子发射光谱法可以进行定性分析、半定量分析和定量分析。在进行定量分析时该方法具有如下特点：

（1）选择性高。由于每个元素都有一些可供选用而不受其他元素谱线干扰的特征谱线，只要正确地选择分析条件就可以获得准确可靠的分析结果。

（2）检出能力好。经典光源的检出限可达 0.1～10 μg/g，电感耦合等离子体（ICP）的检出限可达纳克每毫升。

（3）对于低含量成分的测定，具有较高的精密度。在一般情况下，经典光源的相对标准偏差为 5%～20%，ICP 的相对标准偏差一般可以在 1%以下。

（4）样品消耗少。

（5）分析速度快。可用于生产流程控制分析和地质普查。

（6）可以进行多元素同时或连续测定。

（7）仪器设备相对于其他多元素分析方法（如 ICP 质谱法、火花源质谱法、X 射线荧光光谱法等）来说成本比较低。

其局限性主要包括：

（1）分析结果会受样品组成的影响，特别是经典光源。

（2）只能用于元素分析而不能确定这些元素在样品中存在的状态。

（3）理论上可分析周期表中的所有元素，但是对于一些非金属元素如惰性气体、卤素等，由于一般很难得到所必需的分析条件，检出限很差，或者无法分析。因此目前可用发射光谱法分析的元素仍然主要局限于金属元素和少数非金属元素。

2.2　原子发射光谱仪的组成及使用方法

原子发射光谱仪主要由进样装置、激发光源、色散元件、检测器和数据处理系统等部分组成，见图 2-1。

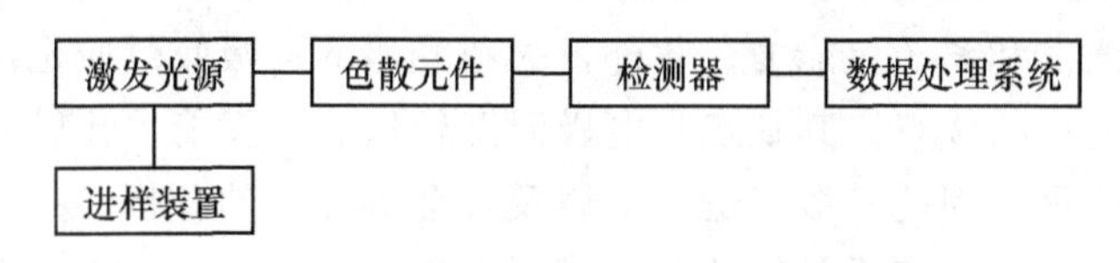

图 2-1　原子发射光谱仪基本组成结构图

2.2.1　进样装置

发射光谱法的进样方式取决于光源，电弧和火花光源测定的主要是固体样品。对于金属或合金等导体样品，可直接将其装在电极架上进行分析。对于矿物或岩石等非导体样品，可先将其磨成细粉，与铜或石墨等导体粉末混匀，并加入适当的胶结剂压制成片，然后引入光源进行分析。对于电弧光源，还可将样品磨成约 200 目的细粉，再装入带孔的石墨电极中，然后将其作为下电极引入光源进行测定。电感耦合等离子体光源测定的样品主要是溶液。样品溶液先由蠕动泵提升到雾化器（也可通过载气在雾化器出口处所产生的负压进行溶液的提升），经雾化器雾化后由载气带入等离子体光源。

2.2.2　激发光源

激发光源在原子发射光谱仪中的主要作用是为分析物蒸发、原子化和激发提供所需要的能量，以产生辐射信号。因此一个好的光源应该具有足够的蒸发、原子化和激发能力，同时受样品组成的影响小，此外还要稳定性好、灵敏度高、信背比大、线性范围宽、谱线的自吸收效应小、样品消耗少、到达稳定工作状态的时间短、具有足够的亮度、结构简单易于操作并且能够适于各种分析的需要。目前常用的光源主要有直流电弧、交流电弧、火花、直流等离子体、微波感生等离子体和电感耦合等离子体等。其中，电弧和火花是热激发源，是局部热平衡(LTE) 光源，应用历史比较长是经典光源。等离子体光源是一种 20 世纪 60 年代出现 70 年代得以迅速发展的新光源，其性能比经典光源有了很大的提高，现已成为一种应用非常广泛的光源。

直流电弧电极温度高、蒸发能力强，适合于分析难挥发样品。但它放电不稳定，电极表面存在放电斑点游移，因此电弧温度较低，不能激发难电离的元素，分析的精密度和准确度也比较差。同时因为自吸收效应较为严重，所以线性范围比较小。它也不宜用于分析低熔点的轻金属。交流电弧的主要分析性能和应用范围均与直流电弧相似，所不同的是由于它采用了每交流半周都强制引燃的方式，抑制了电弧半径的扩张，增加了电流密度，因此其放电温度要比直流电弧略有提高，稳定性也好于直流电弧，只是电极温度有所降低，而这又使某些低熔点的轻金属（如纯锌等）能够得以分析。火花光源的稳定性要比电弧好，因为其放电间歇时间比较长，所以放电半径比电弧小得多，放电温度也明显高于电弧，因此它具有比较强的激发和离子化能力。此外，火花光源的自吸收效应也比电弧小，并且具有样品消耗小的优点。其缺点是电极温度较低、蒸发能力比较差、受样品组成的影响比较严重，因此一般仅适于金属及合金等导体的分析。

在等离子体光源中应用最广的是电感耦合等离子体。它是在一个三轴同心的石英炬管内形成的。三层炬管中都通有气体，通常为氩气。其中，切向引入的外气流（也称冷却气或等离子气）流量最大，它的主要作用是维持和稳定等离子，并防止等离子体向外到达外管。中气流（也称辅助气）的主要作用是使等离子易于点燃及保护中心管出口，并控制火焰炬的竖向位置。内气流（也称载气或雾化气）的主要作用是在等离子体的中间穿出一条通道以使放电具有环状结构，并将样品带入等离子体。在炬管的外边高于中间管和内管的地方，有一个由紫铜管或镀银紫铜管制成的 2 或 3 匝的高频感应线圈（也称负载线圈），线圈内有冷却水通过，线圈中通有高频电流，这样在炬管周围就形成了高频电磁场。当特斯拉线圈产生的火花将等离子炬点燃之后，因为放电具有环状结构，所以此时负载线圈就成为了变压器的初级，而等离子的感应区就成为了变压器的单匝闭合次级，这样高频电能就会不断地被耦合到等离子中以维持等离子的放电持续不灭。图 2-2 为电感耦合等离子体放电结构示意图。

电感耦合等离子体光源的特点：蒸发、原子化和激发的能力强，可以对样品进行充分的挥发和原子化，并能使分析物得到有效的激发；具有良好的稳定性，当分析物浓度大于 $100c_L$ 时光电直读法的相对标准偏差小于1%；基体效应小，一般情况下可以忽略；自吸收效应通常可以忽略，因此分析校正曲线的线性范围宽，可以达到5或6个数量级。它的局限性主要为设备和运转费用比较高，只能分析溶液样品。

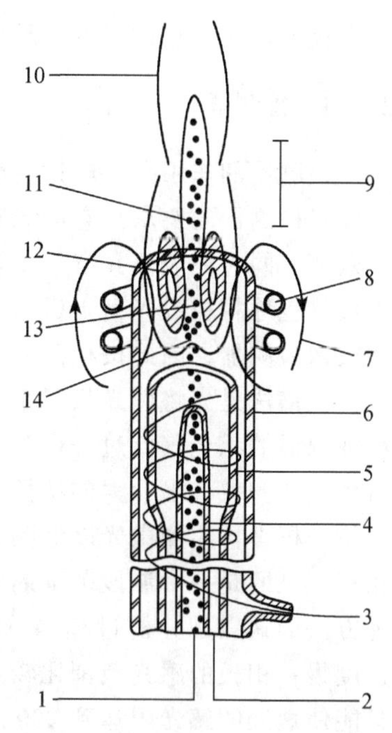

图 2-2　电感耦合等离子体放电结构示意图

1—内气流（载气）；2—中气流（辅助气）；3—外气流（等离子气）；4—内管；5—中间管；6—外管；7—磁场；8—感应线圈；9—标准分析区（NZA）；10—尾焰；11—初辐射区（IRZ）；12—环行外区（感应区）；13—轴向通道；14—预热区（PHZ）

2.2.3　色散元件

原子发射光谱仪色散元件的主要作用是将入射准直后的复合光色散成单色光，现在常用的有平面闪耀光栅、凹面光栅和中阶梯光栅，它们都是利用光的衍射和干涉现象来进行分光。因为平面闪耀光栅的色散能力有限，所以主要用在光栅摄谱仪中。由于凹面光栅同时起着色散元件和成像物镜的作用，它具有集光能力强的优点，但采用这种光栅的装置都不同程度地存在着像散和球差问题，在现有的商品化仪器中光量计（多道直读光谱仪）常采用这种装置。中阶梯光栅的色散原理与平面闪耀光栅的基本相同，不同的是它具有高精密的宽平刻槽，刻槽为直角阶梯形，光栅刻线比闪耀光栅少得多，但闪耀角却比闪耀光栅大得多。闪耀光栅利用的光谱衍射级次是一级或二级，中阶梯光栅所用的是从几十到将近二百的光谱级。因为平面闪耀光栅提高线色散率和分辨率主要是通过增大成像物镜的焦距和增加刻线密度，而中阶梯光栅是通过采用大的衍射角和高的衍射级次，所以后者的色散能力和分辨率均比前者要好很多。此外，由于通过衍射级次使检测波长都集中在闪耀角附近并采用了比较小的物镜焦距，中阶梯光栅具有良好的集光能力。因为采用了高的衍射级光谱，所以中阶梯光栅光谱级重叠的现象十分严重。为此它需要采用二维色散，即在中阶梯光栅前再增加一个辅助棱镜或光栅，由此得到的谱图是不同级次的光谱沿一个方向色散，同一级次不同波长的光谱沿另一方向色散，两个方向相互垂直。这样得到的二维谱图只需要很小的谱区面积就可以覆盖165～800 nm 波长的光谱。因此，采用中阶梯光栅作为色散元件的仪器还具有结构紧凑的特点。正因为中阶梯光栅具有上述诸多优点，所以它在目前商品化的全谱直读光谱仪中被广为采用。

2.2.4 检测器

检测器的作用是对经过色散和聚焦成像后分析物给出的特征辐射进行检测，因此对检测器的要求是它应该对远紫外至近红外光谱区的辐射有响应并有高的量子效率，同时还应该具有一个宽的动态响应范围。发射光谱法使用的检测器有感光板（也称相板或光谱干板）、光电倍增管和20世纪90年代迅速发展起来的固态成像检测器，因此按检测方式的不同将其分为摄谱法和光电直读法。

摄谱法是先将感光板置于成像物镜的焦平面上，接受激发光源给出的分析物特征辐射的感光（此过程称为摄谱），再经显影、定影将谱线记录在相板上。然后利用映谱仪找出元素的特征谱线并观测其大致强度就可以进行光谱的定性及半定量分析。再用测微光度计测量谱线的黑度，就可以进行光谱的定量分析。因为相板记录的是一个波段范围内的所有谱线，所以它的优点是得到的信息量大。这种方法的缺点是分析过程多（要经过摄谱、暗室处理、译谱和测光），周期长，速度慢；相板的感光范围比较小，一般为250～500 nm，在乳剂中加入增感剂也只能使短波的感光限达到200 nm长波的达到700 nm；受感光板性质的影响线性范围比较小，一般只有两个数量级。

光电直读光谱仪用得最多的检测器就是光电倍增管，它又按照仪器分析通道的多少分为多道和单道扫描两种类型。前者是在光谱仪的焦面上按分析线的波长位置安装了许多固定的出射狭缝和相应的检测系统。它可以对多元素进行同时分析，因此比较适于样品简单但数量较大的常规分析和例行分析。其缺点是在定量分析时常常需要对存在的光谱干扰进行校正且不能进行定性分析。后者是让出射狭缝在光谱仪的焦面上扫描移动，在不同时间检测不同波长的谱线。它可以进行多元素的连续测定，因此使用灵活方便。

固态成像检测器因为可以同时检测整个光区的光谱并且又是一种直接的光电转换元件，所以它兼具感光板和光电倍增管的双重优点，近些年来已被越来越多地用于电感耦合等离子体光谱仪中，使其成为颇受欢迎的全谱直读型仪器。固态成像检测器响应的光谱范围很宽，可以从远紫外直到近红外，并且具有灵敏度高、动态范围宽、暗电流小、噪声低等优点，因此它的出现为光谱分析领域带来了新的活力。目前用于商品化仪器中的固态成像检测器主要有两种：一种是电荷注入检测器；另一种是电荷耦合检测器。

2.2.5 数据处理系统

由检测器得到的信息还需要根据要求和所用方法经过相应的处理才能得到所需的分析结果，这一步工作是由数据处理系统来完成的。在光电直读的仪器中，它主要由通信电路和计算机等部分组成。因为现在分析仪器的发展趋势是使分析过程完全自动化，所以计算机除了用以采集、处理数据和保存分析结果外还起着控制分析仪器的作用。在摄谱法中，进行定量分析时，对从测微光度计测出数据的处理可以由人工来完成。但这样做麻烦、费时、工作量大，因此也可以将测出的数据输入计算机，由此计算出分析结果。也有人采用半自动或全自动测光装置直接将测微光度计得到的数据送入计算机进行处理，以便得到分析结果。

2.2.6　光谱仪基本光路示意图

2.2.6.1　平面光栅摄谱仪

平面光栅摄谱仪多采用垂直对称式装置，其光学系统如图 2-3 所示。

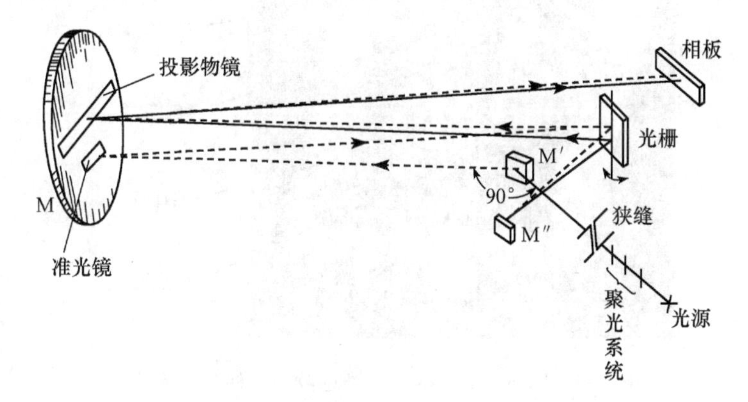

图 2-3　WSP-1 型平面光栅摄谱仪光路图（垂直对称式装置）
M′—反射镜；M″—二次投射反射镜

2.2.6.2　多道光电直读光谱仪

多道光量计多采用帕邢-龙格（Paschen-Runge）装置，其光路图如图 2-4 所示。

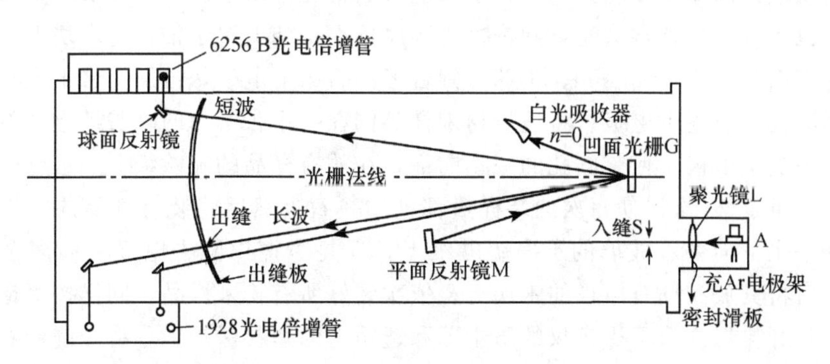

图 2-4　WZG-200 型真空光量计光路图

2.2.6.3　全谱直读光谱仪

全谱直读光谱仪多采用二维色散的中阶梯分光系统，其结构如图 2-5 所示。

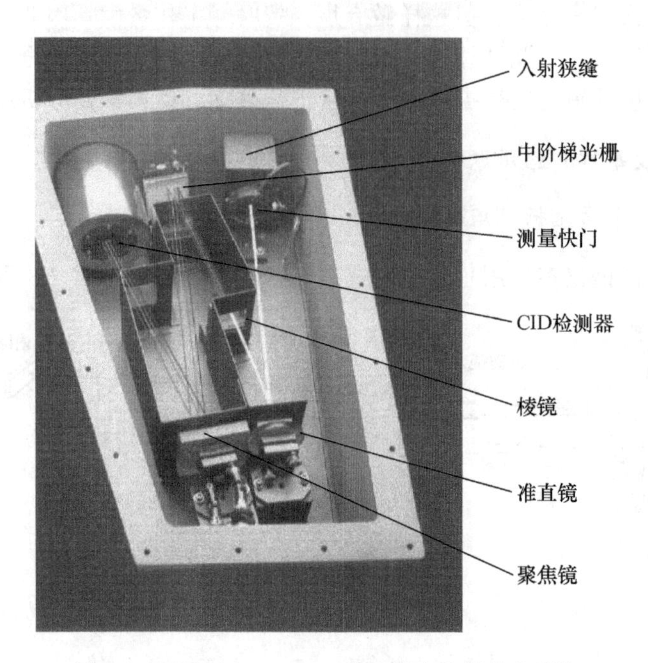

图 2-5　IRIS Advantage 二维色散中阶梯分光系统

2.2.7　发射光谱仪器使用方法

2.2.7.1　WPC-100 型平面光栅摄谱仪的使用

1）准备工作

将铁电极两端用砂轮磨光，置于放电极的带孔木块上。将待分析的金属及合金式样也用砂轮把顶端磨光，并按摄谱顺序依次头朝上置于带孔的木块上。加工若干支端面直径为 2～3 mm、头部为圆台形的石墨上电极，再加工若干支头部带有适当圆孔的石墨下电极。将适量粉末样品倒在一小张干净的硫酸纸上，然后用手握住一支下电极，使带圆孔的一端向下，在放有样品的硫酸纸上一边旋转一边向下压，重复 20 次以使每次的装样量都基本一致。然后将装有样品的电极头朝下放在一张下面垫着玻璃的干净硫酸纸上，反复摩擦以除去电极表面多余的样品。最后将其放到插有电极的木块上。依次装好所有粉末样品，同样按摄谱顺序放好。打开排风。取下摄谱仪的防尘罩和透镜上的塑料保护罩。将控制台右下方的光源开关转至电弧，将控制旋钮转至自动。在暗室红灯下取出相板将其乳剂面向下放入板盒中，推紧前挡板盖好板盒，然后将带有相板的板盒装到摄谱仪上。

2）摄谱

取下摄谱仪入射狭缝前面的镜盖，拉开板盒前面的挡板，用手柄将板盒移到初始位置。按照实验要求调好狭缝宽度和高度及中心波长（或光栅转角）。用缠有绝缘胶布的镊子将铁电极装到电极架上，在对光灯下用调节小转轮将铁电极的位置调好。电极架顶端水平方向的小电镀转轮是调节下电极上下位置的，稍大一点的电镀转轮是调节上电极上下位置的。电极架前面高的黑色小转轮是调节上电极前后位置的，低的黑色小转轮是调节下电极前后位置的。电极架最左端的小电镀转轮是调节下电极左右位置的。将控制台左下方的曝光表调到所需位置。按下预燃表下面标有“合”的小按钮，启动电弧开始曝光。曝光结束后电弧熄灭板盒自动移动一个位置。再用缠有绝缘胶布的镊子取下用过的电极装上头部为圆台形的石墨上电极和样品下电极，重新调整曝光表，启动曝光。重复此过程直到摄完所有样品。

3）关机

关好板盒挡板，卸下板盒。将光源开关转至关。清理控制台面。将入射狭缝前的镜盖盖好。罩好透镜和摄谱仪。关闭排风。到暗室洗相。

2.2.7.2　9W 型测微光度计的使用

（1）用前部下面的两个支脚水平螺丝将照明灯右侧水平仪中的气泡调至正中以使仪器处于水平状态。

（2）将谱板乳剂面朝上放在板台上。打开测微光度计的直流电源（电压不可超过 12V）。

（3）根据需要用读数窗右下方的电镀调节器调节测光狭缝的高度，用读数窗右侧上面的旋钮调节测光狭缝的宽度，用读数窗左侧上面的旋钮选择读数标尺，用读数窗左侧下面的旋钮选择滤光片。

（4）用板台右侧下方靠上的黑色小转轮和板台前部可以滑动的电镀旋钮将板台移到谱板右上角一处有谱线的地方，调节谱板上方的水平大电镀转轮使谱线成像清晰，用板台右侧下方靠下的黑色大转轮调好照明狭缝。再将板台移到谱板右下角一处有谱线的地方，用板台右边下面靠前的一个小电镀螺丝将谱线和狭缝调好。然后将板台移到谱板左边一处有谱线的地方，用板台左边下面靠后的一个小电镀螺丝同样将谱线和狭缝调好。重复上述过程，直到谱板右上角、右下角和左边的谱线都清晰可见为止。

（5）将待测谱线移至测光狭缝，然后拧紧板台前部可以滑动的电镀旋钮将板台固定。调节照明狭缝至适当宽度。用测量物镜和聚光物镜将谱线调节清晰。

（6）将谱板移至分析线上方或下方的未曝光处，用板台前部靠左的调零旋钮调节机械零点（暗电流）使透过率 T_p 读数为 0，然后推动板台前部靠右的光电转换开关，用读数窗右侧下面的 100%透过旋钮将透过率 T_p读数调到 1。重复上述操作，直到 0 点和满度基本不变为止。

(7) 移动谱板使待测谱线进入照明狭缝内，并将谱线置于狭缝的一侧（左边或右边）。打开光电开关，慢慢转动板台右侧下方前部的微动手轮，使谱线慢慢通过狭缝，同时注视读数标尺记下读数。向前（或向后）移动谱板，继续测量其他谱线。注意：不读数时一定要关闭光电开关，以避免光电转换器件经长时间照射后产生疲劳。测光时如果发现谱线清晰度下降，应该随时调节测量物镜和聚焦物镜，以使谱线在整个测光过程中始终保持清晰。

(8) 按照上述过程依次对各元素的分析线进行测光，每换一条分析线时都要重新调节 0 点和满度。

(9) 测光完毕后，关闭狭缝高度挡板，关闭光电开关，切断测微光度计电源，取下谱板，用防尘罩把仪器盖好。

2.2.7.3 IRIS Advantage 等离子体发射光谱仪（美国热电公司）的使用

1）准备工作

打开主机电源开关（通常仪器一直都处在通电状态，以使光室温度保持在华氏 90℉±0.5℉。此时称为关机状态）。打开排风，去掉炬管室和高频发生器顶部排风口处的盖子。打开氩气钢瓶，查看钢瓶压力是否够用，调节分压表的压力为 0.5 MPa，检查气路是否漏气。装好蠕动泵上压泵管的塑料夹，将进样管放入高纯水中。查看废液桶中的废液是否已经充满。打开显示器、计算机和打印机。进行硬复位。

2）建立方法

用鼠标双击桌面上的 ThermoSPEC 图标进入操作界面。从主菜单上 Method 中的 New 项或工具栏中的周期表图标进入元素周期表窗口。用鼠标确定分析元素，并从提供的谱线表中根据谱线信息窗口内的数据和干扰线情况选择分析线。点击主菜单上的 Setup 打开下拉菜单，选择 Standard 进入标准溶液浓度设置窗口，依次输入各标准溶液的浓度。点击 Setup 打开 Report preference 子菜单，选择 Unknown 进入报告参数对话框，根据要求和需要确定其中选项。保存方法。

3）进样分析

在通入氩气 30 min 后，用鼠标点击工具栏中的炬焰图标进入 ICP 控制窗口，然后点击 Ignition 设置高频功率、辅助气流量、雾化气压力、蠕动泵转速和驱气时间，点击 OK 点火。调节泵管夹的位置使吸液管中的液面刚好停止移动为最佳。等离子体被点燃后应该立即检查排液管是否出液及雾室中是否积液，如果有上述情况应赶快调整排液管泵管夹的位置以使废液尽快流出。点击 OK 关闭窗口。让光源稳定 15 min。点击工具栏中带有问号的小烧杯图标进一个标准溶液查看谱峰位置，如果有谱峰发生偏离则必须对其进行重新校准。点击小量筒图标用配好的标准溶液进行标准化，标液进样顺序依次是浓度从低到高。用高纯水清洗。测定样品溶液。点击带有问号的小烧杯图标打开未知样对话框，输入样品名。将吸液管放入样品溶液，观察液面通过吸液管和泵管并经雾化器进入雾室。当雾室中的水雾消失又出现后，稍等片刻点击未知样对话框中的 Run 开始样品检测。计算机会将测定结果自动保存。每次测完一个样品溶液后都要用高纯水进行清洗。在操作过程中应该经常观察雾室中是否存有溶液。如果有积液可以通过吸液管间断地放入一些空气来排除。

4）关机和结果后处理

确认所有分析工作完成后，用纯净水冲洗 5 min。重新打开 ICP 控制窗口，点击 Extinguish 熄灭等离子体（此时为待机状态）。将吸液管从溶液中取出放入空烧杯中，松开蠕动泵上压泵管的塑料夹。点击 Shut down 关机。点击 Monitor Camera 查看 CID 温度，当温度升至室温后关闭氩气。盖好炬管上方和高频发生器顶部的排风口。关闭排风。进行分析结果的后处理。退出 ThermoSPEC 程序。关闭打印机、计算机和显示器。

实验 1 电弧发射光谱摄谱法定性及半定量分析

一、实验目的

了解光谱定性分析的基本原理、摄谱仪的构造和各部件的作用。了解映谱仪的构造及使用。通过对氧化镁及铜合金的光谱定性分析、氧化铜中杂质元素的半定量测定，初步掌握光谱定性和半定量的分析方法。

二、实验原理

元素的光谱取决于其原子外层的电子构型。因为每种元素原子的外层电子构型均不同，所以都有其自身的独特光谱。因此根据其特征谱线的出现与否就可以确定它是否存在。这就是发射光谱的定性分析。其中采用摄谱法比较方便，特别是对固体样品的分析。通常的方法有标准谱图比较法、与元素纯物质或化合物的光谱进行比较的方法和波长测定法。本实验采用的就是标准谱图比较法。

摄谱分析的半定量分析方法有两种，它们分别是比较黑度法和谱线呈现法。比较黑度法与比色法中的目视比色法比较相似。其做法是将试样与预先配好的标准系列（二者基本组成相近）在相同的实验条件下在同一感光板上并列摄谱，然后在映谱仪上对试样与标样中元素的分析线的黑度进行目视比较，从而确定试样中各元素的含量。本实验就是采用的这种方法。

三、仪器与试剂

WPC-100型平面光栅摄谱仪（光栅1200条/mm，λ_b＝300.0 nm）；8W型光谱投影仪（映谱仪）；电极加工设备，砂轮；暗室洗相设备；天津光谱Ⅰ型感光板；光谱纯石墨电极和铁电极。

氧化镁；铜合金；氧化铜。

四、实验步骤

1. 准备工作

1）电极

将铁电极两端用砂轮磨光，加工若干支端面直径为2～3 mm、头部为圆台形的石墨上电极，再加工若干支头部带有适当圆孔的石墨下电极。

2）装样

取六根石墨下电极。其中两支分别装入氧化镁及铜合金试样，装紧压平作光谱定性分析用。将另外四根电极分别装入杂质含量为5 μg/g、20 μg/g、80 μg/g的氧化铜标样及未知含量的氧化铜试样，装紧、压平作光谱半定量分析用。

3）仪器调整

按所需条件调节摄谱仪：遮光板高3.2 mm，狭缝高1 mm，狭缝宽10 μm，中心波长为290.0 nm。交流电弧220 V、5 A。

2. 摄谱

(1) 在暗室红灯下将天津Ⅰ型感光板乳剂面向下装入板盒，然后将板盒装到摄谱仪上。

(2) 移动板盒位置至20，装上一对铁电极调好极距3 mm，拉开板盒挡板，用交流5 A曝光6 s摄铁谱。

(3) 移动板盒位置至21，上电极用石墨电极，下电极为装有氧化镁样品的石墨电极，调好电极距离3 mm，用交流5 A曝光1 min。

(4) 移动板盒位置至22，更换上电极，下电极换成装铜合金的试样电极，用交流5 A曝光1 min。

(5) 移动板盒位置至23，装上一对铁电极，用交流5 A曝光6 s再摄一条铁谱。

(6) 移动板盒位置至24，用头部为圆台形的石墨电极作上电极，将装有5 μg/g杂质元素的氧化铜石墨电极作下电极，用交流5 A曝光30 s。

(7) 同步骤(6)，在板移25、26、27处用交流5 A曝光30 s，分别对20 μg/g、

80 μg/g 及未知含量杂质元素的氧化铜试样进行摄谱，摄谱记录见表 2-1。

表 2-1　样品摄谱记录表

板　移	试　样	预燃时间/s	曝光时间	交流电流/A
20	铁		5 s	5
21	氧化镁	3	1 min	5
22	铜合金	3	1 min	5
23	铁		5 s	5
24	氧化铜中杂质量为 5 μg/g	3	30 s	5
25	氧化铜中杂质量为 20 μg/g	3	30 s	5
26	氧化铜中杂质量为 30 μg/g	3	30 s	5
27	未知杂质含量氧化铜试样	3	30 s	5

3. 暗室处理

摄谱后，关上板盒，整理仪器，关闭电源。在暗室红灯下进行显影和定影。

1）显影液的配方（选用 PQ-2 型菲尼酮-对苯二酚显影液配方）

将约 400 mL 的蒸馏水加热至 35～45℃，然后依次加入 0.5 g 菲尼酮、45 g 无水亚硫酸钠、4 g 对苯二酚、26 g 无水碳酸钠、0.2 g 苯并三氮唑，再用蒸馏水稀释至 500 mL 备用。

2）定影液的配方（选用天津感光胶片厂推荐配方）

将约 400 mL 的蒸馏水加热至 35～45℃，然后依次加入 120 g 硫代硫酸钠、7.5 g 无水亚硫酸钠、7.5 mL 冰醋酸、3.8 g 硼酸、7.5 g 钾明矾，再用蒸馏水稀释至 500 mL 备用。

3）暗室处理

将显影液和定影液分别倒入两个瓷盘中，用另一个瓷盘接一些清水。用电炉将显影液加热至 18～20℃。在红灯下打开板盒取出相板，将乳剂面用水湿润，然后面朝上置于显影液中。轻轻摇动瓷盘，使显影液慢慢通过相板乳剂表面。视显影液情况显影 2～4 min。用水洗去相板上的显影液，然后乳剂面朝上放入定影液中进行定影。定影时同样需要慢慢摇动瓷盘，直到相板完全透明为止，大约需要 10 min。将显影液和定影液分别倒回瓶中，并将相板放在流水下冲洗 5～10 min，晾干以便译谱之用。

4. 译谱

用元素谱图法进行试样的全分析。

（1）打开电源和上面的镜盖，将谱板乳剂面向上置于映谱仪上，波长应该使看到的谱线短波在左、长波在右。用上面中间的电镀调焦旋钮将谱线调清晰。

(2) 将元素标准谱图下方的铁谱与谱板上的铁谱对好，然后根据相板上出现的谱线从短波到长波依次找出试样中的大量元素和杂质元素。谱板上又黑又粗的谱线所对应的为试样中的大量元素。谱板上又细又浅的谱线所对应的为试样中的杂质元素。

(3) 在译谱过程中应该注意元素谱线间的相互干扰，特别是大量元素对杂质元素的干扰。因而一般要选择 2 或 3 根灵敏线（从光谱线波长表中选择，表 2-2）来进行核对，这样才能确定某个元素是否在样品中存在。

表 2-2　光谱线波长表

元　素	主要灵敏线/nm	激发电位/eV	灵敏度/%	干扰元素/%	检查线/nm
Ag	328.0683　Ⅰ	3.78	0.0001～0.0003	Mn　3	338.2891　Ⅰ
Al	309.2713　Ⅰ	4.02	0.001～0.005	Mg　0.1	308.2155　Ⅰ
As	234.984　Ⅰ	6.59	0.01～0.03	Mo　10	245.653　Ⅰ 303.285　Ⅰ
Au	242.795　Ⅰ	5.10	>0.001	Sr　1	312.282　Ⅰ 267.595　Ⅰ
B	249.7733　Ⅰ	4.96	0.001		249.6778　Ⅰ
Ba	307.158　Ⅰ	4.04	0.3		278.528　Ⅰ 270.263　Ⅰ
Be	332.134　Ⅰ	6.45	0.0001		313.042　Ⅱ 313.1073　Ⅱ
Bi	306.7716　Ⅰ	4.04	0.001	Sn　10	289.7975　Ⅰ 293.830　Ⅰ
Ca	317.9332　Ⅱ	7.05	0.03～0.1		315.887　Ⅱ
Cd	326.1057　Ⅰ	3.80	0.003～0.01	Co　0.3	340.3653　Ⅰ
Co	304.401　Ⅰ	4.07	0.01		308.678　Ⅰ 340.5120　Ⅰ
Cr	304.084　Ⅰ	5.08	0.001		302.436　Ⅰ 301.4760　Ⅰ
Cu	327.3962　Ⅰ	3.78	0.0001～0.0003	Co　0.3	324.7540　Ⅰ
Fe	302.0640　Ⅰ	4.11	0.001～0.003	Cr　0.3	259.957　Ⅰ 298.3571　Ⅰ
Ga	294.3637　Ⅰ	4.31	0.001	Ni　0.03	294.4175　Ⅰ
Ge	303.9054　Ⅰ	4.96	0.001～0.003	In　0.005	326.949　Ⅰ 312.482　Ⅰ
Hf	307.288　Ⅰ	4.04	0.03		301.289　Ⅱ 297.588　Ⅱ
Hg	253.6519　Ⅰ	4.88	0.1	Co>0.1	313.1546　Ⅰ 312.5663　Ⅰ
In	325.6090　Ⅰ	4.08	0.001～0.003	Mn　0.03	303.9356　Ⅰ 271.027　Ⅰ
K	344.672　Ⅰ	3.60	1		344.770　Ⅰ 321.715　Ⅰ

续表

元　素	主要灵敏线/nm	激发电位/eV	灵敏度/%	干扰元素/%	检查线/nm
La	333. 749　Ⅱ	4. 12	0. 01	Cu＞0. 5	330. 311　Ⅱ 324. 513　Ⅱ
Li	323. 261　Ⅱ	3. 83	0. 01～0. 1		274. 131　Ⅰ
Mg	285. 2129　Ⅰ	4. 34	0. 0001～0. 001		280. 2695　Ⅱ 279. 553　Ⅱ
Mn	279. 4817　Ⅰ	4. 44	0. 0005～0. 001		279. 8271　Ⅰ 280. 108　Ⅰ
Mo	317. 0347　Ⅰ	3. 91	0. 001	Ta　1	313. 2594　Ⅰ 319. 3973　Ⅰ
Na	330. 2323　Ⅰ	3. 75	0. 03～0. 1	Zn ＞0. 03	330. 299　Ⅰ
Nb	322. 548　Ⅱ	4. 14	0. 003		319. 110　Ⅱ 313. 078　Ⅱ
Ni	305. 0819　Ⅰ	4. 09	0. 001	V＞0. 1	300. 249　Ⅰ 310. 155　Ⅰ
P	253. 561　Ⅰ	7. 22	0. 01～0. 1		255. 490　Ⅰ 255. 325　Ⅰ
Pb	283. 3069　Ⅰ	4. 37	0. 003		280. 2003　Ⅰ 266. 317　Ⅰ
Pd	324. 2703　Ⅰ	4. 64	0. 003	Ni＞0. 1	330. 213　Ⅰ 340. 458　Ⅰ
Pt	306. 4712　Ⅰ	4. 04	0. 001～0. 003	Ni　0. 03	299. 7967　Ⅰ 265. 9454　Ⅰ
Sb	287. 792　Ⅰ	5. 36	0. 01～0. 03	Cr、V0. 3	259. 806　Ⅰ 287. 792　Ⅰ
Sc	335. 968　Ⅰ	3. 69	0. 001～0. 003		335. 3734　Ⅱ 282. 217　Ⅱ
Si	288. 1578　Ⅰ	5. 08	0. 001		251. 6123　Ⅰ 252. 8516　Ⅰ
Sn	317. 505　Ⅰ	4. 33	0. 001～0. 003	Co　0. 3	283. 9989　Ⅰ 326. 234　Ⅰ
Sr	335. 125　Ⅰ	5. 54	0. 03		338. 0712　Ⅱ 330. 753　Ⅰ
Ta	290. 205　Ⅰ	5. 92	0. 01		289. 184　Ⅰ 274. 878　Ⅰ
Th	330. 424　Ⅰ	3. 75	0. 01		333. 048　Ⅰ 298. 205　Ⅰ
Ti	319. 992　Ⅰ	3. 92	0. 001	Fe　1	318. 645　Ⅰ 264. 109　Ⅰ
Tl	276. 787　Ⅰ	4. 48	0. 03～0. 1	Fe　3	291. 832　Ⅰ 270. 923　Ⅰ
U	313. 956　Ⅱ	4. 53	0. 1	Th　0. 03	286. 047 283. 206

续表

元　素	主要灵敏线/nm	激发电位/eV	灵敏度/%	干扰元素/%	检查线/nm
V	318.3982　Ⅰ	3.90	0.0003～0.002	Cr　0.03	318.540　Ⅰ 306.638　Ⅰ
W	294.440　Ⅰ	4.57	0.01		277.088　Ⅰ 283.1378　Ⅰ
Y	332.7875　Ⅱ	4.14	0.01	Ce>1	324.228　Ⅱ 321.6682　Ⅱ
Yb	328.937　Ⅱ	3.77	0.001		346.437　Ⅰ 297.056　Ⅱ
Zn	334.502　Ⅰ	7.78	0.005	Mo 0.01	330.259　Ⅰ 328.233　Ⅰ
Zr	257.142　Ⅱ	4.91	0.001		279.830　Ⅰ 253.247　Ⅱ

(4) 按以上方法给出氧化镁及铜合金试样光谱定性分析的结果，大量元素是什么？杂质元素是什么？

(5) 用目视强度比较法，在同一块谱板上直接用眼睛比较所摄的氧化铜未知试样与标准试样的谱线黑度来估计未知试样中杂质元素的含量。

(6) 译完谱后，整理仪器，关闭电源。

五、实验数据及结果

根据译谱结果给出氧化镁式样中的大量元素和微量元素，给出氧化铜样品中杂质元素的名称和含量（μg/g），并针对实验中出现的问题给予适当的讨论。

六、注意事项

(1) 装谱板时必须乳剂面向下。装板盒时一定要卡紧，以免露光。板盒挡板必须全拉开。

(2) 显影时乳剂面向上，谱板全浸在溶液中，边摇动边显影，直至显影完全。

(3) 译谱时，标准谱图铁谱与谱板铁谱严格对齐。

七、思考题

用摄谱法进行定性分析时应该注意哪些问题？

实验 2　电弧发射光谱摄谱法定量测定纯锌样品中的铜和铅

一、实验目的

了解乳剂校正曲线的意义、影响因素及与光谱定量分析间的关系，知道怎样用阶梯减光器制作乳剂校正曲线。了解光谱定量分析的基本原理，掌握如何用校正曲线法进行光谱的定量分析。熟悉 WPG-100 平面光栅摄谱仪和测微光度计的构造及使用方法。

二、实验原理

因为电弧和火花光源的稳定性不是很好，所以定量分析的准确度一般很难达到要求。为此，1925 年 Gerlach 提出了内标法，这使得光谱定量分析获得了较大的发展。此法的原理是采用分析线和内标线强度比来进行定量分析，这样就可以使那些难以控制的变化因素对谱线强度的影响（主要是非光谱干扰）得到补偿，进而使分析的准确度得到提高。我们用 x 和 r 分别表示分析元素和参比元素，则根据 Scheibe-Lomakin 公式可以得到分析线强度为

$$I_x = A_x c_x^{B_x} \tag{2-4}$$

内参比线强度为

$$I_r = A_r c_r^{B_r} \tag{2-5}$$

当参比元素的浓度固定时，I_r 应为常数，即 $I_r = A_0$，所以分析线对的强度比为

$$R = \frac{I_x}{I_r} = \frac{A_x}{A_0} c_x^{B_x} \tag{2-6}$$

若令 $\frac{A_x}{A_0} = K$、$B_x = B$、$c_x = c$，则

$$R = Kc^B \tag{2-7}$$

式（2-7）即为内参比法的基本公式，它与 Scheibe-Lomakin 公式具有相同的函数形式。为了能得到有效的补偿作用，使 K 成为一个与样品组成及实验条件无关的常数，参比元素及分析线对必须满足下列条件：

（1）为了补偿蒸发条件变化的影响，参比元素与分析元素必须尽可能具有相近的沸点、熔点及化学反应性能。

（2）为了补偿激发条件等变化的影响，参比元素与分析元素必须具有相近的离解能、电离能，内参比线与分析线必须具有相近的激发能。

（3）为了补偿扩散条件变化的影响，参比元素与分析元素必须具有相近的相对原子质量。

（4）应该选用自吸收效应小的谱线为分析线对。

（5）分析线和内参比线附近应该无干扰线存在。

（6）对于摄谱法，考虑到相板乳剂特性与辐射波长间的关系，分析线对的波长应该尽可能接近。

摄谱法对分析物特征辐射的检测是测定谱板上的谱线黑度，国际纯粹和应用化学联合会建议对光谱影像变黑的程度统一用照相参量 P 来表示，其定义为

$$P = K\lg(1 - T_p) - \lg T_p \tag{2-8}$$

式中：K 为变换常数；T_p 为影像的透射率，可用测微光度计来测量。当 $K=0$ 时，$P=-\lg T_p$，此值称为黑度值，常用 S 来表示；当 $K=1$ 时，$P=\lg\left(\frac{1}{T_p}-1\right)$，此值常称为换值黑度，用 W 来表示；当 $K=\frac{1}{2}$时，$P=\frac{1}{2}\lg(1-T_p)-\lg T_p=\frac{1}{2}(W+S)$，此值为专用换值黑度，常用 P 表示。在测微光度计中通常具有三种读数方式，D 标、S 标和 P 标（或 W 标），其中 D 标为千分之透射率，即 $1000T_p$。可根据需要任意选用，一般选用 P 标具有较大的线性范围，但当谱线强度较大时，习惯上也常用 S 标。照相参数 P 与曝光量 H 或谱线强度 I 之间的关系较为复杂，只能用图解来确定。P 与 $\lg I$ 的图解曲线为乳剂校正曲线。乳剂校正曲线一般都有一个线性范围，在线性部分 P 与 $\lg I$ 的关系可表示为

$$P = \gamma_p \lg \frac{I_x}{I_0} \tag{2-9}$$

式中：γ_p 为乳剂校正曲线的斜率。采用内标法进行定量分析时，由式（2-9）可得

$$\Delta P = \gamma_p \lg \frac{I_x}{I_r} = \gamma_p \lg R = \gamma_p B \lg c + \gamma \tag{2-10}$$

由此可知，我们可以通过分析校正曲线来测出样品中待测元素的含量。拍摄三个以上纯锌标样的光谱，将未知试样在同样条件下摄谱。以 $\lg c$ 为横坐标，分析线对的黑度差 ΔS（或 ΔP）为纵坐标制作分析校正曲线，然后从分析校正曲线求出待测元素的含量 c。

三、仪器与试剂

WPG-100 平面光栅摄谱仪（光栅 1200 条/mm）；8W 型光谱投影仪（映谱仪）；9W 测微光度计；电极加工设备，砂轮；暗室洗相设备；天津Ⅰ型感光板（9 cm×18 cm）；光谱纯石墨电极和铁电极。

纯锌光谱标样、锌试样。

四、实验步骤

1. 试样及仪器准备

将一套直径为 6 mm 的棒状锌标样和分析试样在砂轮上磨成端面直径为 2 mm的圆台状，准备好头部为圆台形的石墨电极和端面磨光的铁电极。根据需要将摄谱仪调好。摄谱条件为：遮光板高 3. 2 mm，狭缝高 1 mm，狭缝宽 15 μm，

中心波长 290.0 nm。交流电弧 220 V，4 A。经检查一切正常后，就可去装相板准备摄谱。

2. 摄谱

（1）在暗室红灯下将天津Ⅰ型感光板乳剂面向下装入板盒，然后将板盒装到摄谱仪上，拉开板盒挡板。

（2）移动板盒位置至 30，装上一对铁电极，调好极距 3 mm，用交流 4 A 曝光 6 s 摄上铁谱。

（3）移动板盒位置至 31，上电极用头部为圆台形的石墨电极，下电极装 1# 纯锌标样，调好电极距离，用交流电弧 4 A 预燃 3 s 曝光 20 s 摄谱。同上过程，在板移 32 和 33 处，分别用 1# 纯锌标样作下电极再摄两次，即每个标样摄谱三次。接下来对 2#、4#、5# 标样及试样分别在 34～36、37～39、40～42、43～45 按同样条件摄谱。

（4）将狭缝前光栏转至九阶梯减光器处，将板盒移至 55 处，装上一对铁电极，调好极距 3 mm，再用交流 4 A 曝光 6 s。

（5）摄谱操作完成后，关闭电源，将仪器的各部分恢复至原来状态。摄谱记录见表 2-3。

表 2-3　摄谱记录表

板　移	试　样	预燃时间/s	曝光时间/s	交流电流/A
30	Fe		6	4
31～33	标 1#	3	20	4
34～36	标 2#	3	20	4
37～39	标 4#	3	20	4
40～42	标 5#	3	20	4
43～45	试样	3	20	4
55	Fe（九阶梯）		6	4

3. 暗室处理

关好板盒挡板，将其从摄谱仪上取下来，拿到暗室进行显影、定影等洗相工作（参照实验 1）。

4. 译谱测光

在光谱投影仪上找出 Cu Ⅰ 327.396 nm、Pb Ⅰ 283.306 nm 及 Zn Ⅰ 254.232 nm 三条谱线，并分别打上标记以便测光。在测微光度计上用 S 标尺分别测出上述谱线的黑度值，测光记录见表 2-4。

表 2-4 测光记录表

样 品	S_{Cu}	S_{Pb}	S_{Zn}	ΔS ($S_{Cu}-S_{Zn}$)	$\Delta\bar{S}$	$\lg c_{Cu}$	c_{Cu} /ppm	ΔS ($S_{Pb}-S_{Zn}$)	$\Delta\bar{S}$	$\lg c_{Pb}$	c_{Pb} /ppm
标 1											
标 2											
标 3											
标 4											
标 5											
试样											

在 300 nm 附近找 1～2 条黑度适当的铁的谱线（例如，透射率为 7.0％时的黑度值以 0.01 左右为宜），测量其各阶梯不同投射率的黑度值，以制作乳剂校正曲线。

五、实验数据及结果

（1）已知九阶梯减光器各阶之透射率 T(％) 分别为 100、64、45、29、21、14.5、10、5.7、100。用 S-lg$T$（透射率对数）绘制乳剂校正曲线，并求出感光板的反衬度 γ_p 值。

（2）已知 1#、2#、4#、5# 纯锌标样中含铅量（μg/g）分别为 50、110、400、810，含铜量（μg/g）分别为 2.5、4.4、17、34。用 Pb Ⅰ 283.3069 nm/Zn Ⅰ 254.232 nm 和 Cu Ⅰ 327.3962 nm/Zn Ⅰ 254.232 nm 作分析线对，求出每一样品的 $\Delta S(S_x-S_r)$ 的平均值，再以 ΔS-lg$c$ 作校正曲线，然后分别求出纯锌中 Pb 和 Cu 的含量。

六、注意事项

（1）装谱板时必须乳剂面向下。装板盒时一定要卡紧，以免露光。板盒挡板必须全拉开。

（2）显影时乳剂面向上，谱板全浸在溶液中，边摇动边显影，直至显影完全。

（3）译谱时，标准谱图铁谱与谱板铁谱严格对齐。

（4）测光时，准确调节测微光度计的工作参数，随时调节上下透镜的位置，保证谱线清晰。

七、思考题

用电弧光源进行光谱定量分析时为什么要采用内标法？内标元素应该具备哪些条件？

实验 3　ICP-AES 摄谱分析法定量测定自来水中的多种微量元素

一、实验目的

了解 ICP-AES 仪器的使用方法，掌握 ICP-AES 摄谱法同时定量测定溶液中微量元素的基本原理和实验方法。

二、实验原理

在 ICP-AES 摄谱分析中，通常直接用照相参量（P 或 ΔP）与浓度对数（lg$c$）的关系作分析校准曲线，或者通过乳剂校正曲线将照相参量换算成相对强度的对数（lg$R$）与浓度对数（lg$c$）的关系作分析校准曲线，曲线形状通常呈 S 形，如图 2-6 所示。图中 ψ 为 lg$c$ 的函数，即 $\psi=\psi(\lg c)$。它可以是照相参量 P_{x+b}、ΔP（$P_{x+b}-P_b$）或 lg$R$lg(I_x/I_r)，这里 $I_x=I_{x+b}-I_b$、I_{x+b}、I_b 和 I_r 分别为谱线、谱线加背景、背景和内标线强度。P_b、ΔP（$P_{x+b}-P_b$）、P_{x+b} 分别为背景、谱线、谱线加背景的照相参量。

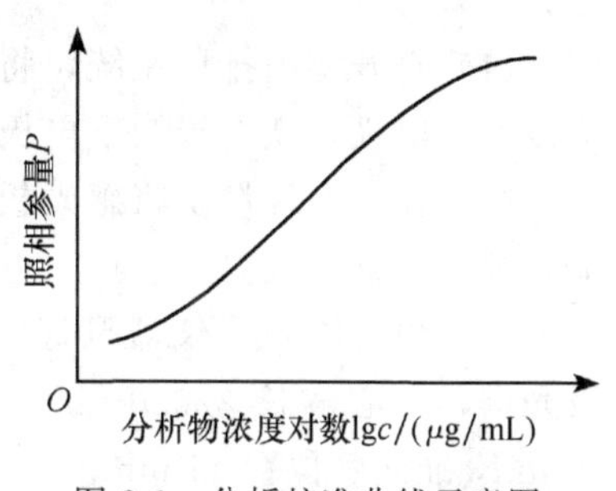

图 2-6　分析校准曲线示意图

在分析校准曲线的直线部分，函数 ψ 与 lg$c$ 的关系可表示为

$$\psi = a_0 + a_1 \lg c \tag{2-11}$$

式中：a_0 和 a_1 为拟合常数，当使用内标或扣除背景时，ψ-lg$c$ 曲线有较好的线性。ψ 为 P 或 ΔP 时，则与乳剂校正曲线有关。将 ψ 统一定义为

$$\psi = K\lg(1-D/1000) - \lg(D/1000) \tag{2-12}$$

式中：K 为“分析校准曲线线性化系数”，它受乳剂校正曲线、元素性质等因素的影响。选择适当的 K 值可以使 ψ-lg$c$ 直线部分拟合得更好。为了减小测光读数误差，本实验采用 D 标尺读数，微机处理数据。这样可以找出最佳的 K 值，从而使分析校准曲线的线性范围增至最大。

三、仪器与试剂

WSP-1.8m 光栅摄谱仪（光栅 600 条/mm）；ICP-D 型高频等离子体光源；WSP-2 交流电弧发生器；光谱投影仪；Carl Zeiss MD-100 型测微光度计；三轴同心石英等离子炬管；玻璃同心型气动雾化器，无去溶装置；工业用氩气（含量>99.99%）；天津光谱感光板Ⅰ型；电极加工设备，砂轮；暗室洗相设备；光谱纯石墨电极、铁电极。

参比溶液系列见表 2-5，浓度单位为 μg/mL。

表 2-5 参比溶液浓度系列表（单位：μg/mL）

元素 \ 序列号	Ⅰ	Ⅱ	Ⅲ	Ⅳ	Ⅴ	Ⅵ	Ⅶ	Ⅷ
Ca、Mg、Na、Fe、Cu、Zn、Pb、Cd、Cr	100	30	10	3	1	0.3	0.1	0.03
Sc	1	1	1	1	1	1	1	1

四、实验步骤

1. 准备工作

（1）打开室内排风系统，将石墨电极和铁电极加工好并装在电极架上，石墨电极为上电极，铁电极为下电极。

（2）在暗室红灯下将感光板乳剂面向下装在板盒内，然后把板盒装在摄谱仪上，抽开板盒挡板。

（3）根据需要将仪器调好。摄谱仪的操作条件为：光栅转角为 80.51°（一级光谱，中心波长 320.0 nm）。狭缝倾角位置 2.9°，狭缝高度 1 mm，狭缝宽 10 μm，准光管位置 11 mm。

（4）打开摄谱仪的电源开关，用手柄将板盒移至位置 30，将预燃和曝光时间分别调至 0 和 6 s。打开 WPF-2 交流电弧发生器的电源，引燃电弧后按下摄谱仪控制面板上的“起动”按钮摄下铁谱。摄谱结束后板盒会自动移至位置 31。用带有绝缘胶布的镊子取下用过的石墨电极和铁电极。

（5）打开冷却水，接通等离子体发生器的电源，预热 30 min。打开载气（内气流），调整载气压力为 0.07 MPa，通入载气 1～2 min。用去离子水检查雾化系统的雾化情况。

（6）按下高压按钮，预热灯丝数分钟，这时栅流、阳流、阳压都有少许指示值（栅流小于 100 mA；阳流小于 0.2 A；阳压小于 1000 V）。通入辅助气和冷却气，调节辅助气至 0.7 L/min，冷却气至 20 L/min，关闭载气。慢慢转动高压旋钮，当旋钮转到一圈半时，阳压表、阳流表、栅流表的指示开始有明显增加，继续缓慢顺时针转动旋钮（如果有异常声响应退回零位停机检查），当高压到“2500 V”后，一边升高压一边不断按动点火按钮，待等离子体点燃后立即反时针旋转高压旋钮将高压降至3400～3800 V。慢慢增加载气至0.07 MPa。稳定15 min，开始进样摄谱。

2. 摄谱

（1）将预燃时间和曝光时间都调至40 s，将去离子水换成1.2 mol/L的HCl空白溶液，待溶液进入雾化器后，按下摄谱仪操作台上的“起动”按钮进行摄谱。曝光后板盒移至32。

（2）将去离子水换成Ⅷ号标准溶液，待溶液进入雾化器后，按下“起动”按钮。重复摄谱两次。曝光完成后板盒移至34。照此过程将溶液依次换成Ⅶ、Ⅵ、Ⅴ、Ⅳ、Ⅲ、Ⅱ、Ⅰ号标准溶液进行摄谱，每个溶液曝光两次。Ⅰ号溶液进样完成后板盒移至48。

（3）用去离子水清洗直到等离子炬火焰的特征颜色完全消失。将吸液管插入水样中，待水样进到雾化器后按下“起动”按钮。重复曝光两次。此时板盒位置为50。

（4）将自来水换成去离子水，待等离子炬特征颜色完全褪去后再洗几分钟。将等离子发生器的高压调至最小，等离子炬熄灭。关掉辅助气和冷却气钢瓶。让等离子体发生器冷却30 min。

（5）在电极架上分别装好石墨电极和铁电极，将预燃和曝光时间分别调至0和6 s，启动电弧摄下铁谱，板盒移至51。切断WPF-2交流电弧发生器的电源。

（6）关上板盒挡板，取下板盒，使摄谱仪恢复原状。待暗室处理完毕后，断开摄谱仪和等离子体发生器的电源，关闭冷却水和载气钢瓶，关闭室内排风系统。

3. 暗室处理

（1）将A-B显影混合液、柯达-5定影液和水分别倒入各自专用的瓷盘中（一般以液面超过相板乳剂面8 mm为宜），并用电炉将它们加热至20～22℃（不断搅动以使温度均匀）。

（2）在暗室红灯下，将感光板乳剂面用水润湿后面朝上平放在A-B显影液中。在显影过程中需轻轻摇动显影液，但勿使其荡出盘外，同时必须保持感光板的乳剂面始终不能露出液面。显影时间视显影液情况为2～4 min。

（3）显影结束后将谱板用水稍微清洗一下，然后立即放入柯达-5定影液中直到相板完全透明，这一过程视定影液情况需要8～10 min。

（4）将定影后的谱板用水中冲洗 20～30 min，然后放好晾干待用。收好板盒，清理暗室。

（5）显影液和定影液的配制。

① A-B 显影液。

A 液：米土尔（对位硫酸钾氨基酚）2 g、无水亚硫酸钠 52 g、海德尔（对苯二酚）10 g，加蒸馏水至 1000 mL。

B 液：溴化钾 2 g、无水碳酸钠 40 g，加蒸馏水至 1000 mL。

② 柯达-5 定影液。

硫代硫酸钠（海波）240 g、无水亚硫酸钠 15 g、乙酸 28%（8 份水加 3 份乙酸）40 mL、硼酸结晶 7.5 g、明矾 15 g，加蒸馏水至 1000 mL。

在配制上述溶液过程中，先将水加热到 60～70℃，然后依次加入上述试剂（应该待一种试剂完全溶解后再加入另一种试剂）。

4. 译谱

（1）取下映谱仪反射镜上的保护盖，打开电源开关。将谱板乳剂面朝上在映谱仪上，波长应该使看到的谱线短波在左、长波在右。用中间的电镀调焦旋钮将谱线调清晰，然后通过比较标准谱图进行译谱。

（2）译谱最好从短波到长波顺序进行。找出 Ca Ⅱ 217.933 nm、Mg Ⅱ 279.553 nm、Fe 259.940 nm、Cu Ⅰ 324.754 nm、Cd Ⅰ 228.802 nm、Cr Ⅰ 267.716 nm 及其他元素的灵敏线，每种元素只需找一条即可，并在谱板上做好标记（不要把标记打在谱线上）。

（3）译谱完成后装好镜盖，关闭电源，将谱图按顺序整理好放回原处。

5. 测光

（1）开启稳压器电源，稍等片刻，打开高压开关，顺时针旋转调压旋钮至电压为 220 V，稳定 20～30 min。

（2）将谱板放在板台上，打开测微光度计的直流电源（电压不可超过 12 V）。

（3）选择灵敏度为 4（4 不够用时可选择 5）。调节测光狭缝高度至 10 mm，宽为 20 格（0.2 mm）。将读数标尺置于 D 标。

（4）将待测谱线移至测光狭缝并固定板台。调节照明狭缝至适当宽度。用测量物镜和聚光物镜将谱线调节清晰。

（5）将谱板移至分析线上方或下方的未曝光处，调节机械零点（暗电流）使读数指针为 0，然后打开光电转换开关，用 100%透过旋钮将指针调到 1000。重复上述操作，直到 0 点和满度基本不变为止。

（6）移动谱板使待测谱线进入照明狭缝内，并将谱线置于狭缝的一侧（左边或右边）。打开光电开关，慢慢转动微动手轮，使谱线慢慢通过狭缝，同时注视读数标尺，并记下最小值（峰值 D_{x+b}）。向前（或向后）移动谱板，继续测量其他谱线。注意：不读数时一定要关闭光电开关，以避免光电转换器件经长时间照射后产生疲劳。测光时如果发现谱线清晰度下降，应该随时调节测量物镜和聚焦物镜，以使谱线在整个测光过程中始终保持清晰。

(7) 按照上述过程依次对各元素的分析线进行测光，每换一条分析线时都要重新调节 0 和 1000。

(8) 测光完毕后，关闭狭缝高度挡板，将灵敏度选择旋钮转至 0 位，关闭光电开关，切断测微光度计电源，取下谱板，用防尘罩把仪器盖好。

(9) 将稳压电源的电压调至最小，然后依次关闭高低压开关。

五、实验数据及结果

将测得的各元素参比样品的 D_{x+b} 和相应的浓度及自来水中同一元素的 D_{x+b} 分别输入计算机，通过计算机找出各元素的最佳 K 值，并计算出分析结果。整理计算机给出的数据并写出实验报告。

六、注意事项

(1) 装谱板时必须乳剂面向下。装板盒时一定要卡紧，以免露光。板盒挡板必须全拉开。

(2) 显影时乳剂面向上，谱板全浸在溶液中，边摇动边显影，直至显影完全。

(3) 译谱时，标准谱图铁谱与谱板铁谱严格对齐。

(4) 测光时，准确调节测微光度计的工作参数，随时调节上下透镜的位置，保证谱线清晰。

(5) 检查雾化器雾化是否正常，废液是否流出，雾室中一定不能有积液。

七、思考题

简述 ICP-AES 摄谱法同时定量测定溶液中微量元素的基本原理。

实验 4　ICP-AES 全谱直读光谱法测定自来水中的多种微量元素

一、实验目的

(1) 掌握 ICP-AES 分析方法的基本原理。

(2) 了解 ICP-AES 全谱直读光谱仪的基本结构和工作原理。

（3）掌握ICP-AES全谱直读光谱法同时测定多种元素分析方法。

二、实验原理

ICP-AES全谱直读光谱仪可以进行各类样品中多种微量元素的同时测定，尤其是对水溶液中多种微量元素的测定，它是一种极有竞争力的分析方法。本实验采用的是美国Thermo Jarrell Ash公司的IRIS Advantage全谱直读光谱仪。该仪器采用CID固体成像器件作为检测器。CID检测器兼有相板和光电倍增管的双重优点，它具有262 144个感光单元，每个感光单元都可以单独地接收光信号，可以检测165～800 nm波长范围内的所有谱线，这些谱线被同时采集、测量和储存。当样品经雾化器雾化并由载气带入等离子体光源中的分析通道时就会被蒸发、原子化、激发、电离并产生辐射跃迁。激发态原子或离子发出的特征辐射经过棱镜和中阶梯光栅二维分光后照射到CID的不同感光单元上，在这些感光单元中就会产生电荷积累，电荷积累的快慢与谱线的发射强度成正比。如果分析物在蒸发时没有发生化学反应，并且等离子体光源中谱线的自吸收效应也可忽略时，谱线强度就与分析物浓度之间存在着简单的线性关系，由此即可测出样品中分析物的含量。这种方法的优点是简便、快速、准确。

三、仪器与试剂

IRIS Advantage全谱直读光谱仪：

高频功率：1150 W　　冷却气流量：15 L/min

辅助气流量：0.5 L/min　　载气压力：24 psi[①]

蠕动泵转速：100 r/min　　溶液提升量：1.85 mL/min

Compaq计算机，17″显示器，HP彩色喷墨打印机；100 mL烧杯；50 mL容量瓶；洗瓶；移液管；洗耳球等。

浓度为1 mg/mL的As、Ba、Ca、Cd、Cu、Cr、Fe、Mg、Na、P、Pb、S、Zn等杂质元素储备液，浓度为1.2 mol/L的HCl储备液；优级纯盐酸和硝酸；高纯水；工业氩气（含量大于99.99%）；水样。

四、实验步骤

1. 溶液配制

（1）参比系列配制。用1 mg/mL杂质元素储备液按表2-6浓度配制参比系列。先用50 mL容量瓶配出Ⅴ号标准溶液，再用50 mL容量瓶依次逐级稀释出其他各浓度的标准溶液。在配制标准溶液时所有溶液都要用5%的HCl高纯水溶

① 1 psi=6.89476×10^{3} Pa，下同。

液进行定容。

表 2-6　杂质元素参比系列浓度表（单位：μg/mL）

元素＼序列号	Ⅰ	Ⅱ	Ⅲ	Ⅳ
As、Ba、Cd、Cu、Cr、Fe、Pb、Zn、Hg、S、P	0	0.10	1.0	10
Ca、Mg	0	1.0	10	100

（2）自来水经过滤和适当酸化处理后备用。

2. 操作步骤

（1）打开电源开关（通常仪器一直都处在通电状态，以使光室温度保持在华氏 90℉±0.5℉。此时为关机状态）。

（2）启动显示器、计算机和打印机。

（3）运行 ThermoSPEC 软件，建立分析方法。

（4）打开排风，去掉炬管室和高频发生器顶部排风口处的盖子。

（5）打开氩气钢瓶调节分压表压力为 0.5 MPa。

（6）进行硬复位。

（7）将进样管放入溶液中，装好泵管夹。

（8）设置驱气时间为 100 s，点火。然后调节泵管夹位置使吸管刚好不进液为最佳。等离子体点燃后应该立即检查出液管是否出液，如果不出液调节泵夹使废液流出。

（9）用高标溶液查看谱峰位置。

（10）分别拍摄低波段和高波段的光谱进行对峰。

（11）等离子体点燃 30 min 后可进行分析。一般先进行标准化，从低到高。然后做未知样。在整个操作过程中应该经常观察雾室是否存有溶液，如果有积液可通过进样管间断地放入一些空气来排除。

（12）确认所有分析工作完成后，用 5%的 HCl 纯水溶液冲洗 5 min，再用纯水冲洗 5 min，然后熄灭等离子体。。

（13）将进样管从溶液中取出放入空烧杯中（此时为待机状态），松开泵管夹。

（14）点击 SHUTDOWN 按钮关机。

（15）等 CID 温度升至室温后关闭氩气。

（16）盖好炬管室和高频发生器顶部排风口，关闭排风。

（17）根据表 2-7 进行分析结果的后处理。

（18）关闭打印机、计算机和显示器。

表 2-7　元素分析线波长表

元　素	分析线/nm	光谱衍射级	元　素	分析线/nm	光谱衍射级
Ag	670.784　Ⅰ	50	Ca	393.366　Ⅱ	85
Al	309.271　Ⅰ	108	Cd	228.802　Ⅰ	147
As	189.042　Ⅰ	177	Ce	413.765　Ⅱ	81
Au	242.795　Ⅰ	138	Co	228.616　Ⅱ	147
B	249.773　Ⅰ	135	Cr	283.563　Ⅱ	118
Ba	455.403　Ⅱ	74	Cu	324.754　Ⅰ	103
Be	313.042　Ⅱ	107	Dy	353.170　Ⅱ	95
Bi	223.061　Ⅰ	151	Er	337.271　Ⅱ	99
Eu	381.967　Ⅱ	88	Pr	414.311　Ⅱ	81
Fe	259.940　Ⅱ	129	Pt	214.423　Ⅱ	157
Ga	294.364　Ⅰ	114	Re	227.525　Ⅱ	148
Gd	335.047　Ⅱ	100	Rh	343.489　Ⅰ	98
Ge	265.118　Ⅰ	127	Ru	267.876　Ⅱ	126
Hf	339.980　Ⅱ	99	S	180.731　Ⅰ	185
Hg	184.950　Ⅰ	180	Sb	217.581　Ⅰ	154
Ho	345.600　Ⅱ	97	Sc	361.384　Ⅱ	93
I	178.276　Ⅰ	188	Se	196.090　Ⅰ	171
In	325.609　Ⅰ	103	Si	251.612　Ⅰ	185
Ir	224.268　Ⅱ	150	Sm	359.260　Ⅱ	93
K	766.490　Ⅰ	44	Sn	189.989　Ⅱ	176
La	394.910　Ⅱ	85	Sr	407.771　Ⅱ	82
Li	670.784　Ⅱ	50	Ta	268.517　Ⅱ	125
Lu	261.542　Ⅱ	126	Tb	332.440　Ⅱ	101
Mg	279.533　Ⅱ	120	Te	214.281　Ⅰ	157
Mn	257.610　Ⅱ	130	Ti	334.941　Ⅱ	100
Mo	202.030　Ⅱ	166	Tl	190.864　Ⅱ	175
Na	313.548　Ⅱ	107	Tm	313.126　Ⅱ	106
Nb	309.418　Ⅱ	108	V	309.311　Ⅱ	108
Nd	430.358　Ⅱ	78	W	239.709　Ⅱ	140
Ni	221.647　Ⅱ	152	Y	371.030　Ⅱ	90
Os	225.585　Ⅱ	149	Yb	328.937　Ⅱ	102
P	177.499　Ⅰ	189	Zn	213.856　Ⅰ	157
Pb	220.353　Ⅱ	151	Zr	339.138　Ⅱ	99
Pd	340.458　Ⅰ	98			

五、实验数据及结果

进行分析结果的后处理。

六、注意事项

（1）检查雾化器雾化是否正常，废液是否流出，雾室中一定不能有积液。

（2）当 CID 低于 −35℃、FPA 高于 5℃时，才能进行硬复位，熄灭等离子体后，CID 温度上升到室温后才可关闭氩气，避免检测器表面结霜。

七、思考题

（1）ICP-AES 全谱直读光谱法具有哪些优越分析性能？

（2）如何选择多元素同时分析仪器工作参数？

实验 5　ICP-AES 全谱直读光谱法测定氯化铵试剂中的杂质元素

一、实验目的

（1）掌握固体样品中杂质元素的同时测定方法。

（2）掌握 ICP-AES 样品分析中元素检出限的确定方法。

二、实验原理

氯化铵试剂中常含有 Al、Ca、Cu、Fe、Mg、Mn、Na、Sn、Zn 等多种杂质元素，其含量的确定以前多采用原子吸收光谱法进行逐一测定，既麻烦又耗时。而 ICP-AES 全谱直读光谱法则可以对各种样品中的多种杂质元素进行同时分析，方法简单、快速。测定原理见实验 4。

检出限（detection limit）是衡量一种分析方法优劣的一项重要指标。国际纯粹与应用化学联合会（IUPAC）推荐，元素的检出限为能以适当的置信水平（confidence level）被检出的最小分析信号测量值所对应的分析物浓度。对于 ICP 发射光谱法，其值可由下式表示。

$$c_L = K\frac{S_{xb}}{S} = KS_c \tag{2-13}$$

式中：c_L 为分析元素检出限；K 为置信因子，其值越大置信水平就越高，一般推荐 $K=3$，对于一个严格的单侧高斯正态分布来说，此时的置信水平为 99.6%；S_{xb} 为空白溶液背景信号测量值的标准偏差；S 为灵敏度，即分析校准曲线的斜率；S_c 为测出空白浓度的标准偏差。可见，只要测出 S_c 就可获得元素的检出限。S_c 通常由空白溶液平行测定 21 次统计获得。

三、仪器与试剂

IRIS Advantage 全谱直读光谱仪：

高频功率：1150W　　冷却气流量：15 L/min

辅助气流量：0.5 L/min　　载气压力：24psi

蠕动泵转速：100 r/min　　溶液提升量：1.85 mL/min；高盐雾化器

Compaq 计算机，17″显示器，HP 彩色喷墨打印机；万分之一的电子天平；50 mL 或 100 mL 烧杯 1 个，25 mL 容量瓶 1 个。

10 μg/mL Ca、Fe、K、Mg、Na、P、S、Zn 的 5% HNO_3 标准溶液；高纯水；工业氩气（含量大于 99.99%）；NH_4Cl 试样。

四、实验步骤

1. 溶液配制

（1）参比系列。用 1 mg/mL 的杂质元素储备液按表 2-8 配制参比系列，5% 的 HCl 纯水溶液进行定容。

表 2-8　参比系列配制表（杂质元素浓度单位：μg/mL）

元素 \ 序列号	Ⅰ	Ⅱ	Ⅲ	Ⅳ
Ca、As、Ba、Cd、Co、Cu、Fe、K、Mg、Mn、Mo、Na、Pb、S、Ti、V、Zn	0	0.10	1.00	10.00

（2）NH_4 样品溶液的制备。在万分之一的电子天平上准确称取 1～1.2 g 氯化铵样品，将其置于 50 mL 或 100 mL 烧杯中，纯水溶解，然后转移至 25 mL 容量瓶中，定容后摇匀备用。

2. 操作步骤

（1）打开电源开关（通常仪器一直都处在通电状态，以使光室温度保持在华氏 90℉±0.5℉。此时为关机状态）。

（2）启动显示器、计算机和打印机。

（3）运行 ThermoSPEC 软件，建立分析方法。

（4）打开排风，去掉炬管室和高频发生器顶部排风口处的盖子。

（5）打开氩气钢瓶调节分压表压力为 0.5 MPa。

（6）进行硬复位。

（7）将进样管放入溶液中，装好泵管夹。

(8) 设置驱气时间为 100 s，点火。然后调节泵管夹位置使吸管刚好不进液为最佳。等离子体点燃后应立即检查出液管是否出液，如果不出液调节泵夹使废液流出。

(9) 用高标溶液查看谱峰位置。

(10) 分别拍摄低波段和高波段的光谱进行对峰。

(11) 等离子体点燃 30 min 后可进行分析。一般先进行标准化，从低到高，然后做未知样。在整个操作过程中应该经常观察雾室是否存有溶液，如果有积液可通过进样管间断地放入一些空气来排除。

(12) 确认所有分析工作完成后，用 5% 的 HCl 纯水溶液冲洗 5 min，再用纯水冲洗 5 min，然后熄灭等离子体。

(13) 将进样管从溶液中取出放入空烧杯中（此时为待机状态），松开泵管夹。

(14) 点击 SHUTDOWN 按钮关机。

(15) 等 CID 温度升至室温后关闭氩气。

(16) 盖好炬管室和高频发生器顶部排风口，关闭排风。

(17) 进行分析结果的后处理。

(18) 关闭打印机、计算机和显示器。

五、实验数据及结果

1. 杂质元素的含量

$$w_x(\%) = \frac{\text{测定结果}(\mu g/mL) \times \text{溶液体积}(mL) \times 10^{-6}}{\text{称样量}(g)} \times 100 \tag{2-14}$$

2. 元素溶液的检出限

$$c_L = 3 \times S_c(\mu g/mL) \tag{2-15}$$

六、注意事项

(1) 检查雾化器雾化是否正常，废液是否流出，雾室中一定不能有积液。

(2) 当 CID 低于 −35℃、FPA 高于 5℃时，才能进行硬复位，熄灭等离子体后，CID 温度上升到室温后方可关闭氩气，避免检测器表面结霜。

(3) 样品盐分较高应该随时观测雾化情况，样品未完全溶解严禁上机。

七、思考题

采用 ICP 发射光谱法进行多元素分析的优点是什么？

实验6 ICP-AES全谱直读光谱法测定纯锌样品的纯度

一、实验目的

(1) 掌握ICP-AES分析方法的基本原理。

(2) 了解ICP-AES全谱直读光谱仪的基本结构和工作原理。

(3) 学习并掌握纯锌样品纯度测定方法。

二、实验原理

中华人民共和国国家标准(GB/T 470—1997)规定锌锭分为0#、1#、2#、3#四个等级。等级的划分主要是依据锌的含量和杂质总量的高低来进行的(表2-9)。锌的含量测定通常采用倒减法,即100%减去表2-9中杂质总量的差值。将分析测量结果与表2-9对照就可以确定出锌的等级。纯锌试剂中含有Pb、Cd、Fe、Cu、Sn、Al、As、Sb等多种杂质元素,过去其含量的测定多采用分光光度法和火焰原子吸收法,既麻烦又耗时。而ICP-AES全谱直读光谱法可以对各类样品中的多种元素进行同时分析,并且具有检出限低、精密度好、线性范围宽和干扰效应小等特点。因此采用这种方法不仅可以大大提高分析效率,还可以使分析结果更加准确和可靠。测定原理见实验4。

表2-9 GB/T 470—1997锌锭的化学成分表(单位:%)

牌 号	0#	1#	2#	3#	等外品
Zn(不小于)	99.995	99.99	99.95	99.5	98.7
Al(不大于)	—	—	—	0.010	0.010
As(不大于)	—	—	—	0.005	0.010
Cd(不大于)	0.002	0.003	0.020	0.070	0.200
Cu(不大于)	0.001	0.002	0.002	0.002	0.005
Fe(不大于)	0.001	0.003	0.010	0.040	0.050
Pb(不大于)	0.003	0.005	0.020	0.300	1.000
Sb(不大于)	—	—	—	0.010	0.020
Sn(不大于)	0.001	0.001	0.001	0.002	0.002
总量(不大于)	0.005	0.010	0.050	0.500	1.300

三、仪器与试剂

IRIS Advantage全谱直读光谱仪:

高频功率:1150 W　　冷却气流量:15 L/min

辅助气流量:0.5 L/min　　载气压力:24 psi

蠕动泵转速：100 r/min　　　溶液提升量：1.85 mL/min

Compaq 计算机，17″显示器，HP 彩色喷墨打印机；万分之一电子天平；电热板；100 mL 烧杯；25 mL 容量瓶；洗瓶；移液管；洗耳球等。

1 mg/mL 的 Al、As、Cd、Cu、Fe、Pb、Sb、Sn 的标准储备液；HCl（优级纯）；高纯水；工业氩气（含量大于 99.99%）；锌试剂。

四、实验步骤

1. 溶液配制

1）参比溶液的配制

本实验采用多点参比系列，其浓度见表 2-10。分别移取浓度为 1 mg/mL Al、As、Cd、Cu、Pb、Sb、Fe、Sn 八种杂质元素的标准储备液 1 mL 于100 mL容量瓶中，用 5%的 HCl 高纯水溶液定容至刻度，摇匀。该溶液中各杂质元素的浓度为 10 μg/mL。然后用 25 mL 容量瓶逐级稀释成浓度分别为 5 μg/mL、1 μg/mL 和 0 的标准溶液。

表 2-10　参比溶液浓度系列表（单位：μg/mL）

序列号 杂质元素	Ⅰ	Ⅱ	Ⅲ	Ⅳ
Al、As、Cd、Cu、Fe、Pb、Sb、Sn	0	1	5	10

2）纯锌样品溶液的制备

用万分之一电子天平准确称取 0.5 g 左右的纯锌样品，置于 100 mL 烧杯中，加 10 mL 1∶1 盐酸，盖上表面皿，在电热板上加热溶解。待锌粒溶完后，蒸发至近干，用洗瓶冲洗表面皿和烧杯内壁。冷却后将其全部转移到 25 mL 容量瓶中，用 5%的 HCl 高纯水溶液定容，摇匀备用。

2. 操作步骤

（1）打开电源开关（通常仪器一直都处在通电状态，以使光室温度保持在华氏 90℉±0.5℉。此时为关机状态）。

（2）启动显示器、计算机和打印机。

（3）运行 ThermoSPEC 软件，建立分析方法。

（4）打开排风，去掉炬管室和高频发生器顶部排风口处的盖子。

（5）打开氩气钢瓶调节分压表压力为 0.5 MPa。

（6）进行硬复位。

（7）将进样管放入溶液中，装好泵管夹。

(8) 设置驱气时间为 100 s，点火。然后调节泵管夹位置使吸管刚好不进液为最佳。等离子体点燃后应该立即检查出液管是否出液，如果不出液便调节泵夹使废液流出。

(9) 用高标溶液查看谱峰位置。

(10) 分别拍摄低波段和高波段的光谱进行对峰。

(11) 等离子体点燃 30 min 后可进行分析。一般先进行标准化，从低到高。然后做未知样。在整个操作过程中应该经常观察雾室是否存有溶液，如果有积液可以通过进样管间断地放入一些空气来排除。

(12) 确认所有分析工作完成后，用 5% 的 HCl 纯水溶液冲洗 5 min，再用纯水冲洗 5 min，然后熄灭等离子体。

(13) 将进样管从溶液中取出放入空烧杯中（此时为待机状态），松开泵管夹。

(14) 点击 SHUTDOWN 按钮关机。

(15) 等 CID 温度升至室温后关闭氩气。

(16) 盖好炬管室和高频发生器顶部排风口，关闭排风。

(17) 进行分析结果的后处理。

(18) 关闭打印机、计算机和显示器。

五、实验数据及结果

1. 杂质元素的质量分数（%）计算

$$w_x(\%) = \frac{\text{测定结果}(\mu g/mL) \times \text{溶液体积}(mL) \times 10^{-6}}{\text{称样量}(g)} \times 100 \qquad (2\text{-}16)$$

2. 锌含量计算（%）

$$Zn(\%) = 100\% - \sum_{j=1}^{8} (w_x)_j \qquad (2\text{-}17)$$

将计算的结果与纯锌的国标表对照（表 2-10），得出锌的牌号。

六、注意事项

(1) 检查雾化器雾化是否正常，废液是否流出，雾室中一定不能有积液。

(2) 当 CID 低于 −35℃、FPA 高于 5℃时，才能进行硬复位，熄灭等离子体后，CID 温度上升到室温后才可以关闭氩气，避免检测器表面结霜。

(3) 样品盐分较高随时观测雾化情况，样品未完全溶解严禁上机。

七、思考题

比较摄谱法和全谱直读光谱法的优缺点。

参考文献

陈新坤. 1987. 电感耦合等离子体原子光谱原理和应用. 天津：南开大学出版社
陈新坤. 1991. 原子发射光谱分析原理. 天津：天津科学技术出版社
马成龙，王忠厚，刘国范等. 1989. 近代原子光谱分析. 沈阳：辽宁大学出版社

第3章　原子吸收光谱法

3.1　基本原理

原子吸收光谱法基于从光源发出的被测元素的特征辐射通过被测元素的样品蒸气时，被待测元素的基态原子所吸收，由辐射的减弱程度求得样品中被测元素的含量。

在光源发射线的半宽度小于吸收线的半宽度（锐线光源）的条件下，光源的发射线通过一定厚度的原子蒸气，并被基态原子所吸收，吸光度与原子蒸气中待测元素的基态原子束间的关系遵循朗伯-比尔定律：

$$A = \lg I_0/I = K'N_0L \tag{3-1}$$

式中：I_0 和 I 分别为入射光和透射光的强度；N_0 为单位体积基态原子数；L 为光程长度；K'为与实验条件有关的常数。

式（3-1）表示吸光度与蒸气中基态原子数呈线性关系。由于常用的火焰温度低于 3000 K，火焰中基态原子占绝大多数，可以用基态原子数 N_0 代表吸收辐射的原子总数 N。

实际工作中，要求测定的是试样中待测元素的浓度 c，在确定的实验条件下，试样中待测元素的浓度与蒸气中原子总数有确定的关系：

$$N = ac \tag{3-2}$$

式中：a 为比例常数。将式（3-2）代入式（3-1）得

$$A = KcL \tag{3-3}$$

这就是原子吸收光谱法中的基本公式。它表示在确定的实验条件下，吸光度与试样中待测元素的浓度呈线性关系。

原子吸收和原子发射是相互联系的两种相反的过程。因为原子吸收线比发射线的数目少得多，所以光谱干扰少，选择性高。又因为原子蒸气中基态原子比激发态原子多得多（例如，在 2000 K 的火焰中，基态与激发态 Ca 原子数之比为 1.2×10^7），所以原子吸收光谱法灵敏度高。火焰原子吸收法的灵敏度是 ppm 到 ppb。石墨炉原子吸收法绝对灵敏度 $10^{-14}\sim10^{-12}$ g。又因为激发态原子数的温度系数显著大于基态原子，所以原子吸收法比发射光谱法具有更佳的信噪比。因此，原子吸收光谱法是特效性、准确度和灵敏度都好的一种定量分析方法。

3.2　仪器及使用方法

3.2.1　原子吸收分光光度计

原子吸收分光光度计的型号较多，自动化程度也各不相同。有单光束型、双光束型及多通道型等。但其主要组成部分均包括光源、原子化系统、分光系统及检测系统。单光束型仪器的示意图见图 3-1。

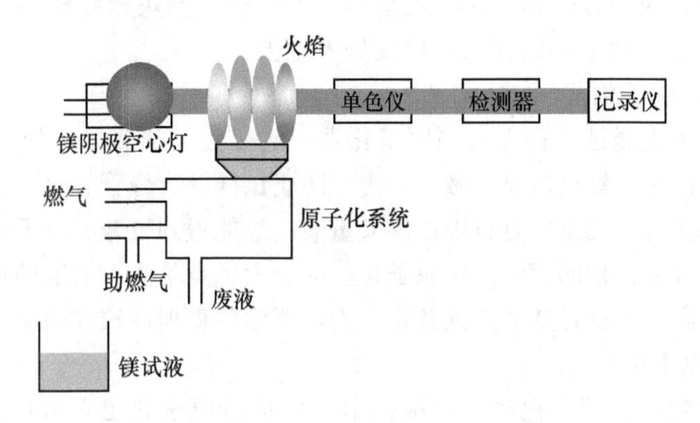

图 3-1　单光束型原子吸收分光光度计示意图

3.2.1.1　光源

光源的作用是辐射待测元素的特征谱线。它应该满足能发射出比吸收线窄得多的锐线；足够的辐射强度、稳定、背景小等条件。目前，应用广泛的是空心阴极灯，其结构是由封在玻璃管中的一个钨丝阳极和一个由被测元素的金属或合金制成的圆筒状阴极组成，内充低压的氖气或氩气。

空心阴极灯的工作原理：当在阴、阳两极间加上电压时，气体发生电离，带正电荷的气体离子在电场的作用下轰击阴极，使阴极表面的金属原子溅射出来，金属原子与电子、惰性气体原子及离子碰撞激发而发出辐射。最后金属原子又扩散回阴极表面而重新淀积下来。测定哪种元素，就用哪种元素的空心阴极灯。

3.2.1.2　原子化系统

原子化系统的作用是将试样中的待测元素变成气态基态原子。原子化的方法有火焰原子化及无火焰原子化等方法。

1）火焰原子化器

火焰原子化器包括雾化器和燃烧器两部分。常用的燃烧器为预混合型。雾化器将试样雾化，喷出的雾滴碰在撞击球上，近一步分散成细雾，然后细雾滴进入燃烧器。雾化器效率除与雾化器性能有关外，还与试样黏度有关。常用的缝式燃烧器，缝长 100～110 mm，缝宽 0.5～0.6 mm，适用于空气-乙炔焰。另一种缝长 50 mm，缝宽 0.5 mm，适用于氧化亚氮-乙炔火焰。火焰原子化器的优点是火焰噪声小、稳定性好、易于操作。缺点是试样利用率大约只有 10%，大部分试液由废液管排出。

气路系统是火焰原子化器的供气部分。在气路系统中，用压力表、流量计、调节阀来控制、测量气流量。燃气乙炔由钢瓶提供，乙炔管道及接头严禁使用铜或银质，因为乙炔与银、铜能生成乙炔铜、乙炔银。乙炔为易燃、易爆气体，故乙炔钢瓶应该远离明火，储存在通风良好的地方。

2）石墨炉原子化器

石墨炉原子化器是一种无火焰原子化器。它是用电加热方法使试样干燥、灰化、原子化。试样用量只需要几微升，为了防止试样及石墨管氧化，在加热时通入氮气或氩气，在这种气氛中有石墨提供大量碳，故能得到较好的原子化效率，特别是对易形成难融化合物的元素。该原子化法的最大优点是注入的试样几乎完全原子化，故灵敏度高。缺点是基体干扰及背景大，测定的重现性较火焰原子化法差。

3）其他原子化法

（1）氢化物发生原子化法。应用化学反应进行原子化也是常用的方法。砷、锑、铋、锗、锡、铅、硒及等元素通过化学反应，生成易挥发的氢化物，送入空气-乙炔火焰或电热的石英管中原子化。

（2）低温原子化。低温原子化主要用于测汞。可以将试样中汞盐用氯化亚锡还原为金属汞，由于汞的挥发性，用氮气或氩气将汞蒸气带入气体吸收管进行测定。

3.2.1.3　分光系统

光学系统分外光路系统和分光系统两部分。外光路系统使空心阴极灯发出的共振线准确通过燃烧器上方的被测试样的原子蒸气，再射到单色器的狭缝上。分光系统主要由分光元件（光栅或棱镜）、反射镜、狭缝等组成。分光系统的作用是将待测元素的共振线与其他的谱线分开。通常是根据谱线的结构和欲测共振线附近是否有干扰线来决定单色器的狭缝的宽度。例如，若待测元素光谱比较复杂（如铁组元素、稀土元素等）或有连续背景的，狭缝宜小。若待测元素的谱线简单，共振线附近没有干扰线（如碱金属和碱土金属），则狭缝可以较大，以提高信噪比、降低检测限。

3.2.1.4　检测系统

检测系统由检测器、放大器、对数转换、显示或打印装置组成。光信号检测是由光电倍增管将光信号变成电信号，经放大器放大，再将由放大器输出的信号进行对数转换，测定结果用计算机处理。

光电倍增管是由光阴极和若干个二次发射极（也称打拿极）组成。在光照射下，阴极发射出光电子，在高真空中被电场加速，第一打拿极运动，每一个光电子平均使打拿极可以发射几个电子，这就是二次发射。二次发射的电子又被加速向第二打拿极运动。此过程多次发生，最后，电子被阳极收集。从光阴极上每产生一个光电子，可以使阳极上产生 $10^6 \sim 10^8$ 个光电子。光电倍增管的放大倍数，主要取决于电压和打拿极的个数。

3.2.2　WFX-120 型原子吸收分光光度计

3.2.2.1　主要技术参数

波长范围为 190～900 nm，光栅刻线为 1800 条/mm，闪耀波长为 250 nm；波长准确度为 0.05 nm。

3.2.2.2　仪器操作步骤

（1）开启实验室总电源。
（2）按下原子吸收分光光度计主机电源开关，安装欲测元素的空心阴极灯。
（3）开启计算机电源，显示器光屏上出现 WFXSTOP. EXE 软件符号。
（4）双击 WFXSTOP. EXE，仪器进行自检。
（5）点击欲测元素并选择波长、狭缝宽度及灯电流等，灯预热 20 min。
（6）打开空气压缩机。
（7）打开乙炔钢瓶。
（8）按动点火开关，点燃火焰。
（9）按实验要求测定被测溶液的吸光度。
（10）实验完毕后，用蒸馏水洗燃烧头 5～10 min。
（11）关闭乙炔钢瓶。
（12）关闭原子吸收分光光度计主机电源开关。
（13）关闭计算机电源。
（14）关闭实验室总电源。

实验 7　原子吸收测定最佳实验条件的选择

一、实验目的

（1）了解原子吸收分光光度计的构造，性能及操作方法。

（2）了解实验条件对灵敏度、准确度的影响及最佳实验条件的选择。

二、实验原理

在原吸收分析中，测定条件的选择对测定的灵敏度，准确度有很大的影响。通常选择共振线作分析线测定具有较高的灵敏度。

使用空心阴极灯时，工作电流不能超过最大允许的工作电流，灯的工作电流过大，易产生自吸（自蚀）作用，多普勒效应增强，谱线变宽，测定灵敏度降低，工作曲线弯曲，灯的寿命短。灯的工作电流小，谱线变宽小，灵敏度高。但灯电流过低，发光强度减弱，发光不稳定，信噪比下降。在保证稳定和适当光强输出情况下尽可能选较低的灯电流。

燃气和助燃气流量的改变，直接影响测定的灵敏度，助燃比为 1∶4 的化学计量火焰，温度较高，火焰稳定，背景低，噪声小，大多数元素都用这种火焰。助燃比小于 1∶6 的火焰为贫燃火焰，该火焰燃烧充分，温度较高，用于不易氧化的元素的测定。助燃比大于 1∶3 的火焰为富燃火焰，该火焰温度较低，噪声较大，但其还原气氛较强，适合测定已形成难溶氧化物的元素。

被测元素基态原子的浓度，在不同的火焰高度，分布是不均匀的，故火焰高度不同，基态原子浓度也不同。

三、仪器与试剂

WFX-120 原子吸收光谱仪，铜空心阴极灯；空气压缩机，乙炔钢瓶；容量瓶。

铜标准溶液 100 μg/mL。

四、实验步骤

（1）配制 250 mL 5 μg/mL 的铜标准溶液。

（2）分析线的选择。在 324.8 nm、282.4 nm、296.1 nm 和 301.0 nm 波长下分别测定所配制的 5 μg/mL 的铜标准溶液的吸光度。根据对分析试样灵敏度的要求、干扰的情况，选择合适的分析线，试液浓度低时，选择灵敏线，试液浓度高时，选择次灵敏线，并要选择没有干扰的谱线。

（3）空心阴极灯的工作电流的选择。在（2）选择的波长下，喷雾所配制的 5 μg/mL的铜标准溶液，每改变一次灯电流，记录对应的吸光度信号，每测定一个数值前，必须喷入蒸馏水调零（以下实验均相同）。

（4）助燃比选择。固定其他条件和纸燃气流量，喷入所配制的 5 μg/mL 的铜标准溶液，改变燃气流量，记录吸光度。

（5）燃烧头高度的选择。喷入所配制的 5 μg/mL 的铜标准溶液，改变燃烧头的高度，逐一记录对应的吸光度。

五、实验数据及结果

（1）绘制吸光度-灯电流曲线，找出最佳灯电流。

（2）绘制吸光度-燃气流量曲线，找出最佳燃助比。

（3）绘制吸光度-燃烧头高度曲线，找出燃烧头最佳高度。

六、注意事项

（1）实验时要打开通风设备，使金属蒸气及时排出室外。

（2）点火时，先开空气，后开乙炔气。熄火时，先关乙炔气，后关空气。室内若有乙炔气味，应该立即关掉乙炔气源，开通风橱，排除问题后，再继续进行实验。

七、思考题

（1）如何选择最佳实验条件？实验时，若条件发生变化，对结果有什么影响？

（2）在原子吸收光谱仪中，为什么单色仪位于火焰原子化器之后，而紫外分光光度计的单色仪则位于试样室之前？

实验 8　火焰原子吸收光谱法测定铜

一、实验目的

通过实验了解原子吸收光谱法的基本原理，及原子吸收光谱仪的使用，并初步掌握校准曲线法及标准加入法的定量分析方法以及熟悉对原子吸收光谱法特征浓度及方法相对标准偏差的计算。

二、实验原理

原子吸收光谱法也常称为原子吸收分光光度法，它是一种选择性好、灵敏度高的分析手段。一般常用火焰法及无火焰法两大类。

火焰原子吸收法是最常用的一种定量分析方法。通常将试样溶液以气溶胶形式引入火焰，溶液经过溶剂挥发、盐类的蒸发最后离解成气态原子，在常用的空气-乙炔火焰温度下（约 2300℃）。大多数元素的原子均处于基态。当一个含有待测元素的辐射源（空心阴极灯）发射其共振谱线，通过火焰中试样蒸气时，待测元素的原子则吸收了其特征波长的能量（共振辐射）而产生共振吸收，而未被吸收的共振辐射则作为一种有用的分析信号，为原子吸收光谱仪的检测系统所接受，经过放大、对数变换，并以吸光度值记录或显示出来，这个数值所反映的是被吸收了的共振辐射，其吸收的程度是试样蒸气中分析元素浓度的函数。

三、仪器与试剂

1. 仪器及工作条件

1）仪器

WFX-1B 原子吸收光谱仪；吸量管：2 mL 一支，1 mL 一支；容量瓶 50 mL 10 个。

按仪器使用说明书预先调好仪器。铜空心阴极灯，波长 324.75 nm 灯电流 6 mA（表头读数为 2 mA）。

2）工作条件

狭缝宽度：0.1 nm

空气压力：2kg/cm^2，流量 5 L/min

乙炔压力：0.5kg/cm^2，流量 0.8 L/min

火焰测量高度：5 mm

2. 试剂

铜标准溶液 100 μg/mL；铜未知液。

四、实验步骤

1. 铜标准系列及未知液的配制

用 2 mL 吸量管分别吸取 100 μg/mL 的铜标准溶液 0、0.5 mL、1.0 mL、1.5 mL、2.0 mL、2.5 mL 于 6 个 50 mL 的容量瓶中，用水稀释至刻度，摇匀，配制一套每毫升分别含 0、1 μg、2 μg、3 μg、4 μg、5 μg 的铜标准系列。

在另外 4 个 50 mL 的容量瓶中，用 1 mL 吸量管吸取未知液各 1 mL，再用 2 mL吸量管分别移取铜标准溶液 0、1 mL、1.5 mL、2 mL，用水稀释至刻度，摇匀，配制一套铜未知液的增量系列。

2. 数据的测量

（1）按仪器使用的工作条件，以空白溶液调吸光度等于 0，按照浓度由低到高对标准系列及增量系列中的铜溶液逐个测量其吸光度值，用以制作标准曲线及标准加入曲线，求出未知液含量。

（2）将铜的空白溶液，在同样条件下，连续测定 10 次，并记录每一次的测量结果，用以计算该方法的检出限。

（3）将上述铜未知液，在同样条件下，连续测定 20 次，并记录每一次的测量结果，用以计算方法的相对标准偏差。

五、实验数据及结果

1. 标准曲线法测量铜未知液的含量

将上述铜溶液的标准系列（0、1 μg/mL、2 μg/mL、3 μg/mL、4 μg/mL、5 μg/mL）与其对应的吸光度值制作标准曲线。从标准曲线上根据铜未知液的吸光度值，求出未知液的含量。

2. 标准加入法（增量法）测量铜未知液的含量

将上述铜溶液的增量系列（c_x、$c_x+2\ \mu g$、$c_x+3\ \mu g$、$c_x+4\ \mu g$）与其对应的吸光度值制作标准曲线，用外推法求出当吸光度为 0 时铜的加入量即未知液中铜的含量（图 3-2）。

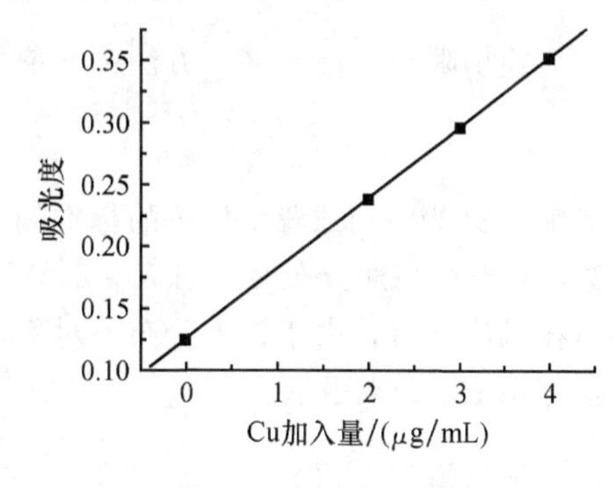

图 3-2　标准加入法

3. 特征浓度的计算

在原子吸收光谱法中，特征浓度定义为能够产生 1%吸收或者 0.0044 吸光度所需要的分析元素浓度，以 μg/(mL · 1%吸收）来表示。

特征浓度可以用来比较在低浓度区域校准曲线的斜率，其计算公式为

$$\text{特征浓度}[\mu g/(mL \cdot 1\% \text{ 吸收})] = \frac{c \times 0.0044}{A}$$

式中：c 为被测试样浓度；A 为溶液浓度为 c 时所对应的吸光度；0.0044 为相对于 1%吸收时的吸光度。

将 1 μg/mL 的铜标准液所对应的吸光度值带入此公式，计算出该方法中测定铜的特征浓度。

4. 方法相对标准偏差（RSD）的计算

标准偏差 S 是表示 X 值这种随机变量的一个有用的术语，标准偏差 S 由下式确定：

$$S = \left[\sum_{i=1}^{n} (X_i - \overline{X})^2 \Big/ (n-1) \right]^{\frac{1}{2}}$$

式中：X_i 为单次测定值；$\overline{X}$ 为 n 次重复测定的平均值；S 为有限测定次数（如20 次）时的标准偏差。

相对标准偏差 S_r 是将标准偏差 S 除以 n 次重复测定的算术平均值 $\overline{X}$，即

$$S_r(\mathrm{RSD}) = \frac{S}{\overline{X}}$$

其数值可用小数或百分数表示。

将上述铜未知液 20 次测量结果，按上述公式计算其相对标准偏差 S_r(RSD)。

5. 检出限的计算

灵敏度 S 是指分析信号随分析物浓度变化的速度，即校准曲线的斜率，当浓度为 c，信号为 A 时，此时的灵敏度为

$$S = \frac{\Delta A}{\Delta c}$$

检出限与置信水平，方法标准偏差及灵敏度有关，可表示为

$$D_L = \frac{KS_{bl}}{S}$$

式中：S_{bl}为空白或背景信号的标准偏差；S 为灵敏度；K 为与置信水平有关的常数，在符合高斯分布时，当 $K=2$，置信度为 95%。在过去文献中常采用 $K=2$，但在低浓度时，由于误差分布不对称，偏离高斯分布，为保证置信度大于 90%，推荐用 $K=3$ 来表示。

六、注意事项

（1）实验时要打开通风设备，使金属蒸气及时排出室外。

（2）点火时，先开空气，后开乙炔气。熄火时，先关乙炔气，后关空气。室内若有乙炔气味，应该立即关掉乙炔气源，开通风橱，排除问题后，再继续进行实验。

七、思考题

（1）空气-乙炔火焰原子吸收光谱法测定铜时，为什么选用贫燃火焰而不选用富燃及计量火焰？

（2）校准曲线法与标准加入法各有什么特点及优缺点？在本实验中这两种方法测定含量时对结果影响如何？

（3）特征浓度与检出限有什么区别？为什么有的方法检出限比特征浓度可以低一个多数量级？而有的方法检出限与特征浓度相接近？

实验 9　火焰原子吸收光谱法中的化学干扰的研究

一、实验目的

通过空气乙炔火焰原子吸收光谱法测定钙时，当溶液中存在铝、磷酸根等离子时，对钙吸收信号的减弱，了解其化学干扰效应，并初步掌握常用的消除化学干扰的方法。

二、实验原理

原子吸收光谱法是一种选择性好、干扰小、灵敏度高的一种分析方法，但在实际工作中仍然不可忽略干扰问题。在有些情况下，特别对一些熔点、沸点较高，而且较难离解的化合物，干扰甚至是很严重的，因此必须予以必要的重视，否则将会给出错误的结果。

火焰原子吸收光谱法中的干扰主要有两个方面，即光谱干扰与非光谱干扰。对于光谱干扰，一般通过选择合适的谱线、对背景进行扣除等较易解决。而非光谱干扰主要由试样传递过程、溶质蒸发过程及其气相平衡过程所引起。传送干扰又称物理干扰，是指样品向火焰传送时所引起的干扰。这种干扰主要是由于溶液中含盐量不同，或由于存在有机溶剂，改变了溶液黏度、相对密度和表面张力，从而影响了溶液的吸喷速度及雾化效率，使结果发生改变。这种干扰一般可采用同一溶剂及相同的含盐量（小于 5%）来消除。

溶质蒸发干扰又称化学干扰，是火焰原子吸收光谱法中最重要的一种干扰。这种干扰是指溶质（固态气溶胶）蒸发时的干扰。在空气乙炔低温火焰中，由于火焰温度较低，这类干扰就比较严重。主要由样品中伴生元素的存在使分析元素蒸发不完全及蒸发率发生变化引起。典型的化学干扰是待测元素与共有物质作用生成更加难以挥发及更难离解的化合物，致使所产生的基态原子数减少，使吸光度下降。

而气相干扰主要是指电离干扰，对于一些碱金属、碱土金属及铜族金属的电离电位较低，在高温下易电离，使基态原子数降低，影响测定，这种干扰一般在溶液中加入 0.1%的碱金属就可消除。

三、仪器与试剂

1. 仪器

原子吸收光谱仪；吸量管 1 mL 4 个，5 mL 1 个；比色管 25 mL 12 个。

2. 仪器工作条件

按仪器使用说明书预先调好仪器。
钙空心阴极灯：Ca 422.6 nm　6 mA
狭缝宽度：0.1 mm
空气压力：2 kg/cm^2，流量 5 L/min
乙炔压力：0.5 kg/cm^2，流量 1 L/min

3. 试剂

钙标准溶液（250 μg/mL Ca^{2+}）；铝标准溶液（250 μg/mL Al^{3+}）；锶标准溶液（25 mg/mL Sr^{2+}）；磷酸根标准溶液（250 μg/mL PO_4^{3-}）；磺基水杨酸（10%SSA）。

四、实验步骤

在 12 个 25 mL 比色管中分别按下列方法加入不同溶液最后用蒸馏水稀释至刻度，摇匀。在上述仪器工作条件下，分别测定各溶液中钙的吸光度。

五、实验数据及结果

在上述仪器工作条件下，分别测定各溶液中钙的吸光度，并按表 3-1 的格式进行记录。

表 3-1　测定吸光度值记录表

编　号	溶　液	吸光度
1	Ca^{2+} 10 μg/mL 取 1 mL 250 μg/mL Ca^{2+} 溶液	
2	Ca^{2+} 10 μg/mL＋Al^{3+} 10 μg/mL	
3	Ca^{2+} 10 μg/mL＋PO_4^{3-} 10 μg/mL	
4	Ca^{2+} 10 μg/mL＋Sr^{2+} 1 mg/mL	
5	Ca^{2+} 10 μg/mL＋Sr^{2+} 1 mg/mL＋Al^{3+} 10 μg/mL	
6	Ca^{2+} 10 μg/mL＋Sr^{2+} 1 mg/mL＋PO_4^{3-} 10 μg/mL	
7	Ca^{2+} 10 μg/mL＋SSA0.4%	
8	Ca^{2+} 10 μg/mL＋SSA0.4%＋Al^{3+} 10 μg/mL	
9	Ca^{2+} 10 μg/mL＋SSA0.4%＋PO_4^{3-} 10 μg/mL	
10	Ca^{2+} 10 μg/mL＋Sr^{2+} 1 mg/mL＋SSA0.4%	
11	Ca^{2+} 10 μg/mL＋Sr^{2+} 1 mg/mL＋SSA0.4%＋Al^{3+} 10 μg/mL	
12	Ca^{2+} 10 μg/mL＋Sr^{2+} 1 mg/mL＋SSA0.4%＋PO_4^{3-} 10 μg/mL	

六、注意事项

(1) 实验时要打开通风设备，使金属蒸气及时排出室外。

（2）点火时，先开空气，后开乙炔气。熄火时，先关乙炔气，后关空气。室内若有乙炔气味，应该立即关掉乙炔气源，开通风橱，排除问题后，再继续进行实验。

七、思考题

（1）火焰原子吸收光谱法测钙时为什么选用富燃火焰，而不选用贫燃及计量火焰？

（2）溶液中存在铝离子及磷酸根时，对测定钙有什么影响？为什么？

（3）当溶液中引入锶盐后，对钙的测定及干扰的消除有什么影响？为什么？

（4）当溶液中引入磺基水杨酸后，对钙的测定及干扰的消除有什么影响？为什么？

（5）当溶液中引入锶盐及磺基水杨酸后，又有什么现象产生？

（6）为了减小火焰中对钙测定时的化学干扰，除了用上述方法外，还可采用什么手段？

第4章 紫外-可见分光光度法

4.1 基本原理

紫外-可见分光光度法是利用某些物质的分子吸收在200～800 nm光谱区的辐射发生分子轨道上电子能级间的跃迁，从而产生分子吸收光谱，来进行分析测定的方法。

紫外-可见分光光度法定量分析的理论基础是朗伯-比尔定律，即在一定波长处被测物质的吸光度与它的浓度呈线性关系，即可求出该物质在溶液中的浓度和含量。而且定量分析方法有许多种，如单波长法、双波长法、三波长法、导数光度法、催化动力学光度法等。

紫外-可见分光光度法以使用方便、准确、迅速，样品用量少等优点，而被广泛地应用于农、林、牧、渔、医药、环保、地矿、冶金、物理、化工等各个领域，成为这些领域的实验室必备手段。尤其各种新型光度法的问世，进一步扩大了紫外-可见分光光度法的应用范围，如混浊样品、性质极为相似的同系物、对元素之间的分别测定等。

本章从化学、环保、医药、生物化学等领域进行了实验，并尽可能采用多种新型光度法，如催化动力学、导数、多波长等，做到方法新、应用面广，给学生以多方位培养。

4.1.1 分子吸收光谱的形成

分子中的电子总是处在某一种运动状态中，每一种状态都具有一定的能量，属于一定的能级。电子受到光、热、电等的激发，吸收了外来辐射的能量，就从一个能量较低的能级跃迁到另一个能量较高的能级。分子内部运动包括价电子运动、分子内原子在平衡位置的振动和分子绕其重心的转动，因此，分子具有电子能级、振动能级和转动能级。按量子力学计算，它们是不连续的，即具有量子化的性质。因此，一个分子吸收了外来辐射之后，它的能量变化ΔE为其振动能变化ΔE_v、转动能变化ΔE_r以及电子运动能量变化ΔE_e之总和，即

$$\Delta E = \Delta E_v + \Delta E_r + \Delta E_e \tag{4-1}$$

式中，ΔE_e最大，一般在1～20 eV。现假设ΔE_e为5 eV，其相应的波长为250 nm。因此，由分子内部电子能级的跃迁而产生的光谱位于紫外区或可见

区内。

分子的振动能级间隔 ΔE_v 大约比 ΔE_e 小 10 倍，一般在 0.05～1 eV。

分子的转动能级间隔 ΔE_r 大约比 ΔE_v 小 10 倍或 100 倍，一般小于 0.05 eV。当发生电子能级和振动能级之间的跃迁时，必然也要发生转动能级之间的跃迁。由于得到的谱线彼此间的波长间隔只有 250 nm×0.1%＝0.25 nm，如此小的间隔使它们连在一起，使紫外-可见吸收光谱呈现带状，称为带状光谱。

物质只能选择性地吸收那些能量相当于该分子电子运动能级变化 ΔE_e、振动能级变化 ΔE_v 以及转动能级变化 ΔE_r 的总和的辐射。由于各种物质分子内部结构的不同，分子的能级也不同，各种能级之间的间隔也不相同，这就决定了它们对不同波长光的选择性吸收。如果改变通过某一吸收物质的入射光的波长，并记录该物质在每一波长处得吸光度 A，然后以波长为横坐标，以吸收度 A 为纵坐标作图，这样得到的谱图称为该物质的吸收光谱或吸收曲线。某物质的吸收光谱反映了它在不同的光谱区域内吸收能力的分布情况，可以从波形、波峰的强度、位置及数目研究物质的内部结构，对目标物进行定性、定量分析。

4.1.2 基本概念

4.1.2.1 生色团

分子中含有非键轨道和 π 分子轨道的电子体系，能引起 n-π* 和 π-π* 跃迁，吸收紫外或可见光，这样的基团称为生色团（如 >C=C<、>C=O、>C=C—O—、—N=O 等）。

4.1.2.2 助色团

本身不能吸收大于 200 nm 的光，能够使生色团吸收峰向长波位移并增强其强度的官能团称为助色团（如—OH、$—NH_2$、—SH 以及一些卤族元素等）。这些基团中都含有孤对电子，它们能与生色团中 π 电子相互作用，使 π-π* 跃迁能量降低并引起吸收峰位移。

4.1.2.3 红移与紫移

某些有机化合物经取代反应引入含有未成键电子的基团（如$—NH_2$、—OH、—Cl、—Br、$—NR_2$、—OR、—SH、—SR 等）之后，吸收峰的波长 λ_{max} 将向长波长方向移动，这种效应称为红移或深色移动。

与红移效应相反，有时在某些生色团（如 >C=O）的碳原子一端引入一些取代基之后，吸收峰的波长会向短波长方向移动，这种效应称为紫移。

溶剂极性的不同也会引起某些化合物吸收光谱的红移或紫移，这种作用称为溶剂效应。在 π-π^* 跃迁中，激发态极性大于基态，当使用极性大的溶剂时由于溶剂或溶质相互作用，激发态 π^* 比基态 π 的能量下降更多，因而激发态与基态之间的能量差减小，导致吸收谱带 Λ_{max} 红移。而在 π-π^* 跃迁中基态 n 电子与极性溶剂形成氢键，降低了基态能量，使激发态与基态之间的能量差变大，导致吸收谱带 Λ_{max} 向短波长移动（紫移）。

4.1.3 朗伯-比尔定律

朗伯-比尔定律是光吸收的基本定律，它指出：当一束平行的单色光穿过透明介质时，光强度的降低同入射光的强度 I_0、吸收介质的厚度 b 及被测物质的浓度 c 成正比，用数学式表达为

$$I/I_0 = 10^{-abc} \tag{4-2}$$

或

$$\lg I_0/I = abc$$

式中：I 为透射光的强度；a 为吸光系数；b 单位为 cm；c 单位为 g/L；I/I_0 为透射比，用 T 表示，若以百分数表示，则 $T\%$称为百分透光率；而 $1-T\%$称为百分吸收率；I/I_0 的负对数用 A 表示，称为吸光度，此时，式（4-2）可以写成

$$A = abc \tag{4-3}$$

式中：c 为物质的量浓度（mol/L）。则式（4-3）又可以写成

$$A = \varepsilon bc \tag{4-4}$$

式中：ε 为摩尔吸光系数。如果 b 的单位用 cm，则 ε 的单位为 L/(mol · cm)。如果浓度 c 的单位用质量浓度 g/100 mL，b 的单位用 cm，则式（4-4）中的吸光系数用符号 $E_{1\,cm}^{1\%}$ 表示，称为比吸光系数，它与 ε 的关系可表示成

$$E_{1cm}^{1\%} = 10 \cdot \varepsilon/M \tag{4-5}$$

式中：M 为被测物质的相对分子质量。用比吸光系数的表示方法，特别适用于相对分子质量未知的化合物。

4.1.4 光谱曲线的表示方法

将不同波长的单色光依次通过被分析的物质，分别测得不同波长下的吸光度或透光率，然后绘制吸收强度参数-波长曲线，即为物质的吸收光谱曲线。在紫外、可见光谱中，波长 λ 用 nm 为单位，吸收强度参数用透光率 $T\%$、吸收率、A、ε、$\lg I_0$ 或 $E_{1\,cm}^{1\%}$ 等表示，如图 4-1 所示。

用吸收率、ε 及 $\lg I_0$ 为纵坐标的吸收曲线中，具有最大吸收值的波长，称为

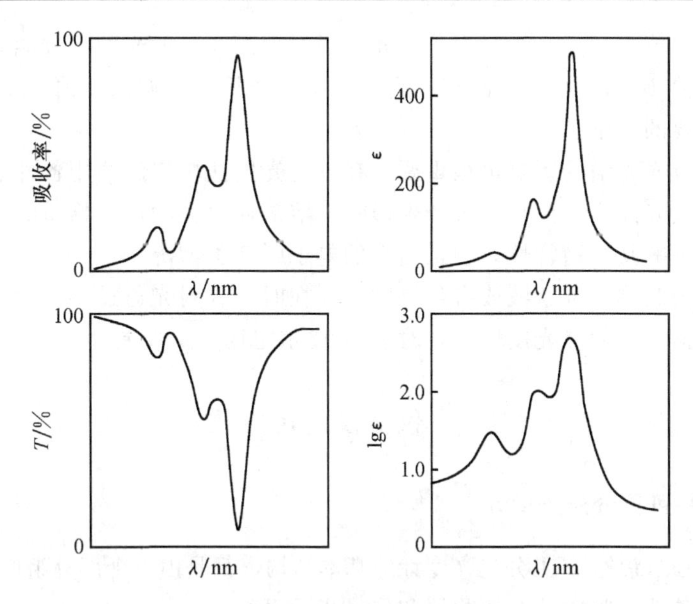

图 4-1　紫外吸收曲线的各种表示方法

最大吸收值的波长，一般用 Λ_{max} 表示；而以 $T\%$ 为纵坐标的吸收曲线中，与 Λ_{max} 相应的是曲线的最低点。

吸收曲线描述了物质对不同波长光的吸收能力，它反映了物质分子能级的变化。因此，吸收曲线的形状和最大吸收波长 Λ_{max} 的位置以及吸收强度（如 ε、lgε）等与分子的结构有着密切的关系。因此，利用吸收曲线可以对物质进行定性分析；而用某一波长下测得的吸光度与物质浓度关系的工作曲线，可以对物质进行定量分析。为了得到较高灵敏度，一般测定 Λ_{max} 处的吸光度。

4.1.5　对朗伯-比尔定律的偏离

根据朗伯-比尔定律，吸光度 A 与浓度 c 成正比，但有时会出现偏离朗伯-比尔定律的情况，一般以负偏离居多，因而影响了测定的准确度。引起偏离朗伯-比尔定律的因素很多，通常可归成两类：一类与样品的浓度有关；另一类则与仪器有关。

通常只有在溶液浓度小于 0.01 mol/L 的稀溶液中朗伯-比尔定律才能成立。在高浓度时，由于吸光质点间的平均距离缩小，临近质点彼此的电荷分布会产生相互影响，以致改变它们对特定辐射的吸收能力，即吸光系数发生改变，导致偏离。

朗伯-比尔定律只适用于单色光，但在紫外-可见分光光度法中，从光源发出的光经单色器分光，为满足实际测定中需有足够光强的要求，狭缝必须有一定的宽度。因此，由出射狭缝投射到被测溶液的光，并不是单色光，实际用于测量的是一小段波长范围的复合光。由于吸光物质对不同波长的光的吸收能力不同，就导致了对朗伯-比尔定律的负偏离。这种非单色光是所有偏离朗伯-比尔定律的因素中较为重要的一个。

溶剂对吸光光谱的影响也很重要。在分光光度法中广泛使用各种溶剂，会对生色团的吸收峰高度、波长位置产生影响。溶剂还会影响待测物质的物理性质和组成，从而影响其光谱特性，包括谱带的电子跃迁类型等。

当试样为胶体、乳状液或有悬浮物质存在时，入射光通过溶液后，有一部分光因散射而损失，使吸光度增大，对朗伯-比尔定律产生偏差。

4.2 仪器及使用方法

4.2.1 紫外-可见分光光度计

各种型号的紫外-可见分光光度计的基本结构，都是由五个部分组成（图 4-2），即光源、单色器、吸收池、检测器和信号指示系统。

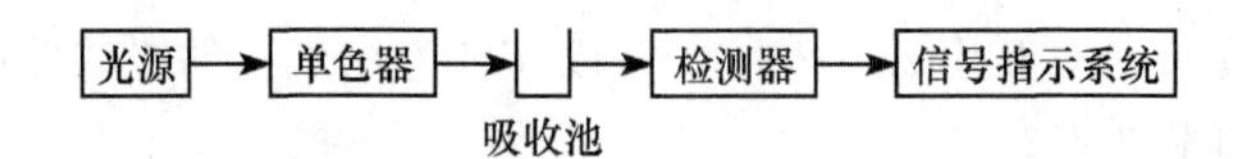

图 4-2 紫外-可见分光光度计基本结构示意图

4.2.1.1 光源

光源应该在仪器操作所需要的光谱区域内能够发射连续辐射，有足够的辐射强度和良好的稳定性，而且辐射能量随波长的变化应该尽可能小。分光光度计中常用的光源有两类：可见光区光源，用钨丝灯或卤钨灯；紫外光区光源，用氢灯或氘灯。

钨灯和碘钨灯可以使用的范围在 340～2500 nm。这类光源的辐射能量与施加的外加电压有关，在可见光区，辐射的能量输出与工作电压的四次方成正比，为了使光源稳定，必须严格控制灯丝电压，仪器应该备有稳压电源。

在近紫外区测定使用氢灯和氘灯，它们可在 160～375 nm 范围内产生连续光源。氘灯的灯管内充有氘，它是紫外光区应用最广泛的一种光源，其光谱分布与氢灯类似，但光强度比相同功率的氢灯要大 3～5 倍。

4.2.1.2 单色器

单色器是能从光源辐射的复合光中分出单色光的光学装置，波长在紫外可见区域内任意可调。单色器一般由入射狭缝、准光器（透镜或凹面反射镜使入射光成平行光)、色散元件、聚焦元件和出射狭缝等组成。关键部分是起分光作用的色散元件：棱镜和光栅。

棱镜有玻璃和石英两种材料。它们的色散原理是依据不同波长光通过棱镜时有不同的折射率而将不同波长的光分开。由于玻璃可吸收紫外光，玻璃棱镜只能用于 350～3200 nm 的波长范围，即只能用于可见光域内。石英棱镜可适用的波长范围较宽，可以为 185～4000 nm，即可用于紫外、可见、近红外三个光域。

光栅是利用光的衍射与干涉作用制成的。它可用于紫外、可见近红外光域，而且在整个波长区具有良好的、几乎均匀一致的分辨能力。它具有色散波长范围宽、分辨本领高、成本低、便于保存和易于制备等优点，缺点是各级光谱会重叠而产生干扰。

入射、出射狭缝，透镜及准光镜等光学元件中狭缝在决定单色器性能上起重要作用。狭缝的大小直接影响单色光纯度，但过小的狭缝又会减弱光强。

单色器的性能直接影响入射光的单色性，从而也影响到测定的灵敏度、选择性及校准曲线的线性关系等。

4.2.1.3　吸收池

紫外-可见分光光度法一般使用液体样品，分析试样放在吸收池。吸收池一般有石英和玻璃材料两种。石英池适用于可见光区及紫外光区，玻璃吸收池只能用于可见光区。为减少光的反射损失，吸收池的光学面必须完全垂直于光束方向。在高精度的分析测定中（紫外区尤其重要），吸收池要挑选配对。因为吸收池材料的本身吸光特征以及吸收池的光程长度的精度等对分析结果都有影响。

4.2.1.4　检测器

检测器用来检测光信号、测量单色光透过溶液后光强度的变化。常用的检测器有光电池、光电管和光电倍增管等。它们通过光电效应将照射到检测器上的光信号转变成电信号。检测器应该在测定的光谱范围内具有高的灵敏度；对辐射能量的响应时间短，线性范围宽；对不同波长的辐射响应均相同；噪声水平低，稳定性好等特点。

在紫外-可见分光光度计上广泛应用光电管。按阴极上光敏材料不同，光谱的灵敏区也不同，可以分为蓝敏和红敏两种光电管：前者是在镍阴极表面上沉积锑和铯，可用波长范围为 210～625 nm；后者是在阴极表面上沉积了银和氧化铯，可用范围为 625～1000 nm。与光电池比较，它有灵敏度高、光敏范围宽、不易疲劳等优点。

光电倍增管是检测微弱光最常用的光电元件，它的灵敏度比一般的光电管要高200倍，故可使用较窄的单色器狭缝，从而对光谱的精细结构有较好的分辨能力。

4.2.1.5　数据处理系统

它的作用是放大、记录信号并控制仪器。目前，很多型号的分光光度计装配有微处理机，一方面可以对分光光度计进行操作控制，另一方面可以进行数据处理。

4.2.2　紫外-可见分光光度计的类型

紫外-可见分光光度计的种类很多，但可归纳为三种类型，即单光束分光光度计、双光束分光光度计和双波长分光光度计。

4.2.2.1　单光束分光光度计

单光束分光光度计光路示意图见图4-3。经单色器分光后的一束平行光，轮流通过参比溶液和样品溶液，以进行吸光度的测定。这种简易型分光光度计结构简单、操作方便、维修容易，适用于常规分析。国产722型、751型、724型、英国SP500型以及Backman DU-8型等均属于此类光度计。

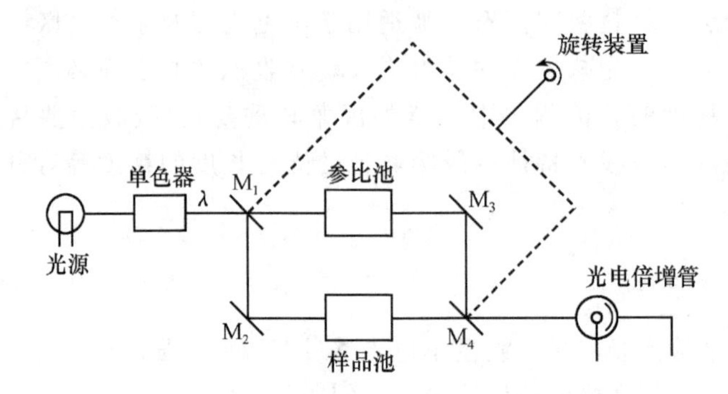

图4-3　单波长分光光度计光路示意图

4.2.2.2　双光束分光光度计

双光束分光光度计光路示意图见图4-3。经单色器分光后经反射镜（M_1）分解为强度相等的两束光，一束通过参比池，另一束通过样品池。光度计能自动比较两束光的强度，比值即为试样的透射比，经对数变换将它转换成吸光度并作为波长的函数记录下来。双光束分光光度计一般都能自动记录吸收光谱曲线。由于两束光同时分别通过参比池和样品池，能自动清除光源强度变化所引起的误差。这类仪器有国产710型、730型、740型等。

4.2.2.3　双波长分光光度计

双波长分光光度计基本光路如图 4-4 所示。由同一光源发出的光被分成两束，分别经过两个单色管，得到两束不同波长（λ_1和 λ_2）的单色光；利用切光器将两束光以一定的频率交替照射统一吸收池，然后经过光电倍增管和电子控制系统，最后由显示器显示出两个波长处的吸光度差值 $\Delta A(\Delta A=A_{\lambda_1}-A_{\lambda_2})$。对于多组分混合物、混浊试样（如生物组织液）分析，以及存在背景干扰或共存组分吸收干扰的情况下，利用双波长分光光度法，往往能提高方法的灵敏度和选择性。利用双波长分光光度计，能获得导数光谱，通过光学系统转换，使双波长分光光度计能很方面地转化为单波长工作方式。如果能在 λ_1 和 λ_2 处分别记录吸光度随时间变化的曲线，还能进行化学反应动力学研究。

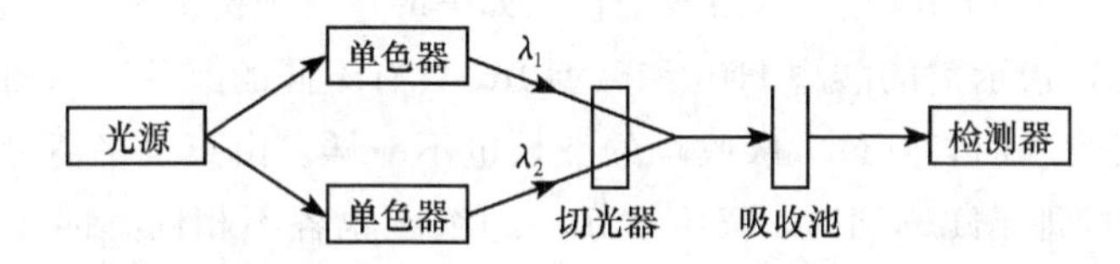

图 4-4　双波长分光光度计光路示意图

4.2.3　分光光度计的校正

通常在实验室工作中，验收新仪器或仪器使用一段时间后都要进行波长校正和吸光度校正。采用下述的方法来进行校正较为简便和实用。镨钕玻璃可用来校正分光光度计可见光区的波长标尺，钬玻璃则对紫外和可见光区都适用。利用它们所据有的若干特征吸收峰进行校正。

可用 K_2CrO_4标准溶液来校正吸光度标度。将 0.0400 g K_2CrO_4 溶解于 1 L 的0.05 mol/L KOH 溶液中，在 1 cm 光程的吸收池中，在 25℃时用不同波长测得的吸光度值列于表 4-1。

表 4-1　K_2CrO_4 标准溶液的吸光度

λ/nm	吸光度 A	λ/nm	吸光度 A	λ/nm	吸光度 A	λ/nm	吸光度 A
220	0.4559	300	0.1518	380	0.9281	460	0.0173
230	0.1675	310	0.0458	390	0.6841	470	0.0083
240	0.2933	320	0.0620	400	0.3872	480	0.0035
250	0.4962	330	0.1457	410	0.1972	490	0.0009
260	0.6345	340	0.3143	420	0.1261	500	0
270	0.7447	350	0.5528	430	0.0841		
280	0.7235	360	0.8297	440	0.0535		
290	0.4295	370	0.9914	450	0.0325		

实验 10　分光光度法测定溴百里香酚蓝指示剂的离解常数

一、实验目的

分光光度法不仅是一种最常用的定量分析的手段，而且也是研究溶液平衡的重要的方法之一。通过实验熟悉如何用分光光度法来测定酸碱指示剂的离解常数，并进一步掌握 TU-1901 型分光光度计及 pHS-3B 型酸度计的正确使用。

二、实验原理

本实验所选用的酸碱指示剂是溴百里香酚蓝（BTB），同一般常用的指示剂一样是一种一元弱酸（HIn），在水溶液中存在如下的离解平衡 $HI \rightleftharpoons H^+ + In^-$。

一般说来，指示剂的酸型 HIn 和碱型 In^- 具有不同的颜色。因而在可见光区均有较强的吸收，而且其最大吸收峰的波长也不一样。由离解平衡可见，当溶液中 H^+ 浓度不同即 pH 不同时，HIn 和 In^- 的浓度也各不相同。因而溶液的吸光度 A 必然发生变化。因此，吸光度 A 的变化就代表了 $[In^-]$ 与 $[HIn]$ 比值的变化。通过对某一最大吸收峰处吸光度 A 的测定，就可以求出 $[In^-]$ 与 $[HIn]$ 的比值，从而可以按照离解平衡的关系

$$K_{HIn} = \frac{[In^-]}{[HIn]} \cdot [H^+]$$

取负对数

$$pK_{HIn} = pH - \lg \frac{[In^-]}{[HIn]}$$

根据此式即可用代数法或图解法求出指示剂的离解常数。

三、仪器与试剂

TU-1901 型分光光度计；pHS-3B 型酸度计；25 mL 比色管 7 个；10 mL 小烧杯 7 个；100 mL 容量瓶 2 个；

5 mL 刻度移液管 1 个，10 mL 1 个；10 mL 量筒 1 个。

溴百里香酚蓝（BTB）溶液 0.1％储备液：称取 0.1 g BTB 用 20％乙醇溶液溶解，移入 100 mL 容量瓶中，用 20％乙醇稀释至刻度，摇匀。

0.01％ BTB 操作液：吸取 10 mL0.1％ BTB 储备液于 100 mL 容量瓶中，用蒸馏水稀释至刻度，摇匀。

0.02 mol/L KH_2PO_4 溶液；0.2 mol/L Na_2HPO_4 溶液；3 mol/L NaOH 溶液。

四、实验步骤

1. 缓冲溶液的配制

用移液管分别移取 3 mL 0.01% BTB 溶液于 7 个洁净的比色管中，再按表 4-2 所列体积，用移液管移取磷酸盐溶液分别加至各比色管中，并向第 7 号比色管中加入一滴 3 mol/L NaOH 溶液。然后将 7 个比色管分别用蒸馏水稀释至刻度，摇匀。

表 4-2　缓冲溶液的配制

比色管号	$V(KH_2PO_4)$/mL	$V(Na_2HPO_4)$/mL	pH
1	5	0	
2	10	1	
3	5	1	
4	5	5	
5	1	5	
6	1	10	
7	0	5	

2. 吸收光谱的制作

以蒸馏水作空白，用 1 cm 比色皿，在 UV-1970 分光光度计上分别制作 1、4、7 号溶液的吸收曲线。波长范围 420～700 nm。由所测定的数据找出 BTB 酸型（低 pH 时）的最大吸收波长 λ_{HIn} 和碱型（高 pH 时）的最大吸收波长 λ_{In^-}。并选定一个波长（可选用 λ_{In^-}）测其余各号的吸光度 A 值。

3. 溶液 pH 的测定

将以上 7 个比色管中的溶液分别倒入 7 个 10 mL 的清洁、干燥的小烧杯中。依次在 pHS-2 型酸度计上测量其 pH，并记录于表 4-2 内。

五、实验数据及结果

1. 吸收曲线的绘制

将上述实验数据在同一坐标上，以波长为横坐标、吸光度为纵坐标，绘制 1、4、7 号溶液的吸收曲线。在吸收曲线上某点三条线共聚，此点吸光度值只与 BTB 总浓度有关，与 pH 无关，该点称为等吸收点。找出等吸收点波长。

2. 求 pK_{HIn}

根据不同 pH 下的 BTB 吸光度数据可用代数法或图解法求出。

1）代数法

设 b 为液层厚度，c 为总浓度

$$\mathrm{HIn} \rightleftharpoons \mathrm{H^+} + \mathrm{In^-}$$

混合常数为

$$K_{\mathrm{HIn}} = a_{\mathrm{H^+}} \cdot \frac{[\mathrm{In^-}]}{[\mathrm{HIn}]}$$

$$c = [\mathrm{HIn}] + [\mathrm{In^-}]$$

分布系数为

$$\delta_{\mathrm{HIn}} = \frac{a_{\mathrm{H^+}}}{K_{\mathrm{HIn}} + a_{\mathrm{H^+}}}$$

$$\delta_{\mathrm{In^-}} = \frac{K_{\mathrm{HIn}}}{K_{\mathrm{HIn}} + a_{\mathrm{H^+}}}$$

$$A = \varepsilon \cdot b \cdot c$$

总吸光度为

$$\begin{aligned} A &= A_{\mathrm{HIn}} + A_{\mathrm{In^-}} = \varepsilon_{\mathrm{HIn}} \cdot [\mathrm{HIn}] \cdot b + \varepsilon_{\mathrm{HIn}} \cdot [\mathrm{In^-}] \cdot b \\ &= \frac{\varepsilon_{\mathrm{HIn}} \cdot a_{\mathrm{H^+}} \cdot c \cdot b}{K_{\mathrm{HIn}} + a_{\mathrm{H^+}}} + \frac{\varepsilon_{\mathrm{In^-}} \cdot K_{\mathrm{HIn}} \cdot c \cdot b}{K_{\mathrm{HIn}} + a_{\mathrm{H^+}}} \\ &= \frac{a_{\mathrm{H^+}} \cdot A_{\mathrm{HIn}} + K_{\mathrm{HIn}} \cdot A_{\mathrm{In^-}}}{K_{\mathrm{HIn}} + a_{\mathrm{H^+}}} \end{aligned}$$

整理得

$$K_{\mathrm{HIn}} = \frac{A - A_{\mathrm{HIn}}}{A_{\mathrm{In^-}} - A} \cdot a_{\mathrm{H^+}}$$

取负对数得

$$\mathrm{p}K_{\mathrm{HIn}} = \mathrm{pH} + \lg \frac{A_{\mathrm{In^-}} - A}{A - A_{\mathrm{HIn}}}$$

式中：pH 为溶液的 pH；A 为选定波长下测得的溶液吸光度；$A_{\mathrm{In^-}}$ 为选定波长下指示剂全部以碱型 $\mathrm{In^-}$ 存在下，即高 pH 时 7 号溶液的吸光度；A_{HIn} 为选定波长下指示剂全部以酸型 HIn 存在下，即低 pH 时 1 号溶液的吸光度。

上式为用分光光度法测定一元弱酸平衡常数的基本公式。将实验数据带入此式，分别计算各 pH 时 BTB 溶液的 $\mathrm{p}K_{\mathrm{HIn}}$ 值，并取其平均值，得出结果（表 4-3）。

表 4-3　实验数据记录表

编　号	1	2	3	4	5	6	7
A							
pH							
$\mathrm{p}K_{\mathrm{HIn}}$							
$\mathrm{p}K_{\mathrm{HIn}}$平均值							

2）图解法

由于

$$pK_{HIn} = pH + \lg \frac{A_{In^-} - A}{A - A_{HIn}}$$

移项可得

$$pH = pK_{HIn} - \lg \frac{A - A_{HIn}}{A_{In^-} - A}$$

以 pH 为纵坐标，$\lg \frac{A - A_{HIn}}{A_{In^-} - A}$为横坐标作图，可以得到一斜率为 1 的直线。直线在纵轴上的截距即 pK_{HIn}。直线在 $pH = pK_{HIn}$处通过 pH 轴。当 $[In^-] = [HIn]$ 时，$\lg \frac{[In^-]}{[HIn]}$等于零，因而 $pH = pK_{HIn}$，即可求得 pK_{HIn}，并将其图解法求出的 pK_{HIn}值与用代数法计算的值进行比较。

六、注意事项

通过实验熟悉如何用分光光度法来测定酸碱指示剂的离解常数，并进一步掌握 TU-1901 型分光光度计及 pHS-3B 型酸度计的正确使用。

七、思考题

用分光光度法测定酸碱指示剂的离解常数的原理。

实验 11　环境污染废水中甲醛的催化动力学光度法的测定

一、实验目的

（1）学习催化动力学光度法的基本原理。

（2）掌握催化动力学光度法的基本操作方法。

（3）了解催化动力学光度法的特点及应用。

二、实验原理

动力学光度法是用分光光度计测量反应物浓度与反应速率之间的定量关系的一种分析方法，催化动力学光度法则是以催化反应为基础来测定物质含量的方法，它可以测定催化剂或活化剂或抑制剂的浓度或含量，该方法灵敏度极高，一般可达微克级，广泛用于环境、生物化学、痕量金属等分析。

本实验是利用催化动力学光度法测定废水中甲醛的含量。在室温及酸性条件下，甲醛对溴酸钾氧化乙基橙的反应具有显著的催化作用（乙基橙＋溴酸钾$\xrightarrow[K]{\text{甲醛}}$氧

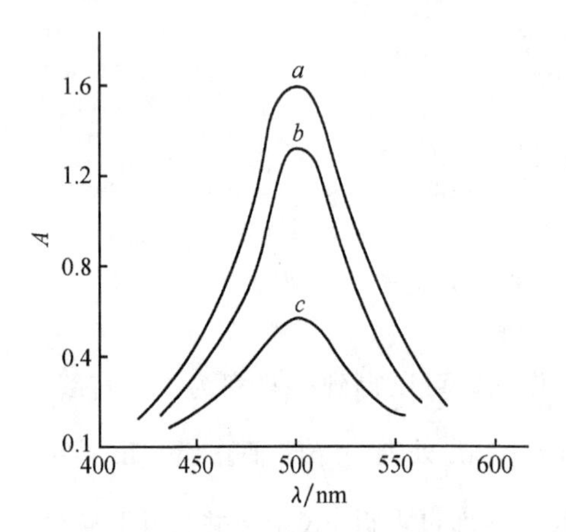

图 4-5 乙基橙吸收光谱图

$T=27℃$；$t=9$ min

HCHO：a—0；b—1.0 mg/L；c—1.4 mg/L

化乙基橙＋溴化钾)，并且该催化反应具有一定的诱导期（t），乙基橙最大吸收波长为$\lambda_{max}=508$ nm，如图 4-5 所示。甲醛浓度在 0.10～1.5 mg/L 范围内与 $1/t$ 呈良好线性关系。方法检测限为 0.05 mg/L。

三、仪器与试剂

TU-1901；1 cm 比色皿（玻璃）；25 mL 比色管 10 个；秒表一块。

甲醛标准溶液：取 2.8 mL 36%～38%的甲醛溶液，用水稀释至 1 L，用碘量法标定，使用时稀释成 10 mg/L 的工作溶液。

乙基橙水溶液 0.025%；硫酸溶液 2.0 mol/L；溴酸钾溶液 0.05 mol/L；阳离子交换树脂。

四、实验步骤

1. 工作曲线的绘制

于 10 mL 比色管中，分别加入 1.4 mL 0.025%乙基橙溶液，1.0 mL 2.0 mol/L 硫酸溶液，0.10 mg/L、0.20 mg/L、0.40 mg/L、0.60 mg/L、0.80 mg/L、1.0 mg/L、1.5 mg/L 范围内的甲醛，加水至 8.3 mL，摇匀，再加入 1.7 mL 0.05 mol/L 的溴酸钾，混匀，同时用秒表计时，并将试液转入 1 cm 比色皿，反应 4 min 后，在 508 nm 处开始记录吸光度的变化，测量反应的诱导期（t）的大小，以 $1/t$ 对甲醛的浓度作工作曲线。

2. 样品分析

取一定量的实验室（环境）废水，加入 0.01 mol/L 硝酸银 3 mL，摇匀，过滤，滤液通过强酸性阳离子交换树脂以除去 Fe^{3+} 等阳离子，然后取流出液进行分析，方法同工作曲线。

五、实验数据及结果

绘制 $1/t$-$c_{甲醛}$工作曲线，并从曲线上查找未知样品中甲醛的含量。

六、注意事项

(1) 催化动力学光度法因其灵敏度高，故干扰严重，一定注意所用药品的纯度，并保持器皿干净。

（2）尽可能计时准确，这是提高精密度的关键。

七、思考题

（1）什么是催化动力学光度法？与动力学光度法有何区别？

（2）怎样保证反应时间的统一性？

实验 12　海水中蒽、菲的定性检出

一、实验目的

学习用萨特勒标准图谱，用简单的紫外分光光度法进行未知物的初步鉴定。

二、实验原理

紫外-可见分光光度法能够提供未知物分子中生色团和共轭体系的信息，因此适用于不饱和有机化合物，尤其是共轭体系的鉴定，以此推断未知物的骨架结构。应该指出，分子或离子对紫外光的吸收只是它们含有的生色基团和助色团的特征，而不是整个分子或离子的特征，因此只靠一个紫外光谱来确定一个未知物的结构是不现实的，还要配合红外光谱、核磁共振波谱、质谱等进行综合分析。由于紫外-可见分光光度计价格便宜、操作简单，在定性分析中仍然是一种常用的辅助方法。

本实验利用了蒽、菲在紫外区的特征吸收峰对其进行定性鉴定，如图 4-6所示。在 293 nm 和 251 nm 处菲有两个非常尖锐的特征吸收峰，其他波长处的峰均不明显；而且在 251 nm 的吸收强度远大于 293 nm 处的强度，这是菲定性的依

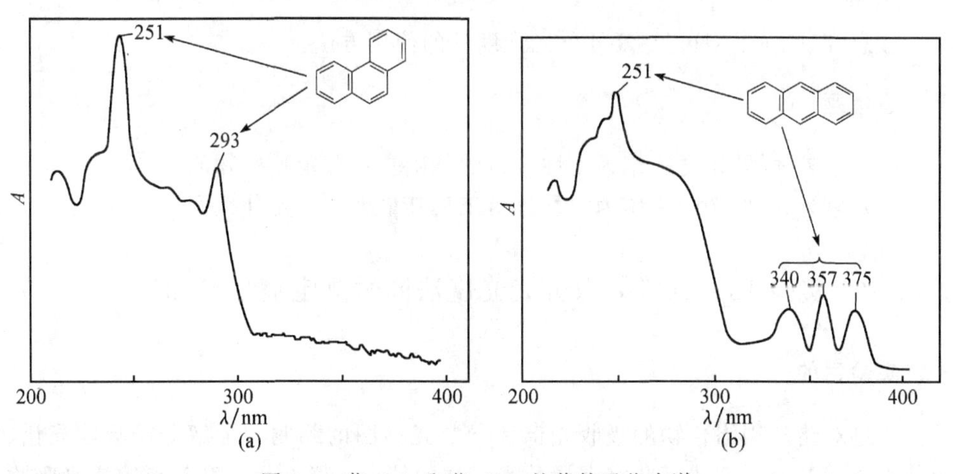

图 4-6　菲（a）和蒽（b）的紫外吸收光谱

据。而蒽在 253 nm 处有较强的尖锐吸收峰，在 340 nm、357 nm、375 nm 处还有三个较弱的吸收峰，这是蒽定性的基础。

如果两者同时存在时，251 nm 处的菲峰便不可作为菲的检出依据，因为此波长段蒽也有很强的吸收，所以只能以 293 nm 处的吸收峰为检出菲的依据，而且还要注意到 $A_{251}>A_{293}$。对于蒽的检出，当菲存在时，253 nm 处的吸收峰显得无能为力，只有从 340 nm、357 nm、375 nm 处的三个弱峰进行综合考虑。

三、仪器与试剂

10 mL 的比色管；TU-1901 型可见-紫外分光光度计。

蒽标准溶液：200 μg/mL 的甲醇溶液。

菲标准溶液：200 μg/mL 的甲醇溶液。

四、实验步骤

（1）标准图谱的绘制。在 220～400 nm 范围内，用 1 cm 比色皿，甲醇为空白，分别扫描蒽、菲的标准谱图。

（2）蒽、菲混合图谱的绘制。蒽∶菲为 1∶1、1∶2、2∶1 的混合物谱图分别绘制。

（3）分别绘制未知液 1、2 的图谱，并与标准谱图进行对照分析。

五、实验数据及结果

（1）判断未知液中菲、蒽的存在与否。

（2）判断未知液中除菲、蒽外，有无其他物质。

六、注意事项

注意 TU-1901 型可见-紫外分光光度计的使用方法。

七、思考题

（1）紫外-可见光度法作为定性分析的基础主要鉴定哪些物质？

（2）紫外-可见光度法作为定性分析工具其最大缺点是什么？

实验 13　二阶导数分光光度法同时测定痕量锗和钼

一、实验目的

通过对锗、钼络合物的吸收光谱和导数光谱图的绘制，了解分子吸收光谱、导数光谱图的绘制方法，并掌握导数光谱法的特点，学会用导数光谱法实现吸收光谱严重重叠物质间的分别定量测定。

二、实验原理

导数分光光度法是在 20 世纪 70 年代以后随着计算机技术的应用而发展的一种方法。目前可得到四级以上的高阶导数光谱，一阶导数光谱常用于精确地确定宽谱的最大峰位，并且具有分辨重叠峰及识别“肩峰”的能力，有利于提高选择性。对于两个重叠的峰，如果一个为锐峰，另一个为宽峰，采用二阶导数光谱可排除宽峰对锐峰的干扰，对锐峰进行识别，并具有放大效应。

根据朗伯-比尔定律，用 $A=\varepsilon c$ 对 λ 求导，可得

一阶导数：对吸收定律一次微分，得

$$\frac{dA}{d\lambda}=\frac{d\varepsilon}{d\lambda}=c$$

同理，对吸收定律进行二次微分，得二阶导数为

$$\frac{d^2A}{d\lambda^2}=\frac{d^2\varepsilon}{d\lambda^2}c$$

三阶导数为

$$\frac{d^3A}{d\lambda^3}=\frac{d^3\varepsilon}{d\lambda^3}c$$

n 阶导数为

$$\frac{d^nA}{d\lambda^n}=\frac{d^n\varepsilon}{d\lambda^n}c$$

可见，这些导数值与样品浓度 c 呈线性关系，可以用于定量测定。

本实验是通过锗、钼与苯基荧光酮形成络合物，其吸收光谱（图 4-7）严重重叠，而其导数光谱（图 4-8）有较大差异，可以对锗、钼进行分别定量测定。

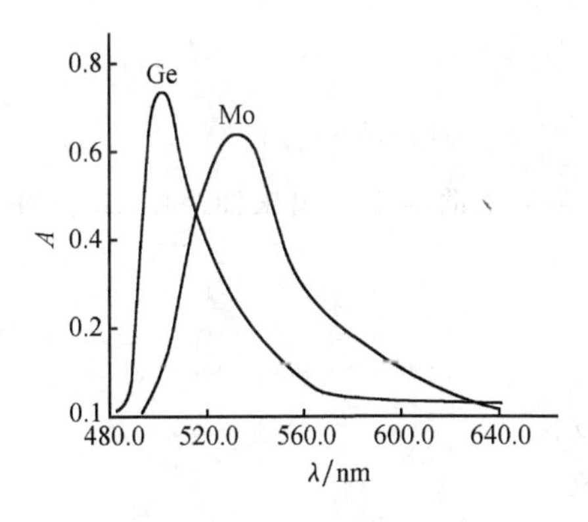

图 4-7　锗和钼的苯基荧光酮-CPC 络合物吸收光谱

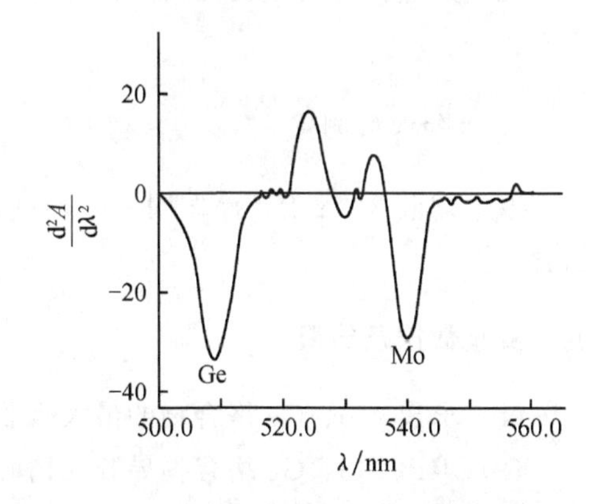

图 4-8　锗、钼-苯基荧光酮-CPC 络合物的二阶导数吸收光谱（锗、钼质量浓度 20 μg/mL）

三、仪器与试剂

10 mL 比色管；5 mL 移液管等；TU-1901 型可见-紫外分光光度计。

锗（Ⅳ）标准溶液：100.0 μg/mL，用时稀释成 10.0 μg/mL。

钼（Ⅵ）标准溶液：100.0 μg/mL，用时稀释成 10.0 μg/mL。

苯基荧光酮：0.3 g/L-乙醇溶液。

氯代十六烷基吡啶（CPC）溶液 5 g/L。

四、实验步骤

1. 溶液的配制

分别移取 10.0 μg/mL 锗（钼）标准溶液 0、1.00 mL、2.00 mL、3.00 mL、4.00 mL、5.00 mL 于 6 个 10 mL 比色管中，再分别移取 3 mol/L 的硫酸溶液 6.00 mL、苯基荧光酮 4.00 mL、CPC 1.50 mL 于每一个比色管中，用水稀释至刻度，摇匀，放置 5 min。

2. 吸收光谱及二阶导数光谱的绘制

分别取 2 mL(10.0 μg/mL）锗、钼配成的标准络合物溶液，以试剂为空白，在 400～620 nm 波长范围内扫描其吸收光谱，并作其二阶导数光谱图，找出测定锗、钼的波长区间（Mo 为 534～551 nm；Ge 为 498～513 nm)。

3. 工作曲线的绘制

在上述选择好的波长区间内，对“1”所配溶液进行二阶导数光谱测定，用峰面积法。

4. 未知液的测定

取未知液 2.0 mL，操作同工作曲线，在工作曲线上求出未知液中 Ge、Mo 的含量。

五、实验数据及结果

(1) 求出 Mo、Ge 络合物的最大吸收波长。

(2) 求出 Mo、Ge 络合物导数光谱峰位。

(3) 绘制工作曲线，求出 γ 值。

(4) 求出未知液中 Ge、Mo 的含量。

六、注意事项

注意 TU-1901 型可见-紫外分光光度计的使用方法。

七、思考题

(1) 导数分光光度法有什么优点?
(2) 导数分光光度法的应用原则是什么?
(3) 在什么情况下导数分光光度法能提高测定的灵敏度?

实验 14　蛋白质中色氨酸和酪氨酸的测定

一、实验目的

(1) 掌握蛋白质测定的方法。
(2) 进一步熟悉 TU-1901 型可见-紫外分光光度计的使用方法。

二、实验原理

蛋白质是一类重要的生物高分子物质，不同的蛋白质具有各种不同的生理功能。它的结构单元是氨基酸，除一些芳香族氨基酸（如色氨酸、酪氨酸、苯丙氨酸和含硫氨基酸）外，其他天然氨基酸在 210～310 nm 范围内几乎没有吸收，蛋白质的紫外吸收性质实际上是反映组成蛋白质分子的一些芳香族氨基酸的吸收特性，见图 4-9。

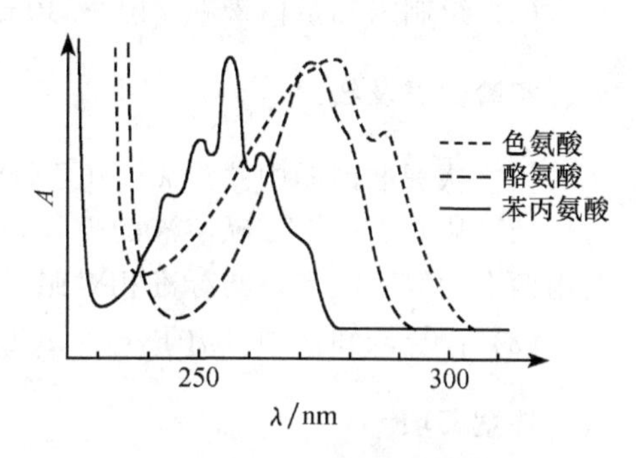

图 4-9　色氨酸、酪氨酸、苯丙氨酸在 pH=4 的吸收光谱

图 4-9 为三种芳香族氨基酸的吸收光谱。它们除了在 190～220 nm 有一强吸收峰外，在 250～300 nm 均有吸收峰。在 0.1 mol/L NaOH 中，酪氨酸和色氨酸的吸收光谱分别是 $\lambda_{max}=293$ nm($\varepsilon_{293\,nm}$，2300) 和 $\lambda_{max}=280.5$ nm，($\varepsilon_{280.5\,nm}$，5250)。它们的吸收曲线在 294.4 nm($\varepsilon_{294.4\,nm}$，2375) 和 257.15 nm($\varepsilon_{257.15\,nm}$，2748) 交叉。在一个简单的混合物中，通常可以通过等吸光点来测定其浓度，这里用 294.4 nm 更为合适，因为这个等吸光点接近酪氨酸的峰，并且 $\Delta\varepsilon/\Delta\lambda$ 最小。选择 280 nm 是因为这是色氨酸的 λ_{max}($\Delta\varepsilon/\Delta\lambda$ 最小)。

$$n(\mathrm{Try}) = (0.263a_{280} - 0.170a_{294.4}) \times 10^{-3} \qquad (4\text{-}6)$$

这里蛋白质的量是已知的，$a_{294.4}$ 和 a_{280} 分别为蛋白质在 294.4 nm 和 280 nm 的吸光系数。n(Tyr) 和 n(Try) 分别为每克蛋白质中酪氨酸和色氨酸的物质的量，如果溶液中蛋白质的量是未知的，那么可以根据下式得到两者的物质的量比。

$$\frac{n(\mathrm{Tyr})}{n(\mathrm{Try})}=\frac{0.592a_{294.4}-0.263a_{280}}{0.263a_{280}-0.170a_{294.4}}$$

三、仪器与试剂

TU-1901 型可见-紫外分光光度计。

L-酪氨酸标准溶液：0.5%水溶液。

L-色氨酸标准溶液：0.5%水溶液。

酪氨酸碱性标准溶液 4%（0.1 mol/L NaOH）；色氨酸碱性标准溶液 4%（0.1 mol/L NaOH）。

四、实验步骤

（1）以水为空白样，在 240～300 nm，分别绘制 L-酪氨酸、L-色氨酸的吸收光谱。

（2）以 3 mol/L NaOH 溶液为空白样，在 200～300 nm，分别绘制（1）中两种氨基酸碱溶液的吸收光谱。

（3）绘制未知蛋白液在 240～300 nm 的吸收光谱。

五、实验数据及结果

（1）从标准谱图中找出 λ_{max}（色氨酸）、λ_{max}（赖氨酸）。

（2）从 0.1 mol/L 碱溶液的吸收光谱图找出 λ_{max}（色氨酸）、λ_{max}（赖氨酸），找出两个的等吸收点，与标准相对照。

（3）计算未知液中，n(Tyr)∶n(Try)。

六、注意事项

注意 TU-1901 型可见-紫外分光光度计的使用方法。

七、思考题

简要叙述蛋白质测定的方法原理。

实验 15　双波长光度法同时测定硝基酚的邻、对位异构体

一、实验目的

（1）掌握双波长光度法同时测定硝基酚的邻、对异构体的原理。

（2）进一步熟悉岛津 UV-160A 型可见-紫外分光光度计的使用方法。

二、实验原理

（1）图 4-10 是邻、对硝基酚在碱性条件下的吸收光谱，两者严重重叠，用普通光度法难以实现两者的相互测定。用等吸收点双波长法可以解决这一难题，其原理如下：

$$A_{\lambda_2} = A_{\lambda_2}^{邻} + A_{\lambda_2}^{对} = \varepsilon_{\lambda_2}^{对} c_{对} L + A_{\lambda_2}^{邻} \tag{4-7}$$

$$A_{\lambda_1} = A_{\lambda_1}^{邻} + A_{\lambda_1}^{对} = \varepsilon_{\lambda_1}^{对} c_{对} L + A_{\lambda_1}^{邻} \tag{4-8}$$

使 $A_{\lambda_2}^{邻} = A_{\lambda_1}^{邻}$（测定对硝基酚时）：　(4-9)

$$\begin{aligned}\Delta A &= A_{\lambda_2} - A_{\lambda_1} \\ &= A_{\lambda_2}^{邻} + A_{\lambda_2}^{对} - (A_{\lambda_1}^{邻} + A_{\lambda_1}^{对})\end{aligned} \tag{4-10}$$

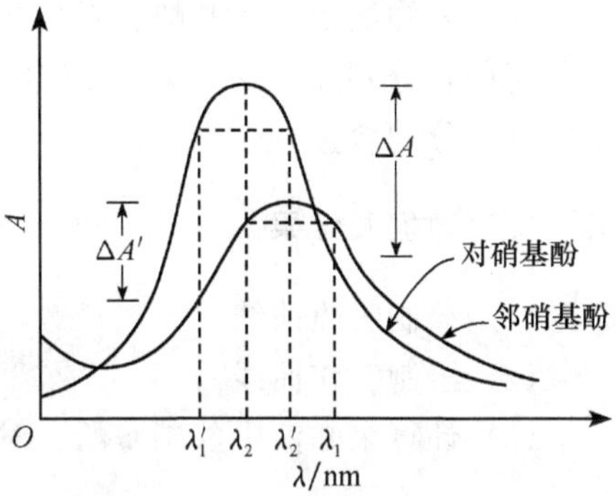

图 4-10　邻、对硝基酚的吸收光谱

将式（4-9）代入式（4-10）得

$$\Delta A = A_{\lambda_2}^{对} - A_{\lambda_1}^{对} = (\varepsilon_{\lambda_2}^{对} - \varepsilon_{\lambda_1}^{对}) c_{对} L \qquad （\Delta A \text{ 仅与 } c_{对} \text{ 有关}）$$

同理

$$\Delta A' = (\varepsilon_{\lambda_2}^{邻} - \varepsilon_{\lambda_1}^{邻}) c_{邻} L \qquad （\Delta A' \text{ 仅与 } c_{邻} \text{ 有关}）$$

（2）寻找等吸收点——精密确定法。为了提高分析结果的精密度，可以用精密确定法最终确定波长组合 $\lambda_2-\lambda_1$（$\lambda_2'-\lambda_1'$），在 TU-1901 仪器上，先固定 λ_2，使 λ_1 向长波或短波方向改变 0.1 nm 左右，观察 ΔA 变化的大小，从中找出 ΔA 变化最小的 λ_1 值。

三、仪器与试剂

TU-1901 型可见-紫外分光光度计。

邻、对硝基酚溶液，$c_{邻硝基酚} = c_{对硝基酚} = 7.5 \times 10^{-4}$ mol/L；NaOH 溶液 1 mol/L；未知液一份。

四、实验步骤

（1）吸收曲线的绘制。用移液管吸取邻硝基酚溶液 2.5 mL、对硝基酚 1 mL，分别于两只 25 mL 比色管中，各加入两滴 1 mol/L NaOH 溶液，用蒸馏水稀至刻度，摇匀。于 TU-1901 型可见-紫外分光光度计上从 600 nm 扫描至 200 nm，得到吸收光谱。

（2）用仪器精密确定波长法选择 λ_2-λ_1、λ_2'-λ_1' 波长对。

（3）工作曲线的绘制。分别移取邻硝基酚溶液0、1.0 mL、2.0 mL、3.0 mL、4.0 mL、5.0 mL，于25 mL比色管中，加入两滴1 mol/L NaOH溶液，用水稀至刻度，摇匀。在仪器程序下，按选择好的λ_2'-λ'_1组合，测定$\Delta A'$。

分别移取对硝基酚溶液0、0.5 mL、1.0 mL、1.5 mL、2.0 mL、2.5 mL于25 mL比色管中，加入两滴1 mol/L NaOH溶液，用水稀至刻度，摇匀。在仪器条件下，按选择好的组合测定ΔA。然后按仪器自动控制绘制工作曲线ΔA-c。

（4）未知液中邻硝基酚、对硝基酚含量的测定。取未知液2.0 mL于25 mL比色管中，分别在λ_2-λ_1、λ_2'-λ_1'组合下测定吸光度值，由仪器自动计算出未知液中两种成分的含量。

五、实验数据及结果

（1）绘制吸收曲线。

（2）绘制工作曲线。

（3）计算未知液中邻硝基酚、对硝基酚的含量。

六、注意事项

注意TU-1901型可见-紫外分光光度计的使用方法。

七、思考题

简述双波长光度法同时测定硝基酚的邻、对异构体的原理。

第5章　分子荧光光谱法

5.1　基本原理

5.1.1　分子荧光的产生

每种物质分子中都具有一系列严格分立的能级，称为电子能级，而每个电子能级中又包含一系列的振动能级和转动能级。室温下，大多数分子处在基态的最低振动能级。处于基态的分子吸收电磁辐射后被激发为激发态。激发态是不稳定的，将很快跃迁回基态。这些过程可用Jablonski能级图（图5-1）来描述。在图5-1中，基态用S_0表示，第一电子激发单重态和第二电子激发单重态分别用S_1和S_2表示，第一电子激发三重态和第二电子激发三重态分别用T_1和T_2表示，用$\nu=0$，1，2，3，…表示基态和激发态的振动能级。由于一般的光谱仪器分辨不出转动能量，图中未画出转动能级。

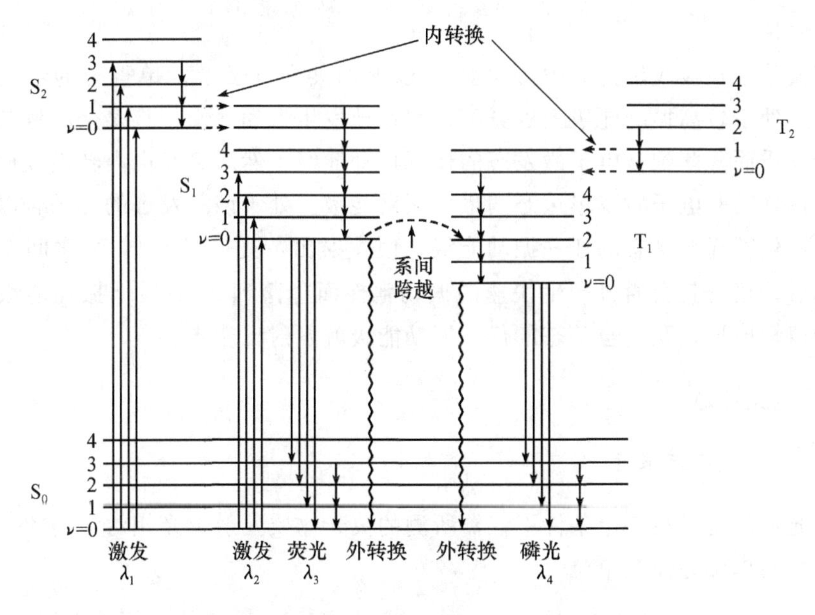

图5-1　分子吸收和发射过程的Jablonski能级图

电子激发态的多重度可用$M=2S+1$来表示，式中S为电子自旋量子数的代数和，其值为 0 或 1。图 5-2 为单重态与三重态激发示意图。由图 5-2 可见，当所有的电子都配对时，$S=0$，$M=1$，分子的电子态处于单重态，用符号 S 表示。大多数有机化合物分子的基态是处于单重态的。分子吸收光能后，如果电子在跃迁过程中不发生自旋方向的变化，这时分子处于激发的单重态，如图 5-1 中的 S_1 和 S_2。倘若电子在跃迁过程中还伴随着自旋方向的改变，则 $S=1$，$M=3$，分子处于激发的三重态，三重态用符号 T 表示。根据洪特规则，处于分立轨道上的非成对电子，平行自旋要比成对自旋更稳定，因此，三重态的能级总是要比相应的单重态能级略低一些。而单重态到三重态的激发概率只相当于单重态到单重态激发的 10^{-6}，因此，这一过程实际上很难发生，但是这种激发过程并不是到达三重态的唯一途径，它还可以从邻近的激发单重态产生。另外，单重态的分子具有抗磁性，其激发态的寿命为 $10^{-9}\sim10^{-7}$s，而三重态分子具有顺磁性，其激发态的寿命为 $10^{-4}\sim10$s。

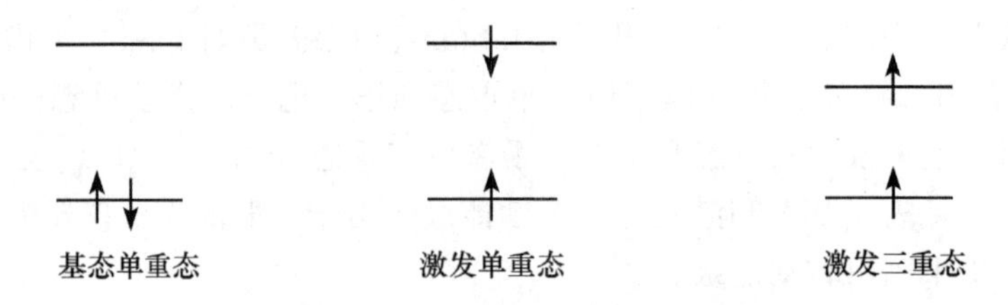

图 5-2 单重态与三重态激发示意图

假设分子在吸收辐射后被激发到 S_2 以上的某个电子激发单重态的不同振动能级上，处于较高振动能级上的分子，很快地发生振动弛豫，将多余的振动能量传递给介质而降落到该电子激发态的最低振动能级，然后又经由内转换及振动弛豫而降落到第一电子激发单重态的最低振动能级。处于该激发态的分子若以辐射形式去活化跃迁至基态的任一振动能级，便发射出荧光。当 S_1 与 T_1 之间发生系间跨越后，接着就会通过产生快速的振动弛豫而降落到 T_1 的最低振动能级，从这里若以辐射形式跃迁至基态的任一振动能级就发射出磷光。

5.1.2 荧光参数

5.1.2.1 荧光强度

荧光强度是指在一定条件下仪器所测的荧光物质发射荧光相对强弱的一种量度，所用的单位为任意单位。

5.1.2.2 荧光激发光谱

荧光激发光谱（简称激发光谱）是引起荧光的激发辐射在不同波长下的相对

效率。把荧光样品置于光路中，固定荧光发射波长（通常选择荧光最大发射波长）和狭缝宽度，然后令激发单色器扫描，得到荧光强度-激发波长的关系曲线，这一曲线即称为荧光激发光谱。激发光谱中荧光强度最大处所对应的激发波长称为最大激发波长。

激发光谱的形状与测量时选择的发射波长无关，但其相对强度与发射波长有关。通常用最大激发波长辐射样品。

5.1.2.3　荧光发射光谱

与激发光谱密切相关的是荧光发射光谱（简称荧光光谱）。它是分子吸收辐射后再发射的结果。将荧光样品放于光路中，选择合适的激发波长（通常选择荧光最大激发波长）和狭缝宽度并使之固定不变，然后令发射单色器扫描，得到荧光强度-发射波长的关系曲线，这一曲线称为荧光发射光谱。荧光光谱中荧光强度最大处所对应的发射波长称为最大发射波长。

在通常的荧光分光光度计上所得到的荧光激发光谱和发射光谱属于“表观”光谱，只有对仪器的光源、单色器及检测器等元件的光谱特性进行校正后，才能获得“校正”（或称“真实”）的荧光激发光谱和发射光谱。

5.1.2.4　荧光量子产率（φ）

荧光量子产率也称荧光效率或量子效率，它表示物质发射荧光的能力，通常用下式表示：

$$\varphi = \frac{\text{发出荧光的量子数}}{\text{吸收激发光的量子数}}$$

或

$$\varphi = \frac{\text{发射荧光的分子数}}{\text{激发分子总数}}$$

5.1.3　荧光强度与溶液浓度的关系

根据荧光产生的机理可知，溶液的荧光强度 I_f 与该溶液吸收的激发光的强度 I_a 以及溶液中荧光物质的荧光量子产率 φ 成正比：

$$I_f = \varphi \cdot I_a \tag{5-1}$$

又根据朗伯-比尔定律，得

$$I_a = I_0 - I_t = I_0(1 - 10^{-\varepsilon bc}) \tag{5-2}$$

式中：I_0 和 I_t 分别为入射光强度和透射光强度；ε 为摩尔吸光系数；b 为样品池的光程；c 为荧光物质的浓度。

将式（5-2）代入式（5-1），得

$$I_f=\varphi I_0(1-10^{-\varepsilon bc})=\varphi I_0(1-e^{-2.3\varepsilon bc})$$

$$=\varphi I_0\left[2.3\varepsilon bc-\frac{(2.3\varepsilon bc)^2}{2!}+\frac{(2.3\varepsilon bc)^3}{3!}-\cdots\right] \quad (5\text{-}3)$$

当 $\varepsilon bc \leqslant 0.05$ 时，式（5-3）中的第二项及以后各项可以忽略。于是，式（5-3）可近似为

$$I_f=2.3\varphi I_0 \varepsilon bc \quad (5\text{-}4)$$

当 I_0 及 b 一定时，则

$$I_f=kc \quad (5\text{-}5)$$

即荧光强度与荧光物质的浓度成正比。不过，这种线性关系只有对低浓度的溶液 $\left(c\leqslant\frac{0.05}{\varepsilon b}\right)$ 才成立。

5.2　荧光分光光度计

荧光分光光度计由光源、激发单色器、样品池、发射单色器及检测器等组成。图 5-3 为荧光分光光度计示意图。

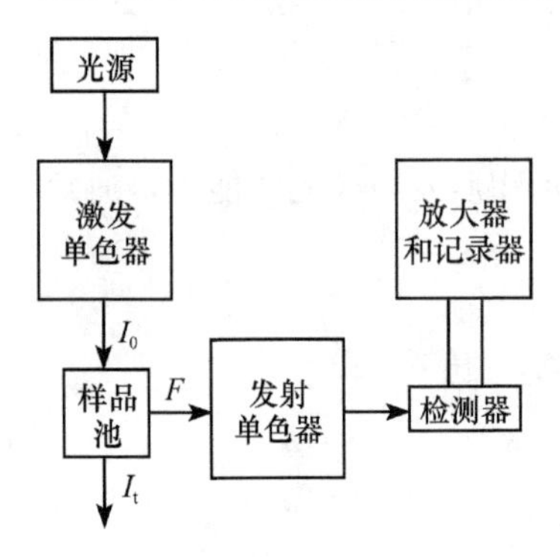

图 5-3　荧光分光光度计示意图

由光源发出的光经激发单色器分光后得到所需波长的激发光，然后通过样品池使荧光物质激发产生荧光。荧光是向四面八方发射的。为了消除入射光和散射光的影响，荧光的测量通常在与激发光成直角的方向上进行。同时，为了消除溶液中可能共存的其他光线的干扰（如由激发光所产生的反射光和散射光以及溶液中的杂质荧光等），以获得所需要的荧光，在样品池和检测器之间设置了发射单色器。经过发射单色器的荧光作用于检测器上，转换后得到相应的电信号，经放大后再记录下来。

5.2.1　光源

目前大部分荧光分光光度计都采用高压氙灯作为光源。这种光源是一种短弧气体放电灯，外套为石英，内充氙气，室温时其压力为 506.5 kPa，工作时压力约为 2026 kPa。250～800 nm 光谱区呈连续光谱，450 nm 附近有几条锐线，300～400 nm 波段的辐射强度几乎相等。

工作时，在相距约 8 mm 的钨电极间形成一强的电子流（电弧），氙原子与电子流相撞而离解为氙正离子，氙正离子与电子复合而发光，氙原子的离解发射

连续光谱，而激发态的氙则发射分布于 450 nm 附近的线状光谱。

氙灯需要用优质电源，以便保持氙灯的稳定性和延长其使用寿命。

5.2.2　单色器

荧光分光光度计有两个单色器：激发单色器和发射单色器。前者用于荧光激发光谱的扫描及选择激发波长，后者用于扫描荧光发射光谱及分离荧光发射波长。

5.2.3　样品池

荧光分析用的样品池需用低荧光的材料制成，通常用石英或合成石英制成，形状以方形或长方形为宜。玻璃样品池因能吸收波长短于 323nm 的射线而不适用于荧光分析。

5.2.4　检测器

荧光分光光度计中普遍采用光电倍增管作为检测器。

实验 16　荧光分光光度法测定维生素 B_2 的含量

一、实验目的

1. 了解荧光分析法的基本原理。
2. 学习荧光分光光度计的使用方法。

二、实验原理

维生素 B_2 在 230～490 nm 范围波长的光照射下，激发出峰值在 526 nm 左右的绿色荧光，在 pH＝6～7 的溶液中荧光最强，在 pH＝11 时荧光消失。

三、仪器与试剂

岛津 RF-5301PC 型荧光分光光度计；比色管（25 mL）；吸量管。

10.0 μg/mL 维生素 B_2 标准溶液：称取 10.0 mg 维生素 B_2，先溶解于少量的 1%乙酸中，然后用 1%乙酸定容至 1000 mL。溶液应该保存在棕色瓶中，置于阴凉处。

四、实验步骤

1. 标准系列溶液的配制

取 6 个 25 mL 比色管，分别加入 0、0.5 mL、1.0 mL、1.5 mL、2.0 mL 及

2.5 mL 维生素 B_2 标准溶液（10.0 μg/mL），用蒸馏水稀释至刻度，摇匀。

2. 测定荧光激发光谱和发射光谱

取上述第 3 号标准系列溶液，测定激发光谱和发射光谱。先固定发射波长为 525 nm，在 400～500 nm 区间进行激发波长扫描，获得溶液的激发光谱和荧光最大激发波长 λ_{ex}；再固定激发波长为 λ_{ex}，在 480～600 nm 区间进行发射波长扫描，获得溶液的发射光谱和荧光最大发射波长 λ_{em}。

3. 标准曲线的绘制

（1）波长的设定：将激发波长和发射波长分别设定为上述得到的 λ_{ex} 和 λ_{em} 值。

（2）绘制标准曲线：用 1 号标准系列溶液将荧光强度“调零”，然后分别测定 2～6 号标准系列溶液的荧光强度。

4. 未知试样的测定

取未知试样溶液 2 mL 置于 25 mL 比色管中，用蒸馏水稀释至刻度，摇匀。测定此溶液的荧光强度。

五、实验数据及结果

（1）从绘制的维生素 B_2 的激发光谱和发射光谱曲线上，确定其最大激发波长和最大发射波长。

（2）绘制维生素 B_2 的标准曲线，并从标准曲线上确定未知试样溶液中维生素 B_2 的浓度。

（3）计算出原始未知试样中维生素 B_2 的浓度。

六、注意事项

测定的顺序要从稀到浓，以减小测量误差。

七、思考题

（1）什么是荧光激发光谱？如何绘制荧光激发光谱？

（2）什么是荧光发射光谱？如何绘制荧光发射光谱？

实验 17　荧光分析法同时测定羟基苯甲酸的邻、间位异构体

一、实验目的

（1）用荧光分析法进行多组分含量的测定。

（2）学习使用岛津 RF-5301PC 荧光分光光度计。

二、实验原理

邻-羟基苯甲酸和间-羟基苯甲酸虽然分子组成相同，但因其取代基的位置不同而具有不同的荧光性质。在 pH＝12 的碱性溶液中，二者在 310 nm 附近紫外光的激发下均会发射荧光；在 pH＝5.5 的弱酸性溶液中，间-羟基苯甲酸不发射荧光，邻-羟基苯甲酸因分子内形成氢键增加了分子刚性而有较强荧光，并且其荧光强度与 pH＝12 时相同。利用上述性质，可以同时测定邻-羟基苯甲酸和间-羟基苯甲酸混合物中两组分的含量：①在 pH＝5.5 时直接测定二者混合物中邻-羟基苯甲酸的含量，间-羟基苯甲酸不干扰测定；②测定 pH＝12 时二者混合物的荧光强度，从中减去 pH＝5.5 时测得的同样量混合物溶液的荧光强度（邻-羟基苯甲酸的荧光强度），即可求出间-羟基苯甲酸的含量。已有研究表明，两者荧光强度与其浓度在 0～12 μg/mL 范围内均呈良好线性关系，并且对-羟基苯甲酸在上述条件下均不会发射荧光，不会干扰测定。

三、仪器与试剂

岛津 RF-5301PC 荧光分光光度计；比色管（25 mL）；吸量管。

邻羟基苯甲酸标准溶液（150 μg/mL）；间羟基苯甲酸标准溶液（150 μg/mL）；HAc-NaAc 缓冲溶液：47 gNaAc 和 6 g 冰醋酸溶于水并稀释至 1L，得 pH＝5.5 的缓冲溶液；NaOH 溶液（0.1 mol/L）。

四、实验步骤

1. 配制标准系列和未知溶液

（1）分别移取 0.40 mL、0.80 mL、1.20 mL、1.60 mL 和 2.00 mL 邻羟基苯甲酸标准溶液于 5 个 25 mL 比色管中，各加入 2.5 mL pH＝5.5 的 HAc-NaAc 缓冲溶液，用蒸馏水稀释至刻度，摇匀。

（2）分别移取 0.40 mL、0.80 mL、1.20 mL、1.60 mL 和 2.00 mL 间羟基苯甲酸标准溶液于 5 个 25 mL 比色管中，各加入 3.0 mL NaOH 溶液（0.1 mol/L），用蒸馏水稀释至刻度，摇匀。

（3）取两份未知溶液各 2.0 mL 于 25 mL 比色管中，其中一份加入 2.5 mL pH＝5.5 HAc-NaAc 缓冲溶液，另一份加入 3.0 mL NaOH 溶液（0.1 mol/L），均用蒸馏水稀释至刻度，摇匀。

2. 荧光激发光谱和发射光谱的绘制

用上述（1）中第三份溶液和（2）中第三份溶液分别绘制邻羟基苯甲酸和间

羟基苯甲酸的激发光谱和发射光谱。先固定发射波长为400 nm，在250～350 nm区间进行激发波长扫描，获得溶液的激发光谱和最大激发波长${}^{max}\lambda_{ex}$；再固定激发波长为${}^{max}\lambda_{ex}$，在350～500 nm区间进行发射波长扫描，获得溶液的发射光谱和最大发射波长${}^{max}\lambda_{em}$。

3. 标准曲线的绘制及未知溶液的测定

根据上述激发光谱和发射光谱扫描结果，确定一组波长（λ_{ex}和λ_{em}），使其对两组分都有较高的灵敏度，并在此组波长下测定上述标准系列各溶液和未知溶液的荧光强度。

五、实验数据及结果

以各标准溶液的荧光强度为纵坐标，分别以邻羟基苯甲酸或间羟基苯甲酸的浓度为横坐标制作标准曲线。根据 pH＝5.5 的未知溶液的荧光强度，可从邻羟基苯甲酸的标准曲线上确定邻-羟基苯甲酸在未知溶液中的浓度；根据 pH＝12 时未知溶液的荧光强度与 pH＝5.5 时未知溶液荧光强度的差值，可从间-羟基苯甲酸的标准曲线上确定未知溶液中间-羟基苯甲酸的浓度。

六、注意事项

测定的顺序要从低浓度到高浓度，以减小测量误差。

七、思考题

荧光分光光度计与紫外-可见分光光度计有哪些不同点？

实验 18　荧光分光光度法测定乙酰水杨酸和水杨酸

一、实验目的

（1）掌握用荧光法测定药物中乙酰水杨酸和水杨酸的方法。

（2）进一步掌握岛津 RF-5301PC 荧光分光光度计的使用方法。

二、实验原理

乙酰水杨酸（ASA，阿司匹林）水解能生成水杨酸（SA），而在阿司匹林中，都或多或少存在一些水杨酸。以氯仿作溶剂，用荧光法可以分别测定它们。加少许乙酸可以增加二者的荧光强度。

在1%乙酸-氯仿中，乙酰水杨酸和水杨酸的激发光谱和荧光光谱如图 5-4 所示。

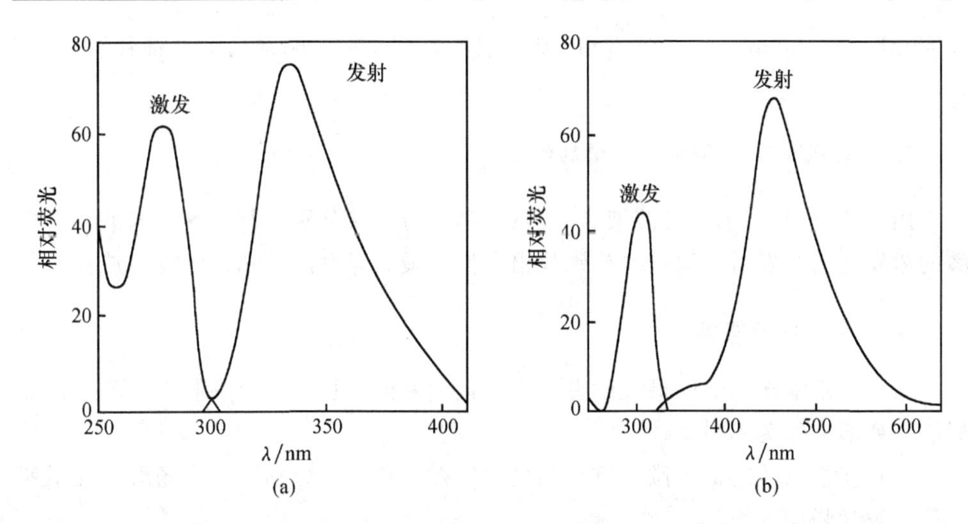

图 5-4　在 1%乙酸-氯仿中乙酰水杨酸（a）和水杨酸（b）的激发光谱和荧光光谱

为了消除药片之间的差异，可以取几片药片一起研磨成粉末，然后取一定量的粉末试样用于分析。

三、仪器与试剂

岛津 RF-5301PC 型荧光分光光度计；比色管；吸量管；容量瓶。

400 μg/mL 乙酰水杨酸储备液：称取 0.4000 g 乙酰水杨酸溶于 1%乙酸-氯仿溶液中，用 1%乙酸-氯仿溶液定容于 1000 mL 容量瓶中，摇匀，备用。

750 μg/mL 水杨酸储备液：称取 0.7500 g 水杨酸溶于 1%乙酸-氯仿溶液中，用 1%乙酸-氯仿溶液定容于 1000 mL 容量瓶中，摇匀，备用。

乙酸；氯仿；阿司匹林药片。

四、实验步骤

1. 4.00 μg/mL 乙酰水杨酸和 7.50 μg/mL 水杨酸使用液的配制

在两只 100 mL 容量瓶中分别准确移取 400 μg/mL 乙酰水杨酸和 750 μg/mL 水杨酸储备液 1.00 mL，用 1%乙酸-氯仿溶液定容至 100 mL。

2. 配制标准系列溶液

（1）分别移取 4.00 μg/mL 乙酰水杨酸标准溶液 2.00 mL、4.00 mL、6.00 mL、8.00 mL、10.00 mL 于 5 个 25 mL 比色管中，用 1%乙酸-氯仿溶液稀释至刻度，摇匀。

（2）分别移取 7.50 μg/mL 水杨酸标准溶液 2.00 mL、4.00 mL、6.00 mL、

8.00 mL、10.00 mL 于 5 个 25 mL 比色管中，用 1%乙酸-氯仿溶液稀释至刻度，摇匀。

3. 荧光激发光谱和发射光谱的绘制

用上述（1）中第三份溶液和（2）中第三份溶液分别绘制乙酰水杨酸和水杨酸的激发光谱和发射光谱，并分别找出它们的最大激发波长和最大发射波长。

4. 标准曲线的绘制

（1）在乙酰水杨酸的最大激发波长和最大发射波长下，分别测定乙酰水杨酸标准系列溶液的荧光强度。

（2）在水杨酸的最大激发波长和最大发射波长下，分别测定水杨酸标准系列溶液的荧光强度。

5. 阿司匹林药片中乙酰水杨酸和水杨酸的测定

将五片阿司匹林药片称量后研磨成粉末，从中准确称取 400.0 mg 粉末，用 1%乙酸-氯仿溶液溶解，全部转移至 100 mL 容量瓶中，用 1%乙酸-氯仿溶液稀释至刻度，摇匀。然后用定量滤纸迅速干过滤。取该滤液在与标准溶液同样条件下测量水杨酸的荧光强度。

将上述滤液稀释 1000 倍（用三次稀释来完成），在与标准溶液同样条件下测量乙酰水杨酸的荧光强度。

五、实验数据及结果

（1）从绘制的乙酰水杨酸和水杨酸的激发光谱和发射光谱曲线上，确定它们的最大激发波长和最大发射波长。

（2）分别绘制乙酰水杨酸和水杨酸的标准曲线，并从标准曲线上确定试样溶液中乙酰水杨酸和水杨酸的浓度，同时计算每片阿司匹林药片中乙酰水杨酸和水杨酸的含量（mg），并将乙酰水杨酸测定值与说明书上的值比较。

六、注意事项

阿司匹林药片溶解后，1 h 内要完成测定，否则乙酰水杨酸的量将会降低。

七、思考题

从乙酰水杨酸和水杨酸的激发光谱和发射光谱曲线，解释这种分析方法可行的原因。

参考文献

陈国珍，黄贤智，许金钩等. 1990. 荧光分析法. 第二版. 北京：科学出版社
陈培榕，邓勃. 1999. 现代仪器分析实验与技术. 北京：清华大学出版社
殷学锋. 2002. 新编大学化学实验. 北京：高等教育出版社
张剑荣，戚芩，方惠群. 1999. 仪器分析实验. 北京：科学出版社

第 6 章　红外光谱法

6.1　基本原理

红外光谱又称为分子振动转动光谱。当样品受到频率连续变化的红外光照射时，分子吸收了某些频率的辐射，并由其振动或转动运动引起偶极矩的净变化，产生分子振动和转动能级从基态到激发态的跃迁，使相应于这些吸收区域的透射光强度减弱。记录红外光的百分透射比与波数或波长关系的曲线，就得到红外光谱。红外光谱法不仅能够进行定性和定量分析，而且从分子的特征吸收可以鉴定化合物和分子结构。

6.1.1　红外光区的划分

红外光区的划分见表 6-1。

表 6-1　红外光谱的三个波区

区　域	$\lambda/\mu m$	ν/cm^{-1}	能级跃迁类型
近红外区（泛频区）	0.75～2.5	13 158～4000	OH、NH 及 CH 键的倍频吸收
中红外区（基本振动区）	2.5～25	4000～400	分子振动，伴随转动
远红外区（转动区）	25～1000	400～10	分子转动

6.1.2　产生红外吸收光谱的条件

红外光谱是由于分子振动能级（同时伴随转动能级）跃迁而产生的，物质分子吸收红外辐射应满足两个条件：

（1）辐射光子具有的能量与发生振动跃迁所需的跃迁能量相等。

$$E_{\nu} = \left(\nu + \frac{1}{2}\right)h\nu$$

（2）辐射与物质之间有耦合作用。为满足这个条件，分子振动必须伴随偶极矩的变化。只有发生偶极矩变化（$\Delta\mu \neq 0$）的振动才能引起可观测的红外吸收光谱，该分子称为红外活性的。$\Delta\mu = 0$ 的分子振动不能产生红外振动吸收，称为非红外活性的。

6.1.3　分子的振动

6.1.3.1　双原子分子的振动

分子中的原子以平衡点为中心，以非常小的振幅做周期性的振动，可以近似地看作简谐振动。影响基本振动频率的直接因素是相对原子质量和化学键的力常数。化学键的力常数 k 越大，折合相对原子质量越小，则化学键的振动频率越高，吸收峰将出现在高波数区；反之，则出现在低波数区。

分子中基团与基团之间、基团中的化学键之间都相互有影响，除了化学键两端的原子质量、化学键的力常数影响基本振动频率外，还与内部因素（结构因素）和外部因素（化学环境）有关。

6.1.3.2　多原子分子的振动

多原子分子由于组成原子数目增多，组成分子的键或基团和空间结构的不同，其振动光谱比双原子分子要复杂很多。但是可以把它们的振动分解成许多简单的基本振动，即简正振动。

1）简正振动的基本形式

（1）伸缩振动。原子沿键轴方向伸缩，键长发生变化而键角不变的振动称为伸缩振动，用符号 ν 表示。它又可以分为对称伸缩振动（符号 ν_s）和不对称伸缩振动（符号 ν_{as}）。对同一基团来说，不对称伸缩振动的频率要稍高于对称伸缩振动。

（2）变形振动（又称弯曲振动或变角振动）。基团键角发生周期变化而键长不变的振动称为变形振动，用符号 δ 表示。变形振动又分为面内变形和面外变形振动。面内变形振动又分为剪式（以 δ 表示）和平面摇摆振动（ρ）。面外变形振动又分为非平面摇摆（ω）和扭曲振动（τ）。同一基团的变形振动都在其伸缩振动的低频端出现。

2）基本振动的理论数

简正振动的数目称为振动自由度，每个振动自由度相应于红外光谱图上一个基频吸收带。设分子由 n 个原子组成，振动形式应有 $3n-6$ 种。但对于直线形分子的振动形式为 $3n-5$ 种。例如，水分子是非线形分子，其振动自由度＝3×3－6－3。CO_2分子是线形分子，振动自由度＝3×3－5＝4。

每种简正振动都有其特定的振动频率，似乎都应该有相应的红外吸收谱带。有机化合物一般由多原子组成，因此红外吸收光谱的谱峰一般较多。但实际上，红外光谱中吸收谱带的数目并不与公式计算的结果相同。基频谱带的数目常小于振动自由度，其原因有：

（1）分子的振动能否在红外光谱中出现及其强度与偶极矩的变化有关。通常对称性强的分子不出现红外光谱，即所谓非红外活性的振动。

（2）简并。

（3）仪器分辨率不高或灵敏度不够，对一些频率很接近的吸收峰分不开，或对一些弱峰不能检出。

在中红外吸收光谱中，除了基团由基态向第一振动能级跃迁所产生的基频峰外，还有由基态跃迁到第二激发态、第三激发态等所产生的吸收峰，称为倍频峰。除倍频峰外，还有合频峰 $\nu_1+\nu_2$，$2\nu_1+\nu_2$，…，差频峰 $\nu_1-\nu_2$，$2\nu_1-\nu_2$，…。倍频峰、合频峰和差频峰统称为泛频谱带。泛频谱带一般较弱，并且多数出现在近红外区，但它们的存在增加了红外光谱鉴别分子结构的特征性。

6.1.4 吸收谱带的强度

红外吸收谱带的强度取决于分子振动时偶极矩的变化，而偶极矩与分子结构的对称性有关。振动的对称性越高，振动中分子偶极矩变化越小，谱带强度也就越弱。因而一般来说，极性较强的基团（如 C═O、C—X 等）振动，吸收强度较大；极性较弱的基团（如 C═C、C—C、N═N 等）振动，吸收较弱。红外光谱的吸收强度一般定性地用很强（vs）、强（s）、中（m）、弱（w）和很弱（vw）等来表示。

6.1.5 基团频率

6.1.5.1 基团频率区

中红外光谱区可以分成 4000～1300 cm^{-1}和 1800～600 cm^{-1}两个区域。最有分析价值的基团频率在 4000～1300 cm^{-1}，这一区域称为基团频率区、官能团区或特征区。区内的峰是由伸缩振动产生的吸收带，比较稀疏，易于辨认，常用于鉴定官能团。

在 1800～600 cm^{-1}区域中，除单键的伸缩振动外，还有因变形振动产生的谱带。这些振动与整个分子的结构有关。当分子结构稍有不同时，该区的吸收就有细微的差异，并显示出分子的特征。这种情况就像每个人有不同的指纹一样，因此称为指纹区。指纹区对于指认结构类似的化合物很有帮助，而且可以作为化合物存在某种基团的旁证。

基团频率区又可以分为三个区域：

（1）4000～2500 cm^{-1}为 X—H 伸缩振动区，X 可以是 O、N、C 或 S 原子。

（2）2500～1900 cm^{-1}为叁键和累积双键区。这一区域出现的吸收，主要包括—C≡C、—C≡N 等叁键的伸缩振动，以及—C═C═C、—C═C═O 等累积双键的不对称伸缩振动。

(3) 1900～1200 cm^{-1}为双键伸缩振动区，该区域主要包括三种伸缩振动：①C═O 伸缩振动出现在 1900～1650 cm^{-1}，是红外光谱中很有特征的并且往往是最强的吸收，由此很容易判断酮类、醛类、酸类、酯类以及酸酐等有机化合物。酸酐的羰基吸收谱带由于振动耦合而呈现双峰。②C═C 伸缩振动。烯烃的$\nu_{C=C}$为 1680～1620 cm^{-1}，一般较弱，单核芳烃的 C═C 伸缩振动出现在 1600 cm^{-1}和 1500 cm^{-1}附近，有 2～4 个峰，这是芳环的骨架振动，用于确认有无芳核的存在。③苯的衍生物的泛频谱带，出现在 2000～1650 cm^{-1}范围。

6.1.5.2 指纹区

(1) 1800～900 cm^{-1}区域是 C—O、C—N、C—F、C—P、C—S、P—O、Si—O 等单键的伸缩振动和 C═S、S═O、P═O 等双键的伸缩振动吸收。其中约为 1375 cm^{-1}的谱带为甲基的δ_{C-H}对称弯曲振动，对判断甲基十分有用。C—O 的伸缩振动在 1300～1000 cm^{-1}，是该区域最强的峰，也较易识别。

(2) 900～650 cm^{-1}区域内的某些吸收峰可以用来确认化合物的顺反构型。利用芳烃的 C—H 面外弯曲振动吸收峰来确认苯环的取代类型。

多数情况下，一个官能团有数种振动形式，因而有若干相互依存而又相互佐证的吸收谱带，称为相关吸收峰，简称相关峰。用一组相关峰确认一个基团的存在，是红外光谱解析的一条重要原则。

6.1.5.3 影响基团频率的因素

基团频率主要是由基团中原子的质量及原子间的化学键力常数决定。然而分子的内部结构和外部环境的改变对它都有影响，因而同样的基团在不同的分子和不同的外界环境中，基团频率可能会有一个较大的范围。因此了解影响基团频率的因素，对解析红外光谱和推断分子结构是十分有用的。

影响基团频率位移的因素大致可分为内部因素和外部因素。

内部因素有以下几种：

1) 电子效应

由于化学键的电子分布不均匀而引起的（包括诱导效应、共轭效应和中介效应）。

(1) 诱导效应（I 效应）。由于取代基具有不同的电负性，通过静电诱导作用，引起分子中电子分布的变化，从而改变了键力常数，使基团的特征频率发生位移。一般电负性大的基团（或原子）吸电子能力强。

(2) 共轭效应（C 效应）。共轭效应使共轭体系中的电子云密度平均化，结果使原来的双键略有伸长（电子云密度降低）、力常数减小，使其吸收频率往往向低波数方向移动。

(3) 中介效应（M效应）。当含有孤对电子的原子（O、N、S等）与具有多重键的原子相连时也可起类似的共轭作用，称为中介效应。

对同一基团来说，若诱导效应I和中介效应M同时存在，则振动频率最后位移的方向和程度，取决于这两种效应的净结果。当I效应>M效应时，振动频率向高波数移动；反之，振动频率向低波数移动。

2）氢键的影响

氢键的形成使电子云密度平均化，从而使伸缩振动频率降低。最明显的是羧酸，羰基和羟基之间容易形成氢键，使羰基的频率降低。分子内氢键不受浓度影响，分子间氢键则受浓度影响较大。

3）振动耦和

当两个振动频率相同或相近的基团相邻并具有一公共原子时，由于一个键的振动通过公共原子使另一个键的长度发生改变，产生一个“微扰”，从而形成了强烈的振动相互作用。其结果是使振动频率发生变化，一个向高频移动，一个向低频移动，谱带分裂。

4）费米共振

当一振动的倍频与另一振动的基频接近时，由于发生相互作用而产生很强的吸收峰或发生裂分，这种现象叫费米共振。

其他的结构因素还有空间效应、环的张力等。

外部因素有：外氢键作用、浓度效应、温度效应、试样的状态、制样方法以及溶剂极性等。同一种物质由于状态不同，分子间相互作用力不同，测得的光谱也不同。一般在气态下测得的谱带波数最高，并能观察到伴随振动光谱的转动精细结构，在液态或固态下测定的谱带波数相对较低。通常在极性溶剂中，溶质分子的极性基团的伸缩振动频率随溶剂极性的增加而向低波数方向移动，并且强度增大。因此在红外光谱测定中，应该尽量采用非极性溶剂，并在查阅标准谱图时应该注意试样的状态和制样方法。

6.1.6 图谱解析

图谱解析一般先从基团频率区的最强谱带入手，推测未知物可能含有的基团，判断不可能含有的基团。再从指纹区的谱带来进一步验证，找出可能含有基团的相关峰，用一组相关峰来确认一个基团的存在。本章附录中列举了一些有机化合物的重要基团频率。对于简单化合物，确认几个基团之后，便可以初步确定分子结构，然后查对标准谱图核实。

6.1.7　定量分析

红外光谱定量分析是依据物质组分的吸收峰强度来进行的，它的理论基础是朗伯-比尔定律。用红外光谱作定量分析的优点是有许多谱带可供选择，有利于排除干扰。对于物理性质和化学性质相近，而用气相色谱法进行定量分析又存在困难的试样（如沸点高，或气化时要分解的试样）往往可采用红外光谱法定量。而气体、液体和固态物质均可用红外光谱法测定。

红外光谱定量时吸光度的测定常用基线法，见图 6-1。假定背景的吸收在试样吸收峰两侧不变（透射比呈线性变化），可用画出的基线来表示该吸收峰不存在时的背景吸收线，图中 I 与 I_0 之比就是透射比（T）。一般用校准曲线法或者与标样比较来定量。测量时试样池的窗片对辐射的反射和吸收以及试样的散射会引起辐射损失，因此必须对这种损失进行补偿或校正。此外，试样的处理方法和制备的均匀性都必须严格控制，以便一致。

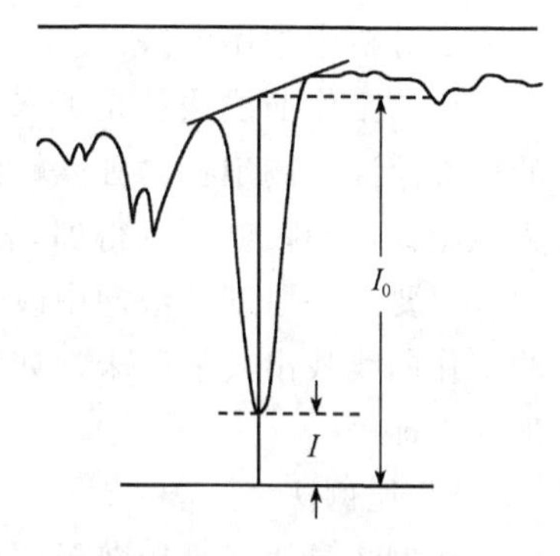

图 6-1　基线的画法

对于组分不多、每个组分都有不受其他组分吸收峰干扰的“独立峰”时，混合物定量分析可以用池内-池外法、工作曲线法、比例法和内标法。

1）池内-池外法

这种定量方法是借助比较未知样品和标准样品在独立峰波数处的吸光度来完成的。如果未知样品是由 M 和 N 组成的二元混合物，要测 M 的百分含量，其定量分析过程如下：

（1）分别测试 M 和 N 纯物质在所选溶剂中的定性光谱，选择 M 组分的独立峰波数 ν。

（2）称一定量的未知样品（M、N 的混合物）溶于所选溶剂中，制成已知浓度为 $c_{总}$ 的样品溶液，注入已知厚度为 b 固定密封液池中，测得 ν 处吸光度 A_M，则

$$A_M = a_M \cdot b \cdot c_M \tag{6-1}$$

（3）称一定量的纯物质 M 溶于所选溶剂中配成已知浓度为 c'_M 的标准溶液，在同一液池中测得 ν 处的吸光度为 A'_M

$$A'_M - a_M \cdot b \cdot c'_M \tag{6-2}$$

（4）比较式（6-1）和式（6-2）可知

$$\frac{A_M}{A'_M} = \frac{a_M b c_M}{a_M b c'_M}$$

即

$$c_M = \frac{A_M}{A'_M} \cdot c'_M$$

（5）样品中 M 组分的含量为

$$\frac{c_M}{c'_M} \times 100\%$$

池内-池外法不需要求得吸收系数 a 值，方法简单，对组分简单的混合物分析结果准确。

2）工作曲线法

此法最适用于那些重复性定量分析工作，在生产过程的控制分析或产品质量的鉴定分析中常用此法。

所谓工作曲线法就是把未知样品中各组分的纯物质分别配成一系列已知浓度的标准溶液，测定各自独立峰波数处的吸光度，以浓度为横坐标，相应的吸光度为纵坐标作图，就可以得到 c 与 A 的关系曲线（工作曲线）。在以后的样品分析中，只要同一厚度的液池中改注样品溶液，测定独立峰处吸光度，就可以从已得的工作曲线找出其浓度来。如果被测组分能服从朗伯-比尔定律，一般测 3～4 个坐标点即可。

3）比例法

比例法是用于采用薄膜法或糊状法制样的未知样品定量分析，借助比较同一谱图中代表各组分的独立峰的吸光度得到组分之间相对含量的分析方法。

假设有一含 M 和 N 两组分薄膜（未知厚度），从测得的光谱中找出代表各自组分的独立峰，吸光度分别为

$$\begin{aligned} A_M &= a_M b_M c_M \\ A_N &= a_N b_N c_N \end{aligned} \tag{6-3}$$

式中：$b_M = b_N$，若令 $R = A_M / A'_M$，则式（6-3）可写为

$$R = \frac{A_M}{A_N} = \frac{a_M c_M}{a_N c_N} = K \frac{c_M}{c_N} \tag{6-4}$$

式中：$K = a_M / a_N$，即两独立峰吸收系数比。如果首先测试已知含量的标准样品计算出 K 值，然后再测量未知样品的两独立峰吸光度比，得到 R 值，因 K 值已知，而 $c_M + c_N = c_{总}$，代入式（6-4）得

$$\frac{c_M}{c_{总}} = \frac{R}{K+R} \times 100\%$$

$$\frac{c_N}{c_{总}} = \frac{K}{K+R} \times 100\%$$

4）内标法

比例法的一个明显缺点是不能直接单独地定量测定样品中的某一组分。内标法是在样品中外加一个定量的某纯物质（内标），用某组分的特征吸收峰与内标特征吸收峰进行比较，那么同样在未知样品厚度的情况下，可以直接定出这个组

分在样品中的含量来。具体步骤如下：

首先用已知量的混合物 M 组分的纯物质与一定量的内标 K 均匀混合测定其光谱，得到各自独立峰的吸光度：

$$A'_{M} = a'_{M}b'_{M}c'_{M}$$
$$A'_{K} = a'_{K}b'_{K}c'_{K}$$

式中，c'_{M}、c'_{K} 可以是 M、K 质量。因为 $b'_{M}=b'_{K}$，所以

$$\frac{A'_{M}}{A'_{K}} = \frac{a'_{M}c'_{M}}{a'_{K}c'_{K}} \tag{6-5}$$

然后用一定量的内标物质 K 和已知量（w）混合物混合，M 和 K 的独立峰吸光度可以写出如下关系式：

$$\frac{A_{M}}{A_{K}} = \frac{a_{M}c_{M}}{a_{K}c_{K}} \tag{6-6}$$

因为 $a_{M}=a'_{M}$，$a_{K}=a'_{K}$，所以从式（6-5）和式（6-6）可得样品中 M 组分的质量为

$$c_{M} = \frac{A_{M}}{A'_{M}} \cdot \frac{A'_{K}}{A_{K}} \cdot \frac{c_{K}}{c'_{K}} \cdot c'_{M} \tag{6-7}$$

M 组分在样品中的质量分数为

$$M\% = \frac{c_{M}}{w} \times 100\% \tag{6-8}$$

样品中其他服从朗伯-比尔定律的组分含量同样根据上述步骤求得。若所测样品不服从朗伯-比尔定律，应该把一定量的内标均匀地混合到已知组成和质量的标准样品中，如此配好一组标准样品，利用不同的 c_{M}/c_{K} 值得到 A_{M}/A_{K} 值就可以从工作曲线上直接读出相应的 c_{M}/c_{K} 值 H。因为加入样品中的内标量 c_{K} 是已知的，从而根据 $c_{M}=H \cdot c_{K}$ 得到 c_{M} 值。配制内标时，样品已称量（w），因此 M 组分在样品中的质量分数由式（6-8）可得。

糊状法制备样品的内标定量应该具备以下条件：①红外光谱比较简单；②内标本身有独立峰；③不和样品作用；④对热稳定；⑤不吸水；⑥易粉碎等。硫氰化铅（在 2045 cm^{-1} 处有特征峰）和六溴化苯（在 1300 cm^{-1} 和 1255 cm^{-1} 处有特征峰）具有上述条件，可以作内标。

6.2　红外光谱仪

目前主要有两类红外光谱仪，它们是色散型红外光谱仪和傅里叶变换红外光谱仪。

6.2.1　色散型红外光谱仪

色散型红外光谱仪的组成部件与紫外-可见分光光度计相似，但对每一个部

件的结构、所用的材料及性能等与紫外-可见分光光度计不同。它们的排列顺序也略有不同，红外光谱仪的样品放在光源和单色器之间；而紫外-可见分光光度计放在单色器之后。

图 6-2 是色散型双光束红外光谱仪原理的示意图。

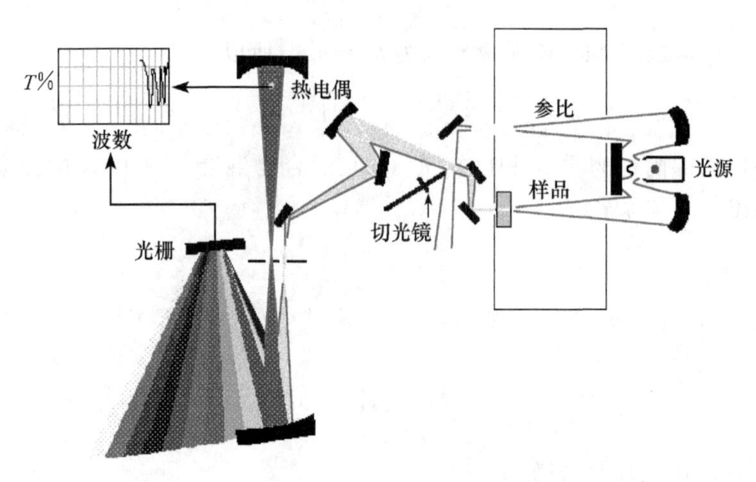

图 6-2　色散型双光束红外光谱仪原理示意图

6.2.1.1　光源

红外光谱仪中所用的光源通常是一种惰性固体，用电加热使之发射高强度的连续红外辐射。常用的是能斯特灯或硅碳棒。

6.2.1.2　吸收池

因玻璃、石英等材料不能透过红外光，红外吸收池要用可透过红外光的 NaCl、KBr、CsI、KRS-5（TlI 58%，TlBr 42%）等材料制成窗片。用 NaCl、KBr、CsI 等材料制成的窗片需要注意防潮。固体试样常与纯 KBr 混匀压片，然后直接进行测定。

6.2.1.3　单色器

单色器由色散元件、准直镜和狭缝构成。复制的闪耀光栅是最常用的色散元件。

狭缝的宽度可以控制单色光的纯度和强度。然而光源发出的红外光在整个波数范围内不是恒定的，在扫描过程中狭缝将随光源的发射特性曲线自动调节狭缝宽度，既要使到达检测器上的光的强度近似不变，又要达到尽可能高的分辨能力。

6.2.1.4　检测器

现今常用的红外检测器是高真空热电偶、热释电检测器和碲镉汞检测器。

真空热电偶是利用不同导体构成回路时的温差电现象，将温差转变为电位差。

热释电检测器是用硫酸三苷肽（$(NH_2CH_2COOH)_3H_2SO_4$（简称 TGS）的单晶薄片作为检测元件。TGS 是铁电体，在一定温度（居里点 49℃）以下能产生很大的极化效应，其极化强度与温度有关，温度升高，极化强度降低。

碲镉汞检测器（MCT 检测器）是由宽频带的半导体碲化镉和半金属化合物碲化汞混合成的，其组成为 $Hg_{1-x}Cd_xTe$，$x\approx 0.2$，改变 x 值能改变混合物组成，获得测量波段不同灵敏度的各种 MCT 检测器。它的灵敏度高，响应速度快，适用于快速扫描测量和 GC/FTIR 联机检测。MCT 检测器分为两类：光电导型是利用入射光子与检测器材料中的电子能态起作用的，产生载流子进行检测；光伏型是利用不均匀半导体受光照时，产生电位差的光伏效应进行检测。MCT 检测器都需在液氮温度下工作，其灵敏度高于 TGS 约 10 倍。

6.2.1.5　记录系统

红外光谱仪一般都有记录仪自动记录谱图。新型的仪器还配有微处理机，以控制仪器的操作、谱图中各种参数、谱图的检索等。

红外光谱仪一般均采用双光束，如图 6-2 所示。将光源发射的红外光分成两束，一束通过试样，另一束通过参比，利用半圆扇形镜使试样光束和参比光束交替通过单色器，然后被检测器检测。在光学零位法中，当试样光束与参比光束强度相等时，检测器不产生交流信号；当试样有吸收、两光束强度不等时，检测器产生与光强差成正比的交流信号，通过机械装置推动锥齿形的光楔，使参比光束减弱，直至与试样光束强度相等。此时，与光楔连动的记录笔就在图纸上记下了吸收峰。

6.2.2　傅里叶变换红外光谱仪

前面介绍的以光栅作为色散元件的红外光谱仪在许多方面已经不能完全满足需要。由于采用了狭缝，能量受到限制，尤其在远红外区能量很弱；它的扫描速度太慢，使得一些动态的研究以及和其他仪器（如色谱）的联用发生困难；对一些吸收红外辐射很强的或者信号很弱的样品的测定及痕量组分的分析等，也受到一定的限制。随着光学、电子学尤其是计算机技术的迅速发展，20 世纪 70 年代出现了新一代的红外光谱测量技术和仪器，它就是基于干涉调频分光的傅里叶变换红外光谱仪。这种仪器不用狭缝，因而消除了狭缝对于通过它的光能的限制，可以同时获得光谱所有频率的全部信息。它具有许多优点：扫描速度快，测量时间短，可以在 1 s 内获得红外光谱，适用于对快速反应过程的追踪，也便于和色谱法联用；灵敏度高，检出限可达 $10^{-9}\sim10^{-12}$ g；分辨本领高，波数精度可达 0.01 cm^{-1}；光谱范围广，可以研究整个红外区（10 000～10 cm^{-1}）的光谱；测定精度高，重复性可达 0.1%，而杂散光小于 0.01%。

傅里叶变换红外光谱仪没有色散元件，主要由光源（硅碳棒、高压汞灯）、迈克尔孙干涉仪、检测器、计算机和记录仪等组成（图 6-3）。其核心部分是迈克尔孙干涉仪，它将光源来的信号以干涉图的形式输入计算机进行傅里叶变换的数学处理，最后将干涉图还原成光谱图。干涉仪中固定镜（fixed mirror）固定不动，动镜（mobile mirror）则做微小的移动，在固定镜和动镜之间放置一半透膜光束分裂器（beam splitter，BS），将光源的光分为相等的两部分：光束Ⅰ和光束Ⅱ。光束Ⅰ穿过 BS 被固定镜反射，沿原路回到 BS 并被反射到达检测器；光束Ⅱ则反射到动镜再由动镜沿原路反射回来通过 BS 到达检测器。这样，在检测器上所得到的是Ⅰ光和Ⅱ光的相干光。如果进入干涉仪的是波长为 λ_1 的单色光，开始时，因动镜和固定镜离 BS 距离相等（此时称动镜处于零位），Ⅰ光和Ⅱ光到达检测器时位相相同，发生相长干涉，亮度最大。当动镜移动入射光的 $\lambda/4$ 距离时，则Ⅱ光的光程变化为 $\lambda/2$，在检测器上两光位相差为 180°，则发生相消干涉，亮度最小。当动镜移动 $\lambda/4$ 的奇数倍，则Ⅰ光和Ⅱ光的光程差为 $\pm\lambda/2$、$\pm3\lambda/2$、$\pm5\lambda/2$、…时（正负号表示动镜从零位向两边的位移），都会发生这种相消干涉。

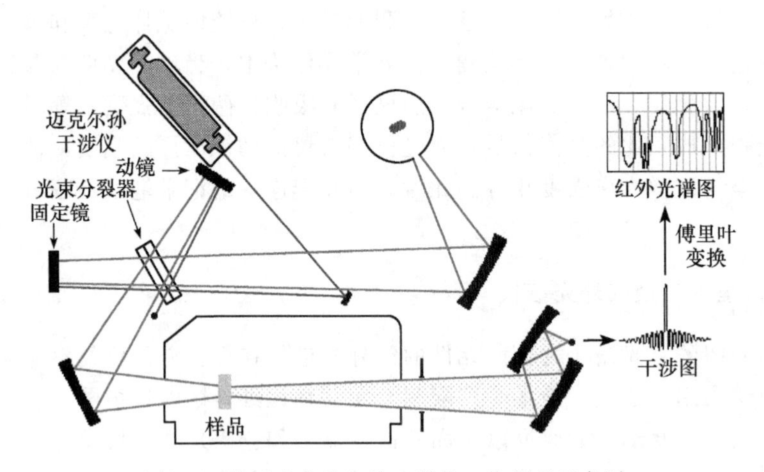

图 6-3　傅里叶变换红外光谱仪工作原理示意图

同样，动镜位移 $\lambda/4$ 的偶数倍时，即两光的光程差为 λ 的整数倍时，则都将发生相长干涉，而部分相消干涉则发生在上述两种位移之间。因此，匀速移动动镜，即连续改变两束光的光程差时，在检测器上记录的信号将呈余弦变化，每移

动 $\lambda/4$ 的距离，信号则从明到暗周期性地改变一次［图 6-4（a）］。图 6-4（b）是另一入射光波长为 λ_2 的单色光所得干涉图。如果是两种波长的光一起进入干涉仪，则得到两种单色光干涉图的加合图［图 6-4（c）］。当入射光为连续波长的多色光时，得到的是中心极大并向两侧迅速衰减的对称干涉图。

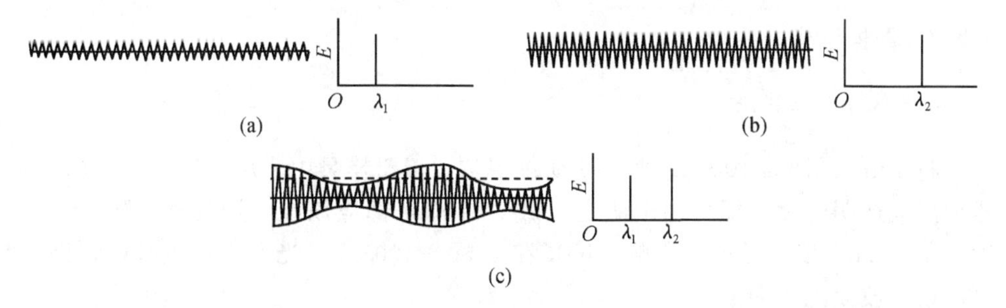

图 6-4　波的干涉

这种多色光的干涉图等于所有各单色光干涉图的加合。当多色光通过试样时，由于试样对不同波长光的选择吸收，干涉图曲线发生变化。但这种极其复杂的干涉图是难以解释的，需要经计算机进行快速傅里叶变换，就可得到我们所熟悉的透射比随波数变化的普通红外光谱图。

6.3　试样的处理和制备

能否获得一张满意的红外光谱图，除了仪器性能的因素外，试样的处理和制备也十分重要。红外光谱的试样可以是气体、液体或固体。

6.3.1　气态试样

气态试样可在玻璃气槽内进行测定，它的两端粘有红外透光的 NaCl 或 KBr 窗片。先将气槽抽真空，再将试样注入。

6.3.2　液体和溶液试样

6.3.2.1　液体池法

沸点较低，挥发性较大的试样，可以注入封闭液体池中，液层厚度一般为 0.01～1 mm。

6.3.2.2　液膜法

沸点较高的试样，直接滴在两块盐片之间，形成液膜。

对于一些吸收很强的液体，当用调整厚度的方法仍然得不到满意的谱图时，可以用适当的溶剂配成稀溶液来测定。一些固体也可通过溶液的形式来进行测定。常用的红外光谱溶剂应该在所测光谱区内本身没有强烈吸收；不侵蚀盐窗，对试样没有强烈的溶剂化效应等。例如，CS_2是 1350～600 cm^{-1}区域常用的溶剂，CCl_4用于 4000～1350 cm^{-1}区。

6.3.3 固体试样

6.3.3.1 压片法

将 1 mg 试样与 100 mg 纯 KBr 研细混匀，置于模具中，用 $(5\sim10)\times10^7$ Pa 压力压成透明薄片，即可用于测定。试样和 KBr 都应该经干燥处理，研磨到粒度小于 2 μm，以免散射光影响。KBr 在 4000～400 cm^{-1}光区不产生吸收，因此可测绘全波段光谱图。

6.3.3.2 石蜡糊法

将干燥处理后的试样研细，与液体石蜡或全氟代烃混合，调成糊状，夹在盐片中测定。液体石蜡油自身的吸收带简单，但此法不能用来研究饱和烷烃的吸收情况。

6.3.3.3 薄膜法

薄膜法主要用于高分子化合物的测定。可以将它们直接加热熔触后涂制或压制成膜，也可以将试样溶解在低沸点的易挥发溶剂中，涂在盐片上，待溶剂挥发后成膜来测定。

实验 19 苯甲酸等红外光谱的测绘及结构分析

一、实验目的

（1）掌握液膜法制备液体样品的方法。
（2）掌握溴化钾压片法制备固体样品的方法。
（3）学习并掌握 AVATAR 360 型红外光谱仪的使用方法。
（4）初步学会对红外吸收光谱图的解析。

二、实验原理

物质分子中的各种不同基团，在有选择地吸收不同频率的红外辐射后，发生振动能级之间的跃迁，形成各自独特的红外吸收光谱。据此，可以对物质进行定性、定量分析。特别是可以对化合物结构进行鉴定，使得红外光谱的应用更为广泛。

基团的振动频率和吸收强度与组成基团的相对原子质量、化学键类型及分子的几何构型等有关。因此，根据红外吸收光谱的峰值、峰强、峰形和峰的数目，可以判断物质中可能存在的某些官能团，进而推断未知物的结构。如果分子比较复杂，还需要结合紫外光谱、核磁共振谱以及质谱等手段作综合判断。最后可以通过与未知样品相同测定条件下得到的标准样品的谱图或已经发表的标准谱图（如 Sadtler 红外光谱图等）进行比较分析，做出进一步的证实。如果找不到标准样品或标准谱图，则可根据所推测的某些官能团，用制备模型化合物的方法来核实。

三、仪器与试剂

AVATAR 360 型 FT-IR 傅里叶变换红外光谱仪（美国 Nicolet）；可拆式液池；压片机；玛瑙研钵；氯化钠盐片；聚苯乙烯薄膜；红外灯；万分之一电子天平；

苯甲酸于 80℃下干燥 24 h，存于保干器中；溴化钾于 130℃下干燥 24 h，存于保干器中；无水乙醇，四氯化碳。

四、实验步骤

1. 波数检验

将聚苯乙烯薄膜插入红外光谱仪的试样安放处，从 4000～400 cm^{-1} 进行波数扫描，得到吸收光谱。

2. 测绘无水乙醇的红外吸收光谱（液膜法）

取两片氯化钠盐片，在一盐片上滴 1～2 滴无水乙醇，用另一盐片压于其上，装入可拆式液池架中，然后将液池架插入红外光谱仪的试样安放处。从 4000～400 cm^{-1} 进行波数扫描，得到吸收光谱。

3. 测绘苯甲酸的红外吸收光谱（溴化钾压片法）

取 1 mg 苯甲酸，加入 100 mg 溴化钾粉末，在玛瑙研钵中充分磨细（颗粒约 2 μm），使之混合均匀。将研好的粉末填入磨具，在压片机上压成透明薄片。然后插入光路，从 4000～400 cm^{-1} 进行波数扫描，得到吸收光谱。

以上红外吸收光谱测定时的参比均为空气。

五、实验数据及结果

(1) 将测得的聚苯乙烯薄膜的吸收光谱与仪器说明书上的谱图对照。对 2850.7 cm^{-1}、1601.4 cm^{-1} 及 905.7 cm^{-1} 的吸收峰进行检验。在 4000～2000 cm^{-1}

范围内，波数误差不大于±5 cm^{-1}。在2000～400 cm^{-1}范围内，波数误差不大于±2 cm^{-1}。

（2）解析无水乙醇、苯甲酸的红外吸收光谱图。结合所学的知识，指出各谱图上主要吸收峰的归属。

（3）观察羟基和C—O键的伸缩振动在乙醇及苯甲酸中有什么不同。

六、注意事项

（1）氯化钠盐片易吸水，取盐片时需要戴上指套。扫描完毕，应该用四氯化碳清洗盐片，并立即将盐片放回保干器内保存。

（2）盐片装入可拆式液池架后，螺丝不宜拧得过紧，否则会压碎盐片。

七、思考题

（1）在含氧有机化合物中，如果在1900～1600 cm^{-1}区域中有强吸收谱带出现，能否判定分子中有碳基存在？

（2）羟基和C—O的伸缩振动在乙醇及苯甲酸中有什么不同？为什么？

实验20　ATR-傅里叶变换红外光谱法测定甲基苯基硅油中苯基的含量

一、实验目的

学习利用ATR-傅里叶变换红外光谱法对有机化合物体系进行定量分析。

二、实验原理

1. 有机硅油的结构及其红外光谱

有机硅油是具有以下硅氧烷结构、常温下呈液态的化合物的总称。化学通式如下：

$$\mathrm{R-\overset{\displaystyle R}{\underset{\displaystyle R}{Si}}-O\left[\overset{\displaystyle R}{\underset{\displaystyle R}{Si}}-O\right]_{n}\overset{\displaystyle R}{\underset{\displaystyle R}{Si}}-R}$$

式中：n可以从几十到几千。当其中的R都代表甲基时，称为甲基硅油。若是其中部分甲基被苯基置换时，就可以得到不同极性的甲基苯基硅油。其中，甲基也可以被其他有机基团置换。各种不同类型的有机硅油用途广泛，可以用作高级润滑油、消泡剂、脱模剂、擦光剂、绝缘油、真空扩散泵油等。有机硅油也是气相色谱的一类重要的固定液。

有机硅油中苯基的含量（或是苯基甲基比值）可以用核磁共振法或红外光谱法测定。本实验就是用红外光谱法测定苯基和甲基的吸光度比值，建立苯基甲基摩尔数比值（Φ/M）与吸光度比值（A^{3071}/A^{2961}）之间的线性关系，进而测定待测样品中苯基与甲基的比值。

下面的三张红外光谱图中，图 6-5 为甲基硅油光谱，图 6-6 和图 6-7 为甲基苯基硅油光谱。1100～1020 cm^{-1} 的强谱带为 ν(Si—O—Si)，2961 cm^{-1} 谱带为 $\nu(CH_3)$，1260 cm^{-1} 谱带为 $\nu(Si—CH_3)$，3071 cm^{-1} 谱带为 ν(Φ—H)，1429 cm^{-1} 谱带为 ν(Φ—Si)，1260 cm^{-1} 和 1429 cm^{-1} 两个谱带所受干扰较小，分别作为本实验中苯基和甲基的分析谱带比较合适。

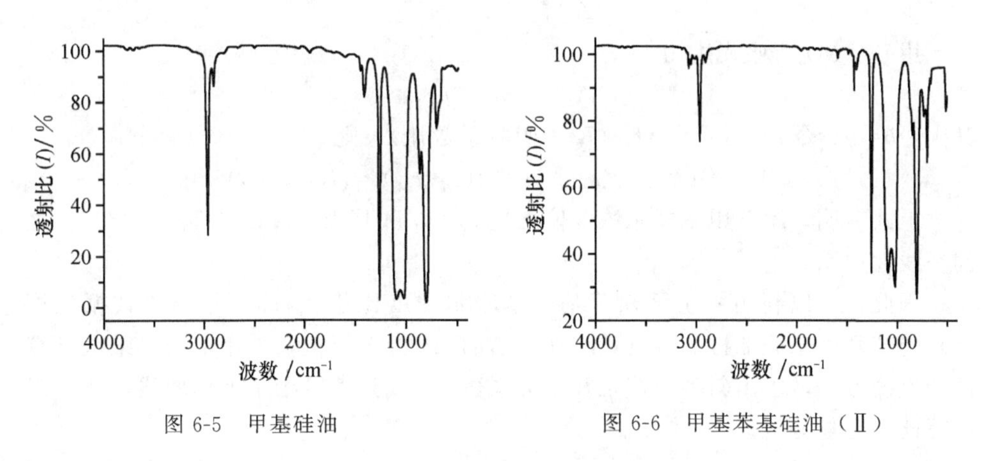

图 6-5　甲基硅油　　图 6-6　甲基苯基硅油（Ⅱ）

图 6-8 为 1550～1150 cm^{-1} 波数范围内的吸光度光谱，选定分析谱带的吸光度值 A^{ν} 可利用基线法测量。

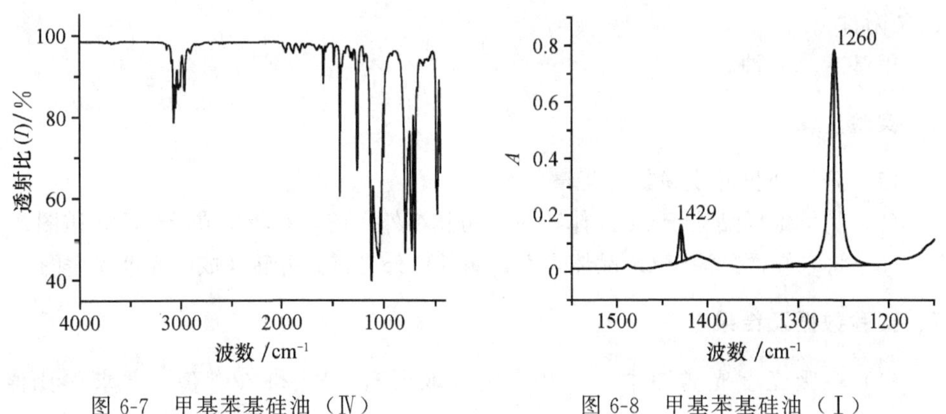

图 6-7　甲基苯基硅油（Ⅳ）　　图 6-8　甲基苯基硅油（Ⅰ）

2. 红外光谱定量分析方法

根据朗伯-比尔定律，有

$$A^{\nu} = a^{\nu} b c$$

式中：A^{ν}为波数ν处的吸光度；a^{ν}为波数ν处的吸光系数；b为吸收池厚度；c为吸光物质的浓度。

双组分红外光谱定量分析有池内-池外法、工作曲线法、内标法和比例法等。

比例法是用于薄膜法或石蜡糊状法制样时采用的一种定量方法，它借助于同一谱图中代表各组分的独立峰的吸光度，直接得到组分之间的相对含量，而省去测定吸收系数和样品厚度。

苯基（Φ）^{1429}吸光度为

$$A^{1429} = a^{1429} b c_{\Phi}$$

甲基（M）^{1260}吸光度为

$$A_{1260} = a^{1260} b c_{\mathrm{M}}$$

其中：$b=b$。令$a^{1429}/a^{1260}=K$（K为吸收系数比），则

$$A^{1429}/A^{1260} = (a^{1429}/a^{1260})(c_{\Phi}/c_{\mathrm{M}}) = K(c_{\Phi}/c_{\mathrm{M}})$$

上式表明，苯基甲基摩尔浓度值之比c_{Φ}/c_{M}和其吸光度之比值A^{1429}/A^{1260}之间呈线性关系。

因此，可以利用一组已知苯基甲基摩尔浓度比值c_{Φ}/c_{M}（用核磁共振法测定）的苯基甲基硅油样品，测量红外光谱的A^{1429}/A^{1260}值，采用最小二乘法计算回归直线方程，求出斜率、截距及相关系数r，或是直接绘制工作曲线，便可以进行此类定量分析。

三、仪器与试剂

AVATAR360型 FT-IR 傅里叶变换红外光谱仪（尼高力公司）；Ge晶体ATR附件。

甲基苯基硅油。

四、实验步骤

（1）开启傅里叶变换红外光谱仪。

（2）将标准样品涂于Ge晶体表面，测其红外光谱，并转换成吸光度光谱图。

（3）将未知样品涂于Ge晶体表面，测其红外光谱，并转换成吸光度光谱图。

五、实验数据及结果

（1）在吸光度光谱图中，以基线法量取所有A^{1429}和A^{1260}值，并求得比值A^{1429}/A^{1260}，填表6-2。

表 6-2　实验结果

项　目		A^{1429}/A^{1260}	c_Φ/c_M	$c_\Phi/(\mathrm{mol\cdot L^{-1}})$
标准样品	Ⅰ			
	Ⅱ			
	Ⅲ			
	Ⅳ			
	Ⅴ			
待测样品	第一次			
	第二次			
	平均值			

（2）依表 6-2 中数据绘制工作曲线，A^{1429}/A^{1260}-c_Φ/c_M。

（3）以最小二乘法计算回归直线方程 $Y=A+B\cdot X$，求出斜率 B、截距 A 及相关系数 r。

（4）依待测样品的 A^{1429}/A^{1260} 值，求出相应的 c_Φ/c_M 值及 c_Φ%值。

六、注意事项

（1）将硅油涂于 Ge 晶体表面时要轻柔，不要划伤晶体。

（2）每次测定后，用脱脂棉蘸 CCl_4 清洗晶体表面，至测试无峰出现。

（3）安放及拆卸 ATR 附件时，注意保护晶体板，防止剧烈震动及划伤晶体表面。

（4）强酸强碱对晶体有腐蚀作用，要避免接触。

七、思考题

（1）在红外光谱定量分析中，如何选取分析谱带，使测量误差最小？

（2）试讨论其他双组分红外光谱定量分析方法适用的范围。

实验 21　红外光谱法区别顺和反丁烯二酸

一、实验目的

通过测定顺、反丁烯二酸的红外光谱来区别顺、反烯烃的红外光谱特性。

二、实验原理

顺、反烯烃的 C—H 非平面摇摆振动频率差别很大，是区别烯烃顺反异构体的有力手段。烷基型 $\mathrm{R_1(H)C{=}C(H)R_2}$（$R_1$ 与 R_2 反式）烯烃的反式 C—H 非平面摇摆振动为一强的特征吸收，出现在约 970 $\mathrm{cm^{-1}}$。当取代基为—OH、—OR、—NHR 及—CN 时，它的位置基本不变。但当有长共轭链时，该峰稍向高波数移动；当取代基为卤素时，该峰移向～920 cm^{-1}。它在确定顺反异构体时是一个有决定意义的特征峰。另外，顺式异构体的C—H非平面摇摆振动引起的吸收峰宽而弱，位置变化较大。当取代基为烷基时位于715～675 cm^{-1}，当取代基为卤素时位于770 cm^{-1}，有长共轭链时稍向高波数移动。

本实验通过测定顺-、反-丁烯二酸的红外光谱来区别它们。

三、仪器与试剂

AVATAR360型FT-IR傅里叶变换红外光谱仪（美国Nicolet）；压片机；玛瑙研钵；红外灯；万分之一电子天平；

顺-丁烯二酸（分析纯）；反-丁烯二酸（分析纯）；溴化钾（分析纯）。

四、实验步骤

将1～2 mg试样放在玛瑙研钵中充分磨细，再加入100～200 mg干燥的KBr粉末，继续研磨2～5 min。将研好的粉末填入磨具，在压片机上压成透明薄片。然后插入光路，从4000～400 cm^{-1}进行波数扫描，得到吸收光谱。

按上述制片方法分别测定顺-、反-丁烯二酸的红外光谱图。

五、实验数据及结果

根据实验所得的两张红外光谱图，判断哪一张图谱是顺-丁烯二酸？哪一张图谱是反-丁烯二酸？

六、注意事项

（1）试样与KBr粉末要充分混匀研细，粒径小于2μm以下。

（2）红外光谱仪内要保持干燥，开门取放样品的时间要尽量短并屏住呼吸，勿使H_2O及CO_2气体进入样品仓。

七、思考题

（1）找出能够区别顺、反异构体的其他有代表性的峰。

（2）检索谱库，找出顺-、反-丁烯二酸的标准图谱，并与实验所测的图谱相比较。

实验22　醛和酮的光谱

一、实验目的

选择醛和酮的羰基吸收频率进行比较，以说明取代效应和共轭效应。指定各个醛、酮的主要谱带。

二、实验原理

醛和酮在 1870～1540 cm^{-1}范围内出现强的 C═O 伸缩谱带。因为位置相对固定以及谱带强度大，所以在红外光谱中容易识别。影响 C═O 谱带的实际位置有以下几个因素：物理状态、相邻取代基团、共轭效应、氢键和环的张力。

脂肪醛在 1740～1720 cm^{-1}范围内吸收。α-碳上的电负性取代基会增加 C═O 谱带吸收频率。例如，乙醛在 1730 cm^{-1}处吸收，而三氯乙醛在 1768 cm^{-1}处吸收。双键与羰基的共轭会降低碳基吸收频率。芳香醛在低频率处吸收，内氢键也会使吸收向低频方向移动。

酮的羰基比相应的醛羰基在稍低些的频率处吸收。饱和脂肪酮在 1715 cm^{-1} (5.83 μm) 左右有羰基吸收频率。与双键共轭会使吸收向低频方向移动。酮与溶剂（如甲醇）之间的氢键也会降低羰基频率。

三、仪器与试剂

AVATAR 360 型 FT-IR 傅里叶变换红外光谱仪（美国 Nicolet）；液体池；压片机；玛瑙研钵；盐片；红外灯；万分之一电子天平；

纯溴化钾片剂；苯甲醛；肉桂醛；正丁醛；二苯甲酮；环己酮；苯乙酮。

四、实验步骤

测定苯甲醛、肉桂醛、正丁醛、二苯甲酮、环己酮、苯乙酮的红外光谱。对于液体，可以使用 0.015～0.025 mm 厚的纯液体薄膜；对于固体，可制成 KBr 片剂。

五、实验数据及结果

确定各化合物的羰基吸收频率，根据各化合物的光谱写出它们的结构。

根据苯甲醛的光谱，指定在 3000 cm^{-1}左右以及 675 cm^{-1}和 750 cm^{-1}之间所得到的主要谱带。简述分子中的键或键基团构成这些谱带的原因。

根据环己烷光谱，指定在 2900 cm^{-1}和 1460 cm^{-1}处附近的主要谱带。

比较醛的羰基频率。通过对肉桂醛、苯甲醛与正丁醛的比较，论述共轭效应和芳香性对羰基吸收频率的影响。

共轭效应和芳香性对酮的羰基频率的影响，进行类似上述的比较。

六、注意事项

(1) KBr 和 NaCl 液体池均不能与水接触，操作时，环境、接触物及手均要求保持干燥，样品不能含有水分。

(2) 晶体不能与硬物直接接触，拆装池时避免磕碰及划伤。

七、思考题

(1) 分析用氯原子取代烷基，羰基频率也会发生位移的原因。

(2) 请推测苯乙酮 C═O 伸缩的泛频在什么频率?

实验 23　邻二甲苯、间二甲苯、对二甲苯混合物中各组分含量的测定

一、实验目的

学习多组分红外光谱定量分析的方法。

二、实验原理

邻二甲苯、间二甲苯、对二甲苯的苯环 C—H 弯曲振动的吸收峰分别在 $739\ cm^{-1}$、$766\ cm^{-1}$、$793\ cm^{-1}$，彼此基本不互相干扰。当以环己烷作溶剂时，在该波长范围内溶剂没有吸收，故可以用这一组峰来定量分析各组分的含量（图 6-9）。

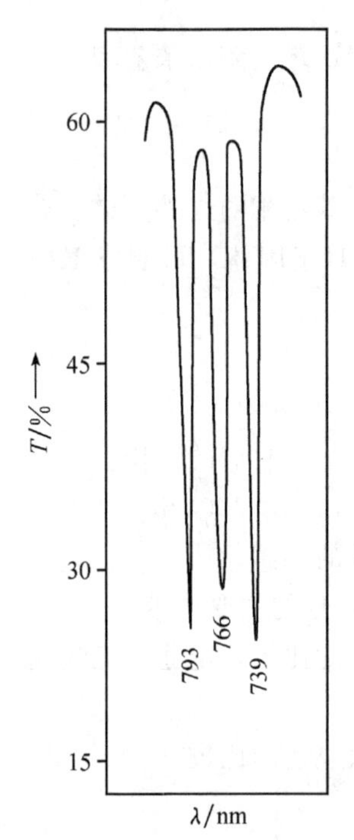

图 6-9　二甲苯混合物在 $850\sim700\ cm^{-1}$ 的红外谱图

定量分析时一般希望在分析波数处各组分的吸收峰不发生重叠，但由于吸光度具有加合性，即使吸收峰发生重叠，也可以进行分析。例如，某一混合物由 n 个组分所组成，各组分的浓度分别为 c_1，c_2，…，c_n，它们在分析波数处的吸收系数各为 a_1^{ν}，a_2^{ν}，…，a_n^{ν}，则样品在这个分析波数处的总吸光度为

$$\begin{aligned} A^{\nu} &= A_1^{\nu} + A_2^{\nu} + \cdots + A_n^{\nu} \\ &= a_1^{\nu} b c_1 + a_2^{\nu} b c_2 + \cdots + a_n^{\nu} b c_n \end{aligned}$$

含有 n 个组分的样品，可以选 n 个分析波数得出 n 个方程，组成下列方程组：

$$\begin{cases} A^{\nu_1} = a_1^{\nu_1} b c_1 + a_2^{\nu_1} b c_2 + \cdots + a_n^{\nu_1} b c_n \\ A^{\nu_2} = a_1^{\nu_2} b c_1 + a_2^{\nu_2} b c_2 + \cdots + a_n^{\nu_2} b c_n \\ \cdots\cdots \\ A^{\nu_i} = a_1^{\nu_i} b c_1 + \cdots + a_j^{\nu_i} b c_j + \cdots + a_n^{\nu_i} b c_n \\ \cdots\cdots \\ A^{\nu_n} = a_1^{\nu_n} b c_1 + a_2^{\nu_n} b c_2 + \cdots + a_n^{\nu_n} b c_n \end{cases}$$

式中：A^{ν_i} 为试样在分析波数 ν_i 处的总吸光度，由仪器测得的透过率换算而得；$a_j^{\nu_i}$ 为组分 j 在分析波数 ν_i 处的吸收系数，其值可由纯物质配成标准溶液预先测得；b 为已知的吸收池厚度。因此，n 个未知浓度 c，可由 n 个联立方程求得。

在选择分析波数时应该尽量使某一组分的吸收最大，而其他组分的吸收均很小，这样可以减少由于此处吸收峰的测量误差对测定准确度的影响。

三、仪器与试剂

AVATAR 360 型 FT-IR 傅里叶变换红外光谱仪（美国 Nicolet）；液体池；盐片；万分之一电子天平；容量瓶 2 mL 4 个。

邻二甲苯（色谱纯）；间二甲苯（色谱纯）；对二甲苯（色谱纯）；环己烷（色谱纯）。

四、实验步骤

准确称取邻二甲苯 20 mg，间二甲苯 30 mg，对二甲苯 30 mg，分别置于 2 mL 容量瓶中，以环己烷稀释至刻度。取此溶液分别测定其红外光谱图作为标准谱图。

再分别准确称取邻二甲苯、间二甲苯、对二甲苯各 30 mg 左右于同一个容量瓶中（2 mL），以环己烷稀释至刻度，作为二甲苯异构体混合物未知样。测定其红外光谱图。每一样品测定三次，取其平均值。

五、实验数据及结果

(1) 用基线法求出纯试样的吸光度，即在三个分析波数下（$739cm^{-1}$、$766cm^{-1}$、$793cm^{-1}$）每个纯试样的吸光度：

邻二甲苯 A_o^{739}、A_o^{766}、A_o^{793}；

间二甲苯 A_m^{739}、A_m^{766}、A_m^{793}；

对二甲苯 A_p^{739}、A_p^{766}、A_p^{793}。

(2) 按照朗伯-比尔定律 $A=\varepsilon cL$ 根据以上所得吸光度 A，求出相应的吸光系数 [$1/(g \cdot cm)$]：

邻二甲苯 a_o^{739}、a_o^{766}、a_o^{793}；

间二甲苯 a_m^{739}、a_m^{766}、a_m^{793}；

对二甲苯 a_p^{739}、a_p^{766}、a_p^{793}。

(3) 从二甲苯异构体混合物的图谱中求出 $739cm^{-1}$、$766cm^{-1}$、$793cm^{-1}$ 波数处的吸光度：

邻二甲苯 A_o^{739}（混）；

间二甲苯 A_m^{766}（混）；

对二甲苯 A_p^{793}（混）。

（4）二甲苯异构体混合物为三个组分，则可得到三个方程，列出联立方程组，式中 c_p、c_m、c_o 分别为混合试样溶液中对二甲苯、间二甲苯、邻二甲苯的浓度。

$$\begin{cases} A^{793}(\text{混}) = a_o^{793}bc_o + a_m^{793}bc_m + a_p^{793}bc_p \\ A^{766}(\text{混}) = a_o^{766}bc_o + a_m^{766}bc_m + a_p^{766}bc_p \\ A^{739}(\text{混}) = a_o^{739}bc_o + a_m^{739}bc_m + a_p^{739}bc_p \end{cases}$$

解方程组即可求出 c_o、c_m 和 c_p(g/L)。

因为在每一异构体的特征吸收波数处，其余两种异构体的吸收都很弱，所以可求取近似值：

A^{793}（混）$\approx a_p{}^{793}bc_p$ 可得 c_p；

A^{766}（混）$\approx a_m{}^{766}bc_m$ 可得 c_m；

A^{739}（混）$\approx a_o{}^{739}bc_o$ 可得 c_o。

（5）与混合试样溶液中邻二甲苯、间二甲苯、对二甲苯的真实浓度相比较，求出误差。

六、注意事项

（1）本实验采用固定池测量，更换溶液及清洗液池时，一个注射器推入液体，另一个注射器抽出空气及多余的液体，要同时进行。注好液体的池内，不能混有气泡。

（2）KBr 和 NaCl 液体池使用时，注意环境、接触物及手均要求干燥。

（3）拆装池时避免晶体磕碰及划伤。

七、思考题

估计可以在红外光谱上检测出的下列化合物的最低浓度是多少。设吸光度 $A=0.005$，吸收池厚度 $L=0.05\text{mm}$。

苯酚在 3600cm^{-1} 处，$\varepsilon=5000$；

苯胺在 3480cm^{-1} 处，$\varepsilon=2000$；

丙烯腈在 2250cm^{-1} 处，$\varepsilon=590$；

丙酮在 1720cm^{-1} 处，$\varepsilon=8100$。

参考文献

王宗明，何欣翔，孙殿卿. 1990. 实用红外光谱学. 第二版. 北京：石油工业出版社

吴谨光. 1994. 近代傅里叶变换红外光谱技术及应用. 北京：科学技术文献出版社

附　录

典型有机化合物的重要基团频率（$\tilde{\nu}/cm^{-1}$）

化合物	基　团	X—H 伸缩振动区	叁键区	双键伸缩振动区	部分单键振动和指纹区
烷烃	$—CH_3$	ν_{asCH}：2962±10(s) ν_{sCH}：2872±10(s)			δ_{asCH}：1450±10(m) δ_{sCH}：1375±5(s)
	$—CH_2—$	ν_{asCH}：2926±10(s) ν_{sCH}：2853±10(s)			δ_{CH}：1465±20(m)
	$—CH—$	ν_{CH}：2890±10(w)			δ_{CH}：～1340(w)
烯烃	顺式 $HC=CH$（两个 H 在同侧）	ν_{CH}：3040～3010(m)		$\nu_{C=C}$：1695～1540(m)	δ_{CH}：1310～1295(m) γ_{CH}：770～665(s)
	反式 $HC=CH$（两个 H 在异侧）	ν_{CH}：3040～3010(m)		$\nu_{C=C}$：1695～1540(w)	γ_{CH}：970～960(s)
炔烃	$—C\equiv C—H$	ν_{CH}：≈3300(m)	$\nu_{C\equiv C}$：2270～2100(w)		
芳烃	苯环	ν_{CH}：3100～3000（变）		泛频：2000～1667(w) $\nu_{C=C}$：1650～1430(m) 2～4 个峰	δ_{CH}：1250～1000(w) γ_{CH}：910～665 单取代：770～735(vs) ≈700(s) 邻双取代：770～735(vs) 间双取代：810～750(vs) 725～680(m) 900～860(m) 对双取代：860～790(vs)

续表

化合物	基　团	X—H伸缩振动区	叁键区	双键伸缩振动区	部分单键振动和指纹区
醇类	R—OH	ν_{OH}：3700～3200（变）			δ_{OH}：1410～1260(w) ν_{CO}：1200～1000(s) γ_{OH}：750～650(s)
酚类	Ar—OH	ν_{OH}：3705～3125(s)		$\nu_{C=C}$：1650～1430(m)	δ_{OH}：1390～1315(m) ν_{CO}：1335～1165(s)
脂肪醚	R—O—R′				ν_{CO}：1230～1010(s)
酮	R—C(=O)—R			$\nu_{C=O}$：≈1715(vs)	
醛	R—C(=O)—H	≈2820，≈2720(w) 由于ν_{C-H}和δ_{C-H}倍频之间的费米共振，因而产生两条弱而尖的吸收带		$\nu_{C=O}$：≈1725(vs)	
羧酸	R—C(=O)—OH	ν_{OH}：3400～2500(m)		$\nu_{C=O}$：1740～1690(m)	δ_{OH}：1450～1410(w) ν_{CO}：1266～1205(m)
酸酐	—C(=O)—O—C(=O)—			$\nu_{asC=O}$：1850～1880(s) $\nu_{sC=O}$：1780～1740(s)	ν_{CO}：1170～1050(s)
酯	—C(=O)—O—R	泛频ν_{C-O}：≈3450(w)		$\nu_{asC=O}$：1770～1720(s)	ν_{COC}：1300～1000(s)
胺	$—NH_2$ —NH	ν_{NH_2}：3500～3300(m) 双峰 ν_{NH}：3500～3300(m)		δ_{NH}：1650～1590(s，m) δ_{NH}：1650～1550(vw)	ν_{CN}（脂肪）：1220～1020(m，w) ν_{CN}（芳香）：1340～1250(s) ν_{CN}（脂肪）：1220～1020(m，w) ν_{CN}（芳香）：1350～1280(s)

续表

化合物	基　团	X—H 伸缩振动区	叁键区	双键伸缩振动区	部分单键振动和指纹区
酰胺	$—C(=O)—NH_2$	ν_{asNH_2}：≈3350(s) ν_{sNH_2}：≈3180(s)		$\nu_{C=O}$：1680～1650(s) δ_{NH}：1650～1250(s)	ν_{CN}：1420～1400(m) γ_{NH_2}：750～600(m)
	$—C(=O)—NHR$	ν_{NH_2}：≈3270(s)		$\nu_{C=O}$：1680～1630(s) $\delta_{NH}+\gamma_{CN}$：1750～1515(m)	$\nu_{CN}+\gamma_{NH}$：1310～1200(m)
	$—C(=O)—NRR'$			$\nu_{C=O}$：1670～1630(s)	
酰卤	$—C(=O)—X$			$\nu_{C=O}$：1810～1790(s)	
腈	$—C\equiv N$		$\nu_{C\equiv N}$：2260～2240(s)		
硝基化合物	$R—NO_2$			ν_{asNO_2}：1565～1543(s)	ν_{sNO_2}：1335～1360(s) ν_{CN}：920～800(m)
	$Ar—NO_2$			ν_{asNO_2}：1550～1510(s)	ν_{sNO_2}：1365～1335(s) ν_{CN}：860～840(s) 不明：≈750(s)
吡啶类	吡啶环	ν_{CH}：≈3030(w)		$\nu_{C=C}$及$\nu_{C=N}$：1667～1430(m)	δ_{CH}：1175～1000(w) γ_{CH}：910～665(s)
嘧啶类	嘧啶环	ν_{CH}：3060～3010(w)		$\nu_{C=C}$及$\nu_{C=N}$：1580～1520(m)	δ_{CH}：1000～960(m) γ_{CH}：825～775(m)

注：表中 vs、s、m、w、vw 用于定性地表示吸收强度很强、强、中、弱、很弱。

第 7 章　拉曼光谱法

7.1　基 本 原 理

7.1.1　背景知识

拉曼光谱是研究分子振动和转动的散射光谱。它在固体物理、有机化学、无机化学、生物化学、医学等许多领域都有广泛的应用。拉曼散射现象最早是由印度物理学家拉曼（C. V. Raman）在 1928 年研究苯的光散射时发现，他也因此获得了 1930 年度的诺贝尔物理奖。拉曼散射光谱中的谱带的数目、强度和形状，及频移的大小等都直接与分子的振动和转动跃迁相关，因此，从拉曼光谱中能得到分子结构的信息，这在分子结构和分析化学研究中发挥过巨大的作用。仅在拉曼效应被发现后的 10 年间，就发表了 2000 篇研究论文，报道了约 4000 个化合物的拉曼光谱图，大大促进了分子光谱学理论的发展。

1946 年前后，廉价的商品双光束红外光光度仪问世，使红外光谱测试技术大为简化，对各种状态的样品都能得到满意的光谱图，其方便程度大大超过了拉曼光谱。因而，拉曼光谱曾一度有被红外光谱技术取代的趋势。这是因为，在当时拉曼光谱的实验技术还有许多困难。例如，拉曼散射光的强度很弱，只有瑞利散射强度的 $10^{-6}\sim10^{-3}$，激发光源（汞弧灯）的能量低，曝光时间长达数小时到数十天，样品用量大，荧光干扰严重，只限于测试无色液体样品等。这些都限制了拉曼光谱的发展和应用。

20 世纪 60 年代初期，随着激光技术的发展，输出功率大、能量集中、单色性和相干性能好的激光用作拉曼光谱仪的激发光源，使拉曼光谱获得了新的生命力。加之高分辨率、低杂散光的单色仪、光子计数系统、计算机的应用，现代拉曼光谱的测量与红外光谱一样方便。由于拉曼光谱具有制样简单、一次扫描范围广（从几十到四千个波数）、水作溶剂对拉曼光谱没有干扰等优点，在研究分子结构时红外和拉曼光谱相互补充，成为不可缺少的两种测试手段。

20 世纪 70 年代后，多谱线和连续谱线输出的可调谐激光器，促进拉曼光谱技术的发展和应用，对一些在很大光谱范围有吸收的样品，可以很方便地选择在样品吸收谱带频率相等或接近的激发线进行共振拉曼光谱测量，其强度是普通拉曼光谱的 $10^{2}\sim10^{4}$ 倍，该现象称为共振拉曼散射（RRS）现象。此外，1974 年，

Fleischmann 发现，在银电极上吸附的吡啶拉曼散射强度异常增强，增强倍数达 $10^4 \sim 10^6$。这种在金、银、铜等金属的粗糙表面上吸附一些基团和化合物，其拉曼散射强度大大增加的现象，称为表面增强拉曼散射（SERS）效应。由于 RRS 和 SERS 技术以及它们联用得到的表面增强共振拉曼散射 SERRS 技术，具有高度的选择性和灵敏度，适合于稀溶液的研究，这对浓度小的自由基和生物材料的研究特别有利。有关 RRS 和 SERS 在生物化学、配位化学，特别是过渡金属配位化合物的分析研究，仍然是当前拉曼光谱研究十分活跃的一个领域。

傅里叶变换拉曼光谱（FT-Raman）是近十几年来发展起来的新技术，它采用含有 Nd 的钇铝石榴石单晶体，激发波长为 1064 nm 的近红外激光器，代替传统的可见光激光器，并将傅里叶变换原理与拉曼光谱结合起来。因此，具有以下几个优点：

（1）由于 FT-Raman 是在波长更长的红外光波段下获取拉曼信号，能够避开荧光的干扰，也有效地避免了激光照射样品时发生的光化学反应，因而大大拓宽了拉曼光谱的应用范围，并可以穿透生物组织，直接获取生物组织内分子的有用信息。在目前各种化合物中，约有 80%能给出理想的傅里叶变换拉曼光谱图。

（2）FT-Raman 光谱仪的测量速度快，能快速地一次性进行全波段范围的扫描，所得的干涉图由计算机进行傅里叶变换，立即转换成拉曼光谱图，操作简单方便。

（3）与传统的色散型光谱仪相比，FT-Raman 光谱仪还具有分辨率高、灵敏度好的特点。它采用激光干涉条纹测定光程差，测定的波数精度和重现性更好。

但它也具有信噪比低、低波数范围不能测量的弱点。由于水对近红外光的吸收，影响 FT-Raman 光谱仪测量水溶液的灵敏度。随着傅里叶变换拉曼光谱仪的不断完善，它终将成为实验室的常用光谱分析仪，在化学化工、生物医学、环境科学和半导体电子技术等领域的研究应用中发挥重要的作用。

7.1.2　拉曼光谱的产生

当频率为 ν_0、能量为 $h\nu_0$ 的入射光子跟一个分子碰撞时，可能发生三种情况：

第一，当碰撞后的光子能以相同的频率散射，称为瑞利（Rayleigh）散射。瑞利散射是光子和分子间的弹性散射，其机制涉及当分子处于辐射的电矢量场作用下时，在分子中诱导出一个偶极矩，分子中的电子被迫以辐射的相同频率进行振动。该振动着的偶极在各个方向上辐射出能量，这时就产生瑞利散射。该过程相当于分子从基态振动能级回到基态振动能级。如果分子吸收光子，跃迁到激发态，然后又发射出光子，这时便产生荧光现象。是散射还是荧光，决定于光子与分子碰撞过程中形成的物种的寿命。散射寿命较短 $10^{-15} \sim 10^{-14}$ s，而荧光寿命一般更长些。

第二，在某些情况下，光子与分子发生非弹性碰撞，受激发的分子能从被散射的光子处接受一定份额的能量，从而使自己回到第一振动激发态，即 $\nu=1$ 振动能态（而不是回到 $\nu=0$ 的能态）。这时散射光子的能量变成了 $h(\nu_0-\nu_v)$。此时，被检测到的散射光的频率为 $\nu_0-\nu_v$，这种散射线叫斯托克斯（Stokes）线。而在红外光谱中检测的是 ν_v 值，称为红外振动频率。$h\nu_v$ 是 $\nu=0$ 跃迁到 $\nu=1$ 时的振动能级差。

第三，当处于振动激发态 $\nu=1$ 的分子受到频率为 $h\nu_0$ 的入射光子碰撞时，分子激发到虚能态后，回到的不是振动激发态 $\nu=1$，而是振动能态 $\nu=0$，这时分子放出能量 $h\nu_v$ 给光子。此时，散射出的光子能量为 $h(\nu_0+\nu_v)$，较原先更高，这种散射线称是反斯托克斯线。

拉曼和瑞利散射的能级图可参见图 7-1。

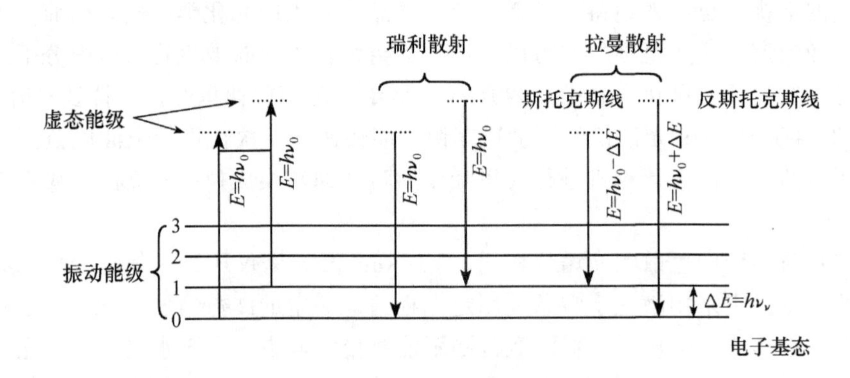

图 7-1　拉曼和瑞利散射的能级图

7.1.3　拉曼光谱图

在拉曼散射光谱中，以激发光频率 ν_0 为横坐标的零点，瑞利散射正好居于 0 的位置，而频率为 $\nu_0-\nu_v$ 的斯托克斯线位于瑞利散射的左边，在坐标中实际表示的值是频移 ν_v；频率为 $\nu_0+\nu_v$ 的反斯托克斯线位于瑞利散射的右边，实际表示的值是频移 $-\nu_v$，如图 7-2 所示。但由于玻尔兹曼分布率，处于 $\nu=1$ 时的振动能级的分子比处于 $\nu=0$ 时的振动能级的分子要少得多，因此，反斯托克斯线的强度比斯托克斯线弱得多。一般在 FT-Raman 光谱图中表示斯托克斯线，频移的范围从几十个到四千个波数。由于散射是低效率的过程，瑞利和拉曼散射的强度分别只有入射光强度的 10^{-3} 和 10^{-6}，激光光源强度能满足此要求，BRUKER RFS-100 型拉曼光谱仪的激光强度，可根据不同样品的需要在 0～500 mW 范围进行调节。但高功率的激光对某些样品易发生光损伤，一般尽量选择低功率的激光。

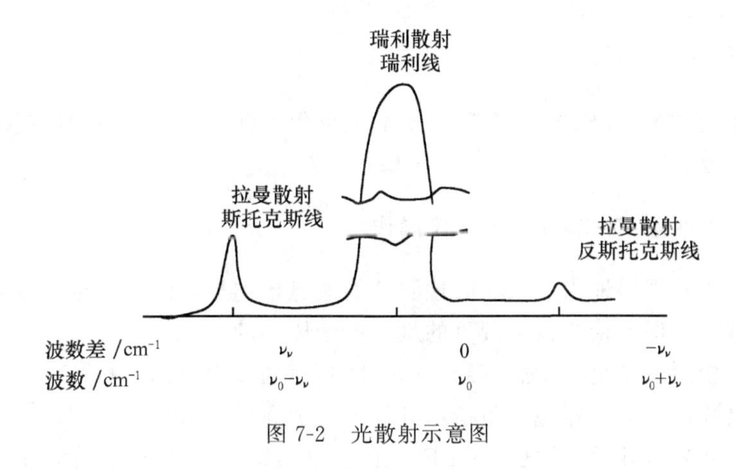

图 7-2　光散射示意图

7.1.4　红外光谱和拉曼光谱的关系

红外光谱和拉曼光谱都是分子光谱，但产生拉曼光谱的选律不同于红外光谱。产生拉曼光谱的条件是，如果某一简正振动对应于分子的感生极化率变化不为 0，则是拉曼活性，反之，是拉曼非活性。而产生红外吸收光谱的条件是，如果某一简正振动对应于分子的偶极矩变化不为 0，则是红外活性，反之，是红外非活性。因此，在红外光谱中，容易观察到分子中极性基团的振动，但对一些极性较弱的基团（如脂肪链、芳香环、杂环等），它们在红外光谱中的谱峰就显得相对弱。对于非极性的同核双原子分子（如 N_2、Cl_2、H_2 等），无红外吸收，但能产生拉曼光谱。一般对于任何具有对称中心的分子，在红外和拉曼光谱中不存在共同的基本振动谱线。如果在这两种光谱图中都观测到频率相同的谱线，那么，分子中肯定缺乏对称中心。但缺乏对称中心的分子也可能没有相同的吸收线。这可能是在其中的一个谱图中的某一条相应的吸收线强度太弱不易观察到，这对分子结构的测定非常有用。因此，由拉曼光谱和红外光谱都是重要的结构分析手段，并且能够相互补充。

7.2　仪器及使用方法

RFS100 型 FT-Raman 光谱仪，是由德国 BURUKER 公司生产的。

7.2.1　光源

由含有 Nd 的钇铝石榴石单晶体，激发波长为 1064 nm 的近红外激光器，激光束照射样品上，会在各个方向都有光散射，该仪器能以 90°和 180°两种角度收集。

7.2.2 检测器

半导体锗作为 RFS100 型 FT-Raman 光谱仪检测器。工作时用液氮冷却检测器到液氮温度。

7.2.3 RFS100 型 FT-Raman 光谱仪操作

（1）小心并缓慢地由导入棒向检测器的液氮槽内加入液氮，至棒高的 1/2 处即可。测试中，保持检测器中液氮的量不低于棒高的 1/3。

（2）待检测器完全冷却后（约 1 h），才可接通墙上电源，打开 RFS100 拉曼光谱仪的电源按钮，仪器左下角指示灯闪烁为黄绿色。

（3）将激光器开关钥匙由“OFF”旋至“ON”，开启激光。等 30 min，待激光达到测试要求的能量。

（4）启动 OPUS 程序。打开计算机，进入 Window 2000 操作系统。在 Window 操作界面上单击“开始”，选择“OPUS”，双击左键，输入仪器使用口令，进入 OPUS 的操作界面。

（5）校验标样：①将硫磺标样（也可用仪器所带的其他标样，如尼龙片）放入测试台上，夹妥，轻轻合上样品室盖。②在 OPUS 主菜单中的程序栏选择 MEASIFS，进入测量菜单。③在测量菜单上选 Mode 项，此时显示的是仪器中 Michelson 干涉仪对散射光作出的干涉图。用鼠标在显示屏上将激光器功率缓慢调至 100 mW，可以用手缓慢调节聚焦旋钮。干涉图显示的 ADC 应在 25 000 左右。若显示低于 20 000，则信噪比低，此时仪器尚未正常。等候一段时间后，重复上述的操作至 ADC 的强度达到要求，可以退出 Mode 项，取出硫磺标样，准备样品的测试。

（6）测试：①打开样品池上盖，放入待测样品。②进入测试菜单的 Mode 项，将激光功率缓慢由低向高调到一个合适的功率（在本实验中可选 100 mW），用手缓慢调聚焦旋钮，使干涉图显示的 ADC 达到较为理想的值，可以退出 Mode 项。③在测试菜单下，键入样品名、操作者姓名、合适的扫描次数（一般为 100 次左右，增大扫描次数可以得到信噪比高的拉曼光谱图）、文件名和保存的路径名，并确认。选“Start Sample Measurent”，开始测量。待扫描和计算完毕后，仪器将自动显示所得的光谱图。注意在测试中，不要打开样品室的上盖，以免使激光关闭，中断测试扫描。操作台要保持平稳，避免震动，使激光光路发生偏移。④测试完毕后，取出已测样品，放入待测样品，重复测试操作。

（7）图谱显示。选择主菜单的左边栏中一个或多个谱图的文件名，拖入右边的图谱显示栏，即可显示相应的谱图。可以根据需要，对显示的谱图的波数范围和相对强度的大小进行调整：在图标功能程序栏中选择“Chang x/y Values”项，可以出现该功能的菜单，键入显示波数 x 的范围和需要调整 y 的相对强度，即可得到所需的谱图。

(8) 图谱的常用处理方法：①基线校正。在主菜单的功能图标内选择“Baseline Correction”，进入该菜单的操作。先选择需要校正基线的图谱的文件，再选择校正的方法，根据谱图需要选择适当的基线点，最后，键入校正后生成新文件的名称和保存路径，确认后，选“Correct”退出。在图谱显示栏中将出现校正后的谱图。②标峰。在主菜单的功能图标内选择“Peak Pick”，即进入该菜单的操作。先选择需要标峰的图谱的文件，再选择需标出峰的方式，根据谱图的需要键入需要标峰的波数范围和所要标出最小峰的强度参数，确认后退出。在图谱显示栏中将出现已标好峰的谱图。如果不满意还可以继续修改，直至满意为止。③存盘。测试过的光谱图以 OPUS 的形式自动保存，但若要将测试结果拷贝到其他计算机上使用，则应该以“TXT”等文本文件的格式重新进行保存，以便在其他计算机的非 OPUS 界面下，可以用“Origin”软件打开数据，得到光谱图。

重新进行保存时，在主菜单的左上角选择“Save”，进入该菜单的操作。选择需要保存图谱的文件种类，键入存盘文件路径、存盘的名称（带扩展名），选择存盘方式，确认后，按“Save”退出。

除上述三种常用的处理外，OPUS 软件还能进行曲线平滑、拟合、差谱、减谱、积分，及谱图的放大、缩小、平移等操作，在此不再列举，可以参照“Help”，结合实践操作进行熟悉。

(9) 图谱的打印。在主菜单下选“Plot”项，进入打印菜单。选择打印的光谱图文件名，在“Change”中选择合适的图谱输出方式，根据需要可调整打印图谱的波数范围和相对强度。打印前可先选择“Preview”，进行打印预览，若不满意，可以进行再修改。最后，按“Plot”，由激光打印机打印出谱图。

(10) 关机步骤：①打开样品室上盖，确认是否已取出测完的样品。②将激光器上的开关钥匙由“ON”旋至“OFF”，关闭激光。③关闭 RFS100 拉曼光谱仪的电源开关。④退出各项处理软件，退出 OPUS 操作系统。⑤从“Windows”操作关闭计算机主机，关闭打印机、显示器等电源。⑥断开墙上电源开关。⑦清洗样品池，清洁环境，盖好仪器罩，认真填写仪器操作记录。

实验 24　傅里叶变换激光拉曼光谱用于氨基酸的结构测定

一、实验目的

(1) 了解产生拉曼光谱的基本原理以及傅里叶变换激光拉曼谱仪（FT-Ra-

man）的特点。

（2）正确掌握 RFS-100 型（FT-Raman）的一般操作。

（3）通过对氨基酸的 FT-Raman 光谱图的测定和分析，了解各氨基酸特征基团的归属与水对频谱的影响。

二、实验原理

激光束照射样品后，在各个方向产生散射，在与入射光束呈 180°的方向上接收信号。经多次叠加使相干信号获得足够的强度，通过傅里叶变换自动将相干图转换成波谱图。

不同的分子是由不同的官能团组成的，一定的官能团对应特定的振动频率，同时又受到该官能团周围环境（包括溶剂）的影响，因而会产生一定的频移。

获得拉曼光谱图后，由特定的振动峰找出对应的官能团，推测分子的结构与组成。分析频移的原因及对分子性能的影响，考虑如何利用这一性能。

三、仪器与试剂

RFS100 FT-Raman 光谱仪 1 台。

可以任选用一种或几种分析纯氨基酸固体粉末直接用作测试样品（见附 1 说明）。

对比研究同种氨基酸水溶液的拉曼光谱，将氨基酸溶于二次去离子水中，配成浓度为 10^{-1}～10^{2} mol/L 的水溶液进行测试。

四、实验步骤

（1）制样。将固样研磨成细的粉末，压入金属样品池的小孔中。注意要压紧样品，并填平样品池的小孔。溶液样品可以装在石英测试池、石英试管或毛细管中进行测量。

（2）各获取一张试样的拉曼光谱图。

五、实验数据及结果

（1）参考标准谱图和特征拉曼频率，对所得的谱图上的特征峰进行基团的归属、分析频移的原因。

（2）对比同一种氨基酸的固体和水溶液的拉曼光谱图中特征峰的异同，说明原因，指出哪些是水的特征峰。

六、注意事项

（1）注意参照光源在样品上的位置。

（2）注意随时向检测器中补充液氮。

七、思考题

（1）试述产生红外和拉曼光谱的原理。

（2）红外光谱与拉曼光谱中的吸收峰是否有一一对应的关系？峰的相对强度在两种光谱中是否一致？

实验 25　FT-拉曼表面增强散射实验

一、实验目的

了解表面增强拉曼散射效应产生的原理，由此提供了材料表面与物质分子之间相互作用的实验方法，也为拉曼光谱的微量分析提供了理论依据。

二、实验原理

表面增强拉曼散射（surface enhanced Raman scattering，SERS）效应是指在特殊制备的一些材料表面，被表面吸附的分子或靠近表面的分子，其拉曼散射信号比普通拉曼散射（normal Raman scattering，NRS）信号大大增强的现象。

拉曼散射信号一般较弱，而表面增强拉曼散射恰好克服了这一缺点，光谱灵敏度得以提高。由于 SERS 是一种表面效应，可以直接提供吸附于或靠近于材料表面分子的真实结构信息。所以可以用于考查被表面所吸附的分子排列、取向及结构的研究。

1. 表面增强拉曼散射现象的理论解释

散射现象的产生是由于光波的电场作用于物质分子后，分子上产生了一个感应偶极矩 P，它正比于电场强度 E，$P=\alpha E$，α 为比例常数，称做分子的极化率。分子的拉曼散射是分子在外电场作用下被极化产生偶极矩，交变的偶极矩在发射过程中受到分子中原子间振动的调制，从而出现拉曼散射光。散射的增强可能是因为作用于分子上的局域电场的增强，或分子极化率的发生改变。为了解释 SERS 现象，人们在 SERS 的光学物理与化学过程的研究中提出了两大类模型。

2. SERS 的光学物理与化学过程的研究中的两大类模型

（1）物理类增强模型。将 SERS 的产生归源于金属表面电场的增强。

（2）化学类增强模型。认为由于分子的基态到金属费米面附近的空电子态可以发生共振跃迁，改变了分子的有效极化率，从而产生 SERS 效应。

3. SERS效应是两种增强机制综合作用的结果

（1）产生SERS效应的金属中以Ag的增强效果最佳。

（2）表面增强效应只有当化合物分子吸附在特定形态的金属表面（微粒粗糙表面或不连续岛状膜）才出现，这种金属表面的特定形态被认为是产生SERS的必要条件。

（3）长程性电荷增强，分子离开表面数十埃至上百埃仍有增强现象和短程性（如化学吸附增强和电荷转移增强等），分子离开表面1～2Å增强效应便迅速减弱。

（4）拉曼跃迁的选择定则在SERS中被放宽，有时仅为红外活性的振动模式也会出现在拉曼散射谱中。

（5）能产生SERS光谱的表面，同时产生不依吸附分子而变弱的连续非弹性散射谱。

（6）分子的振动模式不同，增强因子也不相同，增强极大和激发频率的曲线也不相同。

（7）当在分子的吸收带频率内进行激发时，可以大大增强其SERS信号。

4. 分子吸附取向判断原理

通过SERS的图谱分析，讨论化学键的吸附取向与拉曼增强之间的关系，可以进行表面吸附分子的取向判断。例如，以表面的法线方向为z方向（磁场方向），极化率α_{zz}将得到较大增强，而α_{xz}、α_{yz}则相对较弱，α_{xx}、α_{yy}、α_{xy}增强效果几乎没有。因为拉曼强度$I \propto \alpha$，其结果是α_{zz}方向的振动模式将会大大增强，α_{xz}、α_{yz}方向的增强较弱，α_{xx}、α_{yy}、α_{xy}方向的增强信号将观察不到。据此可以判断分子的表面吸附取向。另外，根据增强原理，离表面近的振动模式比离表面远的振动模式增强效果明显。

在表面增强拉曼光谱中，用得最普遍的活性基质为金属电极、金属溶胶和金属沉积岛状膜三大类，各有优缺点。随着SERS效应研究的不断深入，人们试图寻找处一种稳定性高、增强效果好、重现性好的增强体系。

5. SERS光谱效应的应用

SERS具有灵敏度高、水干扰小及适合于研究界面效应等特点，被广泛用于表面配合物研究、吸附界面表面状态研究、生物大小分子的界面取向及构型、构象研究、痕量有机物及药物分析、光化学反应的中间产物及最终产物的结构分析等。

三、仪器与试剂

RFS100 FT-Raman 光谱仪 1 台；石英管。

吡啶（分析纯）；吡啶溶液 0.01 mol/L；银胶溶液。

四、实验步骤

实验操作过程同实验 24。

五、实验数据及结果

在获取图谱后进行数据处理。

(1) 将纯吡啶注入小石英玻璃管中，选择适当的实验条件，获取一张纯吡啶拉曼光谱图，由此图确定吡啶分子的各振动方式。

(2) 将 0.01 mol/L 吡啶溶液注入小石英玻璃管中，选择适当的实验条件，获取一张拉曼光谱图，由此图与纯吡啶分子的振动图谱相比较，说明该图的变化。

(3) 将 0.01 mol/L 吡啶溶液注入小石英玻璃管中，同时加入少量银溶胶混合均匀。选择同 (2) 完全一样的实验条件，获取一张拉曼光谱图，由此图与 (2) 中的图比较，说明该图有什么变化，说明其原因，确定吡啶分子中哪一个官能团容易吸附于金属银粒子表面上，并确定吡啶分子在金属银表面上的取向。

六、注意事项

(1) 实验中要经常查看检测器中的液氮量，并随时往检测器中补充液氮。

(2) 银胶溶液应为新制备，制备银溶胶的玻璃器皿应该用王水浸泡，去离子水洗净。

(3) 注意将样品管放在合适的位置上，注意参照光源在样品上的位置。

(4) 从样品室中拿、放样品管，动作要稳、轻，以免损坏。

七、思考题

简述表面增强拉曼散射（SERS）效应的应用。

参考文献

金斗满，朱文祥. 1996. 配位化学研究方法. 北京：科学出版社

王伯康. 2000. 综合化学实验. 南京：南京大学出版社

叶勇，胡继明，曾云鹗. 1988. 表面增强拉曼技术及 FT-拉曼的研究及应用. 大学化学，13：6

朱自莹，顾仁敖，陆天虹. 1998. 拉曼光谱在化学中的应用. 沈阳：东北大学出版社

附录 简介氨基酸

氨基酸是蛋白质的基本组成单位。氨基酸是带有氨基的有机酸，α 碳原子周围是由一个氨基、一个羧基、一个氢原子和一个 R 基团所组成四面体结构，具有旋光性，天然的氨基酸，它们都是 L-氨基酸。在接近氨基酸的等电点 pH 的溶液中，氨基酸主要以两性离子的形式存在，氨基被质子化（$—NH_3^+$），羧基离解成（$—COO^-$）。在酸性溶液中，羧基不电离，而氨基电离；而碱性溶液中，羧基离解，氨基不解离。20 种天然氨基酸的名称、缩写、结构式如表 7-1 所示。

表 7-1 氨基酸的名称、缩写、结构式

名 称	缩 写	结构式
丙氨酸，alanine	Ala，A	$CH_2CH(NH_2)COOH$
精氨酸，arginine	Arg，R	$H_2N—C(=NH)—NH(CH_2)_3CH(NH_2)COOH$
天冬酰胺，asparарine	Asn，N	$NH_2COCH_2CH(NH_2)COOH$
天冬氨酸，aspartic acid	Asp，D	$HOOCCH_2CH(NH_2)COOH$
半胱氨酸，cysteeine	Cys，C	$HSCH_2CH(NH_2)COOH$
谷氨酸，glutamic acid	Glu，E	$HOOCCH_2CH_2CH(NH_2)COOH$
谷酰胺，glutamine	Gln，Q	$NH_2COCH_2CH_2CH(NH_2)COOH$
甘氨酸，glycine	Gly，G	H_2NCH_2COOH
组氨酸，histidine	His，H	(咪唑环 HN、N)$—CH_2CH(NH_2)COOH$
异亮氨酸，isoleucine	Ile，I	$CH_3CH_2CH(CH_3)CH(NH_2)COOH$
亮氨酸，leucine	Leu，L	$(CH_3)CHCH_2CH(NH_2)COOH$
赖氨酸，lysine	Lys，K	$H_2NCH_2CH_2CH_2CH_2CH(NH_2)COOH$
蛋氨酸，methionine	Met，M	$CH_3SCH_2CH_2CH(NH_2)COOH$
苯丙氨酸，phenylalanine	Phe，F	(苯环)$—CH_2CH(NH_2)COOH$
脯氨酸，proline	Pro，P	(吡咯环 N H)$—COOH^-$
丝氨酸，serine	Ser，S	$HOCH_2CH(NH_2)COOH$
苏氨酸，threonine	Thr，T	$CH_3CHOHCH(NH_2)COOH$

续表

名　称	缩　写	结构式
色氨酸，tryptophane	Trp，W	—$CH_2CH(NH_2)COOH$
酪氨酸，tyrosine	Tyr，Y	HO—　—$CH_2CH(NH_2)COOH$
缬氨酸，valine	Val，V	$(CH_3)_2CHCH(NH_2)COOH$

第 8 章 电位分析法

8.1 基本原理

把指示电极和参比电极放入试样溶液中，用高输入阻抗的电压计测量两电极之间的电位差，就可以知道指示电极相对于参比电极的电位。通过测定指示电极和参比电极之间的电位差，获得发生化学变化时体系的物理、化学方面的各种数据的方法，称为电位分析法（potentiometry）。电位分析法的最基本测定体系如图 8-1 所示。

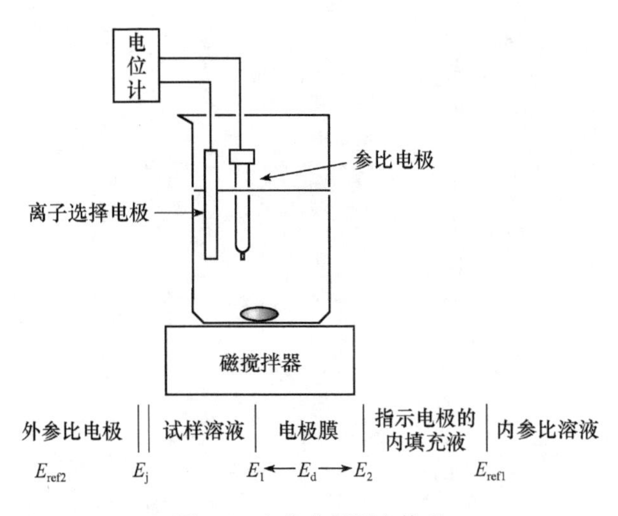

图 8-1 电位分析测定体系

用电压计测定指示电极和参比电极之间的电位差 E_{cell}，E_{cell} 可表示为

$$E_{cell} = (E_m + E_{ref1}) - (E_{ref2} + E_j) \tag{8-1}$$

式中：E_{ref1} 为指示电极的内参比电位；E_{ref2} 为参比电极的电位，是固定值，不随实验过程而改变，虽然两电极之间的电位 E_{cell} 与所用的参比电极有关。液接电位 E_j 来自两液相界面不同离子的扩散，当两种组成各异的电解质溶液相接触时，由于离子的迁移速率不同，随着扩散的进行，接触界面的电荷分布也发生变化，导致了电位差的产生。这个电位差使得迁移速率快的离子减速，迁移速率慢的离子加速，最终使得通过界面的正、负电荷相等，从而形成一个电位差相对稳定的状

态，这种状态下的电位差就叫液接电位。液接电位相当大（>50 mV），人们采用各种方法来减少液接电位。电位分析中液接电位的存在使实验时很难得出稳定的实验数值，是引起电位分析误差的主要原因之一。为了使液接电位减至最小以至接近消除，通常在两种溶液之间插入盐桥以代替原来的两种溶液的直接接触，减免和稳定液接电位。常用的盐桥有单盐桥、双盐桥和固态 U 形盐桥，而盐桥溶液有饱和氯化钾溶液、4.2 mol/L KCl、0.1 mol/L LiAc 和 0.1 mol/L KNO_3。当盐桥溶液不影响测定时应该使用单盐桥参比电极，否则必须使用双盐桥参比电极。双盐桥中外盐桥溶液具有以下作用：①防止参比电极的内盐桥溶液从液接部位渗漏到试液中干扰测定；②防止试液中的有害离子扩散到参比电极的内盐桥溶液中影响其电极电位。在“电位滴定法测定自来水中的氯化物”中，单盐桥参比电极中饱和氯化钾溶液干扰测定，使用 1 mol/L KNO_3 为外盐桥溶液的双盐桥参比电极可以避免参比电极的内盐桥溶液中氯离子从液接部位渗漏到试液中干扰测定。

当上述的电位 E_{ref1}、E_{ref2}、E_j 为定值时，式（8-1）中的 E_{cell} 可改写为

$$E_{cell} = K + E_m \tag{8-2}$$

式中：K 为常数；E_m 为膜电位，可表示为

$$E_m = E_1 + E_2 + E_d \tag{8-3}$$

式中：E_1 为膜的外界面的边界电位，由进、出膜相的离子在两相中所带的电荷分配而产生，同样地，E_2 由离子在指示电极的内参比溶液和电极膜的两相界面上的分配产生；E_d 来自于离子进出膜的扩散，引起电荷分离而产生的电位，通常 E_d 相对于电位分析而言，非常小，可忽略不计。E_2 可通过固定内参比溶液的离子浓度来保持定值。因此，E_{cell} 只和电极膜与试样溶液的界面电位 E_1 有关，即与膜的渗透性有联系。膜对目标离子的选择性依赖于膜和分析物的特异性相互作用。

假定电极膜只容许一种离子通过，采用 Henderson 近似方法，即每一种通过膜的离子的浓度是线性分布，由热力学方法，得到能斯特方程：

$$E_{cell} = k + \frac{RT}{Z_i F}\ln a_i \tag{8-4}$$

式中：R 为热力学常量；k 为测量体系中的常数；T 为热力学温度；Z_i 为 i 离子的电荷数；F 为法拉第常量；a_i 为被分析离子 i 的活度。

由于电极膜并不是完全只容许给定的离子通过，能斯特方程由更加普遍地描述电位和离子活度关系的 Nicolsk-Eiseman 方程取代。

$$E_{cell} = k + \frac{RT}{Z_i F}\ln\left(a_i + K_{ij}a_j^{\frac{Z_i}{Z_j}}\right) \tag{8-5}$$

式中：a_i 为被测定离子的活度；a_j 为被干扰离子 j 的活度；Z_i 和 Z_j 分别为测定离

子和干扰离子的电荷数；K_{ij}为选择系数。假如干扰离子不止一种，式（8-5）被式（8-6）取代。

$$E_{\text{cell}} = k + \frac{RT}{Z_i F}\ln\left(a_i + \sum_j K_{ij} a_j^{\frac{Z_i}{Z_j}}\right) \tag{8-6}$$

如果 $K_{ij}=1$，电极对 i 离子和 j 离子的响应相等；K_{ij} 越小，j 离子的干扰越小。K_{ij} 可由实验测得，方法主要有分别溶液法、固定离子浓度法、等电位法。

在测定阴离子浓度时，应用能斯特方程和其他方程时，应该注意阴离子的电荷数为负，电位值随着阴离子浓度的增加而减少。

电位分析法的最基本的测定体系如图 8-1 所示。用电压计测定参比电极和指示电极之间的电位差。电极电位与溶液中化学物质的组成和其他物理、化学参数（如浓度、温度、时间等）有关，通过电位的测定可以知道某一特定化合物的浓度，因此电位分析法广泛应用于各种化学反应分析中。表 8-1 列出许多电位分析法的测定实例。

表 8-1　电位分析应用实例

	测　定	附加物质	研究电极	电解液	应用实例
酸碱反应研究	中和滴定	H^+，OH^-	pH 电极 Pt	KCl Na_2SO_4	无机和有机酸、碱
溶度积的测定	沉淀滴定	Ag^+，Hg^+， 卤素离子，S^{2-}	Ag Hg	KNO_3	卤素离子、有机卤化物、S^{2-}、SCN^-、CN^-
络合物的稳定性研究	络合滴定	EDTA	Hg	NH_3	Zn^{2+}、Pb^{2+}、Cu^{2+}、Mo^{2+}、Co^{2+}、Cd^{2+}、Ca^{2+}
研究无机离子的反应	氧化还原滴定	Fe^{2+}，Ce^{4+}， Mn^{5+}，卤素	Pt	H_2SO_4 卤素碱	Ce^{4+}、Cr^{6+}、Mn^{4+}、Mo^{6+}、Fe^{2+}、Mo^{3+}、Nb^{3+}、Sb^{3+}、NH_3、S^{2-}、SCN^-、As^{3+}

8.2　仪器及使用方法

电位分析体系一般由指示电极、参比电极和高输入阻抗的电位计组成（图 8-1）。玻璃膜和液膜型离子电极的内部电阻为几兆欧至几百兆欧。难溶盐固体膜电极的内部电阻也有在 1 MΩ 以下的。输入电阻为 10^{12} Ω 以上的电位计适合于各种离子选择电极。测定试样一般用磁搅拌器进行搅拌，搅拌时要注意避免气泡的产生。磁搅拌器和测定容器之间放上隔热塑料板，测定容器最好在恒温条件下进行。

离子选择电极的电极膜的保存和更新有各种各样的方法，可以参照产品说明书进行具体处理。

8.2.1　参比电极

经常使用的参比电极主要为饱和甘汞电极和银-氯化银电极。饱和甘汞电极由金属汞、固体 Hg_2Cl_2 和饱和 KCl 组成。甘汞电极的电极反应是

$$Hg_2Cl_2 + 2e \rightleftharpoons 2Hg + 2Cl^- \qquad (8\text{-}7)$$

其电位与氯离子的浓度有关，当 KCl 达饱和浓度时，称为饱和甘汞电极（saturated calomel electrode，SCE）。

银-氯化银电极包括银线及在银线的一端覆盖有不溶 KCl 盐，其电极反应为

$$AgCl + e \longrightarrow Ag + Cl^- \qquad (8\text{-}8)$$

电极电位因电解液 KCl 浓度的不同而变化。25℃时，在饱和 KCl 溶液中为 0.199 V(vs. NHE)；在 3.5 mol/L KCl 溶液中为 0.205 V(vs. NHE)。

下面介绍一种银-氯化银电极的制作方法。为了在银线上镀上一层 AgCl，一般先把银线用 3 mol/L HNO_3 溶液浸洗，水清洗后在 0.1 mol/L HCl 溶液中进行阳极极化。例如，在 0.4 mA/cm^2 的电流密度下进行 30 min 电解。银-氯化银电极不适合测定能与银生成沉淀或与银络合的离子（如卤离子、硫离子等）的测定。

8.2.2　指示电极

指示电极主要分为金属和膜电极，膜电极也叫离子选择电极或离子传感器。金属电极分为第一、第二、第三类和氧化还原电极，见表 8-2。

表 8-2　可逆金属电极体系

电极体系	例　子
金属/金属	$Zn^{2+} + 2e^- \rightleftharpoons Zn$
金属/金属离子（M^{n+} | M）	(Zn^{2+} | Zn)
金属/金属难溶盐（氧化物电极）	$Hg_2Cl_2 + 2e^- \rightleftharpoons 2Hg + 2Cl^-$ (Cl^- | Hg_2Cl_2 | Hg，甘汞电极，饱和甘汞电极)
金属/金属络合物	$Ca^{2+} + Y \rightleftharpoons CaY^{2-}$ $Y^{2-} + Hg^{2+} \rightleftharpoons HgY^{2-}$ Ca^{2+}，CaY^{2-}，HgY^{2-} | Hg H_4Y 为 EDTA
氧化还原电极（惰性电极）	$Fe^{3+} + e^- \rightleftharpoons Fe^{2+}$ (Fe^{3+}，Fe^{2+} | Pt)

目前已有许多离子选择电极用于电位分析。膜电极主要有玻璃膜电极、固体膜电极和液膜电极。离子选择电极其构造的主要部分为离子选择性膜，它响应于

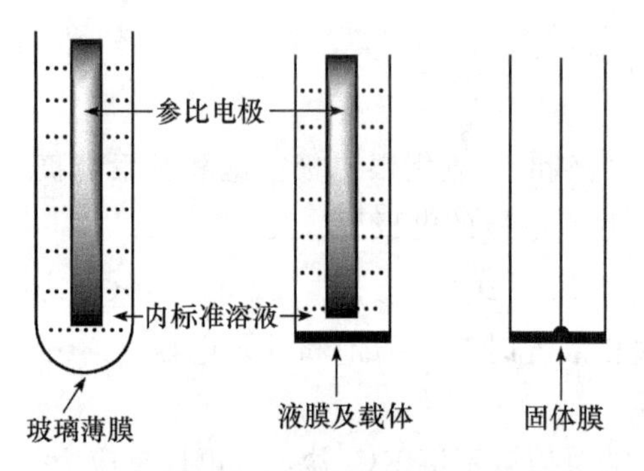

图 8-2 离子选择电极的结构

特定的离子。由于膜电位随着被测定离子的浓度而变化，通过离子选择性膜的膜电位可以测定出离子的浓度。离子选择电极通常由参比电极、内标准溶液、离子选择性膜构成。离子选择电极的主要结构示意图如图 8-2 所示。

8.2.2.1 玻璃膜电极

玻璃膜电极与参比电极组成的测量体系可用于溶液中 pH 的测定，测量体系见图 8-3。上述体系的膜电位为

$$E_{\text{cell}} = E_1 - E_2 = \frac{RT}{F}\ln\left(\frac{a_{\text{H}^+}}{a^0_{\text{H}^+}}\right) \tag{8-9}$$

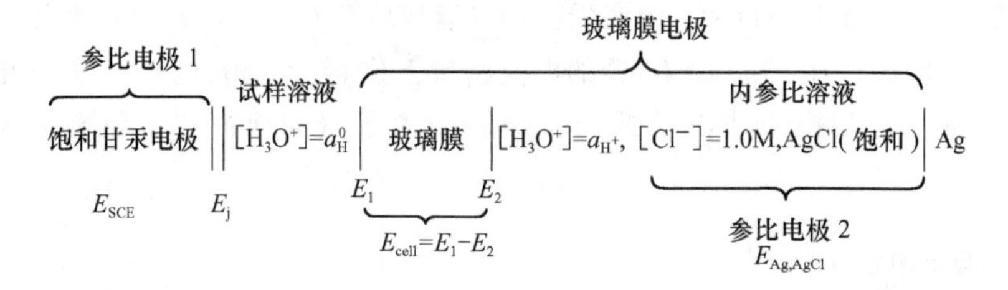

图 8-3 玻璃膜电极和饱和甘汞电极组成的测定 pH 的体系

a_{H^+} 为内标准溶液的氢离子活度，是已知的，则有

$$E_{\text{cell}} = k + \left(\frac{RT}{F}\right)\ln a_{\text{H}^+} \tag{8-10}$$

被测定溶液的 pH 和测定电位差 E_{cell}之间具有如下的关系（25℃）：

$$E_{\text{cell}} = k - 0.059\,16\text{pH} \tag{8-11}$$

玻璃电极测定碱性溶液时产生“碱差”。在碱性溶液中，玻璃电极对氢离子和碱金属离子同时有响应，碱金属离子对 pH 测定有干扰，也称为“碱差”。例如，体系有较高浓度钠离子存在时，电位可通过 Nicolsk-Eiseman 方程表示：

$$E_{\text{cell}} = k + \frac{RT}{F}\ln(a_{\text{H}^+} + K_{\text{H,Na}} \cdot a_{\text{Na}^+}) \tag{8-12}$$

8.2.2.2 固体膜电极

固体膜电极的敏感膜由含有待测离子的晶体或盐的压片构成。例如，氟离子选择电极的敏感膜由 LaF_3 单晶片制成。表 8-3 列出一些商品化固态膜电极。

表 8-3　固体晶体膜电极的性能

分析物	浓度范围/(mol/L)	主要干扰离子
Br^-	$10^0 \sim 5\times10^{-6}$	CN^-、I^-、S^{2-}
Cd^{2+}	$10^{-1} \sim 1\times10^{-7}$	Fe^{2+}、Pb^{2+}、Hg^{2+}、Ag^+、Cu^{2+}
Cl^-	$10^0 \sim 5\times10^{-5}$	CN^-、I^-、Br^-、S^{2-}
Cu^{2+}	$10^{-1} \sim 1\times10^{-8}$	Hg^{2+}、Ag^+、Cd^{2+}
CN^-	$10^{-2} \sim 1\times10^{-6}$	S^{2-}
F^-	饱和$\sim 1\times10^{-6}$	OH^-
I^-	$10^0 \sim 5\times10^{-8}$	
Pb^{2+}	$10^{-1} \sim 1\times10^{-6}$	Hg^{2+}、Ag^+、Cu^{2+}
Ag^+/S^{2-}	Ag^+　$10^0 \sim 1\times10^{-7}$	Hg^{2+}
	S^{2-}　$10^0 \sim 5\times10^{-6}$	
SCN^-	$10^0 \sim 5\times10^{-6}$	I^-、Br^-、CN^-、S^{2-}

8.2.2.3　液膜离子选择电极

液膜离子选择的膜由三部分构成：固体支持物、亲脂性溶剂、离子载体。通常将固体支持物聚氯乙烯聚合物、离子载体、膜增塑剂混合溶于四氢呋喃，待四氢呋喃挥发后，形成具有弹性的聚合物膜。离子载体有阴、阳离子交换剂，中性离子载体多胺、冠醚、杯芳烃等大环超分子化合物。合成新的高选择性离子载体是当前电位分析法的一个热门领域。

实验 26　氟离子选择性电极测定自来水中的氟离子

一、实验目的

(1) 了解电位分析法的基本原理。
(2) 掌握电位分析法的操作过程。
(3) 掌握电位分析中直接标准曲线法和标准加入法。
(4) 了解总离子强度调节液的意义和作用。

二、实验原理

氟离子选择电极的敏感膜由 LaF_3 单晶片制成（图 8-4），为改善导电性能，晶体中还掺杂了少量 0.1%～0.5%的 EuF_2 和 1%～5%的 CaF_2。膜导电由离子半径较小、带电荷较少的晶体离子氟离子来担任。Eu^{2+}、Ca^{2+} 代替了晶格点阵中的 La^{3+}，形成了较多空的氟离子点阵，降低了晶体膜的电阻。

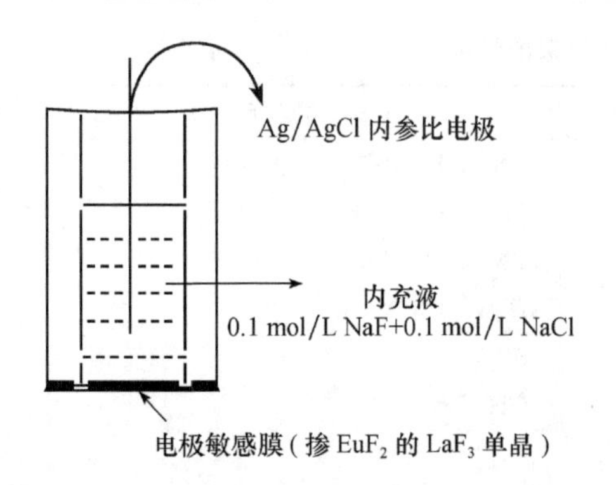

图 8-4　氟离子选择电极结构

将氟离子选择电极插入待测溶液中，待测离子可以吸附在膜表面，它与膜上相同离子交换，并通过扩散进入膜相。膜相中存在的晶体缺陷，产生的离子也可以扩散进入溶液相，这样在晶体膜与溶液界面上建立了双电层结构，产生相界电位，氟离子活度的变化符合能斯特方程：

$$\varphi = K - \frac{RT}{F}\ln a_{F^-} \qquad (8\text{-}13)$$

氟离子选择电极对氟离子有良好的选择性，一般阴离子，除 OH^- 外，均不干扰电极对氟离子的响应。氟离子选择电极的适宜 pH 范围为 5～7。一般氟离子电极的测定范围为 10^{-6}～10^{-1} mol/L。水中氟离子浓度一般为 10^{-5} mol/L。

在测定中为了将活度和浓度联系起来，必须控制离子强度，为此，应该加入惰性电解质（如 KNO_3）。一般将含有惰性电解质的溶液称为总离子强度调节液（total ionic strength adjustment buffer，TISAB）。对氟离子选择电极来说，它由 KNO_3、NaAc-HAc 缓冲液、柠檬酸钾组成，控制 pH 为 5.5。

离子选择电极的测定体系由离子选择电极和参比电极构成（图 8-5）。用离子选择电极测定离子浓度有两种基本方法。方法一：标准曲线法。先测定已知离子浓度的标准溶液的电位 E，以电位 E 对 $\lg c$ 作一工作曲线，由测得的未知样品的电位值，在 E-$\lg c$ 曲线上求出分析物的浓度。方法二：标准加入法。首先测定待分析物的电位 E_1，然后加入已知浓度的分析物，记录电位 E_2，通过能斯特方程，由电位 E_1 和 E_2 可以求出待分析物的浓度。本实验测定氟离子采用标准曲线法。

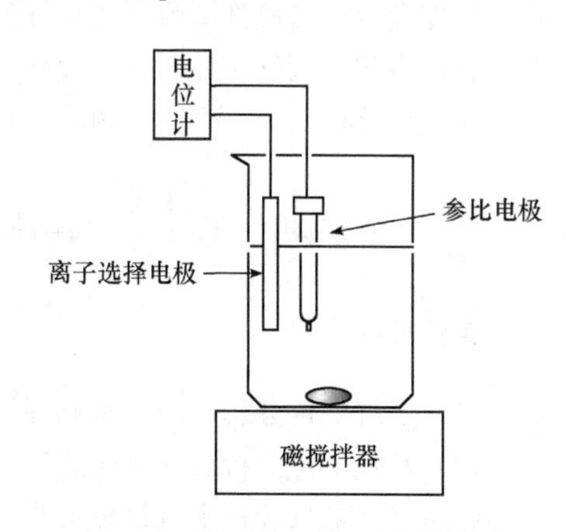

图 8-5　氟离子选择电极分析体系

三、仪器与试剂

PF-1 型氟离子选择电极；232 型饱和甘汞电极；PXSJ-2 型离子分析仪；78-1 型磁力加热搅拌器。

NaF（基准试剂）；KNO_3（分析纯）；NaAc（分析纯）；HAc（分析纯）；柠檬酸（分析纯）；NaOH（分析纯）。

氟标准溶液的配制：称取 0.22 g NaF（已经在 120℃烘干 2 h 以上）溶于蒸馏水中，而后转移至 1000 mL 容量瓶稀释至刻度，摇匀，保存在聚乙烯塑料瓶中备用，此溶液含 F^- 为 100 mg/L。

TISAB 溶液的配制：在 1000 mL 烧杯中加入 500 mL 去离子水，再加入 57 mL冰醋酸、48 g NaCl、12 g 柠檬酸，搅拌使之溶解，然后缓慢加入 6 mol/L NaOH（约 125 mL）直到 pH 在 5.0～5.5，冷至室温，转移溶液到 1 L 容量瓶中，用去离子水稀释到刻度，摇匀，备用。

四、实验步骤

1. 氟离子标准溶液溶液的配制

用量液管分别取含 F^- 为 100 mg/L 的标准溶液 0.10 mL、0.20 mL、0.50 mL、1.00 mL、5.00 mL、10.00 mL 于 50 mL 容量瓶中，再分别移取 10.0 mL TISAB 于上述容量瓶中，用去离子水稀释至刻度，摇匀，得到浓度为 0.2 mg/L、0.4 mg/L、1.0 mg/L、2.0 mg/L、10.0 mg/L、20.0 mg/L 的氟离子标准溶液系列。

2. 氟离子选择电极分析体系测定

测定 0.2 mg/L、0.4 mg/L、1.0 mg/L、2.0 mg/L、10.0 mg/L、20.0 mg/L 的氟离子标准溶液的电位并记录电位值 E。测定时由低浓度到高浓度，待电极在溶液中浸 3～5 min 后读数。

3. 水样测定

准确量取 25.0 mL 自来水于 50 mL 容量瓶中，再分别移取 10.0 mL TISAB 于上述容量瓶中，用去离子水稀释至刻度，摇匀，用氟离子选择电极测定电位响应值 E。

五、实验数据及结果

（1）绘制氟离子标准溶液的电位 $E\text{-}\lg c_{F^-}$ 曲线。根据表 8-4 数据绘制工作曲线。

表 8-4　工作曲线的绘制

溶液编号	1	2	3	4	5	6	水样
浓度 c_{F^-} /(mg/L)	0.2	0.4	1.0	2.0	10.0	20.0	
电位 E/mV							

（2）根据测得的自来水的电位值，由工作曲线求出氟离子浓度，再换算成自来水中的含氟量，要求自来水中的氟离子含量以 mg/mL 表示。

六、注意事项

（1）氟离子选择电极应从浓度低的溶液测起，避免氟离子选择电极的滞后效应。

（2）每测试完一个溶液后，用去离子水清洗氟离子选择电极。

（3）氟离子选择电极晶片膜勿与硬物碰擦，如果有油污，先用酒精棉球轻擦，再用去离子水洗净。

（4）氟离子选择电极使用完毕后，应该清洗到空白值后，浸泡在去离子水中，长久不用则干法保存。

七、思考题

（1）请解释在酸性或碱性条件下，H^+ 或 OH^- 对氟离子选择电极的响应的干扰。

（2）某些阳离子（如 Be^{2+}、Al^{3+}、Fe^{3+}、Th^{4+}、Zr^{4+}）能与溶液中的氟离子形成稳定的配合物，从而降低游离的氟离子浓度，使测得结果偏低，如何消除上述离子的干扰？

（3）测定标准溶液系列时，为什么按从稀到浓的顺序进行？

（4）以本实验所用的 TISAB 溶液各组分所起的作用为例说明离子选择电极法中用 TISAB 溶液的意义。

实验 27　电位滴定法测定自来水中的氯化物

一、实验目的

（1）了解电位分析法在电位滴定中的应用。

（2）掌握电位滴定法测定氯化物的原理及操作步骤。

（3）掌握用 E-V、dE/dV-V、d^2E/d^2V-V 曲线来确定滴定终点。

二、实验原理

电极电位与溶液中化学物质的组成和其他物理、化学的参数有关，通过电位的测定可以知道某一特定化合物的浓度，因此电位分析法广泛应用于各种化学反应分析中（如酸碱反应、沉淀反应、络合反应、氧化还原反应）。电位滴定经常用于水溶液中进行的生成难溶盐沉淀的离子反应中。本实验以 Ag^+ 和 Cl^- 生成 AgCl 沉淀的反应，用电位滴定法测定自来水中的氯化物。

$$Ag^+ + Cl^- \longrightarrow AgCl\downarrow \tag{8-14}$$

AgCl 的溶度积为

$$K_{sp} = [Ag^+][Cl^-] \tag{8-15}$$

图 8-6 为电位滴定的典型装置。在含有 Cl^- 的水溶液中，以银离子为研究电

极，双液接饱和甘汞电极为参比电极，一边滴加 $AgNO_3$ 溶液，一边测定银电极电位。当 Cl^- 过剩时，电位 E_1 为

$$E_1 = E_{Ag/AgCl} - \frac{RT}{F}\ln[Cl^-]$$

$$= 0.222 - 0.0592\lg[Cl^-] \qquad (8\text{-}16)$$

当 Ag^+ 过量时，电位 E_2 为

$$E_2 = E_{Ag^+/Ag} + \frac{RT}{F}\ln[Ag^+]$$

$$= 0.799 - 0.0592\lg\frac{1}{[Ag^+]} \qquad (8\text{-}17)$$

随着 $AgNO_3$ 滴加量的增加，电位从 E_1 向 E_2 移动，在计量点附近时，电位急剧变化，达到计量点时：

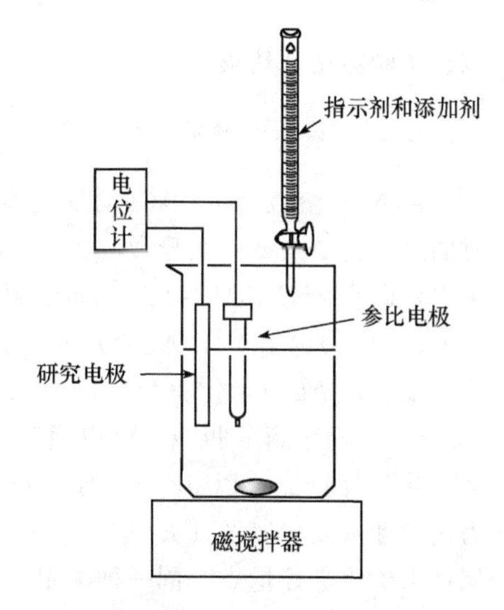

图 8-6　电位滴定法测定氯化物体系

$$[Ag^+] = [Cl^-] = \sqrt{K_{sp}} \qquad (8\text{-}18)$$

滴定终点可由电位滴定曲线确定，或由一次导数和二次导数法求得。

三、仪器与试剂

2.0 mL、5.0 mL、10.0 mL、25.0 mL 移液管；pHS-3B 型 pH 酸度计；217 型双盐桥饱和甘汞参比电极；216 型银电极；78-1 型磁力加热搅拌器。

0.02 mol/L NaCl 标准溶液；0.01 mol/L $AgNO_3$ 溶液；1∶1 氨水；酸式滴定管。

四、实验步骤

1. 0.01 mol/L $AgNO_3$ 溶液的标定

用 5.00 mL 移液管吸取 5.00 mL 0.02 mol/L NaCl 溶液于 100 mL 烧杯中，加入 35 mL 去离子水，按照图 8-6 电位滴定法测定氯化物体系用 0.01 mol/L $AgNO_3$ 溶液滴定，记录加入不同体积 $AgNO_3$ 溶液时电位值，用二次导数确定终点，计算 $AgNO_3$ 溶液的准确浓度。

2. 自来水中氯化物含量的测定

用 25.0 mL 移液管吸取 50.0 mL 自来水，用 0.01 mol/L $AgNO_3$ 溶液滴定，记录加入不同体积 $AgNO_3$ 溶液时电位值，用二次导数确定终点，计算自来水中氯化物含量。

五、实验数据及结果

1. 滴定终点的确定

$AgNO_3$ 溶液滴定 NaCl 的反应终点，可以通过不断少量地滴加 $AgNO_3$ 溶液时的电位突变点或一次导数 dE/dV 的最大值以及二次导数 d^2E/d^2V 的变化拐点求出，即当 $d^2E/d^2V=0$ 时，d^2E/d^2V 的值由正值变化到负值时，为滴定终点。例如，用 0.100 mol/L $AgNO_3$ 滴定 2.433 mmol Cl^-。表 8-5 显示的电位最大变化值发生在 $AgNO_3$ 体积为 24.30～24.40 mL，24.35 mL 为最佳值。以电位 E 对 $AgNO_3$ 体积作滴定曲线，可以通过在 E-V 曲线突跃部分用“三切线法”作图，确定化学计量点；以 dE/dV 对 $AgNO_3$ 体积作一次导数曲线，dE/dV 的最大值为化学计量点；以及 d^2E/d^2V 对 $AgNO_3$ 体积作二次导数曲线（图 8-7）的变化拐点求出化学计量点。同一种测定，用三种不同的方法确定化学计量点时，其相应滴定剂体积稍有差异，但用导数法处理准确度较高。导数法处理示例如下。

表 8-5　0.100 mol/L $AgNO_3$ 滴定 2.433 mmol Cl^- 的数据

$AgNO_3$ 体积/mL	E/V	dE/dV/(V/mL)	d^2E/d^2V/(V^2/mL^2)
5.0	0.062		
		0.002	
15.0	0.085		
		0.004	
20.0	0.107		
		0.008	
22.0	0.123		
		0.015	
23.0	0.138		
		0.016	
23.50	0.146		
		0.050	
23.80	0.161		
		0.065	
24.00	0.174		
		0.09	
24.10	0.183		
		0.11	
24.20	0.194		0.28
		0.39	
24.30	0.233		0.44
		0.83	
24.40	0.316		−0.59
		0.24	
24.50	0.340		−0.13
		0.11	
24.60	0.351		−0.04
		0.07	
24.70	0.358		
		0.050	
25.00	0.373		
		0.024	
25.5	0.385		
		0.022	
26.0	0.396		
		0.015	
28.0	0.426		

1）一次导数法处理示例

当滴入 $AgNO_3$ 体积有 23.20～23.30（mL）时，一次导数为

$$\frac{dE}{dV}=\frac{E_{V_2}-E_{V_1}}{V_2-V_1}=\frac{0.233-0.194}{23.30-23.20}=0.39$$

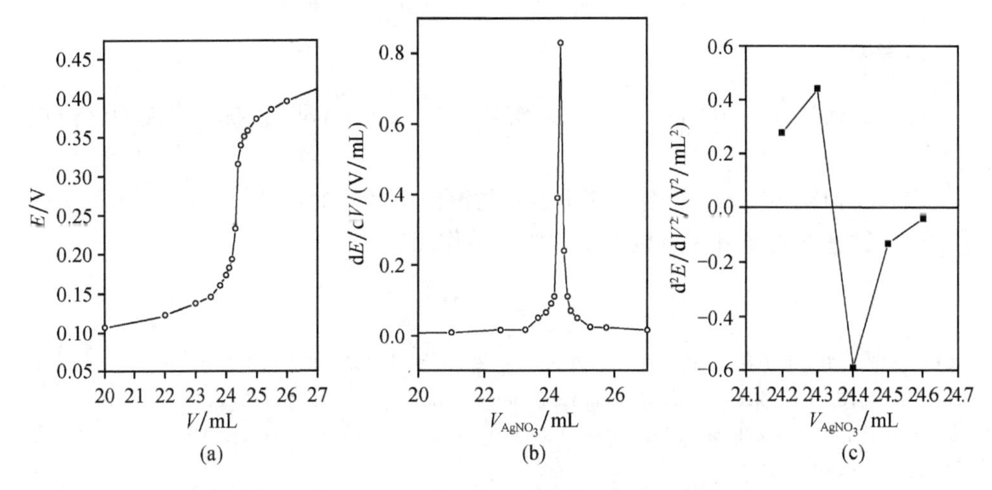

图 8-7　0.100 mol/L $AgNO_3$ 滴定 2.433 mmol Cl^-

(a) 滴定曲线；(b) 一阶倒数曲线；(c) 二阶倒数曲线

0.39 对应的体积 $\bar{V}=(V_2+V_1)/2=23.25$ (mL)，表 8-5 中的一次导数数据仿照示例得到，以 $\bar{V}$ 为横坐标，以 dE/dV 为纵坐标作图，如图 8-7 (b) 所示。

2) 二次导数法处理示例

$$\frac{d^2E}{dV^2}=\frac{(dE/dV)_{\overline{V_2}}-(dE/dV)_{\overline{V_1}}}{\overline{V_2}-\overline{V_1}}=\frac{0.83-0.39}{0.1}=0.44$$

0.44 对应的体积 $\bar{V}=(\overline{V_2}+\overline{V_1})/2=23.30$ (mL)，表 8-5 中的二次导数数据仿照示例得到，以 $\bar{V}$ 为横坐标，以 d^2E/d^2V 为纵坐标作图，如图 8-7 (c) 所示。

2. 自来水中氯化物含量的测定

根据 Ag^+ 和 Cl^- 生成 AgCl 的定量反应，可以求出氯化物的含量。计算公式如下：

$$[Cl^-](mg/mL)=\frac{c_{AgNO_3}\times V_{AgNO_3}\times M_{Cl^-}}{V_{自来水}}\times 1000 \qquad (8\text{-}19)$$

六、注意事项

(1) 用 $AgNO_3$ 溶液滴定氯离子时，每一滴 $AgNO_3$ 溶液加入后，要充分搅拌使反应完全。

(2) 接近终点时，$AgNO_3$ 溶液的滴加量要仔细，注意电位的变化大小。

(3) 每次滴定完毕后，都需要用擦镜纸之类的柔软物品将银电极擦一下，再用氨水及去离子水多次冲洗，才能保证测定的数据重复性。

七、思考题

（1）如何计算 0.01 mol/L $AgNO_3$ 溶液标定 0.020 mol/L NaCl 溶液的终点误差？

（2）如何减少 $AgNO_3$ 溶液滴定氯化物溶液中产生的误差？

（3）试述双盐桥甘汞电极在本实验中的作用。

参考文献

藤嶋昭，相澤益男，井上徹．1994．电化学测定方法．陈震，姚建年译．北京：北京大学出版社

Freiser H．1978．Ion-Selective Electrodes in Analytical Chemistry，Vol. 1．New York：Plenum Press

Frank Settle．1997．Handbook of Instrumental Techniques for Analytical Chemistry．Upper Saddle River，NJ：Prentice Hall PTR

Plambeck J A．1982．Electroanalytical Chemistry，Basic Principles and Applications．London：John Wiley & Sons Inc.

Serjeant E P．1984．Potentiometry and Potentiometric Titrations．London：John Wiley & Sons Inc.

Skoog D A，West D M，Holler F J．1992．Fundamentals of Analytical Chemistry．Sixth Edition．Florida：Saunders College Publishing

第9章　电解与库仑分析法

9.1　基本原理

电解分析是最早出现的电化学分析方法，主要包括以下三种：

（1）使用外加电源进行电解，使被测离子在电极上以金属或其他形式析出，电解完成后由电极在电解前后增加的质量来进行分析的方法称为电重量法。该方法只能用于测量高含量的物质。

（2）将电解的方法用于物质的分离，称为电解分离法。

（3）通过测量被测物质在100％电流效率下电解所消耗的电量来求得被测物质的含量，称为库仑分析法。与电重量法不同的是，库仑分析法用于微量甚至痕量物质的分析时也具有相当高的准确度。

电解分析法与其他仪器分析方法不同的是，它们在进行定量分析时不需要基准物质和标准溶液。

9.1.1　电解分析的基本原理

9.1.1.1　电解现象

在电化学池的两个电极上，加上一直流电压，使溶液中有电流通过，这样在两支电极上将发生电极反应，这个过程称为电解，相应的电化学池称为电解池。与电源正极相连的电极称为阳极，发生氧化反应；与电源负极相连的电极称为阴极，发生还原反应。例如，在硫酸铜溶液中插入两支铂电极，电极通过导线分别与外加电源的两极相连接。如果在两电极间加上足够大的电压，则在电极上发生如下反应：

阳极反应　　$2H_2O = 4H^+ + O_2\uparrow + 4e$

阴极反应　　$Cu^{2+} + 2e = Cu$

在阳极上可看到有气体产生，在阴极上有金属铜析出（图9-1）。

9.1.1.2　分解电压与析出电位

如果逐步改变外加电压的大小，同时记录电流随电压变化的曲线，可得如图9-2所示记录图。图中 D 点所对应的电位就是分解电压，即使被电解物质在两电极上产生迅速的、连续不断的电极反应时所需的最小的外加电压。一种物质的

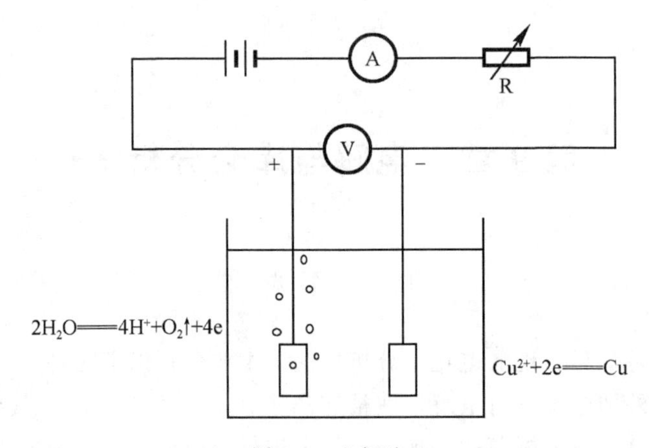

图 9-1　电解池

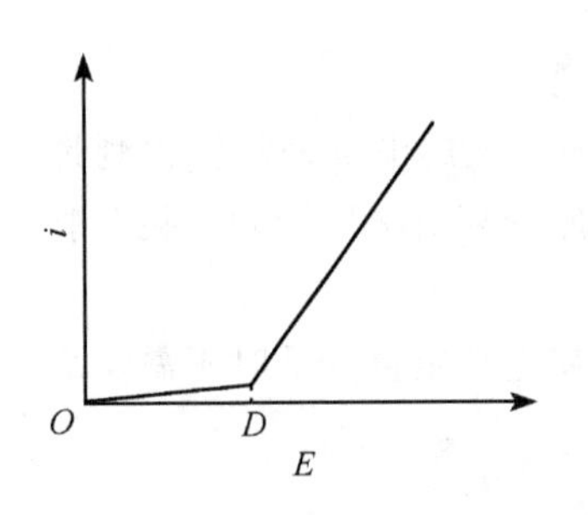

图 9-2　分解电压

分解电压，对于可逆电极反应来说，在数值上等于它本身所构成的原电池的电动势。

如果在改变外加电压的同时，测量通过电解池的电流与阴极电位的关系，可以得到类似于图 9-2 的响应图，其转折点的电位称为析出电位，即使物质在电极上产生迅速的、连续不断的电极反应而被还原析出时所需最正的阴极电位，或在阳极被氧化析出时所需最负的阳极电位。一种物质的析出电位对于可逆电极反应来说，等于其平衡时的电极电位，理论上可由能斯特公式进行计算。

分解电压是相对整个电解池而言，而析出电位则是针对一个电极来说。通常在进行电解分析时，我们只关心其中某一个电极上所发生的电极反应，因此析出电位比分解电压具有更实用的意义。分解电压与析出电位的关系为

$$V_{分} = E_{析a} - E_{析c} \tag{9-1}$$

式中：$V_{分}$为分解电压；$E_{析a}$与$E_{析c}$分别为阳极析出电位和阴极析出电位。

显然，要使某物质在阴极上还原析出，产生迅速的、连续不断的电极反应，阴极电位必须比析出电位更负。同样，要使某物质在阳极上氧化析出，则阳极电位必须比析出电位更正。在阴极上，析出电位越正，越易还原；在阳极上，析出电位越负，越易氧化。

9.1.1.3　过电位

从理论上说，分解电压可以由相应两个电极的能斯特公式进行计算得到。但实际上一种物质的分解电压通常要比其由能斯特公式计算出来的理论值更大。例如，在 1 mol/L HNO_3 介质中电解 1 mol/L $CuSO_4$ 溶液时，其理论上的分解电压

为 0.89 V，然而通过实验测得其实际分解电压为 1.36 V。造成这一现象的原因有两种：第一，是由于电解质溶液具有一定的电阻，使得必须用一部分电压克服 iR 的影响，在一般情况下这一部分电压很小；第二，是因为在电解反应过程中，存在着过电位的影响。过电位是指当电解以十分显著的速度进行时，外加电压超过可逆电池电动势的值。过电位的产生通常是由于电化学极化所引起的。

9.1.1.4　电解分离

在电极上定量地析出某种金属 A，而不析出另一种金属 B，称为电解分离。如果两种金属 A 和 B 的 i-E 曲线如图 9-3 所示。

要使金属 A 还原，阴极电位必须比 A 的析出电位 a 更负。随着 A 的析出，阴极电位越来越负，若阴极电位到达电位 b 时，金属 B 开始在阴极上析出。为定量地分离 A 和 B，阴极电位需控制在电位 a 与 b 之间。显然，若使两种金属达到定量分离的目的，其析出电位的差值必须足够大。通常可以采用在溶液中加入经仔细选择的络合剂的方法增大析出电位的差值。金属离子生成络合物以后，其析出电位会发生改变，相同的络合剂对不同的金属离子析出电位的改变程度是不同的，由此可以增加析出电位的差值，改进分离效果。

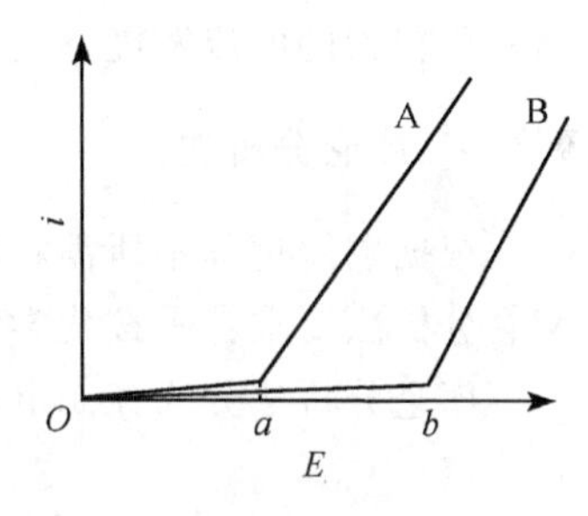

图 9-3　电解分离

9.1.1.5　电流效率

电解过程中，通过电解池的电流为所有在电极上进行反应的电流的总和，其中包括被测物质在电极上反应产生的电流，溶液中杂质在电极上反应（副反应）产生的电流以及电极/溶液界面双电层充电电流等。为使分析结果准确则必须提高被测物质产生的电流在总电流中所占的比值，即电解过程应具有高的电流效率。因此，需要选择适宜的工作电极电位和其他条件使得副反应不发生。电重量分析不要求 100%的电流效率，只要求副反应不生成不溶产物即可。库仑分析法则要求 100%的电流效率，但实际上很难达到。

9.1.1.6　Faraday 定律

电解过程中，在电极上析出的物质的量与通过电解池的电量之间存在着如下关系：

$$N = \frac{Q}{nF} \tag{9-2}$$

式中：N 为析出物质的量（mol）；Q 为通过电解池的电量（C）；n 为电子转移数；F 为法拉第常量，96 487 C/mol。式（9-2）称为法拉第定律，是电解分析法进行定量测定的依据。

9.1.2 电重量法

电重量分析法是将被测金属离子在电极上电解析出，然后根据电极在电解前后增加的质量求得被测物质的含量的方法。电重量法要求电解反应定量进行；沉积物要求纯净，避免其他杂质沾污；析出金属要致密、光滑，便于洗涤、烘干和称量。因此，在电解时需控制电极电位，使生成不溶物的干扰反应不发生。另外，电流密度也需要仔细控制，电流密度太高，生成沉淀速度过快，会形成疏松海绵状沉淀；电流密度太小，则电解所需要时间过长。一般在强力搅拌下可以适当采用较大的电流密度，使电解时间缩短。

9.1.3 库仑分析法

根据电解过程中所消耗的电量来求得被测物质含量的方法称为库仑分析法。库仑分析法要求：①按化学计量进行；②无副反应，即电流效率为100%。

库仑分析法分为控制电位库仑分析与控制电流库仑分析两类，后者又称为库仑滴定。

9.1.3.1 控制电位库仑分析法

在电解过程中，控制工作电极的电极电位为一恒定值，使被测物质以100%的电流效率进行电解，当电解电流趋近于0时，指示该物质已被电解完全。如果用库仑计测出电解过程中通过的电量，即可由法拉第定律计算其含量。由于需测量的是电解过程中通过的电量而不是沉积物的质量，电解反应不受产物状态的影响，既可用于物理性质很差的沉积体系，也可用于根本不形成固体产物的体系。另外，控制电位库仑分析法还可以根据被测样品的性质，通过选择不同的电极电位以提高分析的选择性。

由于在电解过程中，电流随时间变化，为时间的函数，因此电解过程中消耗的电量可表示为

$$Q=\int_0^t i\mathrm{d}t \tag{9-3}$$

现代电化学仪器常利用式（9-3）通过积分电路来测定电解过程中通过的电量。

9.1.3.2 控制电流库仑分析法

以恒定电流通过电解池，用计时器记录电解时间，被测物质直接在电极上反应，当被测物质反应完全后，由电解时间和电解电流即可求出被测物质的量。

在电解过程中，由于被测物质的量逐渐减少，为维持所需的恒电流则电极电位将会变正（相对阳极极化反应）或变负（相对阴极极化反应），从而可能引起

副反应的发生，使得电流效率小于 100%。因此，控制电流库仑分析法的选择性不如控制电位库仑分析法。为克服此缺点，一般采用库仑滴定法。以恒定的电流，以 100%的电流效率进行电解，在电解池中产生一种物质，此种物质能与被测物质进行定量的化学反应，反应的终点可以由电化学方法确定。通过电解过程中消耗的电量可以求出产生的"滴定剂"的量，进而求出与之反应的被测物质的含量。因此，此方法被称为库仑滴定法，它与传统的滴定分析法有类似之处，只是滴定剂不是通过滴定管滴加的，而是通过电解在电解池中产生的。可以说，库仑滴定法是以电子作为滴定剂的容量分析。

例如，在酸性介质中测定 Fe^{2+}，在溶液中加入过量 Ce^{3+}，以恒电流进行电解。在电解开始时，阳极上的主要反应为

$$Fe^{2+} - e = Fe^{3+}$$

当 Fe^{2+} 逐渐减少时，电极电位向正向移动，当电极电位正移至某一电位时，Ce^{3+} 开始发生氧化反应

$$Ce^{3+} - e = Ce^{4+}$$

产生的 Ce^{4+} 与溶液中的 Fe^{2+} 发生反应

$$Fe^{2+} + Ce^{4+} = Fe^{3+} + Ce^{3+}$$

当溶液中的 Fe^{2+} 反应完全后，过量的 Ce^{4+} 会在指示电极上产生电流，指示电解终点。在这个例子中，电解过程中通过的电流一部分用于 Fe^{2+} 的电解，此部分的电流效率为 100%，另一部分电流用于滴定剂 Ce^{4+} 的产生，此部分电流效率也为 100%。由于滴定剂 Ce^{4+} 定量氧化被测物质 Fe^{2+}，第二部分电流也可认为是用于 Fe^{2+} 的电解，所以可认为全部电流都 100%用于 Fe^{2+} 的电解。根据电解过程中通过的电量（恒定电流值与电解时间的积）即可计算出 Fe^{2+} 的含量。

库仑滴定的关键在于终点的检测。可以用指示剂指示终点，但受人眼观测颜色变化灵敏度的限制，此法一般灵敏度不高。在实际工作中经常采用电子终点指示法，它分为电流法和电位法。用于终点检测的指示电极可以用普通伏安法所用的滴汞电极、铂电极，也可以采用离子选择电极。除用于电解的工作电极之外，另设一对电极作为指示电极，根据指示电极上电位或电流发生的变化指示滴定终点。

库仑滴定的溶液条件类似普通容量滴定，化学反应快，单一并按化学计量式进行，终点指示敏锐等。对于产生滴定剂的适宜电流密度，可以由分析支持电解质的 i-E 曲线和加入产生滴定剂的离子所得到的 i-E 曲线来确定。

库仑滴定能够用于许多不同类型的测定，包括酸碱滴定、沉淀滴定、络合滴定和氧化还原滴定。

库仑滴定法与普通的容量滴定法相较比具有如下优点：

(1) 可以测量低至 10^{-8} mol/L 含量的物质。

（2）不需制备和储存标准溶液。

（3）不稳定或使用不方便的物质（如易挥发、发生化学变化等）也能用作滴定剂，如 Br_2、Cl_2、Ti^{3+}、Sn^{2+}、Cr^{2+} 等。

（4）容易实现自动化并可以遥控滴定（如放射性物质测定）。

（5）滴定过程无溶液体积的变化，使确定终点更简单。

9.2　仪器及使用方法

电解分析法所用仪器较为简单，通常可用恒电位仪、恒电流仪及专用的库仑滴定仪加上电解池组成实验系统。

KLT-1 型通用库仑仪以电流/电位与上升/下降四种组合方式指示检测终点，根据不同的要求，选用电极和电解液，可以完成不同的实验，是用于科研、教学及分析测定的一种新型的通用库仑仪。

9.2.1　KLT-1 型通用库仑仪的技术指标

（1）电解电流。50 mA、10 mA、5 mA 三挡连续可调。

（2）积分精度。0.5%±1 个字。

（3）终点指示。有四种方式。

（4）显示。4 位 LED。

9.2.2　KLT-1 型通用库仑仪的特点

电量显示简单直观，终点指示方法齐全，积分运算准确可靠，操作简单，使用方便（图 9-4）。

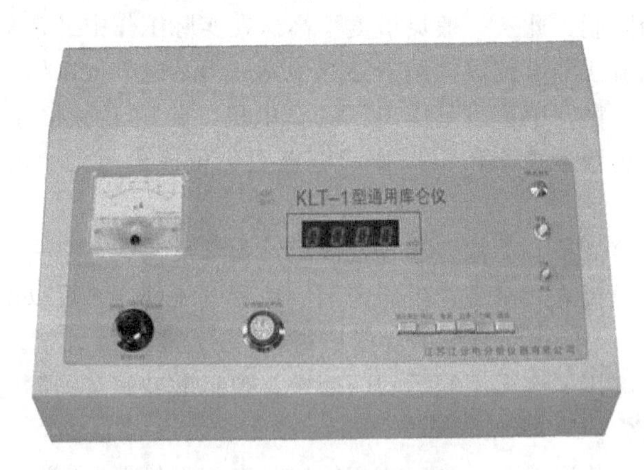

图 9-4　KLT-1 型通用库仑仪

实验 28　电重量法测定溶液中铜和铅的含量

一、实验目的

1. 掌握恒电流电解法的基本原理。
2. 掌握电重量分析法的基本操作技术。
3. 掌握控制电位电解法进行分离和测定的原理。

二、实验原理

电重量分析法是将被测金属离子在电极上电解析出，然后根据电极在电解前后增加的质量求得被测物质的含量的方法。

铜离子和铅离子都可以在电极上定量析出。溶液的酸度对电解有非常大的影响，酸度过高使得电解时间延长或电解不完全；酸度过低则析出的铜易被氧化。由于铜离子和铅离子的析出电位相差不大，需在溶液中加入酒石酸钠，使其与铜离子和铅离子均形成稳定的络合物。由于两种络合物的稳定性存在差异，使得它们的析出电位差增大。溶液的 pH 会影响到络合物的稳定性，通过选择合适的 pH，可以使两种络合物的稳定性差异达到最大，从而获得最大的析出电位差。

使用盐酸联胺为阳极去极化剂，这样在阳极上的反应就为

$$N_2H_5^+ = N_2\uparrow + 5H^+ + 4e$$

使得阳极电位保持稳定，同时防止 PbO_2 在阳极上析出。盐酸联胺还能使铜离子的酒石酸络合物还原成氯化亚铜。后者有大得多的迁移常数，有利于缩短电解时间。

三、仪器与试剂

恒电位仪；磁力搅拌器；饱和甘汞电极（SCE）；铂网圆筒电极 2 支（较大的一支作为阴极，较小的一支作为阳极）；移液管 25 mL；量筒 100 mL；烧杯 250 mL 2 只。

酒石酸钠溶液 1 mol/L；盐酸联胺；氢氧化钠溶液 2 mol/L；硝酸溶液 6 mol/L；丙酮；未知液（约含铜 5 mg/mL，含铅 2 mg/mL）。

四、实验步骤

1. 电极的处理

将铂电极用温热的 6 mol/L 硝酸溶液中浸洗约 5 min 左右，然后用去离子水

充分淋洗。再将电极在丙酮中浸洗一下，放在表玻璃上。待电极在空气中晾干后，将铂阴极放入烘箱内，在 100℃左右烘约 5 min，取出电极，放入干燥器中，待冷却后称量。

2. 电解液的配制

取 25.00 mL 未知液加入 250 mL 烧杯中，加入 70～80 mL 水、40 mL 1 mol/L 酒石酸钠、1.5 g 盐酸联胺。在缓慢搅拌下，逐滴加入 2 mol/L NaOH 16～17 mL，这时溶液应该呈现深蓝色，pH 约为 4.5。

3. 电解池的准备

将铂阴极、铂阳极和饱和甘汞电极装入电解池（烧杯）中，连接好引线，注意阳极应该在阴极中间位置。电极应该在溶液中上下移动几次，将附着在电极上的气泡排除，然后使电极稍露出液面，固定好。

4. 铜的析出

打开搅拌器开关，将阴极电位控制在－0.2 V，注意电解电流的大小，最好不要超过 1 A。约 10 min 后电解电流逐渐降低。当电解电流小于 100 mA 时，调节阴极电位至－0.35 V，继续电解直至电解电流趋近于 0。加入少量水，使液面升高，继续电解 10 min，观察新浸入铂阴极部分是否有铜析出。若无铜析出，说明已电解完全。否则应该继续电解直至所有的铜都沉积在铂阴极上。电解完成后，关闭搅拌器，取出电极，用去离子水冲洗电极表面，注意水流要缓，不要将沉积物冲掉。待电极完全离开液面后，马上切断电源。

将铂阴极从电解池中取出，浸入去离子水中充分浸洗后，再用丙酮浸洗一下，放在表玻璃上，待自然晾干后，放入烘箱内，在 100℃左右烘约 5 min。取出电极放入干燥器内，待冷却后称量。

5. 铅的析出

将镀有铜的阴极放回原电解池中，控制阴极电位在－0.70 V，按上述析出铜的步骤析出铅。

6. 电极的清洗

将铂电极置于温热的 6 mol/L 硝酸溶液中浸洗约 5 min，使附着在电极上的金属铜、铅及其他可能的沉积物全部溶解，用去离子水冲洗干净，以备下次实验使用。

五、实验数据及结果

记录阴极在沉积铜、铅前后的质量，并计算溶液中铜、铅的含量。

六、注意事项

(1) 避免用手指接触铂电极的网状部分，若有油脂沾在电极表面将会阻碍金属的沉积。

(2) 在电解过程中，电极上会产生气泡，这些气泡会阻碍金属在电极上沉积，因此应该经常将电极上下移动以排除附着的气泡。

(3) 电解完成后，应该将电极完全提离液面后才能切断电源，否则已沉积的金属会再度溶解。

(4) 电解完成后的电极在烘箱中加热时间不可过长，否则沉积的金属表面容易氧化。

七、思考题

(1) 为什么在实验过程中需用参比电极？用简单的外加电压的方法是否可行？

(2) 酒石酸钠的作用是什么？盐酸联胺的作用是什么？

(3) 为什么要将电极完全离开液面后才能断开电源？

实验 29　库仑滴定法测定痕量砷

一、实验目的

(1) 掌握库仑滴定法的基本原理。

(2) 掌握库仑滴定法测定痕量砷的实验技术。

二、实验原理

以恒定的电流，100％的电流效率进行电解，在电解池中产生一种物质（滴定剂），此种物质能与被测物质进行定量的化学反应，反应的终点可由电化学方法确定。通过电解过程中消耗的电量可以求出产生的“滴定剂”的量，进而求出与之反应的被测物质的含量，这种方法被称为库仑滴定法。

本实验通过电解 KI 溶液产生 I_2（滴定剂），在电解电极上的反应如下：

阳极　$3I^- - 2e = I_3^-$

阴极　$H_2O + 2e = H_2\uparrow + 2OH^-$

电解产生的 I_2 与溶液中的 As(Ⅲ)（被测物质）定量反应，反应式为

$$AsO_3^{3-} + I_3^- + H_2O \longrightarrow AsO_4^{3-} + 3I^- + 2H^+$$

为使电解反应产生碘的电流效率达到 100%，要求电解液的 pH 小于 9。但若使碘与亚砷酸的化学反应定量进行完全，则又必须使电解液的 pH 大于 7，因此必须严格控制电解在弱碱性条件下进行。

为判断滴定终点，采用一对铂电极作为指示电极。在两电极间加上一个较低的电压，约 200 mV。由于 As(Ⅲ) 与 As(Ⅴ) 电对的不可逆性，它们不会在指示电极上发生反应。在滴定计量点以前，溶液中没有碘存在，因此指示电极上无电流通过；在计量点之后，溶液中存在过量碘，可以在指示电极上发生如下反应：

阳极 $$3I^- - 2e \longrightarrow I_3^-$$

阴极 $$I_3^- + 2e \longrightarrow 3I^-$$

这时可以观察到指示电极上的电流明显增大，指示滴定终点的到达。

为防止电解产物对电极的影响，通常在工作阴极外面加一个带有多孔玻璃芯的玻璃套管，将阴极与电解液隔离开。

由于指示电极上的电流是判断达到滴定终点的依据，如果电解液中含有微量可氧化还原的杂质时，对滴定终点的判断会产生极大的干扰，同时也会影响测定的准确性。因此，在正式电解前需进行预电解，以除去溶液中的杂质。

三、仪器与试剂

KLT-1 型通用库仑仪；磁力搅拌器；电解池；铂片电解阳极一支；铂丝电解阴极一支；铂片指示电极一对；吸量管 1 mL 一支；量筒 100 mL 一个，托盘天平一个。

KI 固体；10% $NaHCO_3$ 溶液。

As(Ⅲ) 溶液（1 mmol/L）：称取 0.1978 g As_2O_3 置于 400 mL 烧杯中，加入 10 mL 10% NaOH，稍加热至 As_2O_3 完全溶解，加入 300 mL 去离子水，加入 1～2 滴酚酞指示剂，用 1 mol/L 硫酸溶液滴至无色后，将溶液转移至 1L 容量瓶中，用去离子水稀释至刻度，摇匀。

四、实验步骤

1. 电解液的配制

在电解池中加入约 5 g KI 固体、10 mL 10% $NaHCO_3$ 溶液，再加入 90 mL 去离子水。加入磁子，开动搅拌器，待 KI 固体全部溶解后，用滴管取少许电解液加入阴极套管中，使阴极套管中液面略高于电解池中液面为宜。

2. 仪器的设定

安装好电极，将电极引线与电极及仪器后插孔连接好。注意：电解电极引线中，红色引线接一对铂片电极作为阳极，黑色引线接铂丝电极作为阴极，不可接错。

开启电源以前，所有按键应全部处于释放位置。工作/停止开关处于停止位置，电解电流量程置于 10 mA，电流微调调至最大位置。

开启电源开关，预热约 10 min。将电流/电位选择键置于电流位置，上升/下降选择键置于上升位置。这样，仪器将以电流上升作为确定滴定终点的依据。

按住极化电位键，调节极化电位器至所需极化电位值（约 250 mV），松开极化电位键。

3. 预电解

在电解池中加入几滴 As(Ⅲ) 溶液，按下启动键，按一下电解按钮，将工作/停止开关置于工作位置，电解开始，电流表指针缓慢向右偏转，同时电量显示值不断增大。当电解至终点时，指针突然加速向右偏转，红色指示灯亮，电解自动停止，电量显示值也不再变化。将工作/停止开关置于停止位置，释放启动键。预电解结束。

4. 电解

准确移取 1.00 mL As(Ⅲ) 溶液于电解池中，按照上述预电解步骤进行正式电解，记录到达终点时的电量值。重复上述操作 3～5 次。电解液可反复使用，不用更换。若电解池中溶液过多，可以倒出部分后继续使用。

5. 电解池清洗

实验完成后，关闭电源，拆除电极引线。将废液倒入指定的废液缸中，清洗电解池及电极，并在电解池中注入去离子水。

五、实验数据及结果

根据电解过程中消耗的电量计算样品溶液中 As(Ⅲ) 的含量。

六、注意事项

(1) 由于砷化合物剧毒，在实验中要特别注意不要直接用手接触药品或试液，也不要沾在实验服上。实验完毕要立即洗手，实验服也要及时清洗。

(2) 实验完成后，所用废液绝不允许倒入水槽中，而应该倒入指定的废液缸中，由专人进行处理。

七、思考题

(1) 碳酸氢钠在电解过程中起什么作用?

(2) 为什么工作电极要选用较大的铂片?

(3) 电解液为什么能重复使用?

实验 30　库仑滴定法标定硫代硫酸钠浓度

一、实验目的

(1) 掌握库仑滴定法的基本原理。

(2) 掌握库仑滴定法标定硫代硫酸钠浓度的实验技术。

二、实验原理

在容量分析中经常使用的标准溶液可以由基准物质经准确称量后用容量瓶稀释得到。有些标准溶液如标准 HCl 溶液、标准 $Na_2S_2O_3$ 溶液等无法用准确称量的方法直接配制，而是先经粗略配制后，用另一种标准溶液进行标定。标定的结果取决于基准物的纯度、使用前的预处理、称量的准确度、滴定时终点颜色的判断等诸多因素。标定过程既繁琐又可能产生误差。利用库仑滴定的方法不仅能非常方便地标定标准溶液的浓度，而且由于采用现代电子技术，实验所需测量的电流、时间等参量可以精确测得，使得最终测定结果的可靠性大大增加。$KMnO_4$、$Na_2S_2O_3$、KIO_3 和亚砷酸等标准溶液都可以用库仑滴定法进行标定。

在 H_2SO_4 溶液中，以电解 KI 产生的 I_2 作为滴定剂，与溶液中的 $Na_2S_2O_3$ 反应。电解电极上发生如下反应：

阳极　　$3I^- - 2e = I_3^-$

阴极　　$2H^+ + 2e = H_2\uparrow$

阳极反应的产物 I_2 与 $Na_2S_2O_3$ 进行定量反应：

$$I_3^- + 2S_2O_3^{2-} = S_4O_6^{2-} + 3I^-$$

为判断滴定终点，采用一对铂电极作为指示电极。在两电极间加上一个较低的电压，约 200 mV。在滴定计量点以前，溶液中没有可逆的氧化还原电对存在，因此指示电极上无电流通过；在计量点之后，溶液中存在过量碘，可以在指示电极上发生如下反应：

阳极　　$3I^- - 2e = I_3^-$

阴极　　$I_3^- + 2e = 3I^-$

这时可以观察到指示电极上的电流明显增大，指示滴定终点的到达。

为防止阴极电解产物对电极的影响，通常在工作阴极外面加一个带有多孔玻璃芯的玻璃套管，将阴极与电解液隔离开。

由于指示电极上的电流是判断是否达到滴定终点的依据，如果电解液中含有微量可氧化还原的杂质时，对滴定终点的判断会产生极大的干扰，同时也会影响测定的准确性。因此，在正式电解前需进行预电解，以除去溶液中的杂质。

三、仪器与试剂

KLT-1 型通用库仑仪；磁力搅拌器；电解池；铂片电解阳极一支；铂丝电解阴极一支；铂片指示电极一对；吸量管 1 mL 一支；量筒 100 mL 一个，托盘天平一个。

KI 固体；H_2SO_4 溶液 1 mol/L；$Na_2S_2O_3$ 溶液（约 0.01 mol/L）。

四、实验步骤

1. 电解液的配制

在电解池中加入约 5 g KI 固体、10 mL 1 mol/L H_2SO_4 溶液，再加入 90 mL 去离子水。加入磁子，开动搅拌器，选择适当转速。待 KI 固体全部溶解后，用滴管取少许电解液加入阴极套管中，使阴极套管中液面略高于电解池中液面为宜。

2. 仪器的设定

安装好电极，将电极引线与电极及仪器后插孔连接好。注意：电解电极引线中，红色引线接一对铂片电极作为阳极，黑色引线接铂丝电极作为阴极，不可接错。

开启电源以前，所有按键应全部处于释放位置。工作/停止开关处于停止位置，电解电流量程置于 10 mA，电流微调调至最大位置。

开启电源开关，预热约 10 min。将电流/电位选择键置于电流位置，上升/下降选择键置于上升位置。这样，仪器将以电流上升作为确定滴定终点的依据。

按住极化电位键，调节极化电位器至所需极化电位值（约 250 mV），松开极化电位键。

3. 预电解

在电解池中加入几滴待标定的 $Na_2S_2O_3$ 溶液，按下启动键，按一下电解按钮，将工作/停止开关置于工作位置，电解开始，电流表指针缓慢向右偏转，同时电量显示值不断增大。当电解至终点时，指针突然加速向右偏转，红色指示灯亮，电解自动停止，电量显示值也不再变化。将工作/停止开关置于停止位置，释放启动键，预电解结束。

4. 电解

准确移取 1.00 mL $Na_2S_2O_3$ 溶液于电解池中，按照上述预电解步骤进行正式电解，记录到达终点时的电量值。重复上述操作 3～5 次。电解液可以反复使用，不用更换。若电解池中溶液过多，可以倒出部分后继续使用。

5. 电解池清洗

实验完成后，关闭电源，拆除电极引线。清洗电解池及电极，并在电解池中注入去离子水。

五、实验数据及结果

根据电解过程中消耗的电量计算样品溶液中 $Na_2S_2O_3$ 的含量。

六、注意事项

(1) 仪器在使用过程中，取出电极或断开电极引线时必须先释放启动键，以使仪器的指示回路输入端起到保护作用，防止损坏仪器。

(2) 电解电极的阴阳极引线绝对不可以接错。

七、思考题

(1) 说明库仑滴定法标定 $Na_2S_2O_3$ 溶液浓度的基本原理。

(2) 说明用库仑滴定法标定 $Na_2S_2O_3$ 溶液浓度的优点有哪些?

(3) 库仑滴定法标定 $Na_2S_2O_3$ 溶液浓度的准确性由哪些因素控制?

(4) 为什么要进行预电解?

实验 31　库仑滴定法测定维生素 C 含量

一、实验目的

(1) 掌握库仑滴定法的基本原理。

(2) 掌握库仑滴定法测定维生素 C 含量的实验技术。

二、实验原理

维生素 C 又名抗坏血酸，是人体不可缺少的重要物质。维生素 C 具有还原性，可以用氧化剂进行定量滴定。本实验采用电解 KI 溶液生成的 I_2 作为滴定剂与维生素 C 定量反应，根据电解过程中消耗的电量计算维生素 C 的含量。在电解电极上的反应为

阳极　$3I^- - 2e \longrightarrow I_3^-$

阴极　$2H^+ + 2e \longrightarrow H_2\uparrow$

阳极反应的产物 I_2 与维生素 C 进行定量反应：

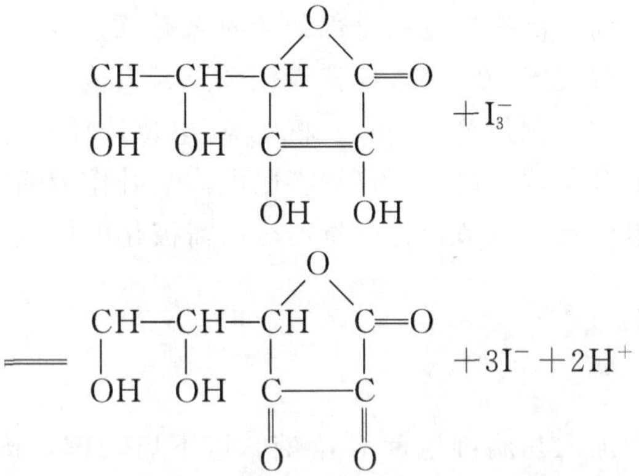

$$\text{CH(OH)—CH(OH)—CH}\underset{\text{C(OH)=C(OH)}}{\overset{\text{O—C=O}}{}} + I_3^- \longrightarrow \text{CH(OH)—CH(OH)—CH}\underset{\text{C(=O)—C(=O)}}{\overset{\text{O—C=O}}{}} + 3I^- + 2H^+$$

为判断滴定终点，采用一对铂电极作为指示电极。在两电极间加上一个较低的电压，约 200 mV。在滴定计量点以前，溶液中没有可逆的氧化还原电对存在，因此指示电极上无电流通过；在计量点之后，溶液中存在过量碘，可以在指示电极上发生如下反应：

阳极　$3I^- - 2e \longrightarrow I_3^-$

阴极　$I_3^- + 2e \longrightarrow 3I^-$

这时可以观察到指示电极上的电流明显增大，指示滴定终点的到达。

三、仪器与试剂

KLT-1 型通用库仑仪；磁力搅拌器；电解池；铂片电解阳极一支；铂丝电解阴极一支；铂片指示电极一对；吸量管 1 mL 一支；量筒 100 mL 一个，托盘天平一个。

KI 固体；H_2SO_4 溶液 1 mol/L；维生素 C 溶液（约 0.01 mol/L，需要当天配制）。

四、实验步骤

1. 电解液的配制

在电解池中加入约 5 g KI 固体、10 mL 1 mol/L H_2SO_4 溶液，再加入 90 mL 去离子水。加入磁子，开动搅拌器，待 KI 固体全部溶解后，用滴管取少许电解

液加入阴极套管中，使阴极套管中液面略高于电解池中液面为宜。

2. 仪器的设定

安装好电极，将电极引线与电极及仪器后插孔连接好。注意：电解电极引线中，红色引线接一对铂片电极作为阳极，黑色引线接铂丝电极作为阴极，不可接错。

开启电源以前，所有按键应全部处于释放位置。工作/停止开关处于停止位置，电解电流量程置于 10 mA，电流微调调至最大位置。

开启电源开关，预热约 10 min。将电流/电位选择键置于电流位置，上升/下降选择键置于上升位置。这样，仪器将以电流上升作为确定滴定终点的依据。

按住极化电位键，调节极化电位器至所需极化电位值（约 250 mV），松开极化电位键。

3. 预电解

在电解池中加入几滴维生素 C 溶液，按下启动键，按一下电解按钮，将工作/停止开关置于工作位置，电解开始，电流表指针缓慢向右偏转，同时电量显示值不断增大。当电解至终点时，指针突然加速向右偏转，红色指示灯亮，电解自动停止，电量显示值也不再变化。将工作/停止开关置于停止位置，释放启动键。预电解结束。

4. 电解

准确移取 1.00 mL 维生素 C 溶液于电解池中，按照上述预电解步骤进行正式电解，记录到达终点时的电量值。重复上述操作 3～5 次。电解液可以反复使用，不用更换。若电解池中溶液过多，可倒出部分后继续使用。

5. 电解池清洗

实验完成后，关闭电源，拆除电极引线。清洗电解池及电极，并在电解池中注入去离子水。

五、实验数据及结果

根据电解过程中消耗的电量计算样品溶液中维生素 C 的含量。

六、注意事项

由于维生素 C 溶液在空气中不稳定，因此需要在测定前配制使用。

七、思考题

除了维生素 C 以外，还有哪些药物可以用此方法测定？

参考文献

复旦大学化学系．1986．仪器分析实验．上海：复旦大学出版社

金文睿，魏继中，王新省等．1993．基础仪器分析．济南：山东大学出版社

李启隆．1995．电分析化学．北京：北京师范大学出版社

蒲国刚，袁倬斌，吴守国．1993．电分析化学．合肥：中国科学技术大学出版社

武汉大学化学系．2001．仪器分析．北京：高等教育出版社

赵文宽，张悟铭，王长发等．1997．仪器分析实验．北京：高等教育出版社

第10章　伏安法和极谱法

10.1　基本原理

用电极电解被测物质溶液，根据所得到的电流-电位曲线来进行分析的方法称为伏安法。这类方法根据所用工作电极的不同又可分为两种：第一种是以滴汞电极作为工作电极，其表面可以作周期性更新，这类方法称为极谱法；第二种是利用固态电极作工作电极，其电极表面积在电解过程中保持不变，这类方法称为伏安法。可以说极谱法是采用滴汞电极作为工作电极的特殊的伏安法。

极谱法所用电解池通常由三部分构成：

(1) 滴汞电极。它是用软管将储汞池与玻璃毛细管连接起来而组成的。毛细管内径0.05～0.1 mm。通过调节储汞池高度，可以使汞滴速度为2～8 s/滴。

(2) 饱和甘汞电极（SCE），用作参比电极。此电极的电位比较稳定，在极谱法实验中可以认为电位不变。

(3) 辅助电极，或称对电极，通常由铂片（丝）或其他惰性金属或碳棒制成，与工作电极一起构成电流回路。

10.1.1　扩散电流理论

电极反应受外加于电解池滴汞电极与甘汞电极间的电压控制。由于甘汞电极的电位保持不变，则外加电压的变化就可以看成是滴汞电极电位的变化。随着电位的变化，滴汞电极上的电流也随之变化。

假设在滴汞电极上发生下述反应：

$$Cd^{2+} + 2e \xlongequal{} Cd$$

此时通过滴汞电极的电流代表了单位时间内在滴汞电极上与Cd^{2+}发生反应的电子数，或每秒通过的电量：

$$i = \frac{dQ}{dt} \tag{10-1}$$

根据法拉第定律，发生电极反应的Cd^{2+}的量为

$$N = \frac{Q}{nF} \tag{10-2}$$

因此电极反应速率为

$$v = \frac{\mathrm{d}N}{\mathrm{d}t} = \frac{i}{nF} \tag{10-3}$$

由于电极反应为异相电子传递反应，电极反应速率还与反应物质向电极表面的传质速率以及电极的面积有关。因此电极反应速率可以写成：

$$v = \frac{i}{nFA} \tag{10-4}$$

由此可见，电流的大小是电极反应速率的量度。影响电流大小的因素主要有反应物从溶液本体向电极表面的传质速率；电极表面进行的电子交换反应的性质；与电极反应有关的偶合均相化学反应；其他表面反应如吸附、表面沉积等。

在静止溶液中，传质过程主要由扩散及迁移完成。在电极反应过程中，由于电极反应消耗了电极表面附近的反应物，使得电极表面反应物的浓度小于远离电极表面的溶液中反应物的本体浓度，这样在浓度梯度的作用下，反应物向电极表面进行扩散。另外，由于溶液中有电流通过，在电场梯度的作用下，带电粒子产生运动，称为电迁移。例如，阳离子向阴极运动，阴离子向阳极运动。流过外电路的电解电流应为扩散电流与电迁移电流之和：

$$i = i_{\mathrm{d}} + i_{\mathrm{m}} \tag{10-5}$$

为简化电流与物质浓度间的关系，向溶液中加入高浓度的惰性电解质，可以使低浓度的待测物质对迁移电流的相对贡献大为减小，从而使得流过外电路的电解电流仅仅为扩散电流。

滴汞电极上的传质过程主要是不断生长的球形电极上的扩散过程。捷克科学家 Ilkovic 首先推导出了电流的表达式：

$$i_{\mathrm{d}} = 706nD^{1/2}m^{2/3}t^{1/6}c^{*} \tag{10-6}$$

式（10-6）称为 Ilkovic 方程。式中参数的单位分别为：i，A；D，$\mathrm{cm^2/s}$；m，mg/s；t，s；c^*，mol/mL。由式（10-6）可见，扩散电流与物质浓度成正比关系，这就是极谱定量分析的理论依据。

10.1.2　直流极谱法

普通直流极谱的装置简图如图 10-1 所示。滴汞电极为工作电极，饱和甘汞电极为参比电极。当外加电压连续变化达到分析溶液中待测物质能在滴汞电极上发生氧化或还原反应时，便能在检流计上观察到明显的电流信号。记录下来的 i-E 信号呈阶梯形，如图 10-2 所示，也称为极谱波。

波升起前的电流称为残余电流，波升起后达到最大值平台的电流称为极限电流 i_{L}，极限电流与残余电流的差值称为波高 i_{d}，其值与溶液中待测物质的浓度成正比，可以用于物质的定量分析。电流为极谱波波高一半时所对应的电极电位称

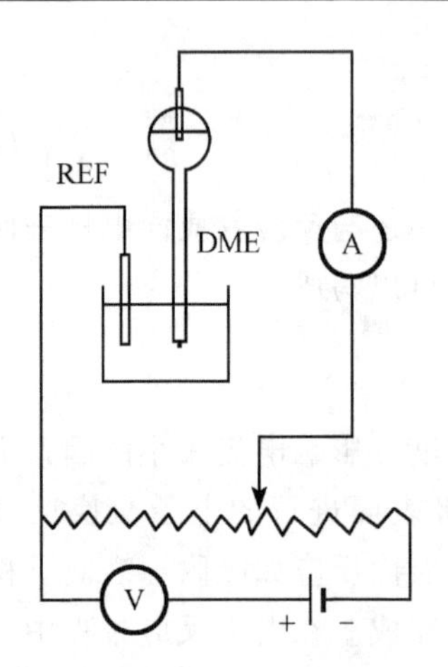

图 10-1 普通直流极谱装置简图

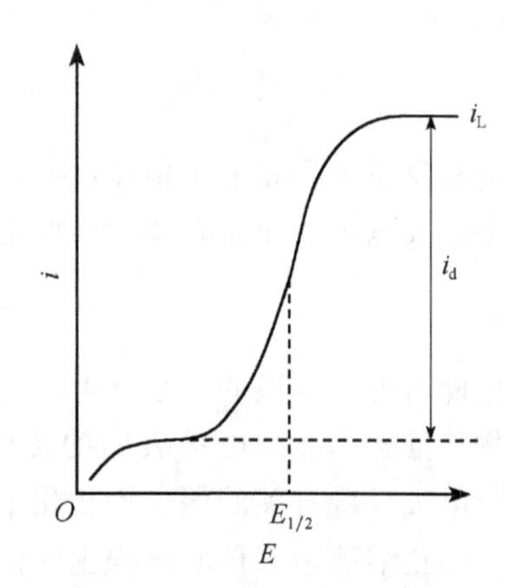

图 10-2 普通直流极谱图

为半波电位 $E_{1/2}$，其值与待测物质的浓度无关，在一定实验条件下，只与待测物质性质有关，这是极谱法定性分析的依据。

普通直流极谱法可以测定在滴汞电极上发生氧化还原反应的物质，也可以借助间接方法测定不发生氧化还原反应的物质，应用范围十分广泛。但是，普通直流极谱法分析速度慢，灵敏度低，受残余电流和极谱极大电流干扰较大。

10.1.3 线性扫描及循环伏安法

以一随时间线性变化的电压加于电解池，记录 i-E 曲线的方法称为线性扫描伏安法，简称 LSV。实际上普通直流极谱法中，滴汞电极上的电位也是随时间线性变化的，只不过其扫描速度很慢，在一滴汞寿命期内仅变化 2 mV 左右，在处理直流极谱时，可将一滴汞寿命期内的工作电极电位视为恒定。而线性扫描伏安法其扫描速率一般为 50～500 mV，在任一时刻，其工作电极电位可用式（10-7）表示：

$$E(t) = E_i - vt \tag{10-7}$$

工作电极上的 E-t 曲线与记录的 i-E 曲线如图 10-3 和图 10-4 所示。

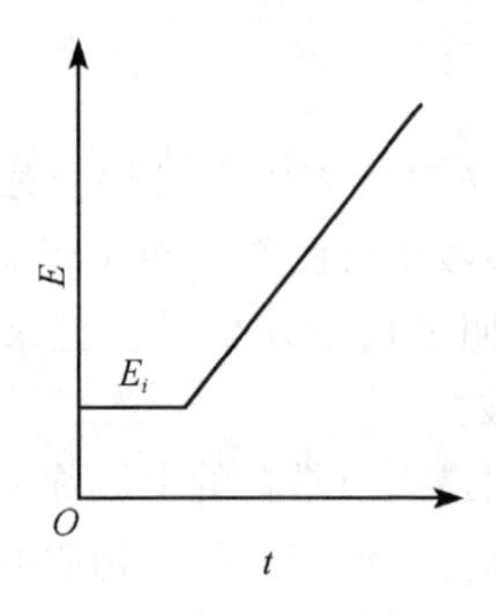

图 10-3 线性扫描信号

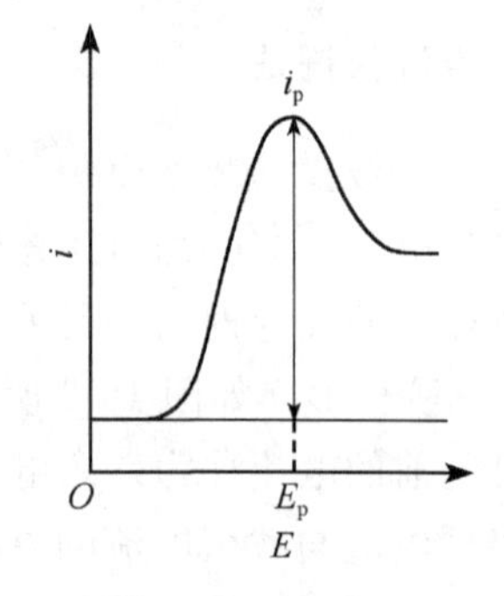

图 10-4 线性扫描记录图

工作电极上电位变化很快，当达到待测物质的分解电位时，该物质在电极上迅速发生氧化可还原反应，产生很大的电流。由于待测物质在电极上反应很快，使其在电极表面附近的浓度急剧下降，扩散层厚度增加，而溶液本体中的待测物质又来不及扩散到电极表面继续反应，因而导致电流迅速下降，当电极反应速率与扩散速率达到平衡时，电流则不再变化，从而形成峰形电流。

对于可逆体系，其峰电流与峰电位的表达式分别为（25℃时）

$$i_p = 2.29 \times 10^5 n^{3/2} D^{1/2} m^{2/3} t_p^{2/3} v^{1/2} c^* \tag{10-8}$$

$$E_p = E_{1/2} \pm \frac{29}{n} \tag{10-9}$$

式中：i_p 为峰电流（A）；n 为电子转移数；D 为待测物质的扩散系数（cm^2/s）；m 为汞滴的流速（mg/s）；t_p 为从汞滴开始生长到峰电流处的时间（s）；v 为扫描速度（V/s）；c^* 为待测物质的浓度（mol/mL）；E_p 为峰电位（mV）。式(10-9）中运算符号对阴极反应取负，对阳极反应取正。

在一定实验条件下，峰电位 E_p 仅决定于待测物质的性质，可作为定性分析的依据。峰电流 i_p 在一定实验条件下与待测物质的浓度 c^* 成正比，可作为定量分析的依据。

与普通直流极谱法相比，线性扫描伏安法具有分析速度快、灵敏度高、分辨率高等特点，但由于较高的扫描速度，受充电电流的影响较大。

当线性扫描达到一定时间 λ 时，将扫描电压反向，可以得三角波扫描电压信号，工作电极的电位可表示为

$$E(t) = E_i - vt \quad (0 < t \leqslant \lambda) \tag{10-10}$$

$$E(t) = E_i - 2v\lambda + vt \quad (t > \lambda) \tag{10-11}$$

E-t 曲线与同时记录的 i-E 曲线如图 10-5 和图 10-6 所示。这种方法称为循环伏安法。

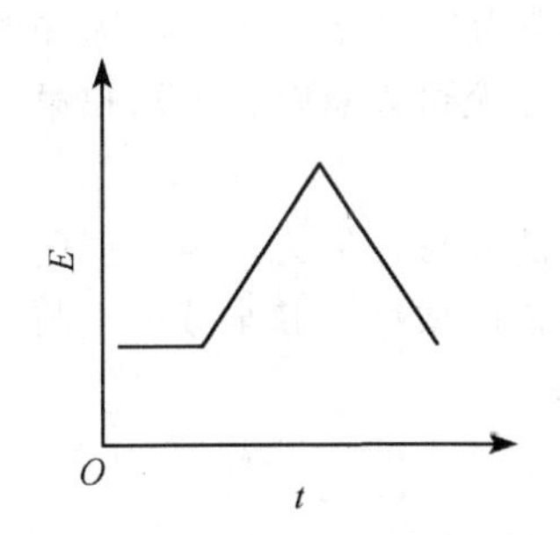

图 10-5　循环伏安电压扫描信号

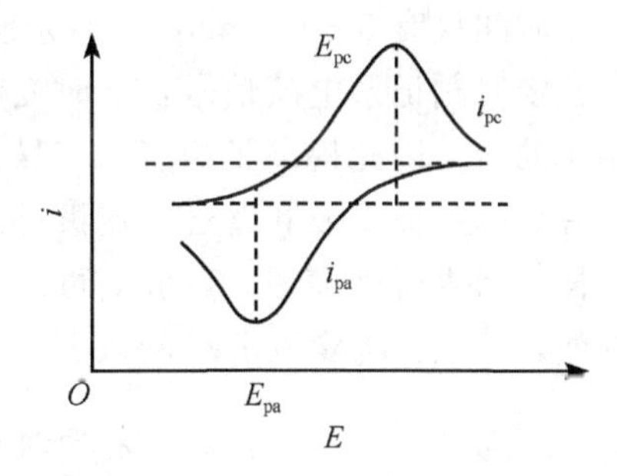

图 10-6　循环伏安响应曲线

循环伏安法通常用作研究电极反应过程，不用作成分分析，因为单扫描技术即可达到分析的目的。对于可逆电极反应体系，通常存在下述关系，可以用此作

为电极反应可逆性的判据。

$$\frac{i_{pa}}{i_{pc}}=1 \tag{10-12}$$

$$\Delta E_p(25℃)=E_{pa}-E_{pc}=\frac{2.3RT}{nF}=\frac{59mV}{n} \tag{10-13}$$

10.1.4 脉冲极谱法

脉冲极谱法是为了降低充电电流和毛细管噪声电流等的影响而发展起来的新方法，主要包括下面几种方法。

10.1.4.1 常规脉冲极谱

常规脉冲极谱加于电解池上的 E-t 曲线及 i-E 记录图如图 10-7 和图 10-8 所示。加在电解池上的信号可以看作是一直流电压与等幅增长的脉冲电压的叠加。

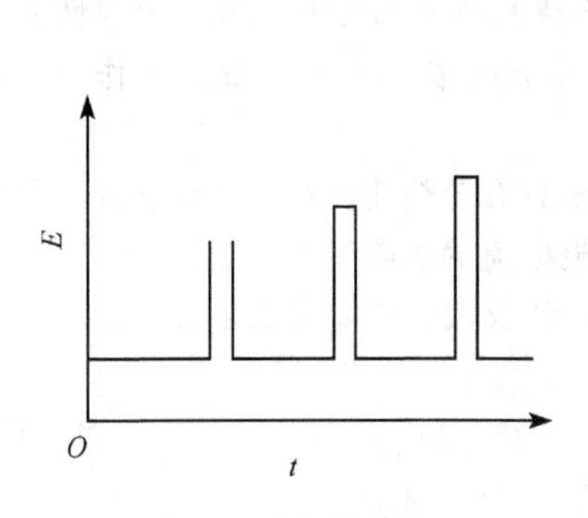

图 10-7　常规脉冲信号

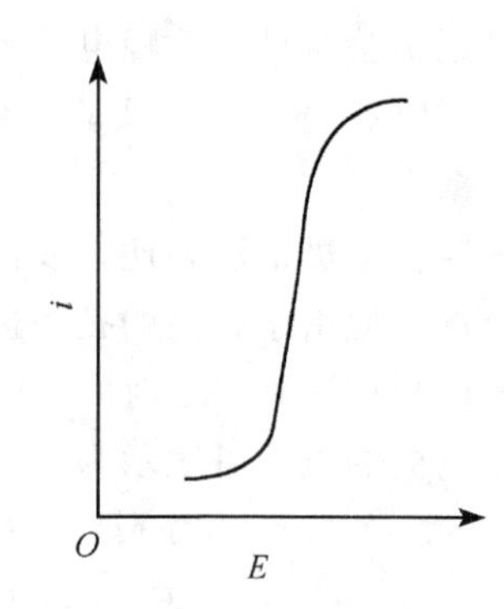

图 10-8　常规脉冲响应曲线

在常规脉冲极谱法中，总是在滴汞生长末期的预定时刻加电压脉冲，而且脉冲持续时间仅有 5～100 ms，此时汞滴的面积可视为恒定。由于在加脉冲的末期某一预定时刻记录电流信号，此时充电电流已衰减至可以忽略，而法拉第电流仍有相当的值，因此提高了响应的信噪比。

常规脉冲极谱波和普通直流极谱波具有同样的波形，但无锯齿状振荡，类似于采样普通直流极谱图，其波高可以作为定量分析的依据，其半波电位与直流极谱近似，可以作为定性分析的依据。

10.1.4.2 差分（微分）脉冲极谱

差分脉冲极谱的基本原理与常规脉冲极谱相同，只不过加于电解池上的直流电压不是恒定的，而是线性变化的或者是阶梯式增加的，其扫描速度类似于普通直流极谱，而脉冲幅度则是固定的。因此，差分脉冲极谱加于电解池上的电压信号可看作是恒定振幅的脉冲叠加在线性扫描或阶梯式扫描电压上。差分脉冲极谱的记录信号也与常规脉冲不同，在每个周期期间内采样电流值两次，一次在加入脉冲前瞬间 τ'，此时记录的主要是背景电流，一次在加入脉冲后末期 τ，此时记录的是总电流，而两次记录的电流值之差则近似为纯法拉第电流。通过这种方式，差分脉冲极谱有效地消除了背景电流的影响。差分脉冲极谱的 E-t 曲线及记录图如图 10-9 和图 10-10 所示。

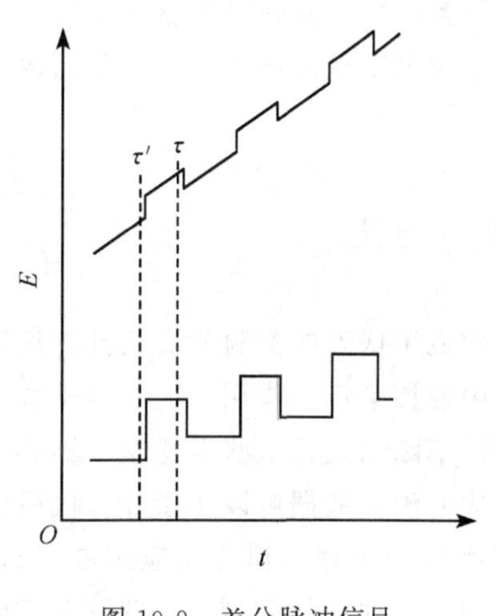

图 10-9　差分脉冲信号

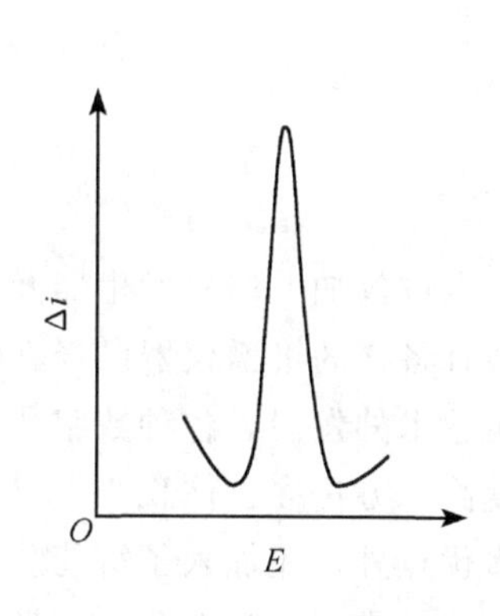

图 10-10　差分脉冲响应曲线

由于差分脉冲极谱测量的是脉冲电压引起的法拉第电流的变化，因此，其响应信号呈峰形。峰电位与直流极谱的半波电位一致，可以作为定性分析的依据；峰电流在一定条件下与物质的浓度成正比，可以作为定量分析的依据。从理论上说，差分脉冲极谱的电流比常规脉冲极谱的极限扩散电流低，但由于常规脉冲极谱的背景电流较大，同时差分脉冲极谱有效地消除了背景电流的影响，其灵敏度比常规脉冲极谱高 10～100 倍，能直接测定 10^{-8} mol/L 的物质，成为现代最灵敏的分析方法之一。

10.1.5　溶出伏安法

将待测物质部分地用控制电位电解的方法富集于工作电极上，然后借助于各种电化学方法使欲测物质从电极上“溶出”进入溶液，记录溶出过程的 i-E 曲线进行分析的方法称为溶出分析法。此方法通过预富集过程，大大提高了待测物质在电极表面的浓度，从而提高了法拉第电流，而充电电流则和普通伏安法类似，因而改善了法拉第电流与充电电流的比值，提高了测定的灵敏度。采用差分脉冲溶出技术，可以分析低至 10^{-11} mol/L 的物质，广泛应用于超微量分析中。

根据溶出时电位扫描的方向，可以分为阳极溶出伏安法和阴极溶出伏安法。阳极溶出伏安法可由下式简单说明：

富集过程　　$Zn^{2+} + 2e + Hg = Zn(Hg)$

溶出过程　　$Zn(Hg) - 2e = Zn^{2+} + Hg$

溶出伏安法所用电极可以用汞电极，也可以用固体电极。最常用的汞电极为悬汞电极和汞膜电极。悬汞电极重现性好，制备简单；汞膜电极富集效率高，分辨能力好；而玻碳、铂等固体电极具有使用电位范围宽的优点，适用于高速流动体系等。

10.2　仪器及使用方法

恒电位仪加上信号发生器及记录仪一起构成了伏安法实验所需的基本仪器单元。各种各样的极谱仪器已经在教学与科研中发挥了重大作用。随着电子技术及计算机技术的发展，各种数字化的电化学仪器不断出现，这些电化学仪器具有测量精度高、方法多、体积小、易控制、数字化的测量数据可以用于计算机后处理等诸多优点外，还加入了智能化功能（如判断反应机理、拟合反应常数等）。因此，传统的模拟电路电化学仪器已经或将要退出科研教学领域，一些综合的电化学仪器或称为电化学工作站成为目前教学科研中主要使用的仪器（如美国 PARC 公司的 273 系列电化学工作站、美国 BAS 公司的 BAS100 系列电化学工作站以及国产的 CHI 系列、LK 系列电化学工作站等）。这些工作站最大的优势在于具有同 Windows 一样的操作界面，操作异常简便，只要在窗口中选择适当的方法及设置相应的参数后即可开始实验，而且可以将实验结果以数字化方式保存下来，提供给各种智能分析软件使用。

下面以国产的 LK98BⅡ型微机电化学分析系统为例，说明其使用方法。

LK98BⅡ型微机电化学分析系统提供多达 6 大类，30 多种电化学方法。使用灵活方便，实验曲线实时显示。整套系统包括主机、计算机、打印机及相应的电极附件。计算机与主机之间以串行口电缆相连接。另外，主机背后有 RE（参比电极，黄色）、CE（辅助电极，红色）、WE（工作电极，绿色）接口分别与对应的电极相连接。

打开计算机电源开关，运行 LK98BⅡ控制程序，进入主控菜单。打开主机电源开关，按下主机前面板上的“RESET”键，进入自检过程。自检完成后，主控界面上应该显示“系统自检通过”，系统进入正常工作状态。此时可以通过菜单命令和快捷按纽执行各种电化学实验程序。

实验 32　极谱分析中的极大、氧波及消除

一、实验目的

(1) 了解极谱极大和氧波对极谱测定的干扰及其消除方法。

(2) 掌握极谱仪的基本操作技术。

二、实验原理

在极谱分析中，所测得的电流信号包括了充电电流、杂质引起的法拉第电流、迁移电流等干扰电流。另外，还有极谱极大及氧波等干扰（图 10-11）。这些电流与待测物质浓度间无任何定量关系，因此会产生测定误差。

在极谱分析中经常会出现这样一种现象：在电解开始后，电流随电极电位的增加而突然增加到一个很大的数值，然后电流才下降到扩散电流的正常值。这种现象称为极谱极大。极谱极大产生的原因很多。一般说来，稀溶液中极大现象较明显。极大现象会影响到扩散电流和半波电位的测量，因此必须去除。一般在溶液中加入少量表面活性剂即可以抑制极谱极大现象的出现。常用的极大抑制剂有动物胶、聚乙烯醇、品红、甲基红等。极大抑制剂的用量一般在 0.005％～0.01％。用量过多会影响电极反应的可逆性，降低扩散电流。

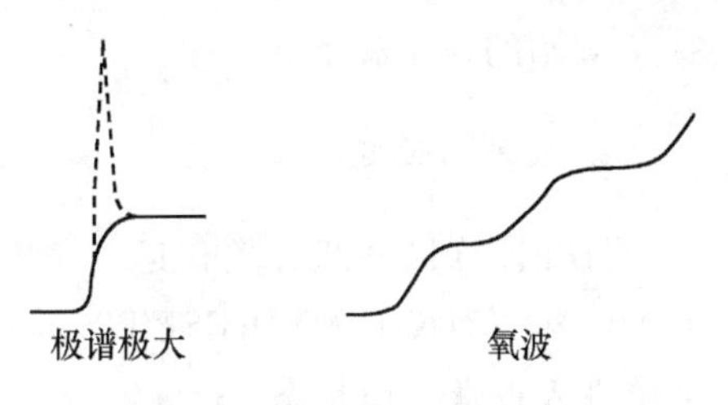

图 10-11　极谱极大及氧波

溶液中溶解的氧为极谱活性物质，容易在滴汞电极表面发生还原反应：

酸性溶液中

$$O_2 + 2H^+ + 2e = H_2O_2$$

$$H_2O_2 + 2H^+ + 2e = 2H_2O$$

中性或碱性溶液中

$$O_2 + 2H_2O + 2e = H_2O_2 + 2OH^-$$

$$H_2O_2 + 2e = 2OH^-$$

不论在酸性或碱性溶液中，在极谱波上－1.3～－0.05 V（vs. SCE）的范围内都将出现两个等高的氧波。由于大多数离子的极谱波也出现在这个范围内，氧波会干扰离子的测定，必须去除。

除氧的方法有两种：第一，可以向溶液中通入纯氮气或氢气等惰性气体；第二，在溶液中加入某种化学试剂除氧。在中性或碱性溶液中可以加入少量无水亚硫酸钠除氧；在酸性介质中，可以在溶液中加入少量抗坏血酸除氧。但要注意，

不论用何种方式除氧都不可能在瞬间完成，需要一定时间。例如，通氮气必须10 min以上，加入除氧试剂也必须等溶液反应至少10 min后才可以开始极谱测定。

三、仪器与试剂

LK98BⅡ型电化学工作站；滴汞电极为工作电极；饱和甘汞电极为参比电极；铂丝电极为辅助电极；电解池；1 mL吸量管；纯氮气。

KCl溶液（0.1 mol/L）；明胶溶液（0.5%）。

四、实验步骤

1. 电解液的配制

取1.0 mL 0.1 mol/L KCl溶液加入电解池中，加入9 mL蒸馏水。将滴汞电极、饱和甘汞电极和辅助电极插入电解池中，接好电极引线。绿色引线接工作电极，黄色引线接参比电极，红色引线接辅助电极。调节储汞池高度，使汞滴以3～5 s/滴的速率滴下。

2. 仪器的设定

打开计算机电源开关，运行LK98BⅡ控制程序。打开工作站电源开关，按下工作站前面板上的“RESET”键，这时主控界面上应显示“系统自检通过”，系统进入正常工作状态。

在主控界面中选择普通直流极谱法。参数选择如下：

初始电位0；终止电位－1.8 V；扫描速率4 mV/s；等待时间2 s。

3. 极谱极大的消除

在主控界面中单击“运行”按钮，开始记录极谱波。注意观察极谱极大现象的产生和氧波的出现。向电解池中加入四滴明胶溶液，以同样的方式记录极谱图，观察极谱极大现象的消除。

4. 氧波的消除

向电解池中通入纯氮气10 min后，重复上述极谱实验，观察氧波的消除。若氧波未能完全消除，可以继续通入氮气数分钟。

5. 清理实验台

退出主控程序，关闭工作站电源及计算机电源，断开电极引线。用蒸馏水清洗电极，降下储汞池，将滴汞电极插入带有蒸馏水的电解池中。

五、实验数据及结果

绘制观察到的极谱图，讨论极谱极大出现的原因及消除原理。

六、注意事项

(1) 由于汞具有挥发性，毒性较大，使用时必须小心，不要使汞滴洒落在实验台面上。若不慎有汞滴落在实验台面上或地面上，应该立即用吸管尽量收集起来。然后用铜、锌等金属片在汞落处多次刮扫，最后用硫磺粉覆盖在汞落处。使用过的废汞严禁直接倒入水槽中，必须倒入指定的废汞瓶中，并用 10% NaCl 溶液覆盖。

(2) 由于玻璃毛细管口径极细，易被细小颗粒堵塞，因此在降下储汞池之前必须先将电极提离电解池液面，用蒸馏水清洗电极，然后再降下储汞池，将电极浸入干净的蒸馏水中。

七、思考题

(1) 极谱极大对分析测定有何影响？如何消除？

(2) 第一氧波和第二氧波为什么是等高的？写出氧在滴汞电极上的电极反应式。

实验 33　极谱法测定镉离子和镍离子的半波电位和电极反应电子数

一、实验目的

(1) 掌握极谱法测定电极反应半波电位和反应电子数的原理。

(2) 了解半波电位的意义。

二、实验原理

对于可逆电极反应

$$\mathrm{O} + n\mathrm{e} \rightleftharpoons \mathrm{R}$$

其对应的极谱波方程为

$$E = E^{0\prime} + \frac{RT}{nF}\ln\frac{D_{\mathrm{R}}^{1/2}}{D_{\mathrm{O}}^{1/2}} + \frac{RT}{nF}\ln\frac{i_{\mathrm{d}} - i}{i}$$

式中：D_{R}、D_{O} 分别为待测物质还原态和氧化态时的扩散系数。当 $i = i_{\mathrm{d}}/2$ 时，半波电位为

$$E_{1/2}=E^{0'}+\frac{RT}{nF}\ln\frac{D_{R}^{1/2}}{D_{O}^{1/2}}$$

因此

$$E=E_{1/2}+\frac{RT}{nF}\ln\frac{i_{d}-i}{i}$$

从上式可见，E-lg $\frac{i_{d}-i}{i}$为一直线，直线的斜率为 RT/nF，在 25℃时为 59.1/n mV。由此可计算出 n 值，而其截距即为半波电位值。

三、仪器与试剂

LK98BⅡ型电化学工作站；滴汞电极为工作电极；饱和甘汞电极为参比电极；铂丝电极为辅助电极；电解池；容量瓶 25 mL 1 只；吸量管 1 mL 2 支；吸量管 5 mL 一支。

明胶溶液（0.5%）；氨-氯化铵缓冲溶液（1 mol/L-1 mol/L）；无水 Na_2SO_3；Cd^{2+}溶液（1.0×10^{-2} mol/L）；Ni^{2+}溶液（1.0×10^{-2} mol/L）。

四、实验步骤

1. 仪器设定及电解池安装

打开计算机电源开关，运行 LK98BⅡ控制程序。打开工作站电源开关，按下工作站前面板上的“RESET”键，这时主控界面上应显示“系统自检通过”，系统进入正常工作状态。

在主控界面中选择普通直流极谱法。参数选择如下：

初始电位 0；终止电位－1.4 V；扫描速度 4 mV/s；等待时间 2 s。

分别取 1.0 mL 1.0×10^{-2} mol/L Cd^{2+}溶液和 Ni^{2+}加入 25 mL 容量瓶中，加入氨-氯化铵缓冲溶液 2.5 mL，无水亚硫酸钠约 0.5 g，明胶 4 滴，用蒸馏水稀释至刻度，摇匀，反应 10 min 后将其倒入电解池中。将滴汞电极、饱和甘汞电极和辅助电极插入电解池中，接好电极引线。绿色引线接工作电极，黄色引线接参比电极，红色引线接辅助电极。调节储汞池高度，使汞滴以 3～5 s/滴的速率滴下。

2. 记录极谱波

在主控界面中单击“运行”按钮，开始实验，记录极谱图。

3. 清理实验台

退出主控程序，关闭工作站电源及计算机电源，断开电极引线。用蒸馏水清洗电极，降下储汞池，将滴汞电极插入带有蒸馏水的电解池中。

五、实验数据及结果

根据记录的极谱图数据，用 $E\text{-lg}\,\dfrac{i_{\mathrm{d}}-i}{i}$ 作图，求出电极反应的电子转移数及半波电位。

六、注意事项

汞为液态银白色金属，常温下即能蒸发。如果不及时收集，就会很快挥发到空气中，水银蒸气有很大的毒性，通过人的呼吸道可以进入神经系统，引起中毒。如果不小心碰到皮肤上也能进入人体，危害人体的健康。因此，在使用过程中应该小心勿洒到外面。

洒落水银收集处理方法是：用湿润的小棉棒或胶带纸将洒落在地面上的水银粘集起来，放进可以封口的小瓶中，如饮料瓶等塑料瓶，并在瓶中加入少量水，瓶上写明“废弃汞”等标识性文字，交给本单位废液管理人员处理或送到环保部门专门处理。绝对不能把收集起来的水银倒入下水道，以免污染地下水源。对掉在地上不能完全收集起来的水银，可以撒硫磺粉，以降低水银毒性。因为硫磺粉与水银结合可以形成难以挥发的硫化汞化合物，防止水银挥发到空气中危害人体健康。

七、思考题

（1）将实验所得数据与文献数据作对比，讨论可能引起差别的原因。

（2）对 Cd^{2+} 及 Ni^{2+} 电极反应的可逆性进行分析。

实验 34 单扫描示波极谱法同时测定水样中镉和锌

一、实验目的

（1）了解单扫描极谱法的原理及特点。

（2）掌握示波极谱仪的使用方法。

二、实验原理

单扫描极谱法的原理与经典极谱类似。加到电解池两电极间的电压也是线性变化的，根据 $i\text{-}E$ 曲线进行分析。所不同的是，经典极谱加入的电压线性变化的速率非常缓慢，一般为 2 V/10 min，记录的极谱波是许多汞滴上的平均结果。而单扫描极谱法是在一滴汞生长后期，当汞滴的面积基本保持恒定时，施加一个快速线性扫描电压，同时用示波器观察、记录电流随电压的变化，其扫描速度比经典的极谱法快得多（通常的示波极谱仪为 250 mV/s），极谱波是在一滴汞上所得到的。

单扫描极谱法的 i-E 曲线如图 10-4 所示。电压扫描开始时，电极电位还没达到被测离子还原的电位，此时的电流为残余电流，也是极谱波的基线。当电极电位负移到被测离子可以还原时，便产生还原电流。由于电位扫描速度较快，在瞬间使汞滴表面被测离子很快在电极上还原，使得电极表面被测离子浓度急剧下降，扩散层的厚度也随之增加。由于扩散传质的速率远小于电极反应速率，汞滴表面消耗的被测离子来不及补充，电流下降，i-E 曲线上出现电流峰，电流峰的最大值称为峰电流 i_p，所对应的电位称为峰电位 E_p。

对于可逆电极反应，峰电流可由 Randles-Sevcik 方程式表示如下：

$$i_p = 2.29 \times 10^5 n^{3/2} D^{1/2} m^{2/3} t_p^{2/3} c^*$$

在一定实验条件下，峰电流与被测离子浓度成正比，这是定量分析的依据。而峰电位则为

$$E_p = E_{1/2} - 1.1\frac{RT}{nF}$$

峰电位是被测离子的特征值，可以用于定性分析。

三、仪器与试剂

JP-2 型示波极谱仪；滴汞电极为工作电极；饱和甘汞电极为参比电极；铂丝电极为辅助电极；电解池；吸量管 1 mL、5 mL；容量瓶 25 mL 7 只。

$NH_3 \cdot H_2O$ 1.0 mol/L；Na_2SO_3 溶液 10%；明胶溶液 0.5%；Cd^{2+} 标准溶液 0.1 g/L；Zn^{2+} 标准溶液 0.1 g/L；Cd^{2+} 和 Zn^{2+} 未知液。

四、实验步骤

1. 仪器设定及电解池安装

打开仪器电源，将极化开关置于阴极化，电极开关置于三电极，导数开关置于常规，原点电位设为 −0.5 V。

调节储汞池高度，使汞滴以 8～9 s/滴速率滴下。将电极插入电解池中，接好电极引线。

2. 标准曲线法测定镉

在 5 只 25 mL 容量瓶中分别准确加入 0.5 mL、1.0 mL、2.0 mL、3.0 mL、5.0 mL 的 0.1 g/L Cd^{2+} 标准溶液，再分别加入 2.5 mL 1.0 mol/L $NH_3 \cdot H_2O$、5 mL 10% Na_2SO_3 溶液（或 0.5 g 无水亚硫酸钠粉末）、0.5 mL 0.5%明胶溶液，

然后分别用蒸馏水稀释至刻度，摇匀备用。注意反应时间应该至少 10 min。依次将配制好的溶液倒入电解池中，观察极谱图，记录峰电流与峰电位数值。

再取 1.0 mL 未知液加入 25 mL 容量瓶中，依次加入 2.5 mL 1.0 mol/L $NH_3 \cdot H_2O$、5 mL 10% Na_2SO_3 溶液（或 0.5 g 无水亚硫酸钠粉末）、0.5 mL 0.5%明胶溶液，然后用蒸馏水稀释至刻度，摇匀备用。注意反应时间应至少 10 min。将配制好的未知液倒入电解池中，观察极谱图，记录峰电流及峰电位值。

3. 直接比较法测定锌

用上述未知液继续测定锌。将仪器原点电位置于 −1.0 V，观察极谱图，记录峰电流及峰电位值。

再取 1.0 mL Zn^{2+} 标准溶液加入 25 mL 容量瓶中，依次加入 2.5 mL 1.0 mol/L $NH_3 \cdot H_2O$、5 mL 10% Na_2SO_3 溶液（或 0.5 g 无水亚硫酸钠粉末）、0.5 mL 0.5%明胶溶液，然后用蒸馏水稀释至刻度，摇匀备用。注意反应时间应该至少 10 min。将配制好的未知液倒入电解池中，观察极谱图，记录峰电流及峰电位值。

4. 清理实验台

实验完毕后，关闭仪器电源。提起电极，用蒸馏水冲洗干净，降下储汞瓶。将滴汞电极插入带有蒸馏水的电解池中。

五、实验数据及结果

1. 标准曲线法测定镉

根据表 10-1 数据，绘制标准曲线。

表 10-1　标准曲线的绘制

溶液编号	1	2	3	4	5	未知液
加入 0.1 g/L Cd^{2+} 溶液/mL	0.5	1.0	2.0	3.0	5.0	
溶液中 Cd^{2+} 浓度/(mg/25 mL)	0.05	0.10	0.20	0.30	0.50	
峰电流 i_p/μA						
峰电位 E_p/mV						

从曲线上查得未知液中 Cd^{2+} 的含量为________ mg/25 mL。
原未知液中 Cd^{2+} 含量为________ g/L。

2. 直接比较法测锌

根据表 10-2 中数据及公式

表 10-2 直接比较法测锌

加入 0.1 g/L Zn^{2+} 标准溶液/mL：1.0	未知液/mL
标准溶液浓度 (c_s)/(mg/25 mL)：0.10	c_x= mg/25 mL
峰电流 $i_p/\mu A$	
峰电位 E_p/mV	

$$c_x = \frac{i_{px}}{i_{ps}} c_s$$

计算未知液中 Zn^{2+} 的含量为________ mg/25 mL。

原未知液中 Zn^{2+} 的含量为________ g/L。

六、注意事项

每次更换电解液前，必须用蒸馏水将电极和电解池冲洗干净并用滤纸擦干。

七、思考题

(1) 与普通直流极谱法相比，单扫描示波极谱法有什么特点？

(2) 单扫描极谱波为什么呈峰形？

实验 35 循环伏安法研究电极反应过程

一、实验目的

掌握循环伏安法测定电极反应参数的基本原理。

二、实验原理

循环伏安法（CV）是最重要的研究电极反应机理的电化学技术之一，具有仪器简单、操作方便、谱图解析直观等特点。在研究某一未知体系时，常是首选的实验方法。

以 $[Fe(CN)_6]^{3-}$ 为例，在电位正向扫描时（阴极化），$[Fe(CN)_6]^{3-}$ 在电极上发生还原反应，产生阴极电流峰，而在电位反向扫描时（阳极化），电极表面产生的 $[Fe(CN)_6]^{4-}$ 重新氧化从而产生阳极电流峰。因此，循环伏安法能直观地表征电极反应的可逆性、化学反应历程等重要信息。

对于可逆反应，有如下一些关系：

$$E^{0\prime} = \frac{E_{pa} - E_{pc}}{2}$$

$$\Delta E_p = E_{pa} - E_{pc} \approx \frac{0.059}{n}$$

$$i_p = 2.69 \times 10^5 n^{3/2} A D^{1/2} v^{1/2} c^*$$

$$\frac{i_{pa}}{i_{pc}} \approx 1$$

这些关系式可以用于判别一个简单的电极反应是否可逆。

三、仪器与试剂

Gmary PCI4/300 电化学工作站；玻碳圆盘电极为工作电极；饱和甘汞电极为参比电极；铂丝电极为辅助电极；电解池；容量瓶 25 mL 2 只；吸量管 1 mL 2 支、5 mL 一支。

K_3FeCN_6 溶液 1.0×10^{-2} mol/L；抗坏血酸溶液 1.0×10^{-2} mol/L；KCl 溶液 1.0 mol/L；H_2SO_4溶液 0.5 mol/L。

四、实验步骤

1. 仪器设定及电解池安装

打开计算机电源开关，运行控制程序，在主控界面中选择“线性扫描技术”—“循环伏安法”。

将电极插入电解池中，接好电极引线。

2. 玻碳电极的预处理

将玻碳电极在 6# 金相砂纸上抛光成镜面，用蒸馏水冲洗干净，插入电解池中。然后在电解池中加入约 20 mL 0.5 mol/L H_2SO_4溶液，以下述参数进行循环伏安法扫描：

初始电位+1.1 V；开关电位−1.2 V；扫描速率 200 mV/s；循环次数暂定为 20；等待时间 2 s。

在扫描过程中注意观察循环伏安图的变化，直至循环伏安图呈现稳定的背景电流曲线时即可停止扫描，取出玻碳电极，用蒸馏水冲洗干净。

3. 铁氰化钾的电化学行为

取 10 mL 1.0×10^{-2} mol/L $K_3Fe(CN)_6$ 溶液加入 25 mL 容量瓶中，再加入 1.0 mol/L KCl 溶液 10 mL，用蒸馏水稀释至刻度，摇匀。将配制好的铁氰化钾溶液加入电解池中，以下述参数进行循环伏安扫描：

初始电位+0.5 V；开关电位−0.1 V；扫描速率 50 mV/s；扫描次数 1，等待时间 2 s。启动实验，记录循环伏安图。

改变扫描速率分别为 10 mV/s、20 mV/s、50 mV/s、100 mV/s、150 mV/s、

200 mV/s，重复上述实验，记录循环伏安图。

将扫描速率设定为 100 mV/s，电位范围同上，扫描次数设为 5 次，启动实验，记录循环伏安图。

4. 抗坏血酸的电化学行为

取 5.0 mL 1.0×10^{-2} mol/L 抗坏血酸溶液加入 25 mL 容量瓶中，加入 0.5 mol/L H_2SO_4 10 mL，用蒸馏水稀释至刻度，摇匀。将配制好的抗坏血酸溶液加入电解池中，以下述参数进行循环伏安扫描：初始电位 0 V；开关电位 0.8 V；扫描速率 100 mV/s；扫描次数 1，等待时间 2 s。启动实验，记录抗坏血酸的循环伏安图。

改变扫描速率分别为 10 mV/s、20 mV/s、50 mV/s、100 mV/s、150 mV/s、200 mV/s，重复上述实验，记录循环伏安图。

将扫描速率设定为 100 mV/s，电位范围同上，扫描次数设为 5 次，启动实验，记录循环伏安图。

5. 清理实验台

退出主控程序，关闭工作站电源及计算机电源，断开电极引线，用蒸馏水清洗电极及电解池。

五、实验数据及结果

1. 铁氰化钾的电化学行为

绘制 i_{pa}-$V^{1/2}$ 及 i_{pc}-$V^{1/2}$ 曲线；计算 ΔE_p、n、$E^{0\prime}$值；比较 i_{pa} 与 i_{pc}。根据以上结果判断铁氰化钾电极反应的可逆性。

2. 抗坏血酸的电化学行为

根据循环伏安图说明抗坏血酸电极反应的机理。绘制 i_{pa}-$V^{1/2}$ 曲线。

六、注意事项

（1）在玻碳电极电化学预处理中，若发现循环伏安图上有峰形电流出现，或者背景电流很大，则需要重新进行机械抛光处理和电化学预处理步骤。

（2）抗坏血酸溶液在空气中易氧化变质，不宜保存，因此需要在使用前配制。

七、思考题

铁氰化钾与抗坏血酸的循环伏安图有什么不同？说明什么问题？

实验 36　差分脉冲伏安法测定维生素 C 片中抗坏血酸含量

一、实验目的

（1）掌握差分脉冲伏安法的基本原理和操作技术。

（2）掌握抗坏血酸的测定方法。

二、实验原理

脉冲极谱法是为了降低充电电流和毛细管噪声电流等的影响而发展起来的新方法，包括常规脉冲极谱和差分脉冲极谱等。与经典直流极谱法相比，脉冲极谱法分析速率快，灵敏度和分辨率高，是目前广泛采用的电化学分析方法。

抗坏血酸是人体必需的维生素之一，又名维生素 C。抗坏血酸在电极上可发生如下不可逆电化学反应：

```
                    O                                     O
                  /   \                                 /   \
CH—CH—CH       C=O                     CH—CH—CH       C=O
 |     |     |         |     −2e ══      |     |     |         |        +2H⁺
OH   OH    C═══C                     OH   OH    C———C
                |         |                                 ‖         ‖
              OH      OH                                O         O
```

此反应可以在电极上产生氧化电流。在差分脉冲伏安图中呈现出峰形曲线，其峰电流与抗坏血酸浓度成正比关系，由此可以作为定量测定抗坏血酸的依据。

三、仪器与试剂

LK98BⅡ型电化学工作站；铂圆盘电极为工作电极；饱和甘汞电极为参比电极；铂丝电极为辅助电极；电解池；研钵一个；容量瓶 25 mL 6 只；吸量管 1 mL、5 mL；烧杯 25 mL。

抗坏血酸标准溶液 2.0 g/L；H_2SO_4 溶液 0.5 mol/L；维生素 C 片（市售）。

四、实验步骤

1. 仪器设定及电解池安装

打开计算机电源开关，运行 LK98BⅡ控制程序。打开工作站电源开关，按下工作站前面板上的“RESET”键，这时主控界面上应该显示“系统自检通过”，系统进入正常工作状态。在主控界面中选择“线性扫描技术”—“循环伏安法”。

将电极插入电解池中，接好电极引线。

2. 铂圆盘电极的预处理

将铂圆盘电极在6[#]金相砂纸上抛光成镜面，用蒸馏水冲洗干净，插入电解池中。然后在电解池中加入约20 mL 0.5 mol/L H_2SO_4溶液，以下述参数进行循环伏安法扫描：

初始电位+1.4 V；开关电位−0.3 V；扫描速率200 mV/s；循环次数暂定为100；等待时间2 s。

在扫描过程中注意观察循环伏安图的变化，直至循环伏安图呈现稳定的背景电流曲线时即可停止扫描，取出铂圆盘电极，用蒸馏水冲洗干净。

3. 抗坏血酸标准曲线的绘制

分别取0.5 mL、1.0 mL、2.0 mL、3.0 mL、5.0 mL 2.0 g/L抗坏血酸标准溶液加入25 mL容量瓶中，再加入0.5 mol/L H_2SO_4溶液5.0 mL，用蒸馏水稀释至刻度，摇匀。

将配制好的抗坏血酸标准溶液依次加入电解池中。在主控界面中选择"方法"—"脉冲技术"—"差分脉冲伏安法"，选择下述参数进行测定，记录每一个标准溶液的峰电流值。

初始电位0 V；终止电位1.0 V；电位增量20 mV；脉冲幅度50 mV；脉冲宽度0.05 s；脉冲间隔2 s；等待时间2 s。

4. 维生素C片中抗坏血酸的测定

取一片维生素C片，在研钵中充分研磨成粉状，准确称取维生素C粉末0.2～0.3 g置于25 mL小烧杯中，加少量蒸馏水溶解，然后定量转移至25 mL容量瓶中，再加入0.5 mol/L H_2SO_4溶液5.0 mL，用蒸馏水稀释至刻度，摇匀。

将样品溶液倒入电解池中，同上述步骤3进行测定，记录峰电流值。

5. 清理实验台

退出主控程序，关闭工作站电源及计算机电源，断开电极引线，用蒸馏水清洗电极及电解池。

五、实验数据及结果

根据所得数据绘制抗坏血酸标准曲线，从标准曲线上查得样品中抗坏血酸浓度，计算维生素C片中抗坏血酸含量，与标示值进行对比。

六、注意事项

(1) 在铂工作电极电化学预处理中，若发现循环伏安图上有异常电流出现，或者背景电流很大，则需要重新进行机械抛光处理和电化学预处理步骤。

（2）抗坏血酸溶液在空气中易氧化变质，不宜保存，因此需要在使用前配制。

七、思考题

差分脉冲极谱法与普通直流极谱法相比有什么特点？为什么差分脉冲极谱法的灵敏度要比直流极谱法高很多？

实验 37　阳极溶出伏安法测定水样中铅和镉的含量

一、实验目的

（1）了解阳极溶出伏安法的基本原理。

（2）掌握汞膜电极的制备方法。

二、实验原理

阳极溶出伏安法包括两个基本过程：第一步，将工作电极电位控制在某一固定值，使被测物质在电极表面通过还原沉积富集；第二步，将工作电极电位正向扫描（可以是线性扫描电压，也可以是脉冲扫描电压），使被富集的物质通过重新氧化而溶出，同时记录 i-E 曲线，根据溶出峰电流的大小进行分析测定，其电极上的反应式如下：

富集过程　　$M^{n+} + ne + Hg = M(Hg)$

溶出过程　　$M(Hg) - ne = M^{n+} + Hg$

汞膜电极在阳极溶出伏安法中得到了最广泛的应用。由于汞膜电极具有大的 A/V 比值，预电解的效率非常高。而且由于金属富集时向汞膜内部扩散和溶出时向外扩散路径极短，因而溶出峰尖锐，分辨能力好。通常汞膜电极的制备为同位镀汞法，即在分析溶液中加入一定量的汞盐（一般为 $1\times10^{-5}\sim1\times10^{-6}$ mol/L Hg^{2+}），在预电解富集时，汞和预测金属一起沉积于电极表面形成汞齐膜，当反向扫描时，被测金属从汞中溶出，产生溶出电流。

定量测定的方法可用标准曲线法或标准加入法。标准加入法的计算公式如下：

$$c_x = \frac{c_s V_s h_x}{H(V_x + V_s) - h_x V_x}$$

式中：c_x、V_x 和 h_x 分别为样品的浓度、体积和溶出峰的峰高；c_s、V_s 分别为加入的标准溶液的浓度、体积；H 为加入标准溶液后测得的溶出峰的峰高。

在酸性介质中，当电极电位控制在 −1.0 V(vs. SCE) 时，Pb^{2+}、Cd^{2+} 和 Hg^{2+} 一起沉积在电极表面上形成汞齐膜。当电极电位正向扫描至 −0.1 V 时，可以得到清晰可分的两个溶出峰。铅的溶出峰电位约为 −0.4 V，镉的溶出峰电位约为－0.6 V。峰电流与溶液中铅或镉离子浓度成正比，可以分别用于铅和镉的定量分析。

三、仪器与试剂

LK98BⅡ型电化学工作站；玻碳电极为工作电极；饱和甘汞电极为参比电极；铂丝电极为辅助电极；电解池；磁力搅拌器；容量瓶 25 mL 2 只；吸量管 10 mL、5 mL、1 mL；纯氮气。

Pb^{2+}标准溶液 1.0×10^{-5} mol/L；Cd^{2+}标准溶液 1.0×10^{-5} mol/L；$Hg(NO_3)_2$ 溶液 5×10^{-3} mol/L；HCl 溶液 1.0 mol/L；H_2SO_4 溶液 0.5 mol/L。

四、实验步骤

1. 仪器设定及电解池安装

打开计算机电源开关，运行 LK98BⅡ控制程序。打开工作站电源开关，按下工作站前面板上的“RESET”键，这时主控界面上应该显示“系统自检通过”，系统进入正常工作状态。在主控界面中选择“线性扫描技术”—“循环伏安法”。

将电极插入电解池中，接好电极引线。

2. 玻碳电极的预处理

将玻碳电极在 6# 金相砂纸上抛光成镜面，用蒸馏水冲洗干净，插入电解池中。然后在电解池中加入约 20 mL 0.5 mol/L H_2SO_4 溶液，以下述参数进行循环伏安法扫描：

初始电位＋1.1 V；开关电位－1.2 V；扫描速率 100 mV/s；循环次数暂定为 100；等待时间 2 s。

在扫描过程中注意观察循环伏安图的变化，直至循环伏安图呈现稳定的背景电流曲线时即可停止扫描，取出玻碳电极，用蒸馏水冲洗干净。

3. 铅和镉的测定

分别取 10.00 mL 水样加入 2 只 25 mL 容量瓶中，再分别加入 1.0 mol/L HCl 5 mL，5×10^{-3} mol/L $Hg(NO_3)_2$ 溶液 1.0 mL。在其中一只容量瓶中加入 1.0×10^{-5} mol/L Pb^{2+} 标准溶液 1.0 mL，1.0×10^{-5} mol/L Cd^{2+} 标准溶液 1.0 mL。用蒸馏水稀释至刻度，摇匀。

将未加标准溶液的样品溶液置于电解池中，通纯 N_2 10 min 除氧。加入磁子，开动搅拌器。

在工作站主控界面上选择“脉冲技术”—“差分脉冲溶出伏安法”。以下列参数进行测定：

起始电位－1.0 V；电沉积电位－1.0 V；终止电位－0.1 V；电位增量 20 mV；脉冲幅度 50 mV；脉冲宽度 0.05 s；脉冲间隔 2 s；电沉积时间 180 s；平衡时间 30 s。

注意在富集过程完成后，应该及时关闭搅拌器，溶出过程应该在静止溶液中进行。测定完成后，用加入标准溶液后的样品溶液重复上述操作。

4. 电极的清洗

测定完成后，在电解池中加入约 20 mL 0.5 mol/L H_2SO_4 溶液，放入磁子。在主控界面上选择"电位阶跃技术"—"单电位阶跃计时电流法"，选择如下参数：

初始电位－0.1 V；阶跃电位－0.1 V；等待时间 1 s；采样间隔 1 s；采样点数 200。

启动搅拌器，运行实验。实验完成后，退出主控程序，关闭工作站电源及计算机电源，断开电极引线，用蒸馏水清洗电极及电解池。

五、实验数据及结果

根据所测得的数据计算水样中铅、镉的浓度。

六、注意事项

含有汞的废液只能倒入指定的回收瓶中，禁止倒入水槽。

七、思考题

（1）为什么在富集时必须搅拌溶液？

（2）溶出峰为什么比较尖锐？

参考文献

复旦大学化学系. 1986. 仪器分析实验. 上海：复旦大学出版社

金文睿，魏继中，王新省等. 1993. 基础仪器分析. 济南：山东大学出版社

李启隆. 1995. 电分析化学. 北京：北京师范大学出版社

蒲国刚，袁倬斌，吴守国. 1993. 电分析化学. 合肥：中国科学技术大学出版社

武汉大学化学系. 2001. 仪器分析. 北京：高等教育出版社

赵文宽，张悟铭，王长发等. 1997. 仪器分析实验. 北京：高等教育出版社

第11章　气相色谱法

11.1　基本原理

色谱分析法是一种把物质的分离和测定相结合的仪器分析技术。气相色谱法（gas chromatography）以气体为流动相（又称载气），当它携带着欲分离的混合物流经色谱柱中的固定相时，由于混合物中各组分的性质不同，它们与固定相作用力大小不同，所以组分在流动相与固定相之间的分配系数不同，经过多次反复分配之后，各组分在固定相中滞留时间长短不同，与固定相作用力小的组分先流出色谱柱，与固定相作用力大的组分后流出色谱柱，从而实现了各组分的分离。色谱柱后接一检测器，它将各化学组分转换成电的信号，用记录装置记录下来，便得到色谱图。每一个组分对应一个色谱峰。根据组分出峰时间（保留值）可以进行定性分析，峰面积或峰高的大小与组分的含量成正比，可以根据峰面积或峰高大小进行定量分析。

气相色谱法是一种分离效果好、分析速度快、灵敏度高、操作简单、应用范围广的分析方法。只要在色谱温度适用范围内，具有20～1300 Pa蒸气压，或沸点在500℃以下、相对分子质量在400以下的化学性质稳定的物质，原则上均可采用气相色谱法进行分析。气相色谱法常用于气体和低沸点有机化合物的分析上。

11.2　仪器及使用方法

11.2.1　气相色谱仪的组成

常用气相色谱仪由六个大的部分组成：载气系统、进样系统、分离系统、检测系统、记录和数据处理系统、温度控制系统（图11-1）。

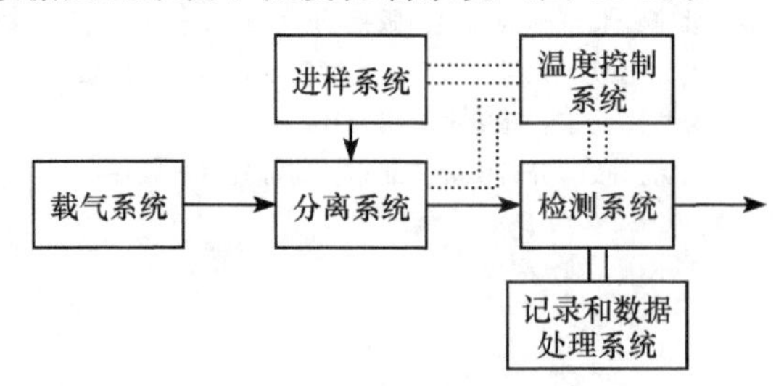

图11-1　气相色谱仪的结构

11.2.1.1　载气系统

载气系统为色谱分析提供压力稳定、流速准确、纯度合乎要求的流动相（载气），包括：载气气源、减压阀、净化管、稳压阀、稳流阀、压力表等。载气系统分单柱单气路和双柱双气路结构。单柱单气路只有一根色谱柱，载气从色谱柱流出后进入检测器的参考臂，然后进入测量臂（热导池检测器）。双柱双气路结构是载器从稳压阀出来后分成两路，分别进入稳流阀和色谱柱，从色谱流出后分别进入检测器的参比臂和测量臂（图 11-2）。单柱单气路的稳定性较双柱双气路差。对载气流速变化比较敏感。

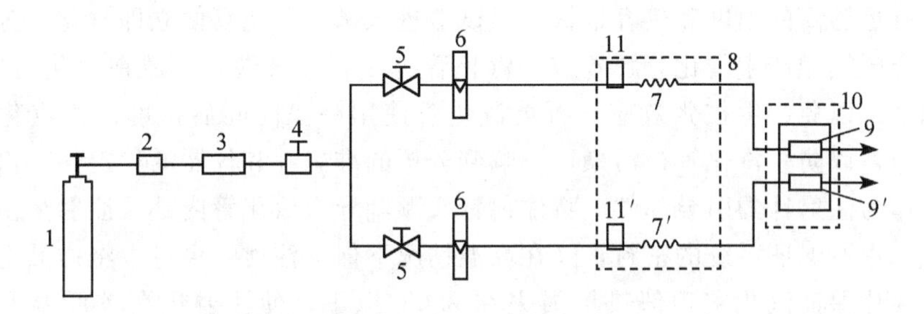

图 11-2　双柱双气路结构

1—载气源；2—减压阀；3—净化管；4—稳压阀；5—针型阀；6—转子流量计；7—测量柱；7′—参比柱；8—恒温箱；9—测量臂；9′—参比臂；10—检测器；11，11′—进样口

1）气源

不同检测器使用不同的载气。热导池检测器常用氢气或氦气作载气，氢火焰离子化检测器常用氮气作载气。载气一般由高压钢瓶作气源。不同气体的钢瓶涂有不同颜色，例如，氢气钢瓶涂绿色，氮气钢瓶涂黑色，以防意外事故发生。以氢气作载气时可用特制的仪器——氢气发生器供给。氢气发生器是一个特殊的电解水的装置，由水电解产生的氢气作载气。钢瓶中的高压气体需要经过减压阀将压力降到色谱仪所需要的使用压力。减压阀有多种类型，不同气体配置不同减压阀。通过旋转减压阀手柄调节不同输出压力。

2）气体净化管

气体净化管的目的是除去载气中的杂质。净化管内通常填充硅胶、分子筛或活性炭。活性炭用来去除油气，硅胶和分子筛用以去除水分。使用一段时间后，硅胶和分子筛应该取出并分别在 105℃和 400℃下烘干 2～3 h，在干燥器中冷却后再继续使用。

3）稳压阀

气相色谱分析要求载气流量稳定，其压力变化小于 1%，为此使用稳压阀，以确保流量稳定并调节压力大小。压力大小用压力表指示。气相色谱仪中常使用稳流阀或针型阀调节载气流速，以压力表或转子流量计指示流速大小（现在新生产的气相色谱仪较少使用转子流量计）。流速测量一般在检测器出口处用皂膜流量计来测量。

载气系统要求各接头处不漏气，气路密封性好，在 0.25 MPa 气压下，30 min 压降应该小于 8 kPa。

11.2.1.2 进样系统

气相色谱分析要求液体试样进样后立即汽化，以便由载气携带着气态的样品进入色谱柱。因此，汽化室设置在色谱柱入口处。一般由电加热器加热金属块。金属块有足够高的温度和热容量，一旦试液进入试样汽化管便立即汽化。为避免试样和金属接触产生催化分解效应，汽化管为一石英玻璃管，放在汽化室中间，死体积小，以免产生扩张效应。石英汽化管使用一段时间后，可以将汽化管取出，洗净，以防止汽化管被污染，影响到分析的准确性和仪器的稳定性。汽化室的堵头作为注射针的引导部件，将注射针头顺利导入汽化管内部。注射垫由硅橡胶制成，它既保证系统的密封，又在高温情况下保证注射针穿过，将样品送入系统。散热片保证汽化室顶部热量损失在 250℃ 以下，使注射垫在较低温度下工作。注射垫经几十次进样可能漏气，注意更换注射垫。更换注射垫时，将散热片旋松，将旧注射垫从散热片取出，换一个新注射垫，再拧紧即可。

气体样品常用六通阀配合定量管进样。液体样品使用微量注射器进样。关于微量注射器的知识将在下面详细介绍。

11.2.1.3 柱分离系统

混合样品由填充满固定相的色谱柱完成各组分的分离，分析不同的样品需要用不同的固定相。色谱柱分填充柱和开管柱两类，开管柱（又称毛细管柱）这里不在作介绍。填充柱一般用不锈钢制成，特殊需要时可以用玻璃或石英制作。柱内径一般 2～3 mm，柱长 0.5～6 m 色谱柱入口与汽化室相连，出口与检测器相连。色谱柱使用温度低于 200℃时，密封压环可以用硅橡胶皮圈，200℃以上时，一定要用金属密封压环。任何色谱柱填充固定相后，使用前要充分老化。老化时柱出口不应该连接检测器，以免污染检测器。老化时，通载气，柱温高于使用温度 50℃，但低于固定液最高使用温度，老化 12～24 h。色谱柱安装好后，要试漏，即检查接头处是否漏气。

11.2.1.4 检测系统

检测器紧接色谱柱后，它的作用是将经色谱柱分离后的个化学组分转换成电信号，以电压讯号输出以便于测量和记录。由于将化学组分转换成电信号方法不同，不同检测器工作原理也不相同。在化学组分转换成电信号过程中，对于化学组分有的有破坏，有的没有破坏。气相色谱仪常用检测器有四种：热导池检测器、氢火焰离子化检测器、电子捕获检测器和火焰光度检测器，各有其不同特点和使用范围。这里着重介绍各厂家生产的气相色谱仪均配备的两种检测器：热导池检测器和氢火焰离子化检测器。对电子捕获和火焰光度检测器作简单介绍。

1）热导池检测器

热导池检测器（therma conductivity detector，TCD）是目前气相色谱仪上应用最广泛的检测器（图 11-3）。它是一种通用型检测器，对所有被分析的样品均有信号，而且不破坏样品。它结构简单，稳定性好，灵敏度适宜，线性范围宽，多用于常量分析。它是浓度检测器，即响应信号与被分析的物质在载器中的浓度成正比。

热导池检测器工作原理：热导池检测器采用双气路结构，一路是载气通过参比臂，另一路为载气加样品通过测量臂（图 11-4）。参比臂和测量臂为热敏电阻，现多采用各两支电阻为 50 Ω 的铼钨丝，电路结构采用惠斯登电桥结构，这四根电阻丝作为惠斯登电桥的四个臂。其中相对的两根电阻丝作为参比臂，另外两根作为工作臂。当载气中无样品时，即两路均为纯载气，热导系数是相同的，参比臂和测量臂温度相同，因而电阻阻值相同。电桥时平衡的，没有信号产生。当载气加样品一路含有样品时（进样后），由于纯载气与载气加样品的热导系数不同，参比臂和测量臂温度不同，电阻阻值不同电桥平衡被破坏，于是有电信号输出。样品从测量臂过完后，电桥又恢复到平衡状态，信号输出又为 0。热导池检测器使用时，首先通载气，然后在打开色谱仪电源开关，以保护热敏电阻不被烧坏。热导池检测器的灵敏度与桥电流的三次方成正比，桥电流越大，灵敏度越高。但桥电流增大噪声增大，基线不稳，使用时应该采用一合适的桥电流作工作电流。

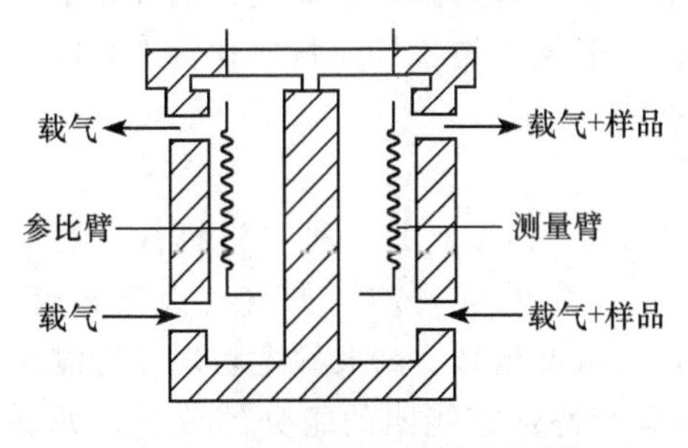

图 11-3　热导池检测器示意图

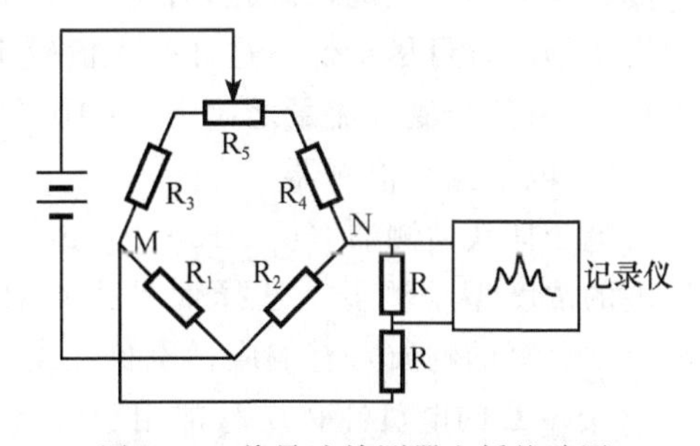

图 11-4　热导池检测器电桥线路图

热导池检测常用氢气作载气，用氢气作载气灵敏度最高，这是因为氢气的热导系数最大，但有一定危险性，从检测器流出的氢气一定用导气管排出室外。用氦气作载气灵敏度仅次于用氢气作载气，而且很安全，但价格较高。

2）氢火焰离子化检测器

氢火焰离子化检测器（flame ionization detector，FID）是对有机物敏感度很高的检测器（图 11-5）。它结构简单，响应快，死体积小，线性范围宽，对温度不敏感，对有机物进行微量分析时应用非常广泛。工作时破坏样品。它属于质量型检测器，即响应信号与单位时间内通过检测器的样品的量成正比。

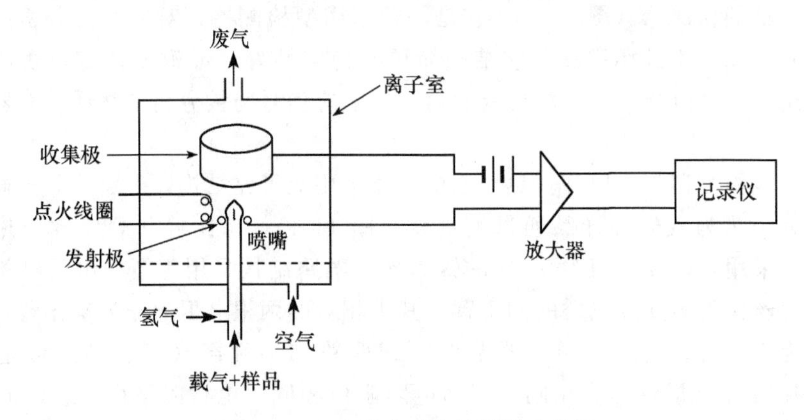

图 11-5　氢火焰离子化检测器示意图

氢火焰离子化检测器的工作原理是：使用氮气或高纯氮作载气，工作时需要氢气和空气，从色谱柱后流出的载气与氢气混合，在空气助燃下燃烧产生较高温度。当载气中无样品时，氢气的火焰中离子很少。当载气中含有有机物样品时，样品在氢火焰中燃烧，由于高温而部分电离产生正、负离子，正、负离子在电场作用下作定向运动因而产生微弱电流，经过高电阻取出电压信号，由记录仪记录下来。电信号大小与单位时间内进入氢火焰中的有机物的量成正比。一般无机物不能在氢火焰中燃烧，因此无信号。氢火焰离子化检测器要求载气、氢气和空气中有机物的含量尽量低，这样噪声值较小。一般氢气与氮气流量之比为 1∶1～1∶1.5，氢气与氮气流量之比为 1∶10。

3）电子捕获检测器

电子捕获检测器（electron capture detector，ECD）是一种有选择性、高灵敏度的浓度型检测器。选择性是指它对具有电负性的物质（如含有卤素、硫、磷、氮、氧的物质）有响应，电负性越强，灵敏度越高。高灵敏度表现在能测出 10^{-14} g/mL 的电负性物质。常用于痕量的具有特殊官能团的组分的分析，如食品、农产品中农药残留量的分析、大气、土壤、水中痕量污染物的分析等。电子捕获检测器用高纯氮作载气。

4）火焰光度监测器

火焰光度监测器（flame photometric detector，FPD）是对含磷、含硫的化合物有高选择性和高灵敏度的监测器，常用于痕量的含硫含磷物质的分析。

11.2.1.5　记录和数据处理系统

由检测器产生的电信号要记录下来以便进行处理得到定量分析结果。记录和数据处理系统有三种形式：记录仪、色谱数据处理机和色谱工作站。

1）记录仪

满标量程有 1 mV、5 mV、10 mV 几种，满标长度 25 cm，走纸速率有 0.05 cm/min、0.1 cm/min、0.2 cm/min、0.5 cm/min、1 cm/min、2 cm/min、5 cm/min、10 cm/min、20 cm/min 可选。记录仪记录下的色谱图，要想得到保留时间必须以秒表配合。要得到色谱峰的峰高、峰面积必须手工处理，准确度、精密度均较差，并且费时、费事。各种定量计算也必须手工进行。早期生产的气相色谱仪多配以记录仪。

2）色谱数据处理机

色谱数据处理机是专用微型计算机，用于处理色谱数据。操作人员只要正确设置各类分析参数、计算参数和记录参数，处理机便能完满地记录保留时间，绘出色谱图，准确计算出峰面积，并用多种定量方法计算出各组分的含量，清晰地打印出报告。它的不足之处是使用时需要根据各组分的保留时间编制峰鉴定表，进行实际样品分析时，由于色谱条件的不稳定或进样技术的不熟练而造成的保留时间超过编制峰鉴定表时所允许的误差，则该组分的浓度不与计算，导致整个样品定量计算的失败。

3）色谱工作站

色谱工作站与色谱仪相配套，是处理色谱仪信号数据的计算机系统。它将一台普通计算机的硬件和软件扩充，使其具有处理色谱仪信号的功能。硬件是指信号采集单元，它将色谱仪输出的电压信号转变为计算机能够接受的离散数字信号(称为采样信号)，起着计算机与色谱仪之间的桥梁作用。软件是指接收和处理由硬件传送来的色谱采样信号并实现色谱定量计算的计算机程序。以计算机为“舞台”的工作站使色谱数据处理工作更加轻松自如。色谱工作站充分发挥计算机强大的数据处理能力，彻底突破了色谱数据处理机传统的图谱处理方法，不必编制峰鉴定表，使谱图数据处理更加智能化，界面布局上简明紧凑，并提供如联合计算、成批打印、结果汇总、连贯操作、自动保存、谱图管理等功能。能提高日常工作效率，功能丰富，方便易用。

11.2.1.6　温度控制系统

除以上五个组成部分外，还有一套加热和温度控制系统。因为汽化室只有加热到一定温度，才能保证液体样品迅速转变为气态，有载气携带加入色谱柱进行分离。色谱柱对样品分离的好坏、保留值的大小和稳定性与温度关系非常紧密。因此，色谱柱必须严格控制温度。检测器也必须加热和严格控制温度：第一，防止由色谱柱流出的样品冷凝；第二，温度对检测器的灵敏度和稳定性有一定影响。因此，汽化室、色谱柱和检测器需要加热和温度控制系统。根据分离的需要，色谱柱恒温箱有恒定温度和程序升温分离两种。恒温箱控温精度200℃以内为±0.1℃，200℃以上为±0.2℃，控温范围200～400℃。汽化室控温范围50～400℃，控温精度±0.2%。热导池检测器控温范围20～350℃，控温精度±0.1%。色谱柱恒温箱程序升温可控范围20～350℃，升温速率0.1～30℃/min。

控温电路多数采用可控硅连续式恒温控制电路。色谱柱恒温箱用电炉丝加热，风扇强制通风，因此升温、恒温速率特别快。汽化室加热金属块热容量大，升温最慢。

11.2.2 气相色谱仪的使用方法

11.2.2.1 气相色谱仪使用步骤

不同厂家生产不同型号的色谱仪，或使用不同检测器，操作步骤也不同。但总的来说，气相色谱仪使用分以下几个步骤。

1）通载气

打开载气开关，将柱前压和载气流速调到所需值，载气流速测量可以在检测器出口出用皂膜流量计进行。

2）设定温度

升温和恒温：打开色谱仪开关，将色谱柱恒温箱、检测器和汽化室温度以及保护温度设定好，然后开始升温。

3）检测器和数据处理系统的调节

各室温度达到设定温度并且恒温后。开启检测器控制单元和数据处理系统，调节检测器各种参数，使检测器输出信号为零。

4）进样

基线稳定后可以进样，气体样品可以用六通阀配合定量管或用医用注射器进样。液体样品用微量注射器进样。分析固体样品时，需要用一种合适的溶剂，将固体样品配成一定浓度的溶液，用微量注射器进样。几种进样方式均为定体积进样。气体样品为毫升级，液体样品为微升级。

5）记录和数据处理

进样后，数据处理系统开始记录和处理色谱信号。配合各种参数的设置，以所需要的定量方法，计算出分析结果，打印分析报告。

11.2.2.2　微量注射器及进样操作

1）微量注射器

进液体样品一般用微量注射器。微量注射器是很精密的进样工具，容量精度高，误差小于 5%，气密性达 2 kg/cm^2，由玻璃和不锈钢制成；有芯子、垫圈、针头、玻璃管、顶盖等组成；其规格有 0.1 μL、0.5 μL、1 μL、5 μL、10 μL、50 μL、100 μL 等。0.1 μL、0.5 μL、1 μL 的微量注射器为无存液注射器，10 μL、50 μL、100 μL 注射器为有存液注射器。有存液注射器的针头部分有寄存容量，吸取液体时，容量比标定值多 1.5 μL 左右。有存液注射器，芯子使用 0.1～0.15 mm 不锈钢丝直接通到针尖，没有寄存容量。有存液注射器的芯子直接通进玻璃管，隔着玻璃可以看到吸取的液体，液体中有无气泡可以清楚看到。无存液注射器、芯子和玻璃管之间有一不锈钢套，不能从外面看到吸取的液体，吸取的液体中有无气泡看不见。微量注射器使用时应该注意以下几点：

（1）它是易碎器械，使用时应该多加小心。不用时要放入盒内，不要来回空抽，特别是在未干情况下来回拉动，否则会严重磨损，破坏其气密性。

（2）当试样中高沸点样品沾污注射器时，一般可以用下述溶液依次清洗：5%氢氧化钠水溶液，蒸馏水，丙酮，氯仿，最后抽干，不宜使用强碱溶液洗涤。

（3）有存液注射器如果针头堵塞，应该用直径为 0.5 mm 细钢丝耐心地穿通。不能用火烧，防止针尖退火而失去穿刺能力。

（4）若不慎将注射器芯子全部拉出，应该根据其结构小心装配，特别是无存液注射器，不可强行推回。

（5）微量注射器刻度上方鸽子图案为安全提示标志，拉动注射器芯子时不要超过此标志，以免将芯子拉出。

2）进样操作步骤

用微量注射器进液体样品分为三步：①洗针。用少量试样溶液将注射器润洗几次，润洗液排入另一废液瓶中。②取样。将注射器针头插入试样液面以下，慢慢提升芯子并稍多于需要量。如注射器内有气泡，则将针头朝上，使气泡排出，再将过量试样排出。用吸水纸擦拭针头外所沾试液，注意勿擦针头的尖，以免将针头内试液吸出。③进样。取好样后应该立即进样。进样时注射器应该与进样样口垂直，一手拿注射器，另一只手扶住针头，帮助进样，以防针头弯曲。针头穿过硅橡胶垫圈，将针头插到底，紧接着迅速注入试样。注入试样的同时，按下秒表开关（使用记录仪时），或按下起始键（使用色谱数据处理机时），或按下手动图谱采集开关（使用色谱工作站时）。切忌针头插进后停留而不马上推入试样。推针完后马上将注射器拔出。整个进样动作要稳当、连贯、迅速。针头在进样器中的位置、插入速度、停留时间和拔出速度都会影响进样重现性，操作中应予以注意。

实验 38 热导池检测器灵敏度的测定

一、实验目的

（1）了解 GC-4004 型气相色谱仪的结构并熟悉仪器操作方法。

（2）巩固热导池检测器灵敏度的概念及测定方法。

二、实验原理

所谓检测器的灵敏度，就是一定量的物质通过检测器时所给出的信号大小。信号越大，说明检测器的灵敏度越高。热导池检测器属于浓度型检测器，即给出的信号的大小与物质在载气中的浓度有关，因此热导池检测器灵敏度的定义是：单位体积载气中含有单位质量样品时所产生的应答信号，mV/(mg · mL)。

本实验以纯苯为标准样品，根据苯的进样量和色谱峰的面积，通过灵敏度的计算公式，即可求得热导池检测器灵敏度。

三、仪器与试剂

仪器：GC-4004 型气相色谱仪（北京东西电子研究所），热导池检测器。

微量注射器：1 μL 1 支。

色谱柱：不锈钢螺旋柱，柱长 2 m，内径 3 mm。

固定相：GDX-102，40～60 目。

各室温度：色谱柱恒温箱 165℃；检测器 170℃；汽化室 165℃；转化温度 120℃；保护温度 200℃。

载气氢气；柱前压 0.3 MPa；稳流阀 0.02 MPa（柱温时升至0.03 MPa），流速 30 mL/min。

记录仪：满量程，u_2＝10 mV/25 cm；纸速 u_1＝1 cm/min。

SSC-962 色谱数据处理机。

衰减：7 挡（衰减 $2^{7-1}=2^6=64$ 倍）。

桥温：200℃。

苯（AR）。

四、实验步骤

1. 开载气及载气流速的测量

（1）将载气钢瓶上就减压阀的手柄逆时针方向旋松，开启钢瓶（逆时针旋转），顺时针旋转手柄将分压表输出压力调至 0.35 MPa。

（2）调节色谱仪上稳压阀使压力表的压力为 0.30 MPa（柱前压）。

（3）调节两路载气的稳流阀使压力表的压力为 0.02 MPa。

（4）将皂膜流量计接到热导池检测器出口上，测定载气右路的流速，单位为 mL/min，测两次取平均值，记下当时室温 T℃。

2. 开机、设定温度和恒温

（1）打开色谱仪的开关，指示灯亮，“编程”灯亮。

（2）按“编程”键，使仪器进入编程状态。

（3）色谱柱恒温箱温度的设定。此时，“阶数”灯亮，显示器窗口显示“0”；按“输入”键，“阶数”灯灭，“柱箱”灯亮，显示器窗口显示一数据，为上一次使用温度；按“清除”键，显示器窗口数据消失。通过按数字键，输入本次实验所需温度 165℃，显示器窗口显示新设定温度。再按输入键。

（4）其他各室温度的设定。按照色谱柱恒温箱温度的设定法，设定“热导”、“汽化”、“转化”、“保护”四个室的温度，分别为 170℃、165℃、120℃、200℃。

（5）按“运行”键，“就绪”灯亮。

（6）继续按“运行”键，“就绪”灯灭，“热导”、“氢焰”灯亮，编程结束仪器进入运行状态，各室温度开始上升，直到设定温度并达到恒温。

（7）不时按下 TC 键、TD 键、T1 键、T2 键，分别查看柱箱、热导池检测器、汽化室、转化室温度，显示器窗口显示的温度为当时运行的温度。

注意：本仪器关机后仍然有记忆功能，所设各参数均保留。再次开机时，打开仪器开关后只需按一下“总清”键，再按两次“运行”键，便可以按上次设定温度进行，无需重新编程。

3. 调整检测器和记录系统

（1）等到各室温度达到设定温度后，色谱仪上“衰减”放到 9 挡，“桥温”设定为 200℃（一般桥温比热导池检测器温度高 30℃），打开桥温开关。注意：打开桥温开关以前，一定保证载气畅通，否则，会将热导池检测器烧毁。

（2）打开记录仪开关，用“热导调零”钮将记录仪调至 0，记录仪纸速放到 1 cm/min 挡。

（3）将衰减放到 7 挡，重新调好记录仪零点，打开记录仪走纸开关，基线稳定后便可进样。

如果用 SSC-962 色谱数据处理机（以下简称处理机）作记录系统，操作方法如下：

（1）色谱仪稳定后，打开处理机开关，“准备”灯亮，预热数分钟。

（2）使处理机上的“键开关”晶灯处于灭的状态（按一下“键开关”灯亮，

再按一下，灯灭)。

(3) 按处理机上的“记录”键，开始走基线。

(4) 按处理机上的“衰减”键，再按数字“3”，再按“置入”键。此时，处理机满标量程为 2^3 mV=8 mV。

(5) 按处理机上的“移下”键，再按“输入电平”键，处理机打出电平数据，单位为 μV，通过调色谱仪上的“热导调零”钮，使电平接近 0，一般小于 50 μV。

(6) 按处理机上的“最小面积”键，再按数字 500，再按“置入”键，这样，峰面积小于 500 μV · s 的峰不再考虑。

(7) 按处理机上的“斜率测试”键，开始进行斜率测试，并打出测试结果。

4. 进样

(1) 用 1 μL 微量注射器注入 0.5 μL 苯于汽化室右进样口，记录仪开始记录色谱图。

(2) 如果用色谱数据处理机记录并处理数据，则进样同时按下处理机上的“起始”键。这时，“分析”灯亮，处理机打印起始标志，并绘制色谱图，打出峰的保留时间。

(3) 等峰出完后，“峰”灯灭，按处理机上的“停止”键，“计算”灯亮，处理机打印出结果，包括保留时间、浓度、峰面积等。

五、实验数据及结果

(1) 依下式算出载气柱后真实流速。

$$F_{co} = F'_{co}(p_o - p_w)/p_o$$

式中：F'_{co}为皂膜流量计测出的载气柱后流速 (mL/min)；p_o 为柱后压力，即室内大气压 (mmHg)；p_w 为测量时（室温下）水的饱和蒸气压 (mmHg)。(表 11-1)

表 11-1　不同温度下水的饱和蒸气压

温度/℃	饱和蒸气压/mmHg	温度/℃	饱和蒸气压/mmHg
6	7.013	15	12.788
7	7.513	16	13.634
8	8.045	17	14.530
9	8.609	18	15.477
10	9.209	19	16.477
11	9.844	20	17.535
12	10.518	21	18.650
13	11.231	22	19.827
14	11.987	23	21.068

续表

温度/℃	饱和蒸气压/mmHg	温度/℃	饱和蒸气压/mmHg
24	22.377	30	31.824
25	23.756	31	33.695
26	25.209	32	35.663
27	26.739	33	37.729
28	28.349	34	39.898
29	30.043	35	42.175

注：1 mmHg=1.333 22×10^2 Pa，下同。

（2）进样量 m 的计算：

$$m = 0.5 \times 10^{-3} \times d \times 10^{3} = 0.5\,d(\mathrm{mg})$$

式中：d 为室温 T℃时苯的相对密度，$d=d_0-1.0636\times10^{-3}\ t$；$d_0$ 为 0℃时苯的相对密度，$d_0=0.9001$ g/mL。

（3）依下式计算热导池检测器的灵敏度 S：

$$S = u_2 F_{co} AK / mu_1$$

式中：A 为苯的峰面积，$A=1.065hw_{1/2}$；h 为峰高（cm）；$w_{1/2}$ 为半峰宽（cm）；K 为衰减倍数，$K=64$；m 为苯的进样量（mg）；u_2 为记录仪灵敏度，$u_2=10$ mV/25 cm；u_1 为记录仪纸速，$u_1=1$ cm/min；F_{co} 为载气柱后真实流速（mL/min）。

（4）如果使用色谱数据处理机，用下式计算热导池检测器的灵敏度 S：

$$S = AKF_{co}/m$$

式中：$A=A_0/60\,000$，A_0 为色谱数据处理机得到的峰面积 m 进样量（mg）。

六、注意事项

（1）使用热导池检测器时，加桥温以前，一定保证载气畅通，否则，由于电热丝发出的热量无法带走，使电热丝温度过高而将电热丝烧断。

（2）进样品苯时，进样体积一定要准确。

七、思考题

（1）热导池检测器的灵敏度与所用载气的性质有关吗？用氢气作载气与用氮气作载气哪一个灵敏度高？

（2）热导池检测器的灵敏度与桥电流（或桥温）有什么关系？是否桥电流（或桥温）越高越好？

实验 39　色谱柱有效理论塔板数的测定

一、实验目的

（1）了解气相色谱仪的结构和使用方法。

(2) 掌握 SP-2100 型气相色谱仪及热导池检测器的使用方法。

(3) 学习掌握色谱柱有效理论塔板数的测定方法。

二、实验原理

气相色谱法是把多组分样品中各组分的分离和测定相结合的分析技术，色谱柱是气相色谱仪的分离系统，不同的色谱柱具有不同的分离能力，衡量一根色谱柱分离能力的指标是有效理论塔板数。它的测定方法是：当色谱仪基线稳定后，用微量注射器注入一定体积的某种纯物质（本实验用分析纯的苯），测出它的保留时间 t_r 和死时间 t_r^0（热导池检测器一般用空气的保留时间作为死时间），并测出该物质的半峰宽 $W_{1/2}$，用下式计算色谱柱的有效理论塔板数：

$$N_{有效} = 5.54[(t_r - t_r^0)/W_{1/2}]^2$$

式中：t_r 为苯的保留时间；t_r^0 为空气的保留时间（死时间）；$W_{1/2}$ 为苯的半峰宽。

三、仪器与试剂

SP-2100 型气相色谱仪；热导池检测器。

量注射器 1 μL 1 支。

色谱柱：不锈钢螺旋柱，柱长 2 m，内径 2 mm。

固定相：GDX-102，40～60 目。

色谱条件：

(1) 载气氢气，流速 30 mL/min。

(2) 各室温度：柱箱 155℃，进样口 160℃，检测器 180℃。

(3) 热导池检测器条件：热丝温度 250℃，放大 10，极性正。

苯（分析纯）。

四、实验步骤

1. 开载气

将氢气钢瓶上的减压阀的手柄逆时针方向旋松，打开钢瓶节门，将减压阀的手柄顺时针方向旋转，调节分压表为 0.4 MPa，这时 Ⅰ 路载气压力表为 0.8 MPa，流速为 30 mL/min。不需再调。

2. 开机，设定温度和恒温

(1) 打开色谱仪开关（仪器背面）。

(2) 按“状态/设定”按钮，使仪器处于“设定”（方框下面开口）。

(3) 按←或→钮，将光标找到“柱温”一项，按↑或↓钮，调节柱温为

155℃，再用←或→钮选项，↑或↓钮调节，使“进样口”为 160℃，TCD 为 180℃，FID 关。

（4）按“状态/设定”按钮，使仪器处于“状态”（方框下面开口）。仪器开始升温，未达到恒温前，仪器屏幕上显示“未就绪”，达到恒温后，显示“就绪”。

3. 调整检测器

（1）仪器达到恒温后，按←或→钮，将光标找到 TCD，按↑或↓钮，调节热丝温度为 250℃，放大为 10，极性为正。

（2）按“状态/设定”按钮，使仪器处于“状态”。

4. 进样

（1）打开计算机开关，双击“BF2002 色谱工作站（中）”，弹出图谱参数表，检查下列参数：通道为 A，采集时间 20 min，满屏时间 20 min，满标量程 100 mV，起始峰宽水平 3。

（2）单击“图谱采集”命令（绿色），出现坐标，开始走基线。

（3）开始时，基线不稳定，漂移比较严重，过一段时间后，基线趋于稳定。用调零粗调旋钮和调零细调按钮，将输出信号调节到接近于 0。

（4）进样。

单击“手动停止”命令（红色），基线停止走动。用微量注射器进 0.3 μL 苯于前边进样口，同时按下手动图谱采集开关。开始出峰，出峰顺序：第一个小峰是空气，后面有一较大的峰是苯，空气峰与苯峰之间有某些小的杂质峰（如水峰等），等所有的峰都出完后（每个峰出完后，在该峰峰尖上会自动打上该峰的保留时间，等最后一个峰的保留时间打上后才算峰出完），单击“手动停止”命令（红色），基线停止走动。

五、实验数据及结果

（1）单击“定量组分”，弹出表的内容，如果表中有数据，单击“清表”，使表中内容为空白。

（2）用鼠标箭头从色谱峰内部指向空气峰峰尖处，按下鼠标右键，单击对话框中“自动填写定量组分表中套峰时间”命令，这时，空气的套峰时间自动填写到定量组分表中（套峰时间接近空气的保留时间，但并不相等），然后将苯的套峰时间填写到定量组分表中，或者从键盘上敲入这两个峰的保留时间作为套峰时间。

（3）填写组分名称，依次将这两个峰的名称填写到“组分名称”栏中。

（4）单击“定量方法”，选择方法为“校正归一”，定量依据为“峰面积”。

(5) 单击“定量计算”命令。

(6) 单击“定量结果”，这时表中个项计算结果均已列出。

(7) 单击“当前表存档”，单击对话框中的“确定”。

(8) 单击“分析报告”，出现报告表。在“报告头”中打上中文“气相色谱实验柱有效理论塔板数的测定”，“报告尾”中打上实验者的中文姓名、学号、班级。

(9) 打开打印机开关，单击“打印报告”命令，显示出要打印的内容，包括色谱图和结果表，检查是否有错误，将结果表修饰后，单击“打印”命令，打印出实验结果。

六、注意事项

使用氢气作载气时，一定要将载气出口处的氢气用塑料管排到室外，以免放到室内发生危险。

七、思考题

(1) 气相色谱仪由哪几大部分组成？使用气相色谱仪分哪几个大的步骤？

(2) 计算有效理论塔板数时应注意什么问题？

(3) 使用微量注射器进样时应注意什么问题？

实验 40　丁醇异构体及杂质的分离和测定

一、实验目的

(1) 了解气相色谱仪的结构。

(2) 掌握 SP-2100 型气相色谱仪及热导池检测器的使用方法。

(3) 学习掌握峰面积归一化定量法。

二、实验原理

丁醇是重要的工业原料，含有杂质和沸点相近的异构体，用普通蒸馏法和一般的化学方法很难分离。用气相色谱法不仅很容易将它们分离，而且可以同时进行定量测定。

本实验采用峰面积归一化定量法。样品色谱图中每一个组分的峰的峰面积乘以该组分的相对校正因子得该组分的量，将各组分的量加和即得各组分量的总和，用某一组分的量除以各组分量的总和，再乘以百分之百，便得该组分的百分含量。相对校正因子有两种表示方法：质量相对校正因子和摩尔相对校正因子。用质量相对校正因子得质量分数，用摩尔相对校正因子得摩尔分数，本实验采用质量相对校正因子，得质量分数，其计算公式如下：

$$i\% = 100A_i f_i \Big/ \sum A_i f_i$$

式中：A 为峰面积；f 为质量相对校正因子。

三、仪器与试剂

SP-2100 型气相色谱仪；热导池检测器。

微量注射器 5 μL 1 支。

色谱柱：不锈钢螺旋柱，柱长 2 m，内径 2 mm。

固定相：GDX-102，40～60 目。

色谱条件：

(1) 载气氢气，流速 30 mL/min。

(2) 各室温度：柱箱 155℃，进样口 160℃，检测器 180℃。

(3) 热导池检测器条件：热丝温度 250℃，放大 10，极性正。

丁醇样品。

四、实验步骤

1. 开载气

将氢气钢瓶上的减压阀的手柄逆时针方向旋松，打开钢瓶节门，将减压阀的手柄顺时针方向旋转，调节分压表为 0.4 MPa，这时 Ⅰ 路载气压力表为 0.08 MPa，流速为 30 mL/min。不需要再调。

2. 开机，设定温度和恒温

(1) 打开色谱仪开关（仪器背面）。

(2) 按“状态/设定”按钮，使仪器处于“设定”(方框下面开口)。

(3) 按←或→钮，将光标找到“柱温”一项，按↑或↓钮，调节柱温为 155℃，再用←或→钮选项，用↑或↓钮调节，使“进样口”为 160℃，TCD 为 180℃，FID 关。

(4) 按“状态/设定”按钮，使仪器处于“状态”（方框下面开口)。仪器开始升温，未达到恒温前，仪器屏幕上显示“未就绪”，达到恒温后，显示“就绪”。

3. 调整检测器

(1) 当仪器达到恒温后，按“状态/设定”钮，试仪器处于设定，按←或→钮，将光标找到 TCD，按↑或↓钮，调节热丝温度为 250℃，放大为 10，极性为正。

（2）按“状态/设定”按钮，使仪器处于“状态”。

4. 进样和数据处理

（1）开计算机开关，双击“BF2002 色谱工作站（中）”，弹出图谱参数表，检查下列参数：通道为 A，采集时间 20 min，满屏时间 20 min，满标量程 800 mV，起始峰宽水平 3。

（2）单击“图谱采集”命令（绿色），出现坐标，开始走基线。

（3）开始时，基线不稳定，漂移比较严重，过一段时间后，基线趋于稳定。用调零粗调旋钮和调零细调按钮，将输出信号调节到接近于零。

（4）进样。

单击“手动停止”命令（红色），基线停止走动。用微量注射器进 1.5 μL 丁醇样品于前边进样口，同时按下手动图谱采集开关。开始出峰，出峰顺序：水，乙醇，异丙醇，叔丁醇，仲丁醇，正丁醇（水峰之前有一很小的空气峰）。

（5）等所有的峰都出完后（每个峰出完后，在该峰峰尖上会自动打上该峰的保留时间，等最后一个峰的保留时间打上后才算峰出完），单击“手动停止”命令（红色），基线停止走动。

五、实验数据及结果

（1）单击“定量组分”，弹出表的内容，如果表中有数据，单击“清表”，使表中内容为空白。

（2）用鼠标箭头从色谱峰内部指向水峰峰尖处，按下鼠标右键，单击对话框中“自动填写定量组分表中套峰时间”命令，这时，水的套峰时间自动填写到定量组分表中（套峰时间接近水的保留时间，但并不相等）依次将乙醇、异丙醇、叔丁醇、仲丁醇、正丁醇的套峰时间填写到定量组分表中，或者从键盘上敲入六个峰的保留时间作为套峰时间。

（3）填写组分名称，依次将六个峰的名称填写到“组分名称”栏中，并在“校正因子”栏中填写它们的相对质量校正因子 f，六个组分的相对质量校正因子分别为：水 0.55，乙醇，0.64，异丙醇 0.71，叔丁醇 0.77，仲丁醇 0.76，正丁醇 0.78。

（4）单击“定量方法”，选择方法为“校正归一”，定量依据为“峰面积”。

（5）单击“定量计算”命令。

（6）单击“定量结果”，这时表中各项计算结果均已列出。

（7）单击“当前表存档”，单击对话框中的“确定”。

（8）单击“分析报告”，出现报告表。在“报告头”中填写中文“实验 14

丁醇异构体及杂质的分离和测定”，“报告尾”中填写实验者的中文姓名，学号，班级。

（9）打印机开关，单击“打印报告”命令，显示出要打印的内容，包括色谱图和结果表，检查是否有错误，将结果表稍修饰后，再单击“打印”命令，打印出实验结果。

六、注意事项

峰面积归一化定量法，进样量不太准确不影响结果准确性，但不能相差太多，以免影响色谱峰的分离度。

七、思考题

（1）开启载气钢瓶正确使用步骤是什么？

（2）使用峰面积归一化定量法为什么要使用校正因子？

（3）峰面积归一化定量法有什么优缺点？

实验 41　氢火焰离子化检测器检测限的测定

一、实验目的

（1）了解气相色谱仪氢火焰离子化检测器的工作原理和检测限的测定方法。

（2）了解 GC-400A 型气相色谱仪的结构及使用方法。

二、实验原理

氢火焰离子化检测器的工作原理：由色谱柱流出载气流和组分经过氢气燃烧时的火焰时，所含有的有机物组分被燃烧而离子化，产生一定量的正、负离子，在电场作用下，正、负离子被相应的电极所收集，产生微弱电流，经放大器放大后，由记录装置记录下来。它是一种质量型检测器，其信号与单位时间内进入检测器的组分的质量成正比。其检测限的定义为：色谱峰讯号两倍于检测器噪音时，单位时间进入检测器的某物质的质量，单位为 g/s，以 D 表示为

$$D = 2R_N/S$$

式中：R_N 为噪声（mV）；S 为检测器灵敏度［mV/(g·s)］。

本实验以苯为标准，测定氢火焰离子化检测器的检测限。

三、仪器与试剂

仪器 GC-400A 型气相色谱仪（北京东西电子研究所）；氢火焰离子化检测器。

微量注射器：1 μL 1 支。

色谱柱：不锈钢螺旋柱，柱长 1 m，内径 3 mm（厂家提供）。

载气：高纯氮，柱前压 0.3 MPa，B 路稳流阀表压 0.03 MPa（室温下，柱温下升至 0.05 MPa），流速约 30 mL/min。

燃气：氢气，稳流阀表压 0.10 MPa，流速约 30 mL/min。

助燃气：空气，稳流阀表压 0.2 MPa，针形阀逆时针旋转 3～4 圈，流速约 300 mL/min。

温度：色谱柱恒温箱 100℃，汽化室 150℃，检测器 150℃，保护温度 180℃，转化温度 120℃。

记录仪：满标量程，10 mV/25 cm。

SSC-962 色谱数据处理机。

苯（分析纯）。

四、实验步骤

1. 开载气

（1）将载气钢瓶上减压阀的手柄逆时针方向旋松，开启钢瓶（逆时针旋转），顺时针旋转手柄将分压表输出压力调至 0～40 MPa。

（2）将色谱仪上的稳压阀压力表调至 0.3 MPa。

（3）将 B 路稳流阀压力表调至 0.02 MPa。

2. 开机、设定温度和恒温

（1）打开色谱仪的开关，指示灯亮，“编程”灯亮。

（2）按“编程”键，使仪器进入编程状态。

（3）色谱柱恒温箱温度的设定。此时，“阶数”灯亮，显示器窗口显示“0”，按“输入”键“阶数”灯灭，“柱箱”灯显示器窗口显示一数据，为上一次使用温度。按“清除”键，显示器窗口数据消失。通过按数字键，输入本次实验所需温度 100℃，显示器窗口显示新设定温度，按“输入”键。

（4）其他各室温度的设定：按照色谱柱恒温箱温度的设定法，设定“热导”、“汽化”（“控 1”灯），“氢焰”（“控 2”灯），“保护”四个室的温度，分别为 120℃、150℃、150℃和 180℃。

（5）按“运行”键，“就绪”灯亮。

（6）再按一下“运行”键，“就绪”灯灭，“热导”、“氢焰”灯亮，编程结束，仪器进入运行状态，各室温度开始上升，直到设定温度并达到恒温。

（7）不时按下 TC 键、TD 键、T1 键、T2 键，分别查看柱箱、热导池检测器、汽化室、检测室温度，显示器窗口显示的温度为当时运行的温度。

注：本仪器关机后仍有记忆功能，所设各参数均保留。再次开机时，打开开关后，只需要按一下“总清”键，再按两次“运行”键，便可以按上次设定温度进行，无需重新编程。

3. 调整检测器、色谱数据处理机和记录仪

（1）开空气。各室温度升至设定温度且平衡后，打开空气钢瓶（开法与开载气钢瓶相同），钢瓶上分压表调节为 0.3 MPa，色谱仪上稳流阀压力调至 0.3 MPa，针形阀顺时针旋转到头后，逆时针旋转 3～4 圈。

（2）开氢气。打开氢气钢瓶，钢瓶上分压表调节为 0.15 MPa，色谱仪上稳流阀压力调节为 0.10 MPa。

（3）点火。将 FID 灵敏度调至“低”挡，“衰减”调至 9 挡，按下“点火”按钮数秒钟，听到“噗”的一声，表明火以点着。用一小块干净的玻璃片放到氢火焰检测器上方，看有无水蒸气，以判断氢气是否点着。

（4）点火数分钟后，将 FID 灵敏度调至“高”挡，衰减调至 1 挡。

（5）打开记录仪开关，用色谱仪上 FID“调零”钮将记录仪指针调为零，打开走纸开关，将纸速放在 1 cm/min 挡，走基线。

（6）基线稳定后，选取一段基线，测量噪声值（mV）。

（7）打开色谱数据处理机（以下简称处理机）开关，“准备”灯亮，预热几分钟。

（8）按使处理机上的“键开关”使晶灯处于灭的状态（按一下“键开关灯亮，再一下，灯灭）。

（9）按处理机上的“记录”键，开始走基线。

（10）按处理机上的“衰减”键，再按数字“3”，再按“置入”键。此时，处理机满标量程为 2^3 mV＝8 mV。

（11）按处理机上的“斜率测试”键，开始进行斜率测试，并打出测试结果。

4. 进样

（1）记下当时室温 T。

（2）将色谱仪上衰减调至 9 挡。

（3）将记录仪纸速放在 5 cm/min 挡上。

（4）用 1 μL 微量注射器从后面进样口进饱和苯蒸气 0.5 μL（注意：取饱和苯蒸气时，注射器针头切勿接触到液态苯），同时按下处理机上的“起始”键，打开记录仪的走纸开关。

（5）处理机上的“分析”灯亮，打印分析开始标志，记录色谱图，当苯峰出

现时，“上升”灯亮，接着，“峰”灯亮。峰下降时，“下降”灯亮。峰尖过后，打印出保留时间。

（6）峰出完后，关闭记录仪的走纸开关。

（7）处理机上“峰”灯灭后，按“停止”键，开始打印，峰面积（AREA）单位为 μV · s。

五、实验数据及结果

（1）按下式计算监测器检测限 D：

$$D = 1000 \times 2R_N \cdot m/A \cdot K$$

式中：R_N 为噪声值（mv），从记录仪基线测得；m 为进样量（g），从附表上查得当室温下 0.5 μL 饱和苯蒸气的质量；A 为峰面积（μV · s），从处理机得到；K 为衰减倍数，$K=2^{(\text{衰减挡数}-1)}=2^{(9-1)}=2^8=256$。

（2）也可以通过从记录仪上得到得色谱图用下式计算；

$$D = 2R_N \cdot m \cdot u_1/60u_2 \cdot 1.065 \cdot h \cdot w_{1/2} \cdot K$$

式中：R_N，m，K 与上式同；u_1 为记录仪纸速（5 cm/min）；u_2 为记录仪灵敏度（10 mV/25 cm）；m 为峰高（cm）；$W_{1/2}$ 为半峰宽（cm）。

六、注意事项

进苯蒸气时，注射器针尖距液体苯液面距离一定要合适，盛苯溶液的容器放置要稳，切勿将液体苯溅到针头上。

七、思考题

（1）简述氢火焰离子化检测器的工作原理。

（2）氢火焰离子化检测器有什么特点？

实验 42　校正因子的测定

一、实验目的

（1）掌握校正因子的测定方法。

（2）掌握 SP-2100 型气相色谱仪及氢火焰离子化检测器的使用方法。

二、实验原理

以异辛烷为溶剂，配制一定浓度的十四碳烷、十五碳烷和十六碳烷的标准溶液。进样后，色谱图上得到溶剂和十四碳烷、十五碳烷、十六碳烷的色谱峰。根据十四碳烷、十五碳烷、十六碳烷的色谱峰峰面积和它们浓度，以十四碳烷为内标，求得各组分的相对校正因子。

三、仪器与试剂

仪器 SP-2100 型气相色谱仪（北京分析仪器厂）；氢火焰离子化器检测器。

色谱柱 SE-30，柱长 1 m，内径 2 mm（厂家提供器）。

微量注射器 1 μL 1 支。

色谱条件：

（1）载气：氮气，流速 30 mL/min。

（2）燃气：氢气，流速 30 mL/min。

（3）助燃气：空气，流速 300 mL/min。

（4）各室温度：色谱柱温 140℃，进样口 200℃，检测器 250℃。

异辛烷、十四碳烷、十五碳烷、十六碳烷（分析纯）；十四碳烷、十五碳烷、十六碳烷的标准溶液。

四、实验步骤

1. 开载气

打开载气钢瓶（方法见实验 39），调节分表压力为 0.4 MPa，流速已调好，不需要再调。

2. 开机，设定温度和恒温

（1）打开色谱仪电源开关（仪器背面）。

（2）按“状态/设定”按钮，使仪器处于“设定”（方框下面开口）。

（3）按←或→钮，选项，将光标找到“柱温”一项，按↑或↓钮，调节柱温为 140℃。再用←或→钮选项，用↑或↓钮调节，使 FID 为 250℃，进样器为 200℃，量程为 100，TCD 关。

（4）按“状态/设定”按钮，使仪器处于“状态”（方框下面开口），仪器开始升温。

3. 调整检测器

（1）等各室温度接近设定值后，打开氢气钢瓶和空气钢瓶（方法与开载气相同），调节分表压力为 0.4 MPa，流速已调好，不需要再调。

（2）点火。等各室温度升到设定值后，仪器显示“就绪”。按点火按钮，听到“噗”的一声，表明氢气已点燃，可以用一干净小玻璃片置于氢火焰检测器上方，看玻璃片上有无水蒸气，判断氢气是否点燃。

(3) 调零。按调零钮，使输出信号接近于0。

4. 进样

(1) 打开计算机开关（顶部），双击“BF2002色谱工作站（中）”，弹出图谱参数，检查下列参数：通道为A，采集时间15 min，满屏时间20 min，满标量程100 mV，起始峰宽水平12。

(2) 单击“图谱采集”命令（绿色），出现坐标，开始走基线。

(3) 进样。等基线稳定后，单击“手动停止”命令（红色），用微量注射器进0.5 μL标准溶液于后进样口，同时按下手动图谱采集开关，开始出峰。出峰顺序：溶剂、十四碳烷、十五碳烷、十六碳烷。

(4) 等到所有峰都出完后，单击“手动停止”命令（红色），基线停止走动。

五、实验数据及结果

(1) 单击“定量组分”，弹出表的内容，如果表中有数据，单击“清表”，使表中内容为空白。

(2) 用鼠标箭头从色谱峰内部指向十四碳烷峰峰尖处，按下鼠标右键，单击对话框中“自动填写定量组分表中套峰时间”命令，这时套峰时间自动填写到定量组分表中，依次将十五碳烷、十六碳烷的套峰时间填写到定量组分表中。或者从键盘上敲入三个峰的保留时间。

(3) 填写组分名称：三个峰依次为C_{14}、C_{15}、C_{16}并填写各自的浓度。确定C_{14}为内标物。

(4) 单击“定量方法”，选择方法为“计算校正因子”，定量依据为“峰面积”。

(5) 单击“定量计算”命令。

(6) 单击“定量结果”，这时表中各项计算结果均已列出。

(7) 单击“当前表存档”，单击对话框中的“确定”。

(8) 单击“图谱参数”，再次进样。

(9) 单击“取平均结果”，即可得到两次平均结果。

(10) 单击“分析报告”，出现报告表。在“报告头”中填写中文字“实验15 校正因子的测定”，在“报告尾”中填写实验者的中文姓名、学号和班级。

(11) 打开打印机开关，单击“打印报告”命令，显示出要打印的内容，检查是否有错误，再单击“打印”命令，打印出报告表。

六、注意事项

(1) 测定校正因子时，进样体积不必十分准确，但也不能相差太多。

（2）进样后，发现进样有错误（如进样体积、信号采集），需要重做，必须等错误进样的色谱峰全部出完后方可重新进样，否则，两次进样的峰会交混在一起。

七、思考题

（1）校正因子在气相色谱法定量计算中有何重要意义？

（2）什么是绝对校正因子？什么是相对校正因子？

（3）使用氢火焰离子化器检测器时，载气氢气和空气的最佳比例是多少？

实验 43　十四碳烷中十五碳烷的内标法测定

一、实验目的

（1）掌握内标定量法。

（2）掌握 SP-2100 型气相色谱仪的使用方法。

二、实验原理

十四碳烷中含有十五碳烷，可以用内标法测定十五碳烷的含量。称取样品，加入一定量的十六碳烷为内标物，计算出内标物的浓度。以异辛烷为稀释剂，进样，得到色谱图。根据内标物的浓度和峰面积以及十五碳烷、十六碳烷的校正因子和峰面积，可以用内标法计算出十五碳烷的含量。

三、仪器与试剂

仪器 SP-2100 型气相色谱仪（北京分析仪器厂）；氢火焰离子化检测器。

色谱柱 SE-30，柱长 1 m，内径 2 mm（厂家提供）。

微量注射器 1 μL 1 支。

色谱条件：

（1）载气：氮气，流速 30 mL/min。

（2）燃气：氢气，流速 30 mL/min。

（3）助燃气：空气，流速 300 mL/min。

（4）各室温度：色谱柱温 140℃，进样口 200℃，检测器 250℃。

十六碳烷（内标物）；样品（含十五碳烷的十四碳烷）；异辛烷（稀释剂）。

四、实验步骤

1. 开载气

首先打开载气钢瓶，然后调节分压表压力为 0.4 MPa，流速已调好，不需要再调。

2. 开机、设定温度和恒温

(1) 打开色谱仪电源开关（仪器背面）。

(2) 按“状态/设定”按钮，使仪器处于“设定”(上缘高出，下缘空出)。

(3) 按←或→按钮选项，找到“柱温”一项，按↑或↓钮调节，使柱温为140℃。再用←或→按钮选项，用↑或↓钮调节，使FID为250℃，进样口为200℃，满标量程为100 mV，TCD关。

(4) 按“状态/设定”按钮，使仪器处于“状态”（上缘高出，下缘空出)。仪器开始升温。

3. 调整检测器

(1) 等各室温度接近设定值后，打开氢气钢瓶、空气钢瓶（方法与开载气同)，调节分压表压力为0.4 MPa，流速已调好，不需要再调。

(2) 点火：等各室温度升到设定值后，仪器显示“就绪”。按“点火”按钮，听到“噗”的一声，表明氢气已经点燃。可用一干净小玻璃片置于氢火焰检测器上方，看玻璃片有无水蒸气，以判断氢气是否点燃。

(3) 调零：按“调零”钮，使输出信号接近于0。

4. 进样

(1) 取一干净小锥形瓶，称其质量。用滴管取样品10滴放到此锥形瓶中，称出样品质量。再用另一滴管取内标物十六碳烷1滴加入样品中，再称内标物质量，计算出内标物在样品中的浓度。加异辛烷20滴稀释样品，摇匀。

(2) 打开计算机开关（顶部)，双击“BF2002色谱工作站（中)”，弹出“图谱参数表”，检查下列参数：采集时间15 min，满标量程100 mV，满屏时间20 min，起始峰宽水平12。

(3) 单击“图谱采集”命令（绿色)，出现坐标，开始走基线。

(4) 进样：等基线稳定后，单击“手动停止”命令（红色)，用1 μL微量注射器进0.5 μL样品于后进样口，同时按“手动图谱采集”，开始出峰。出峰顺序：溶剂、十四碳烷、十五碳烷、十六碳烷。

(5) 等所有的峰都出完后，单击“手动停止”命令（红色)，基线停止走动。

五、实验数据及结果

(1) 单击“定量组分表”，弹出表的内容，如果表中有数据。单击“清表”，使表中内容为空白。

（2）用鼠标箭头从色谱峰内部指向十五碳烷峰峰尖处，按下鼠标右键，单击对话框中“自动填写定量组分表中套峰时间”命令，这时，出峰时间自动填写到定量组分表中，用同样方法将十六碳烷的出峰时间填写到定量组分表中。或者用键盘敲入两个峰的保留时间。

（3）填写组分名称：两个峰分别填 C_{15} 和 C_{16}，并填上十五碳烷的校正因子（0.9765）和十六碳烷的浓度、十六碳烷的校正因子（1.285），确定 C_{16} 为内标物。

（4）单击“定量方法表”，选择方法为“单点校正”，定量依据为“峰面积”。

（5）单击“定量计算”命令。

（6）单击“定量结果表”，这时表中列出十五碳烷的浓度。

（7）单击“当前表存档”，单击对话框中的“确定”。

（8）单击“图谱参数表”，重复步骤 3～11，再次进样。

（9）单击“取平均结果”，即可得到两次平均结果。

（10）单击“分析报告”表，弹出报告表，在“报告头”中填写中文字“十四碳烷中十五碳烷的内标法测定”，在“报告尾”中填写实验者的姓名、学号和班级。

（11）打开打印机开关（背部），单击“打印报告”命令，显示出要打印的内容，检查是否有错误，再单击“打印”命令，打印出报告表。

六、注意事项

样品处理时，称取样品和内标物（十六碳烷）后，计算内标物浓度时，是用内标物的质量除以样品的质量，而不是用内标的质量除以样品的质量加上内标物的质量。

七、思考题

（1）内标法有什么优缺点？

（2）对内标物有什么要求？

参 考 文 献

吉林化学工业公司研究院．1980．气相色谱实用手册．北京：化学工业出版社

金文睿，魏继中，王新省等．1993．基础仪器分析．济南：山东大学出版社

南开大学化学系《仪器分析》编写组．1978．仪器分析（下册）．北京：人民教育出版社

孙传经．1979．气相色谱分析原理与技术．北京：化学工业出版社

第 12 章　高效液相色谱法

色谱分析是一种高效的分离分析方法。在色谱过程中，混合物中各组分由于物理和化学性质不同，因而不同程度地分配在互不相溶的两相中。在两相做相对运动时，各组分在两相中多次分配，使混合物得到分离。由于色谱法具有分析速度快、分离效率及自动化程度高的特点，已经成为化学、化工、生化、制药等与化学有关的科研、生产中应用非常广泛的分析手段。

高效液相色谱（high performance liquid chromatography，HPLC）是色谱法的重要组成部分。液相色谱分析以液体为流动相，样品在分析时不需被汽化，因此特别适用于分析高沸点及热不稳定的化合物，可以进行天然产物、生物大分子、高聚物及离子型化合物的分离，应用范围较气相色谱更加广泛。在液相色谱分析中，流动相也具有选择性分离的作用。因此，在确定了用于分离的固定相后，可以通过改变流动相的组成、调节选择性达到优化分离的目的。

12.1　基 本 原 理

12.1.1　液相色谱法的主要类型

自从液相色谱法问世以来，为了适应不同化合物分析的要求，液相色谱已经发展成为具有多种分离模式的分离方法。根据分离机理的不同，液相色谱法可以被分为吸附色谱、分配色谱、尺寸排阻色谱和离子交换色谱四种主要类型。

12.1.1.1　吸附色谱

吸附色谱（adsorption chromatography）是基于不同化合物在固定相上的吸附作用大小不同而进行分离的一种方式。常用的固定相为硅胶、氧化铝，流动相为非水有机溶剂。

12.1.1.2　分配色谱

分配色谱（partition chromatography）是利用不同化合物由于分子结构不同，而在固定相和流动相中的分配比不同而进行分离的一种方式。化学键合硅胶微球是使用最多的固定相。水-有机溶剂的混合溶液为常用的流动相。

12.1.1.3　尺寸排阻色谱

排阻色谱（size-exclusion chromatography）是利用分子大小的差异而进行分离的色谱方法。不同大小的分子扩散进入固定相孔中的程度不同，因而保留时间不同。尺寸排阻色谱常用于大分子的分离、相对分子质量及相对分子质量分布的测定。

12.1.1.4　离子交换色谱

离子交换色谱（ion chromatography）是基于固定相和溶质之间的静电作用力进行分离的色谱方法，用于分析离子型或能够形成离子的化合物。分析离子型的化合物的色谱法称为离子色谱法，将在第 13 章介绍。

另外，利用待测化合物与对离子形成离子对而进行分离的离子对色谱法（ion pair chromatography）；利用具有特异亲和力的色谱固定相进行分离的亲和色谱（affinity chromatography），利用手性固定相进行分离的手性色谱（chiral chromatography）也成为液相色谱的重要分离模式。

12.1.2　反相色谱法和正相色谱法

在液相色谱中，当流动相的极性大于固定相的极性时，常被称为反相色谱法（reversed phase chromatography），反之，称为正相色谱法（normal phase chromatography）。

12.1.3　液相色谱法的定性和定量方法

在色谱分析中，可以通过标准化合物保留时间对照法（在同一色谱条件下，标准物质与未知物质保留时间一致是这种定性方法的依据）或色谱-质谱联用进行组分进行定性。利用色谱响应信号（峰高或峰面积）与样品浓度的线性关系进行定量。定量方法主要有面积归一化、内标法和外标法。

12.2　仪器及使用方法

12.2.1　液相色谱仪的组成

液相色谱仪主要由流动相脱气装置、高压输液泵、进样阀、色谱柱、色谱柱温箱、检测器、记录仪或数据处理软件系统七部分组成。液相色谱仪主要装置（不包括柱温箱）如图 12-1 所示。

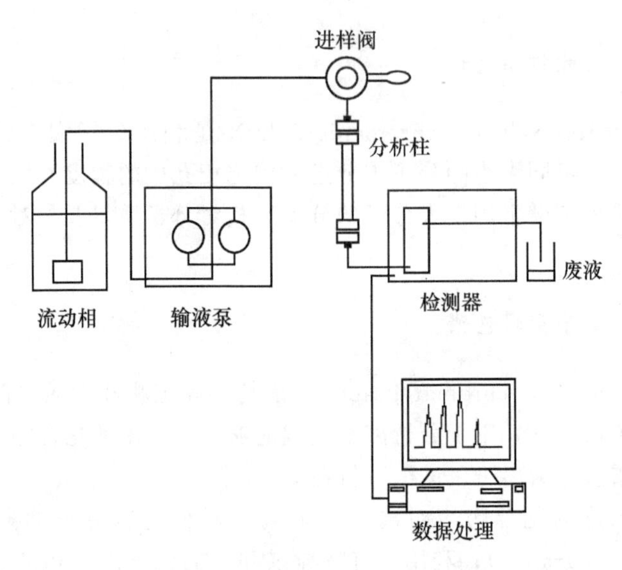

图 12-1 液相色谱仪构造示意图

12.2.1.1 脱气装置

由于流动相中的固体微粒会堵塞流路系统，气泡的存在会影响系统压力的稳定性，流动相要进行脱气和过滤处理后才能使用。脱气的方法有减压法、超声波法和惰性气体置换法。一些液相色谱仪带有在线脱气装置。在线脱气装置使流动相通过真空箱中的多孔塑料膜管路，管外的负压使溶剂中溶解的气体渗过塑料膜进入真空箱，达到脱气的目的。惰性气体置换法用在溶剂中溶解度小的惰性气体向流动相溶液中吹扫，置换溶解的气体。

12.2.1.2 高压输液泵

液相色谱中使用能够耐高压的输液泵进行流动相的输送。往复柱塞泵是分析型液相色谱中常用的高压输液泵。由于流速的准确性和稳定性决定了分析的重现性，要求高压输液泵能够实现准确、稳定、无脉动的液体输送。

流动相洗脱分为等强度和梯度洗脱。等强度洗脱在分析过程中使用组成不变的流动相。梯度洗脱要在分析过程中改变流动相组成。高压梯度和低压梯度是两种实现梯度洗脱的方法。高压梯度使用两台以上的输液泵，不同的泵按比例输送不同的流动相，混合后进入分离系统。低压梯度使用一台输液泵，不同流动相通过比例阀按一定的体积比被吸入输液泵，混合后进入色谱柱。

12.2.1.3 进样阀

进样阀（通常为六通阀）是液相色谱用来进行进样的装置。取样用平头微量注射器，以防划伤阀体中的密封平面。手柄在采样（load）位置时，进样口和色谱压力系统隔开，为常压状态。此时将样品注入到阀中后，样品进入到定量环中。进样时将手柄搬到进样（inject）的位置，定量环和系统相连，样品被流动相带入柱中（图 12-2）。

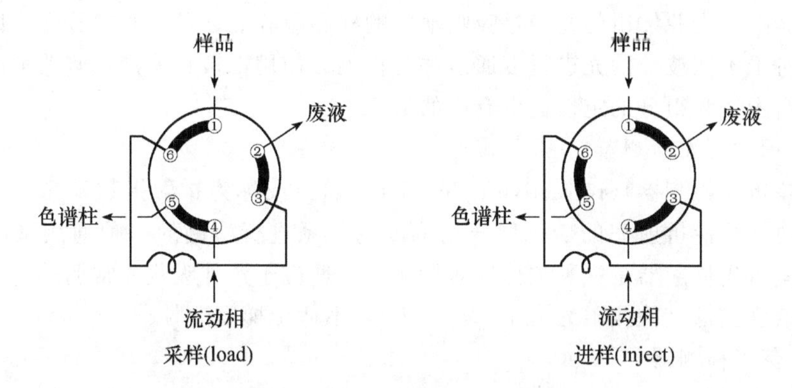

图 12-2　进样阀在采样和进样时的流路示意图

12.2.1.4　色谱柱

混合物的分离是在色谱柱中进行的，因此，色谱柱是分离的关键部件。分析型色谱常用的固定相粒径为 3 μm、5 μm 和 10 μm，色谱柱通常使用的是内径为 4.6 mm、长度为 150 mm 或 250 mm 不锈钢管柱。

12.2.1.5　检测器

检测器是用于检测色谱柱流出组分的装置。在液相色谱分析中，需要根据样品的特性选择检测器。液相色谱的检测器主要有紫外-可见光检测器、示差折光、荧光和电化学检测器。

1）紫外-可见光检测器

紫外-可见光检测器（UV-visible absorption detector）是利用样品吸收紫外或可见光后，透过光强发生变化而进行检测的仪器。朗伯-比尔定律是定量的依据。紫外-可见光检测器的主要组成部件包括光源、滤光片或分光器（棱镜或光栅）、流通池和光电转换器。紫外-可见光检测器有固定波长、可变波长、多波长及二极管阵列检测器四种形式。紫外-可见光检测器是具有较高选择性和灵敏度的检测器，检测限约为 10^{-10} g/mL。

固定波长检测器只能进行若干种固定波长的检测。例如，采用低压汞灯作光源的固定波长检测器，可以进行 254 nm 波长的检测。光源的光强度大，单色性好。

可变波长、多波长及二极管阵列检测器常采用氘灯作为紫外区的工作光源，钨灯作为可见区的工作光源。在可变波长检测器中，光源发出的光经光栅分光后实现波长的选择，分光后的光经过流通池中的样品吸收后，透过光经光电倍增管转换成电信号并被检测。

二极管阵列检测器是可以同时进行多种波长检测的一种检测器。在二极管阵列检测器中，光源发出的光经过吸收池中的样品吸收后，通过光栅分光，以阵列二极管对于不同波长的光进行多通道并行检测。使用二极管阵列检测器可以得到三维色谱图，为组分的定性提供有用的信息。

2）示差折光检测器

示差折光检测器（refractive index detector）或称为折射指数检测器，是利用检测池中溶液折射率的变化和样品浓度的关系进行检测的一种通用型的检测器。示差折光检测器是一种整体性质检测器，适应于紫外吸收非常弱的物质的测定，灵敏度较低（检测限约为 10^{-7} g/mL），不适于梯度洗脱。

3）荧光检测器

荧光检测器（fluorescence detector）是通过检测待测物质吸收紫外光后发射荧光的一种检测方法。荧光检测器的选择性强、灵敏度高，一般较紫外检测器高出两个数量级，检测限约为 10^{-12} g/mL。对于许多无荧光特性的化合物，可以通过化学衍生法转变成发荧光的物质进行检测。

4）电化学检测器

电化学检测器（electrochemical detector）是利用待测组分的电化学活性进行检测的检测器，电化学检测器包括库仑、电导、安培检测器等，电化学检测器的检测限约为 10^{-10} g/mL。

5）蒸发光散射检测器

蒸发光散射检测器是基于溶质细小颗粒引起的光散射强度正比于溶质浓度而进行检测的检测器。在蒸发光散射检测器（evaporative light scattering detector）中，色谱流出物经雾化并加热，流动相被蒸发，溶质形成极细的雾状颗粒，颗粒遇到光束后形成与质量成正比的光散射信号，经光电倍增管转换成电信号输出。蒸发光散射检测器为通用型检测器，原则上可以适用于任何化合物，其检测灵敏度高于示差折光检测器，能够适于梯度洗脱。

12.2.1.6 记录仪或数据处理软件系统

记录仪或数据处理软件系统是将检测器得到的色谱峰信号（电信号）进行记录和处理的装置。由计算机支持的数据处理系统可以将每一张色谱图存储为一个色谱数据文件，根据设定的条件进行数据处理（包括对峰面积进行积分）和定量计算，并根据要求选择打印报告的格式。很多色谱软件除了可以进行数据记录外，还可以进行色谱仪的操作控制。

12.2.2　注意事项

（1）流动相溶液在按照所选的组分比例配制好之后，要进行脱气和过滤处理（用 0.45 μm 孔径滤膜过滤，注意不同的滤膜适用于不同性质的溶剂）。

（2）用微量注射器取液时要尽量避免吸入气泡。使用定量环定量进样时，微量注射器取液体积要大于定量环体积。完成分析或吸取新样品溶液前要将注射器洗净。进样阀的手柄位置转换速度要快，但不要用力过猛。

（3）色谱柱连接在进样阀和检测器之间，连接时要注意流动相的方向要和柱子上标志的方向一致。

12.2.3　Agilent 1100 液相色谱仪操作方法介绍

12.2.3.1　仪器

Agilent 1100 液相色谱仪主要由流动相溶剂存储瓶、在线脱气机、高压输液泵、进样阀、色谱柱温箱、检测器、色谱软件系统等组成。

Agilent 1100 液相色谱仪由软件“ChemStation”进行操作条件的控制、数据采集和处理。进行色谱仪操作控制需要使用“Instrument online”软件包，进行数据处理可使用“Instrument offline”软件包。

Agilent 1100 的流动相的低压梯度可以由比例阀和四元泵完成。

Agilent 1100 色谱仪的多波长紫外-可见检测器可以同时进行从紫外到可见光范围内的五种波长下的检测。检测器具有氘灯和钨灯两个光源。光源发出的光照射到样品流通池上，透过光经过光栅分光后，经阵列二极管转换成电信号后进行记录和检测。

12.2.3.2　操作

1）操作条件设定

（1）开启计算机，打开“CAG Bootp Server”窗口。

（2）打开色谱仪脱气机、泵、柱温箱、检测器电源开关。

（3）待“CAG Bootp Server”接到通信成功的信息后，启动在线化学工作站（打开“Instrument online”软件），在“method and run control”界面下，设置操作条件，包括流动相组成、流量、分析时间、柱温及检测条件。

2）色谱测定

待色谱基线平直后，从“run control”菜单中，设置数据文件名，用微量注射器吸取样品溶液，经进样阀进样，开始色谱分离过程。

3）数据处理

从“view”菜单中选择“data analysis”，进入数据分析界面。用“load signal”

指令打开数据文件，从“integration”菜单选择“integration event”设定色谱峰处理条件。用“integration”指令或指令图标进行峰面积积分。

实验 44　高效液相色谱法分离和测定邻、间、对硝基苯酚

一、实验目的

（1）了解高效液相色谱仪的基本结构，掌握液相色谱仪的基本操作方法。

（2）掌握液相色谱分析的定性及外标定量方法。

二、实验原理

邻硝基苯酚、间硝基苯酚、对硝基苯酚三种化合物互为官能团位置异构体。采用反相液相色谱法，以疏水性的烷基键合硅胶微球为固定相，甲醇-水-乙酸（体积比为 40∶55∶5）的混合溶液为流动相，可以对混合物中的三种化合物进行色谱分离和测定。邻硝基苯酚、间硝基苯酚、对硝基苯酚由于取代基位置不同，分子极性不同，在两相（固定相和流动相）中的分配比不同，由此可进行分离。在反相色谱中，极性弱的化合物与固定相作用力强，保留时间长，极性较强的化合物保留时间短。实验使用紫外-可见光检测器进行检测，用标准化合物保留时间对照法对未知混合物溶液的色谱中各组分峰进行定性。在进行标准溶液和待测混合物溶液的色谱测定后，用外标法进行定量。

三、仪器与试剂

1. 仪器

高效液相色谱仪（包括高压输液泵、进样阀及紫外检测器）；色谱数据处理软件或色谱记录仪；50 μL 液相色谱微量注射器。

2. 试剂

水（双蒸水）；甲醇和冰醋酸（均为分析纯）；邻硝基苯酚、间硝基苯酚、对硝基苯酚（均为试剂纯）。

3. 样品

邻硝基苯酚溶液、间硝基苯酚溶液和对硝基苯酚溶液（浓度为 0.1～0.5 mg/mL）。

邻硝基苯酚、间硝基苯酚、对硝基苯酚的标准混合溶液 1 和 2（含有已知浓度的邻硝基苯酚、间硝基苯酚、对硝基苯酚）。

邻硝基苯酚、间硝基苯酚、对硝基苯酚混合物待测溶液。
样品以流动相为溶剂配制。

4. 实验条件

色谱固定相：C_8 键合多孔硅胶微球（或 C_{18} 键合多孔硅胶微球），5 μm。
色谱柱：150 mm×4.6 mm I. D. 。
流动相：甲醇-水-乙酸（体积比 40∶55∶5）。
流动相流速：1 mL/min。
检测波长：254 nm。
进样量：20 μL。

四、实验步骤

1. 色谱操作条件设定

按照操作要求，打开计算机及色谱仪各部分电源开关。

打开色谱在线操作软件“Instrument online”，在“method and run control”界面下，设置操作条件，包括流动相组成、流量、分析时间、柱温及检测波长。

2. 色谱分析

待色谱基线平直后，从“run control”菜单中，选择“sample info”，设置数据文件名，用微量进样器吸取 30 ～ 40 μL 样品溶液，通过进样阀进样，每一次色谱测定完成后，数据被保存在设定的文件中。分别进行邻硝基苯酚、间硝基苯酚、对硝基苯酚样品溶液、混合物标准溶液及待测混合物样品溶液的色谱测定。

五、实验数据及结果

1. 标准品保留时间对照法定性

从“view”菜单中选择“data analysis”，进入数据分析界面。

用“load signal”指令打开数据文件，将测定的各个纯化合物样品色谱图中的保留时间与混合物样品中的色谱峰保留时间对照，确定混合物色谱中不同时间的色谱峰属于何种组分。

2. 待测邻硝基苯酚、间硝基苯酚、对硝基苯酚混合物样品中各组分浓度的定量分析（外标两点法）

（1）建立标准曲线。首先用两种不同浓度的混合物标准溶液的色谱结果建立标准曲线。

从“calibration”菜单中选择“calibration setting”，输入浓度单位、时间窗

口和校正曲线类型（曲线类型选择“linear”）。用“load signal”调出标准溶液1的色谱数据文件。从“calibration”菜单中选择“new calibration table”，并在显示的窗口中输入“1”作为校正级数（level），在校正表中输入各组分名称及浓度值。用“load signal”调出标准溶液2的色谱数据文件。点击“add level”，输入校正级数“2”（level 2），在校正表中输入标准溶液2中各组分的浓度值。所得到的各组分的校正曲线（标准曲线）自动显示于右侧窗口，所得到的校正因子也会显示于校正表中。

（2）待测样品浓度计算及结果打印。在建立标准曲线后，用外标法进行待测样品溶液中各组分浓度的计算。用峰面积进行定量。用“load signal”打开待测样品色谱数据文件，在“report”菜单中选择“specify report”，在“quantitative result calculation”一栏中选择“ESTD”（外标法）作为定量方法。在“based on”一栏中选择“area”（峰面积）。在“report”菜单中选择“print report”，数据处理系统自动根据校正曲线计算出待测样品各组分的含量并将报告显示在计算机屏幕上。在报告下方选择“print”，打印出数据报告。

（3）在实验报告中以表格形式列出各组分的名称、保留时间、校正因子、待测样品测得浓度，计算相对误差（相对误差以配制浓度作为实际浓度计算），附上色谱图。

六、注意事项

（1）实验步骤按照 Agilent 1100 液相色谱仪器具体操作方法写成，不同的色谱仪在操作指令上会有所不同。

（2）实验条件主要是流动相配比，可以根据具体情况进行调整。

（3）实验结束后，以甲醇-水（体积比 40∶60）为流动相冲色谱柱约 30 min。

七、思考题

（1）在使用外标法定量时，哪些因素可能导致测定误差？

（2）以标准品保留时间对照法对混合物各色谱峰进行定性是否在任何情况下都适用？

实验45　阿司匹林原料药中水杨酸的液相色谱分析测定

一、实验目的

（1）掌握高效液相色谱定性、定量的原理及方法。

（2）了解高效液相色谱仪的结构和操作。

（3）了解高效液相色谱一般实验条件。

二、实验原理

1. 高效液相色谱分离的基本原理

分析试样中各组分在流动相推动下，通过装有固定相的色谱柱到达检测器。由于不同化合物分子结构和物理化学性质不同，固定相、流动相的作用力不同，各组分在两相中具有不同的分配系数，各组分在在两相中进行反复分配而被分离。在同一色谱条件下，标准物质与未知物质保留时间一致是色谱法定性的基本依据。

定量分析首先要选择合适的色谱柱和洗脱液系统及对被分析物反应较为灵敏的检测器。被测组分要与其他成分有足够的分离度。一般要求被量的物质与其他组分的分辨率 R 要大于 1.5%，分辨率 R 用下式计算：

$$R = \frac{2(t_{R_2} - t_{R_1})}{w_1 + w_2}$$

式中：$t_{R_2} - t_{R_1}$ 为两个成分的保留时间之差；w_1、w_2 为两个谱带基线宽度。当 $R \geqslant 1$时峰面积重叠小于 2%，定量结果比较准确。

2. 外标校正曲线法定量

校正曲线是通过测定一系列已知浓度的标准样品，经曲线拟合而得到的含量-响应值（峰面积或峰高）的曲线。测定待分析样品的响应值后，用校正曲线进行含量计算的方法为外标校正曲线法。

3. 水杨酸含量分析

阿司匹林（乙酰水杨酸）为常用解热抗炎药，并被用于防治心脑血管病。由于其很容易降解为水杨酸，药物中水杨酸含量测定被用于阿司匹林的质量监测。用液相色谱法可以很好地分离阿司匹林和水杨酸，水杨酸的含量可用外标法进行定量测定。

三、仪器与试剂

1. Agilent 1100

固定相：C_{18}键合多孔硅胶小球，5 μm。

柱尺寸：150mm×4.6mm I. D. 。

20 μL 进样器。

2. 试剂

双蒸水；甲醇（色谱纯）；水杨酸（标准品）；乙酰水杨酸（阿司匹林）（原料药品）。

四、实验步骤

1. 标准溶液及样品溶液的配制

1）水杨酸标准溶液的配制

称取水杨酸对照品 8.1 mg，溶解后，转移至 1000 mL 容量瓶中，用流动相稀释至刻度，摇匀，作为水杨酸储备液。分别吸取此储备液 1.0 mL、2.0 mL、3.0 mL、4.0 mL、5.0 mL、6.0 mL 于 10 mL 容量瓶中，用流动相稀释至刻度，摇匀。

2）阿司匹林样品溶液配制

称取阿司匹林原料药 10 mg，溶解后，转移至 100 mL 容量瓶中，用流动相稀释至刻度，摇匀，作为阿司匹林样品储备液。吸取此储备液 1.0 mL 于 10 mL 容量瓶中，用流动相稀释至刻度，摇匀。

2. 色谱分析

1）色谱条件

波长：300 nm。

流动相：甲醇-水-冰醋酸（体积比 60∶40∶4）。

流速：1 mL/min。

温度：室温。

2）操作程序

当基线稳定后通过进样阀进行水杨酸标准溶液色谱分析，用数据处理系统绘制标准曲线。标准曲线的相关系数应为 0.998 以上。进行阿司匹林样品溶液色谱分析，用外标法计算样品中水杨酸含量。

五、实验数据及结果

利用色谱工作站软件，按外标校正曲线法计算阿司匹林中水杨酸的质量分数。

1. 用数据处理系统绘制标准曲线

在“method”文件中选择外标法（ESTD）。

在菜单中选择“data analysis”，用“load signal”调出最低浓度的水杨酸标准样品数据文件。从“calibration”中选择“new calibration table”，并在显示的窗口中输入“1”作为校正级数（level）和样品浓度值。一个校正水平为一个浓度校正点。用“load signal”依次调出其他浓度的水杨酸标准样品数据文件，同时用“add level”输入其他校正点的校正级数（level）和样品浓度值数据。所得到的校正曲线及相关系数自动显示于右侧窗口。

2. 计算阿司匹林样品中水杨酸的含量

用“load signal”打开阿司匹林数据文件，数据处理系统自动根据校正曲线计算出阿司匹林样品溶液中水杨酸的含量（注意：在建立标准曲线时若输入浓度单位为 μg/mL，所得到的浓度单位仍为 μg/mL，在下面的计算中要转换为 mg/mL）。根据下式计算阿司匹林原料药中水杨酸的含量：

$$\text{水杨酸的含量}(\%) = (c \times 10 \times 100/m) \times 100$$

式中：c 为阿司匹林样品溶液中水杨酸浓度（mg/mL）；m 为阿司匹林原料药称量质量（mg）。

六、注意事项

（1）实验步骤按照 Agilent 1100 液相色谱仪器具体操作方法写成，不同的色谱仪在操作指令上会有所不同。

（2）实验条件，主要是流动相配比可以根据具体情况进行调整。

（3）实验结束后，以甲醇-水（体积比 40∶60）为流动相冲色谱柱约30 min。

七、思考题

在外标法定量中，哪些因素影响定量的准确性？

实验 46　高效液相色谱法分离食品添加剂苯甲酸和山梨酸

一、实验目的

（1）了解对高效液相色谱分离理论。

（2）掌握流动相 pH 对酸性化合物保留因子的影响。

二、实验原理

食品添加剂是在食品生产中加入的用于防腐或调节味道、颜色的化合物，为了保证食品的食用安全，必须对添加剂的种类和加入量进行控制。高效液相色谱法是分析和检测食品添加剂的有效手段。

本实验以C_8（或C_{18}）键合的多孔硅胶微球作为固定相，甲醇-磷酸盐缓冲溶液（体积比为50∶50）的混合溶液作流动相的反相液相色谱体系分离两种食品添加剂：苯甲酸和山梨酸。两种化合物由于分子结构不同，在固定相和流动相中的分配比不同，在分析过程中经多次分配便逐渐分离，依次流出色谱柱。经紫外-可见光检测器（检测波长为230 nm）进行色谱峰检测。

苯甲酸和山梨酸为含有羧基的有机酸，流动相的pH影响它们的解离程度，因此也影响其在两相（固定相和流动相）中的分配的系数，本实验将通过测定不同流动相的pH条件下苯甲酸和山梨酸保留时间的变化，了解液相色谱中流动相pH对于有机酸分离的影响。

三、仪器与试剂

1. 仪器

液相色谱仪（包括高压输液泵、柱温箱、进样阀及紫外检测器）；色谱数据处理软件或色谱记录仪；50 μL液相色谱微量注射器。

2. 试剂

水（双蒸水）；磷酸、甲醇、磷酸二氢钠、苯甲酸、山梨酸（均为分析纯）。

3. 样品

苯甲酸样品溶液（25 μg/mL）；山梨酸样品溶液（25 μg/mL）；样品溶剂为甲醇-水（体积比50∶50）。

4. 实验条件

色谱固定相：C_8键合多孔硅胶微球，5 μm。

色谱柱：150 mm×4.6 mm I.D.。

柱温：40℃。

流速：1 mL/min。

检测波长：230 nm。

进样量：20 μL。

流动相：①甲醇∶50 mmol磷酸二氢钠水溶液（pH=4.0，体积比50∶50）；②甲醇∶50 mmol磷酸二氢钠水溶液（pH=5.0，体积比50∶50）。

配制流动相：首先配制50 mmol磷酸二氢钠水溶液，以磷酸调pH至4.0或5.0，然后与等体积甲醇混合，过滤后使用。

四、实验步骤

1. 色谱操作条件设置

按照操作要求，打开计算机及色谱仪各部分电源开关。

打开色谱在线操作软件“Instrument online”，在“method and run control”界面下，设置色谱条件，包括流动相组成、流量、分析时间、柱温及检测波长。选择流动相 1 为洗脱液。

2. 色谱分析

(1) 待色谱基线平直后，从“run control”菜单中，选择“sample info”，设置数据文件名，用微量进样器吸取 30～40 μL 样品溶液，通过进样阀进样，每一次色谱测定完成后，色谱数据被保存在设定的文件中。分别进行苯甲酸样品溶液、山梨酸样品溶液及混合溶液的色谱测定。

(2) 改用流动相 2 作为洗脱液，平衡柱床约 20 min 后，进行混合溶液的色谱测定。

五、实验数据及结果

(1) 从“view”菜单中选择“data analysis”，进入数据分析界面。用“load signal”指令打开以流动相 1 为洗脱液的色谱数据文件，记录保留时间，将测定的各个纯化合物的保留时间与混合物样品中的色谱峰保留时间对照，确定混合物色谱中各色谱峰属于何种组分。

(2) 用“load signal”指令打开以流动相 2 为洗脱液的色谱数据文件，记录各化合物的保留时间。

(3) 计算不同色谱条件下对于两组分的分离度。

分离度 R_s 用下式计算：

$$R_s = \frac{2(t_{R_2} - t_{R_1})}{w_1 + w_2}$$

式中：$t_{R_1} - t_{R_2}$ 为两个组分的保留时间之差；w_1、w_2 为两个色谱峰基线宽度（基峰宽）。

分别以两种方法进行分离度计算：①由色谱数据处理系统进行计算。在“report”菜单中选择“specify report”，在“report style”一栏中选择“extended performance”报告形式。在报告中的“resolution”一栏中，“tangent method”方法给出用基线峰宽计算的分离度。②在打印色谱图后，量出色谱峰的基线峰宽，将基线峰宽和保留时间之差（注意单位一致），带入上式进行分离度计算。

(4) 数据结果打印及报告：①分别打印出在不同流动相条件下的色谱数据报告。②在实验报告中以表格形式列出组分的名称、保留时间及分离度，并附上色谱图。

六、注意事项

(1) 实验步骤按照 Agilent 1100 液相色谱仪器具体操作方法写成，不同的色谱仪在操作指令上会有所不同。

(2) 实验结束后，以甲醇-水（体积比 40∶60）为流动相冲色谱柱约30 min，除去色谱系统中的含盐缓冲溶液。

(3) 实验条件主要是流动相配比，可以根据具体情况进行调整。

(4) 有磷酸二氢钠的溶液容易有沉淀生成，需要注意流动相在放置过程中有无变化。

七、思考题

流动相的 pH 升高后，苯甲酸和山梨酸的保留时间及分离度如何变化？保留时间变化的原因是什么？

实验 47 反相离子对色谱法分离无机阴离子 NO_2^- 和 NO_3^-

一、实验目的

(1) 掌握反相离子对色谱测定无机离子的方法。

(2) 了解离子对色谱中流动相条件对待测离子保留因子的影响。

二、实验原理

亚硝酸根（NO_2^-）能与许多脂肪族或芳香族类有机物反应，生成 *N*-亚硝胺而致癌，硝酸根（NO_3^-）也具有毒性。因此，在生态环境分析和食品安全监测中需要对亚硝酸根与硝酸根的浓度进行测定和监控。

由于无机离子在烷基键合的反相色谱柱上不被保留，不能以一般的反相分配色谱模式进行分离。而使用离子对色谱法，在流动相中加入对离子与无机离子结合，增加离子的保留值，可以使无机离子得到分离和测定。因此，离子对色谱是分离测定无机离子的一种方法。本实验以四丁基氢氧化铵为离子对试剂、C_{18} 键合多孔硅胶微球为固定相，以反相离子对色谱法进行两种无机阴离子 NO_2^- 和 NO_3^- 的分析。四丁基氢氧化铵中的正离子与 NO_2^- 和 NO_3^- 结合后，能够在 C_{18} 键合固定相上保留，使 NO_2^- 和 NO_3^- 得到分离。

三、仪器与试剂

1. 仪器

液相色谱仪（包括高压输液泵，柱温箱，进样阀及紫外检测器）；色谱数据处理软件或色谱记录仪；50 μL 液相色谱微量注射器。

2. 试剂

水（双蒸水）；甲醇、磷酸二氢钠、硝酸钠、亚硝酸钠（均为分析纯）；四丁基氢氧化铵（为离子对试剂或分析纯试剂）。

3. 样品

$NaNO_3$(0.2 mg/mL)；$NaNO_2$(0.1 mg/mL)；$NaNO_3$、$NaNO_2$ 混合溶液。

4. 实验条件

色谱固定相：C_{18} 键合多孔硅胶微球，5 μm。
色谱柱：250 mm×4.6 mm I.D.。
柱温：35℃。
流动相：①0.06 mol/L NaH_2PO_4-2.0 mmol/L 四丁基氢氧化铵的 15%甲醇水溶液；②0.06 mol/L NaH_2PO_4-5.0 mmol/L 四丁基氢氧化铵的 15%甲醇水溶液。
流速：0.7 mL/min。
检测波长：230 nm。
进样量：20 μL。

四、实验步骤

1. 色谱操作条件设定

按照操作要求，打开计算机及色谱仪各部分电源开关。

打开色谱在线操作软件“Instrument online”，在“method and run control”界面下，设置操作条件，包括流动相组成、流量、分析时间、柱温及检测波长。选择流动相 1 为洗脱液。

2. 色谱分析

(1) 待色谱基线平直后，设置数据文件名，用微量注射器吸取 30～40 μL 样品溶液，通过进样阀进样，每一次色谱测定完成后，数据被保存在设定的文件中。分别进行硝酸钠、亚硝酸钠溶液及混合溶液的色谱测定。

（2）改用流动相 2 作为洗脱液，平衡柱床约 20 min，进行混合溶液的色谱测定。

五、实验数据及结果

（1）从“view”菜单中选择“data analysis”，进入数据分析界面。用“load signal”指令打开以流动相 1 为洗脱液的色谱数据文件，记录保留时间，并用标准化合物保留时间对照法确定混合物色谱中各色谱峰属于何种组分。

（2）用“load signal”指令打开以流动相 2 为洗脱液的色谱数据文件，记录各化合物的保留时间，与流动相 1 为洗脱液的色谱数据结果进行对照。

（3）计算分离度及打印报告：①在“report”菜单中选择“extended performance”，报告形式。分别打印出在不同流动相条件下的色谱数据报告。在报告中的“resolution”一栏，“tangent method”方法给出用基线峰宽计算的分离度。②在实验报告中以表格形式列出组分的名称、保留时间及分离度。附上色谱图。

六、注意事项

（1）实验步骤按照 Agilent 1100 液相色谱仪器具体操作方法写成，不同的色谱仪在操作指令上会有所不同。

（2）同厂家或不同批号的色谱固定相对于待测化合物的保留会有所不同，实验条件（主要是流动相配比）可以根据具体情况进行调整。

（3）实验结束后，以甲醇-水（体积比 15∶85）为流动相冲色谱柱约 30 min，除去色谱系统中的含盐缓冲溶液。

七、思考题

流动相中的对离子（四丁基氢氧化铵）浓度增加后，各组分的保留时间及分离度有什么变化？从保留机理分析保留时间变化的原因。

参考文献

陈立仁．2001．高效液相色谱基础与实践．北京：科学出版社

云自厚，欧阳津，张晓彤．2005．液相色谱检测方法．第二版．北京：化学工业出版社

于世林．2000．高效液相色谱方法及应用．北京：化学工业出版社

第13章　离子色谱法

13.1　基本原理

离子色谱（ion chromatography，IC），出现于20世纪70年代，它是以离子型物质为分析对象的一种液相色谱方法。离子色谱与普通的液相色谱相比主要有以下重要进展：①制备了高效离子色谱填料；②引入抑制系统，解决了背景信号的干扰；③制造了高灵敏电导检测器；④实现了仪器化和数字化，极大地提高了工作效率。狭义的离子色谱通常是指以离子交换柱分离与电导检测相结合的离子交换色谱（IEC）和离子排斥色谱（ICE）。用离子色谱分离方式分析的物质有无机阴离子、无机阳离子（包括稀土元素）、有机阴离子（有机酸、有机磺酸盐和有机磷酸盐）、有机阳离子（胺、吡啶等）以及生物物质（糖、醇、酚、氨基酸和核酸等）。离子色谱法灵敏度高、分析速度快、样品需要量少、操作简单、能实现多种离子的同时分离与测定，而且还能将一些非离子性物质转变成离子性物质后进行测定。因此，在环境化学、食品化学、化工、电子、生物、医药、新材料研究等许多科学领域，离子色谱法都得到了广泛的应用。

13.1.1　离子交换色谱

离子交换色谱（ion exchange chromatography，IEC）的分离机理主要是离子交换，通常是以低交换容量的离子交换剂为固定相，以具备一定pH的缓冲溶液作流动相。离子交换剂由固体基质和键合离子基团组成。基质与离子基团间有化学键连接，它们的位置是固定的，称为固定离子。物质保持电中性，因此离子交换剂必然同时携带与固定离子数量相等、电荷相反的对抗离子，这些对抗离子是活动的（称为可交换离子），在溶液中可以被相同符号的其他离子交换。可交换离子为阳离子，称为阳离子交换剂或酸性交换剂（如典型的磺酸型阳离子交换剂，用 $R—SO_3^- H^+$ 表示，基质是交联聚苯乙烯树脂，SO_3^- 为固定离子，H^+ 为可交换离子）。可交换离子为阴离子，称为阴离子交换剂或碱性交换剂[如季铵基，用 $R—N^+(CH_3)_3 \cdot OH^-$ 表示，基质是交联聚苯乙烯树脂等，$N^+(CH_3)_3$ 为固定离子，OH^- 为可交换离子]。由于不同种类的离子与固定离子间有不同的亲和力，当向离子色谱柱中注入不同亲和力的离子时，亲和力大的离子与交换基团的作用力大，向柱下移动的速率慢，因而在固定相中保留的时间就长；亲和力小的离子与交换基团的作用力小，向柱下移动的速率快，因而在固定相中保留的时间就短，于是不同的离子就被相互分离。被分离的离子连同淋洗液一起进入抑制器，消除淋洗液背景信号的干扰，然后通过高灵敏度电导检测器进行检测。离子交换分离是离子色谱的主要分离方式，通常用于亲水性阴离子、阳离子的分离。

13.1.2 离子排斥色谱

离子排斥色谱（ioc chromatography exclusion，ICE）的分离机理是以树脂的排斥为基础的，采用不同的高交换容量的离子交换树脂来分离阴离子和阳离子。用高交换容量的强酸性阳离子交换树脂可以分离弱酸，适宜的化合物有羧酸、氨基酸、酚、无机弱酸，甚至不离解的醛、醇；用高交换容量的强碱性阴离子交换树脂可以分离弱碱，适宜的化合物有有机胺、碱土金属氢氧化物。离子排斥色谱的一个特别的优点是可以用于弱的无机酸和有机酸与在高的酸性介质中完全离解的强酸的分离。

13.1.3 离子抑制色谱和离子对色谱

采用离子交换色谱或离子排斥色谱可以分离无机离子以及离解度很强的有机离子，然而有很多大分子或离解度较弱的有机离子的分离，需要采用通常用于中性有机化合物分离的正相（或反相）色谱。所谓正相色谱其流动相是极性较小的有机溶剂，支持体吸着的 H_2O（极性较强）或固体为固定相，而反相色谱是以吸着在支持体上的有机相作为固定相，以水溶液作为流动相的色谱方法。然而直接采用正相或反相色谱又存在许多困难，因为大多数可以离解的有机化合物在正相色谱的固定相硅胶上吸附力太强，因而使得被测物质保留值太大、出现拖尾峰，有时甚至不能被洗脱，在反相色谱的非极性（或弱极性）固定相中保留值太小。在这种情况下，可以采用离子抑制色谱或者离子对色谱。离子抑制色谱的原理是以酸碱平衡理论为依据的，即通过降低（或增加）流动相的 pH 来抑制酸（或碱）的离解，使酸（或碱）性离子化合物尽量保持未离解状态。离子对色谱的主要分离机理是吸附，其固定相主要是弱极性和高表面积的中性多孔聚苯乙烯二乙烯基苯树脂和弱极性的辛烷或十八烷基键合的硅胶两类，分离的选择性主要由流动相决定。离子对色谱是在流动相中加入适当的具有与被测离子相反电荷的离子，即离子对试剂，使之与被测离子形成中性的离子对化合物，此离子对化合物在反相色谱柱上被保留。保留值的大小主要取决于离子对化合物的离解平衡常数和离子对试剂的浓度。

13.2　仪器及使用方法

13.2.1　实验技术

13.2.1.1　选择合适的流动相

流动相也称淋洗液，是用高纯水溶解淋洗剂配制而成的。淋洗剂通常都是电解质，在溶液中离解成阴离子和阳离子。对分离起实际作用的离子称为淋洗离子。例如，用 $Na_2CO_3/NaHCO_3$ 水溶液作流动相分离无机阴离子时，$Na_2CO_3/NaHCO_3$ 是淋洗剂，CO_3^{2-}/HCO_3^- 是淋洗离子。选择流动相的基本原则是淋洗离子能够从交换位置上置换出被测离子。从理论上讲，淋洗离子与树脂的亲和力应该接近或稍高于被测离子，但在实际应用中，合适的流动相应根据样品的组成并通过实验来进行选择。

13.2.1.2　定性方法

通常采用保留时间定性法定性。当色谱柱、流动相以及其他色谱条件确定后，便可以根据分离机理和实际经验知道哪些离子在这个条件下有可能保留，而且还能根据离子的性质大致判断其保留顺序。在此基础上，就可以用标准物质进行对照。在确定的色谱条件下保留时间也是确定的，与标准物质保留时间一致就认为是与标准物质相同的离子。

13.2.1.3　定量方法

在被测离子一定浓度范围内，色谱峰的高度和面积与被测离子的浓度成线性关系。一般情况下面积工作曲线的线性范围要宽一些，因此通常以峰面积的大小进行定量。离子色谱定量方法与其他方样一样，用得最多的是标准曲线法（一点或多点）、标准加入法和内标法。

13.2.2　仪器及使用方法

离子色谱仪的基本构成及工作原理与液相色谱相同，只不过离子色谱仪通常配置的检测器不是紫外检测器，而是电导检测器。

13.2.2.1　DX-120 型离子色谱仪的组成

DX-120 型离子色谱仪是最常用的一种离子色谱仪，它是由美国戴安（Dionex）公司生产的，这种离子色谱仪是一种使用电导检测方式的、非梯度的应用于离子分析的仪器，它是一个将泵、检测器和进样阀集成为一体的系统，色谱部分包括分析柱、自动再生抑制器和电导池，这些部件均安装在 DX-120 仪器的内部。

DX-120 可以通过前面板上的键盘和显示，手动地控制其操作，也可以通过 PeakNet 色谱工作站自动控制。DX-120 离子色谱仪分为单柱系统和双柱系统，双柱系统可通过面板在两套不同的分析柱或两种不同的淋洗液之间切换。利用淋洗液选择方式，DX-120 还可以实现跳跃式梯度淋洗。

1）流动相输送部分

（1）载气及钢瓶。

载气的种类：氦气、氩气、高纯氮气、普通氮气、压缩空气。

载气的作用：对淋洗液加压，阻隔杂质污染。

（2）淋洗液。阴离子的分析用 $Na_2CO_3/NaHCO_3$ 溶液，阳离子的分析用甲烷磺酸溶液。

（3）泵。泵的位置在机箱内部右侧，前面有调节流速的旋钮，可以在 0.5～4.5 mL/min 的范围内调节。泵的型号是单柱塞往复泵，流路采用惰性材料 PEEK，操作方式是体积恒定。

2）进样系统

（1）进样口。

（2）Rheodyne 进样阀（六通阀）。该阀有两个操作位置，装样（load）和进样（inject）。装样时，淋洗液由泵流径进样阀进入分离柱，不通过定量管，而样品被注入定量管并保留在里面直至进样，多余的样品从废液管排出。进样时，淋洗液通过定量管，将样品冲洗到分离柱中。

3）分离部分

分离部分包括保护柱和分离柱。

测阴离子：保护柱（AG14），分离柱（AS14）。

测阳离子：保护柱（CG12），分离柱（CS12）。

双柱系统有两种工作模式：

（1）分离柱选择模式。将淋洗液从一套分离柱切换至另一套分离柱，可以按 Column A 或 Column B 键，也可以通过 PeakNet 工作站发出一条指令，使流路从一套系统切换至另一套系统。

（2）淋洗液选择模式。将流路从一种淋洗液切换至另一种淋洗液（分离柱不变），可以通过按 Column A 或 Column B 键，也可以通过 PeakNet 工作站发出一条指令，使淋洗液选择阀切换至新的位置。

4）检测部分

（1）自动再生抑制器（SRS）。有两组自动再生抑制器：①测阴离子，抑制器 ASRS-ULTRA。②测阳离子，抑制器 CSRS-ULTRA。

抑制器主要起两个作用：第一，降低淋洗液的背景电导率；第二，增加被测离子的电导率，改善信噪比。因为离子色谱法主要用于无机离子的分析，而这些离子大部分在紫外区无吸收，要用电导检测器，可是流动相中的离子同样导电，所以背景电导信号很强，严重干扰样品的检测，抑制器就是将流动相中的离子转化为不导电的物质，使其不干扰被测离子的测定。

(2) 电导检测器（电导池）。DX-120 可以选用两种电导池，CDM-3 型标准池（P/N 050776）和配备 DS4 型热稳定器的高性能池（P/N 050218）。池体为聚合物材料的流通型电导池，在池体中永久地密封着两片 316 型不锈钢电极，在电极之间靠近池出口的地方放着温度传感器，用来测量即将流出的淋洗液温度并用以进行温度补偿。标准池的体积为 1.25 μL，高性能池的池体积为 1.0 μL。

温度的变化对溶液的电导值有直接的影响，将电导池放在 DS4 热稳定器中，使温度对电导的影响减至最小。DS4 是一个可控温的密封盒，它由铸铝的底座和填充有隔热海绵的外壳组成，将电导池和淋洗液热交换器包在当中，它的特点是：电导率测定几乎不受温度的影响；淋洗液热交换器中的扩散非常低；峰高的重现性极好。DS4 通电后加热内部的一对晶体管，温度可以在 30～45℃ 调节，热稳定器出口的传感器探测淋洗液温度，主动将其与设置值相比较并随时调整加热输出，使温度维持在设置值。

5）数据处理部分

数据处理部分由 Easy2000 软件系统组成。

13.2.2.2　DX-120 前板控制

DX-120 前板控制面板有 16 个触摸式按键（表 13-1），大屏幕液晶显示。

表 13-1　DX-120 前板控制按键及功能

键	功　能
	DISPLAY
Flow Setting	显示泵流速的设置，0～4.5 mL/min
Pressure	显示泵的压力传感器的读数（0～4000 psi）
Total Cond	显示本底电导的读数（0～999.9 μs）
Offset Cond	显示当前补偿的电导读数（－999.9～999.9 μs）
	RECORDER
Mark	当模拟输出提供一个标记信号，它是满刻度的 10％
Full Scale	供一个 100％满刻度模拟信号。持续按住此键，则输出一个满量程信号，以此标定记录仪。满刻度信号的默认输出为 1 V
Zero	按住此键可以将模拟信号输出降为 0，用以标识记录仪的零点
	COMPONENT ON/OFF
Eluent Pressure	对淋洗液加压或排气。DX-120 处于自动状态时，此键失效
Pump	泵的开关，此键在手动或自动时均有效
SRS	电流的开关，同时也可以控制 DS4。双柱系统中，控制被选中的抑制器

续表

键	功　能
SYSTEM COMTROL	
Local/Remote	选择手动或自动控制方式：手动是通过前面的面板控制；自动是通过DXLAN用 PeakNet 色谱工作站控制，它显示在屏幕的右下角
Alarm Reset	此键右侧的红色指示灯表明报警，具体内容显示在屏幕上方，按键后可消除警报，如果故障未排除，15 s 后将再次报警
Auto Offset	补偿背景电导值。开机后系统平衡期间，屏幕显示背景电导值（进样前淋洗液的电导值），按键后，补偿此时的电导读数，将基线调至零点
Load/Inject	控制装样/进样的转换，状态显示在屏幕左下角。进样后 1 min，进样阀返回装样状态。DX-120 处于自动状态时，此键失效。当进样阀从 Load 切换至 Inject 时，DX-120 具有以下功能：①发出一个标记信号至模拟信号输出；②进行自动补偿；③发出一个表明进样的 TTL 信号
COLUMN SELECTION	
Column A	在分离柱选择模式中，将柱 B 切换至柱 A，在淋洗液选择模式中，将淋洗液切换至 A 信道
Column B	在分离柱选择模式中，将柱 A 切换至柱 B，在淋洗液选择模式中，将淋洗液切换至 B 信道

13.2.2.3　淋洗液的配制

测阴离子（分离柱 AS14）：淋洗液为 Na_2CO_3（3.5 mmol/L）/$NaHCO_3$（1.0 mmol/L）。

测阳离子（分离柱 CS12）：淋洗液为 20 mmol/L 甲烷磺酸（MSA）。

13.2.2.4　样品的制备

1）样品的选择和储存

样品收集在用高纯水清洗的高密度聚乙烯瓶中。如果样品不能在采集当天分析，应该立即用 0.45 μm 的过滤膜过滤，否则其中的细菌可能使样品的浓度随时间而改变。应该尽快分析 NO_2^- 和 SO_3^{2-}，因为它们会分别被氧化成 NO_3^- 和 SO_4^{2-}。不含有 NO_2^- 和 SO_3^{2-} 的样品可以储存在冰箱中，一星期内阴离子的浓度不会有明显的变化。

2）样品的预处理

（1）样品的过滤。样品在分析前要进行预处理，对于酸雨、饮用水和大气飘尘的滤出液可以直接进行分析。而对于地表水和废水样品，进样前要用 0.45 μm 的过滤膜过滤。

（2）样品的稀释。对于高浓度的样品溶液需要进行稀释，由于不同样品中离子的浓度的变化会很大，因此无法确定一个稀释系数，很多情况下，低浓度的样品不需要进行稀释。

$Na_2CO_3/NaHCO_3$ 作为淋洗液时，用其稀释样品，可以有效地减小水负峰对 F^- 和 Cl^- 的影响（当 F^- 的浓度小于 50 ppb 时尤为有效），但同时要用淋洗液配制空白标准溶液。

（3）基体的消除。去除样品中所包含的有可能损坏仪器或者影响色谱柱/抑制器性能的成分（如重金属离子、有机大分子），去除样品中所包含的有可能干扰目标离子测定的成分（如高离子强度基体）。

13.2.2.5　DX-120 型离子色谱仪的操作

1）开机

（1）打开氮气钢瓶，加压至 0.2 MPa。

（2）按 DX-120 前面板下方的主机电源开关。

（3）按 Eluent Pressure 键，对淋洗液加压。

（4）按 Pump 键，开泵。

（5）按 SRS 键（抑制器电流开关，同时也可以控制 DS4。双柱系统中，控制被选中的抑制器），接通 SRS 电源，屏幕闪出设置的电流值（设定为 50 mA）。

（6）按 Column A 键，测定阴离子。按 Column B 键，测定阳离子。

（7）调节流速。

按 Flow Setting 键，确认淋洗液流速是否正确，如果流速不正确，可以进行调节。调节流速时，拉出泵前的旋钮，边观察边调节使流速显示至期望值，当流速显示至期望值后，推回旋钮。

（8）按 Offset Cond 键，显示补偿电导值。等待系统平衡 15～20 min，屏幕显示背景电导值，按 Auto Offset 键将其补偿至零。

2）打开计算机

启动 Easy 2000 色谱软件系统。

3）注入标样（用注射器进样）

注射器进样步骤如下：

（1）确认屏幕右下角显示 Local 状态，左下角显示 Load 状态。

（2）注射器应事先用高纯水洗 3～4 次，再用标样溶液洗 3～4 次，吸取数倍于进样器体积的标样溶液，并注意不要吸入气泡（如果吸入气泡，可以将注射器针头朝上，小心排出气泡），将注射器插在 DX-120 前门的进样孔上。注入标样溶液后，多余的标样溶液从废液管排出。

（3）取下注射器，按 Load/Inject 键进样。为了保证完全进样，在进样阀切换回 Load 状态前，至少应该有 10 倍于标样体积的溶液通过定量管。对于大部分应用而言，1 min 的进样间隔是足够的。

4）处理标样谱图，求出校正曲线

用 Easy 2000 软件系统对标样谱图进行处理，绘制出校正曲线。

5）样品的测定

注入样品溶液，采集完样品溶液的谱图并保存后，Easy 2000 会自动启动谱图积分，标出检测出的色谱峰，根据校正曲线计算出每个组分的含量。

实验 48　离子色谱法测定水样中无机阴离子的含量

一、实验目的

（1）掌握一种快速定量测定无机阴离子的方法。

（2）了解离子色谱仪的工作原理并掌握使用 DX-120 型离子色谱仪。

二、实验原理

本实验是用离子色谱法测定水样中无机阴离子的含量，因此用阴离子交换柱，其填料通常为季铵盐交换基团［称为固定相，以 $R—N^+(CH_3)_3 \cdot OH^-$ 表示］，分离机理主要是离子交换，用 $Na_2CO_3/NaHCO_3$ 为淋洗液。用淋洗液平衡阴离子交换柱，样品溶液自进样口注入六通阀，高压泵输送淋洗液，将样品溶液带入交换柱。由于静电场相互作用，样品溶液的阴离子与交换柱固定相中的可交换离子 OH^- 发生交换，并暂时且选择地保留在固定相上，同时，保留的阴离子又被带负电荷的淋洗离子（CO_3^{2-}/HCO_3^-）交换下来进入流动相。由于不同的阴离子与交换基团的亲和力大小不同，因此在固定相中的保留时间也就不同。亲和力小的阴离子与交换基团的作用力小，因而在固定相中的保留时间就短，先流出色谱柱；亲和力大的阴离子与交换基团的作用力大，在固定相中的保留时间就长，后流出色谱柱，于是不同的阴离子彼此就达到了分离的目的。被分离的阴离子经抑制器被转换为高电导率的无机酸，而淋洗液离子（CO_3^{2-}/HCO_3^-）则被转换为弱电导率的碳酸（消除背景电导率，使其不干扰被测阴离子的测定），然后电导检测器依次测定被转变为相应酸型的阴离子，与标准进行比较，根据保留时间定性，峰高或峰面积定量。本实验采用峰面积标准曲线（1 点）定量。

三、仪器与试剂

美国 Dionex 公司 DX-120 型离子色谱仪；Easy 2000 工作站；AG14 型阴离子保护柱；AS14 型阴离分离柱；ASRS-ULTRA 型自动再生抑制器。

$Na_2CO_3/NaHCO_3$ 阴离子淋洗储备溶液：称取 37.10 g Na_2CO_3（分析纯级以上）和 8.40 g $NaHCO_3$（分析纯级以上）（均已在 105℃烘箱中烘 2 h 并冷却至室温），溶于高纯水中，转入 1000 mL 容量瓶中，加水至刻度，摇匀。然后将此淋洗储备溶液储存于聚乙烯瓶中，在冰箱中保存。此淋洗储备溶液为：0.35 mol/L Na_2CO_3＋0.10 mol/L $NaHCO_3$。

阴离子标准储备溶液：用优级纯的钠盐分别配制成浓度为 100 mg/L 的 F^-、1000 mg/L 的 Cl^-、100 mg/L 的 NO_2^-、1000 mg/L 的 Br^-、1000 mg/L 的 NO_3^-、1000 mg/L 的 PO_4^{3-}、1000 mg/L 的 SO_4^{2-} 的 7 种阴离子标准储备溶液。

四、实验步骤

1. $Na_2CO_3/NaHCO_3$ 阴离子淋洗液的制备

移取 0.35 mol/L Na_2CO_3＋0.10 mol/L $NaHCO_3$ 阴离子淋洗储备溶液 10.00 mL，用高纯水稀释至 1000 mL，摇匀。此淋洗液为 3.5 mmol/L Na_2CO_3＋1.0 mmol/L $NaHCO_3$。

2. 阴离子单个标准溶液的制备

分别移取 100 mg/L 的 F^- 标液 5.00 mL、1000 mg/L Cl^- 标液 2.00 mL、100 mg/L NO_2^- 标液 15.00 mL、1000 mg/L Br^- 标液 3.00 mL、1000 mg/L NO_3^- 标液 3.00 mL、1000 mg/L PO_4^{3-} 标液 5.00 mL、1000 mg/L SO_4^{2-} 标液 5.00 mL 于 7 个 100 mL 容量瓶中，分别用高纯水稀释至刻度，摇匀。得到 F^- 浓度为 5 mg/L、Cl^- 浓度为 20 mg/L、NO_2^- 浓度为 15 mg/L、Br^- 浓度为 30 mg/L、NO_3^- 浓度为 30 mg/L、PO_4^{3-} 浓度为 50 mg/L、SO_4^{2-} 浓度为 50 mg/L的 7 种标准溶液。按同样方法依次移取不同量的储备液配制成另几种不同浓度的阴离子单个标准溶液，浓度范围为 5～100 mg/L。

3. 阴离子混合标准溶液的制备

分别移取 100 mg/L F^- 标液 5.00 mL、1000 mg/L Cl^- 标液 2.00 mL、100 mg/L NO_2^- 标液 15.00 mL、1000 mg/L Br^- 标液 3.00 mL、1000 mg/L NO_3^- 标液 3.00 mL、1000 mg/L PO_4^{3-} 标液 5.00 mL、1000 mg/L SO_4^{2-} 标液 5.00 mL 于一个 100 mL 容量瓶中，用高纯水稀释至刻度，摇匀。得到 F^- 浓度为 5 mg/L、Cl^- 浓度为 20 mg/L、NO_2^- 浓度为 15 mg/L、Br^- 浓度为 30 mg/L、NO_3^- 浓度为 30 mg/L、PO_4^{3-} 浓度为 50 mg/L、SO_4^{2-} 浓度为 50 mg/L 的混合标准溶液。按同样方法依次移取不同量的储备液配制成另几种不同浓度的混合标准溶液，浓度范围为 5～100 mg/L。

4. 操作步骤

(1) 将 3.5 mmol/L Na_2CO_3＋1.0 mmol/L $NaHCO_3$ 淋洗液装入塑料淋洗瓶

中，其体积约为 1000 mL。

（2）开启氮气开关，使氮气压力控制在 0.2 MPa。

（3）打开主机电源开关，开启离子色谱仪。

（4）按 Eluent Pressure 键，对淋洗液加压。

（5）60 s 后按 Pump 键，开泵。

（6）约 5 min 后按 SRS 键（抑制器电流开关，同时也可以控制 DS4。双柱系统中，控制被选中的抑制器），接通 SRS 电源，屏幕闪出设置的电流值（设定为 50 mA），并检查系统有无泄漏，SRS 有无气泡排出，系统柱压稳定在 1500～2500 psi 为宜。

（7）按 Column A 键（测定阴离子）。

（8）调节流速。按 Flow Setting 键，确认淋洗液流速是否正确，如果流速不正确，可以进行调节。调节流速时，拉出泵前的旋钮，边观察边调节使流速显示至 1.2 mL/min，然后推回旋钮。

（9）打开计算机，启动 Easy 2000 色谱软件系统。双击 Easy 2000，打开 Easy 2000 工作站，出现"文件"、"方法编辑"、"定量计算"、"选项"、"谱图处理"、"采样"、"窗口"、"帮助"工具条。

（10）建立一个新的空白方法文件。单击"文件"按钮，打开文件菜单，在出现的文件下拉菜单中选择"建立新的方法文件"，在出现的对话框中输入一个文件名，然后单击"保存"按钮，新的方法文件建立。

（11）参数设置。单击工具条上的"方法编辑"按钮，在出现的下拉菜单中单击"参数设置"（或单击"参数设置"图标），则进入参数设置窗口，然后单击"采样参数"按钮，进入采样速度、采样量程和采样时间等对话框，在此对话框设定适当的采样速度，采样量程和采样时间，并在保存谱图文件名栏中输入一个文件名，然后确认。

（12）采样。单击"采样"按钮，再单击"信道 1 采样"（或单击"信道 1 采样"图标），则进入信道 1 采样窗口，再单击"设置"按钮，核对输入的谱图文件名，核对完成后准备用注射器采样。将注射器用高纯水洗 3～4 次，再用欲注射的阴离子单个标准溶液洗 3～4 次，吸取数倍于进样器体积的阴离子单个标准溶液，并注意不要吸入气泡（如果吸入气泡，可以将注射器针头朝上，小心排出气泡），将带过滤头的注射器插在 DX-120 前门的进样孔上，注入阴离子单个标准溶液后，多余的标准溶液从废液管排出，取下注射器。

（13）采集阴离子单个标准溶液的谱图。取下注射器后，按 Load/Inject 键进样，出峰后，单击"终止"按钮，并单击"是"按钮保存谱图。因为有 7 种阴离子单个标准溶液，所以需要进样 7 次，这样就得到 7 种阴离子单个标准溶液的谱图，记下各组分的保留时间，然后与阴离子混合标准溶液的谱图相对照，以确定阴离子混合标准溶液中各个离子峰的归属。

（14）采集阴离子混合标准溶液的谱图。采集方法同步骤（11）、（12）、（13）。当阴离子混合标准溶液中所有组分的峰出完后，单击“终止”按钮，并单击“是”按钮保存谱图，出现“峰检测报告”，记下各组分的保留时间，关闭此窗口。单击“色谱峰表”图标，显示色谱峰表，修改各组分的保留时间，然后确认。如果有需要，可以重复进样若干次。每次采样时应该改变一个新的文件名。当一个标样采样完成后，再采集另一个浓度的标样。

（15）处理标样谱图。单击“文件”按钮，打开文件菜单，在出现的文件下拉菜单中单击“打开谱图文件”，进入“选择谱图文件”页面，在其中选定所需的文件，然后单击“打开”，读入一张阴离子混合标准溶液的谱图后，再单击“谱图积分”图标，当积分完毕后，Easy 2000 会在检测出的色谱峰上标出保留时间，并在色谱峰的下面画出校正基线。记下色谱峰半高处的峰宽（最小半峰宽和最大半峰宽），然后单击“参数设置”图标，修改其中的最小半峰宽和最大半峰宽参数使之与刚才测定的值一致（理论上最小半峰宽应该是谱图时间零处的峰宽值；最大半峰宽应该是谱图结束处的峰宽值）。然后再次对谱图积分，如果出现许多不需要的色谱峰，可以适当加大最小峰高参数以屏蔽掉这些峰。如果基线位置不理想，也可以适当修改基线检测门限参数值。

（16）绘制校正曲线。单击“校正参数计算”图标，出现“校正系数计算向导”页面，单击“下一步”，出现“第一步：设定校正参数”页面，在此页面中填入不同浓度标样的个数，每种标样重复次数，标样中组分个数，校正方法选择“外标法”，校正曲线类型选择“线性回归”，校正时使用选择“峰面积”。然后单击“下一步”，出现“第二步：标样浓度”页面，在此页面中输入标准溶液的浓度，每一行代表一个组分。填好后单击“下一步”，出现“第三步：标样谱图文件”页面，在此页面中，单击浓度-文件名下面的格子中右边的位置，会出现一个小图标，单击这个图标就进入“选择谱图文件”页面，可以在其中选定所需要的文件。然后单击“打开”，又返回“第三步：标样谱图文件”，再单击“下一步”，出现“第四步：设定总结”页面，单击“下一步”，Easy 2000 将会自动计算并绘制出校正曲线。每个组分有各自的一条校正曲线。单击“保存”按钮（每一个组分都要保存），校正曲线的数据将保存到色谱峰表中，最后单击“关闭”。

（17）样品测定（注入样品溶液，采集样品溶液的谱图，计算结果）。采集样品溶液的谱图，采集方法同步骤（11）、（12）、（13）。当样品溶液中所有组分的峰出完后，单击“终止”按钮，并单击“是”按钮保存谱图，Easy 2000 会自动启动谱图积分，标出检测出的色谱峰，根据校正曲线计算出每一个组分的含量，并形成一份分析结果报告。如果一切正常的话，单击“打印”按钮即可将分析结果报告打印到纸上。

五、实验数据及结果

（1）将阴离子混合标准溶液的制备列表。

（2）根据实验数据对测定结果进行评价，计算有关误差（列表表示）。

六、注意事项

（1）离子交换柱的型号、规格不一样时，色谱条件会有很大的差异，一般商品离子色谱柱都附有常见离子的分析条件。

（2）系统柱压应该稳定在 1500～2500 psi 为宜。柱压过高可能流路有堵塞或柱子污染；柱压过低可能泄漏或有气泡。

（3）AS14 柱、CS12A 柱和抑制器都比较忌讳有机溶剂，当需要有机溶剂淋洗时，需要用外加水或化学抑制模式。

（4）抑制器使用时应该注意如下几点：①尽量将电流设定为 50 mA 以延长抑制器的使用寿命；②抑制器与泵同时开关；③每星期至少开机一次，保持抑制器活性；④长期不用应封存抑制器。

七、思考题

（1）离子的保留时间与哪些因素有关？

（2）为什么在离子的色谱峰前会出现一个负峰（倒峰）？应该怎样避免？

实验 49　离子色谱法测定粉尘中可溶性无机阴、阳离子的含量

一、实验目的

（1）了解用离子色谱法测定痕量样品中无机阴、阳离子的实验方法。

（2）了解离子色谱仪的工作原理并掌握 DX-120 型离子色谱仪的使用方法。

二、实验原理

分析无机阴离子时，用阴离子交换柱，其填料通常为季铵盐基团［称为固定相，以 $R—N^{+}(CH_3)_3 \cdot OH^{-}$ 表示］，分离机理主要是离子交换，用 $Na_2CO_3/NaHCO_3$ 为淋洗液。用淋洗液平衡阴离子交换柱，样品溶液自进样口注入六通阀，高压泵输送淋洗液，将样品溶液带入交换柱。由于静电场相互作用，样品溶液的阴离子与交换柱固定相中的可交换离子 OH^{-} 发生交换，并暂时且选择性地保留在固定相上，同时，保留的阴离子又被带负电荷的淋洗离子（CO_3^{2-}/HCO_3^{-}）

交换下来进入流动相。由于不同的阴离子与交换基团的亲和力大小不同，因此在固定相中的保留时间也就不同。亲和力小的阴离子与交换基团的作用力小，因而在固定相中的保留时间就短，先流出色谱柱；亲和力大的阴离子与交换基团的作用力大，在固定相中的保留时间就长，后流出色谱柱，于是不同的阴离子彼此就达到了分离的目的。被分离的阴离子经抑制器被转换为高电导率的无机酸，而淋洗液离子（CO_3^{2-}/HCO_3^-）则被转换为弱电导率的碳酸（消除背景电导率，使其不干扰被测阴离子的测定）。然后电导检测器依次测定被转变为相应酸型的阴离子，与标准进行比较，根据保留时间定性，根据峰高或峰面积定量。本实验采用峰面积标准曲线（1 点）定量。

分析 K^+、NH_4^+、Na^+ 等无机阳离子时，用阳离子交换柱，其填料通常为磺酸基团（固定相，以 $R—SO_3^- H^+$ 表示），所用的淋洗液通常是能够提供 H^+ 作淋洗离子的物质（如甲烷磺酸、硫酸等）。由于静电相互作用，样品阳离子被交换到填料交换基团上，又被带正电荷的淋洗离子交换下来进入流动相，这种过程反复进行。与阳离子交换基团作用力小的阳离子在色谱柱中的保留时间短，先流出色谱柱；与阳离子交换基团作用力大的阳离子在色谱柱中的保留时间长，后流出色谱柱，于是不同性质的阳离子就得到了分离。本实验采用峰面积标准曲线(1 点)定量。

三、仪器与试剂

美国 Dionex 公司 DX-120 型离子色谱仪；Easy 2000 工作站；AG14 型阴离子保护柱；CG12 型阳离子保护柱；AS14 型阴离子分离柱；CS12A 型阳离子分离柱；

自动再生抑制器：阴离子 ASRS-ULTRA 型；阳离子 CSRS-ULTRA 型。

$Na_2CO_3/NaHCO_3$ 阴离子淋洗储备溶液：称取 37.10 g Na_2CO_3（分析纯级以上）和 8.40 g $NaHCO_3$（分析纯级以上）（均已在 105℃烘箱中烘 2 h 并冷却至室温）溶于高纯水中，转入 1000 mL 容量瓶中，加水至刻度，摇匀。然后将此淋洗储备溶液储存于聚乙烯瓶中，在冰箱中保存。此淋洗储备溶液为：0.35 mol/L Na_2CO_3＋0.10 mol/L $NaHCO_3$。

甲烷磺酸阳离子淋洗储备溶液：取甲烷磺酸（分子式为 CH_3SO_3H，相对分子质量为 96.11，100 mL 质量为 148 g，浓度为 15.4 mol/L）32.5 mL 于 500 mL 容量瓶中，用高纯水稀释至刻度，摇匀。此溶液甲烷磺酸的浓度为 1.0 mol/L。

阴离子标准储备溶液：用优级纯的钠盐分别配制成浓度为 1000 mg/L Cl^-、1000 mg/L NO_3^-，1000 mg/L SO_4^{2-} 的储备液。使用时用高纯水稀释成浓度为 5.00～50.00 mg/L 工作溶液。

阳离子标准储备溶液：用优级纯的钠盐和硝酸盐分别配制成浓度为 1000 mg/L

Na^+、1000 mg/L NH_4^+、1000 mg/L K^+的储备液。使用时用高纯水稀释成浓度为5.00～50.00 mg/L的工作溶液。

四、实验步骤

1. $Na_2CO_3/NaHCO_3$ 阴离子淋洗溶液的制备

移取0.35 mol/L Na_2CO_3+0.10 mol/L $NaHCO_3$ 阴离子淋洗储备溶液10.00 mL，用高纯水稀释至1000 mL，摇匀。此淋洗液为3.5 mmol/L Na_2CO_3 +1.0 mmol/L $NaHCO_3$。

2. 甲烷磺酸阳离子淋洗溶液的制备

取1.0 mol/L 甲烷磺酸阳离子淋洗储备溶液20 mL于1000 mL容量瓶中，用高纯水稀释至刻度，摇匀。此溶液甲烷磺酸的浓度为20 mmol/L。

3. 阴离子单个标准溶液的制备

分别移取1000 mg/L Cl^-标液2.00 mL、1000 mg/L NO_3^- 标液3.00 mL、1000 mg/L SO_4^{2-} 标液5.00 mL于3个100 mL容量瓶中，用高纯水稀释至刻度，摇匀。分别得Cl^-浓度为20 mg/L、NO_3^- 浓度为30 mg/L、SO_4^{2-} 浓度为50 mg/L的3种标准溶液。按同样方法依次移取不同量的储备液配制另几种不同浓度的单个标准溶液。浓度范围为5～100.00 mg/L。

4. 阳离子单个标准溶液的制备

分别移取1000 mg/L Na^+标液2.00 mL、1000 mg/L NH_4^+ 标液1.00 mL、1000 mg/L K^+标液3.00 mL于3个100 mL容量瓶中，用高纯水稀释至刻度，摇匀。分别得到Na^+浓度为20 mg/L、NH_4^+ 浓度为10 mg/L、K^+浓度为30 mg/L的标准溶液。按同样方法依次移取不同量的储备液配制另几种不同浓度的单个标准溶液。浓度范围为5.00～50.00 mg/L。

5. 阴、阳离子混合标准溶液的制备

分别移取1000 mg/L Cl^-标液2.00 mL、1000 mg/L NO_3^-标液3.00 mL、1000 mg/L SO_4^{2-} 标液5.00 mL、1000 mg/L Na^+标液2.00 mL、1000mg/L NH_4^+ 标液1.00 mL、1000 mg/L K^+标液3.00 mL于一个100 mL的容量瓶中，用高纯水稀释至刻度，摇匀。得到Cl^-浓度为20 mg/L、NO_3^- 浓度为30 mg/L、SO_4^{2-} 浓度为50 mg/L、Na^+浓度为20 mg/L、NH_4^+ 浓度为10 mg/L、K^+浓度为30 mg/L的混合标准溶液。按同样方法依次移取不同量的储备液配制另几种不同浓度的混合标准

溶液。浓度范围为 5.00～50.00 mg/L。

6. 操作步骤

（1）分别将 3.5 mmol/L Na_2CO_3 ＋1.0 mmol/L $NaHCO_3$ 淋洗液和20 mmol/L 甲烷磺酸淋洗液装入两个塑料淋洗瓶中，其体积约为 1000 mL。

（2）开启氮气开关，使氮气压力控制在 0.2 MPa。

（3）打开主机电源开关，开启离子色谱仪。

（4）按 Eluent Pressure 键，对淋洗液加压。

（5）60 s 后按 Pump 键，开泵。

（6）约 5 min 后按 SRS 键（抑制器电流开关，同时也可以控制 DS4。双柱系统中，控制被选中的抑制器），接通 SRS 电源，屏幕闪出设置的电流值（设定为 50 mA），并检查系统有无泄漏，SRS 有无气泡排出，系统柱压稳定在 1500～2500 psi 为宜。

（7）按 Column A 键测定阴离子，按 Column B 键测定阳离子。

（8）调节流速。按 Flow Setting 键，确认淋洗液流速是否正确（测定阴离子时，流速为 1.2 mL/min；测定阳离子时，流速为 1.0 mL/min）。如果流速不正确，可以进行调节。调节流速时，拉出泵前的旋钮，边观察边调节使流速显示至需要值，然后推回旋钮。

（9）打开计算机，启动 Easy 2000 色谱软件系统。双击 Easy 2000，打开 Easy 2000 工作站，出现"文件"、"方法编辑"、"定量计算"、"选项"、"谱图处理"、"采样"、"窗口"、"帮助"工具条。

（10）建立一个新的空白方法文件。单击"文件"按钮，打开文件菜单，在出现的文件下拉菜单中选择"建立新的方法文件"，在出现的对话框中输入一个文件名，然后单击"保存"按钮，新的方法文件建立。

（11）参数设置。单击工具条上的"方法编辑"按钮，在出现的下拉菜单中单击"参数设置"（或单击"参数设置"图标），则进入参数设置窗口，然后单击"采样参数"按钮，进入采样速度、采样量程和采样时间等对话框，在此对话框设定适当的采样速度、采样量程和采样时间，并在保存谱图文件名栏中输入一个文件名，然后确认。

（12）采样。单击"采样"按钮，再单击"信道 1 采样"（或单击"信道 1 采样"图标），则进入信道 1 采样窗口，再单击"设置"按钮，核对输入的谱图文件名，核对完成后准备用注射器采样。将注射器用高纯水洗 3～4 次，再用欲注射的阴离子单个标准溶液洗 3～4 次，吸取数倍于进样器体积的阴离子单个标准溶液，并注意不要吸入气泡（如果吸入气泡，可以将注射器针头朝上，小心排出气泡），将带过滤头的注射器插在 DX-120 前门的进样孔上，注入阴离子单个标准溶液后，多余的标准溶液从废液管排出，取下注射器。

(13) 采集阴离子单个标准溶液的谱图。取下注射器后，按 Load/Inject 键进样，出峰后，单击“终止”按钮，并单击“是”按钮保存谱图。因为有 3 种阴离子单个标准溶液，所以需要进样 3 次，这样就得到 3 个阴离子单个标准溶液的谱图，记下各组分的保留时间，然后与阴离子混合标准溶液的谱图相对照，以确定阴离子混合标准溶液中各个离子峰的归属。

(14) 采集阳离子单个标准溶液的谱图。重复步骤 (11)、(12)、(13)，得到三个阳离子单个标准溶液的谱图，记下各组分的保留时间，然后与阳离子混合标准溶液的谱图相对照，以确定阳离子混合标准溶液中各个离子峰的归属。

(15) 采集阴、阳离子混合标准溶液的谱图。按 Column A 键，采集阴、阳离子混合标准溶液中的阴离子混合标准溶液的谱图，采集方法同步骤 (11)、(12)、(13)。当阴离子混合标准溶液中所有组分的峰出完后，单击“终止”按钮，并单击“是”按钮保存谱图，出现“峰检测报告”，记下各组分的保留时间，关闭此窗口。单击“色谱峰表”图标，显示色谱峰表，修改各组分的保留时间，然后确认。如果有需要，可以重复进样若干次。每次采样时应当改变一个新的文件名。当一个标样采样完成后，再采集另一个浓度的标样。

按 Column B 键，采集阴、阳离子混合标准溶液中的阳离子混合标准溶液的谱图，方法同阴离子混合标准溶液。

(16) 色谱图处理（处理阴离子混合标准溶液的谱图）。单击“文件”按钮，打开文件菜单，在出现的文件下拉菜单中单击“打开谱图文件”，进入“选择谱图文件”页面，在其中选定阴离子混合标准溶液的谱图文件。然后单击“打开”，读入一张阴离子混合标准溶液的谱图后，再单击“谱图积分”图标。当积分完毕后，Easy 2000 会在检测出的色谱峰上标出保留时间，并在色谱峰的下面画出校正基线。记下色谱峰半高处的峰宽（最小半峰宽和最大半峰宽），然后单击“参数设置”图标，修改其中的最小半峰宽和最大半峰宽参数使之与刚才测定的值一致（理论上最小半峰宽应该是谱图时间零处的峰宽值；最大半峰宽应该是谱图结束处的峰宽值）。然后再次对谱图积分，如果出现许多不需要的色谱峰，可以适当加大最小峰高参数屏蔽掉这些峰。如果基线位置不理想，也可以适当修改基线检测门限参数值。

(17) 校正曲线的绘制。单击“校正参数计算”图标，出现“校正系数计算向导”页面，单击“下一步”，出现“第一步：设定校正参数”页面，在此页面中填入不同浓度标样的个数、每种标样重复次数、标样中组分个数，校正方法选择“外标法”，校正曲线类型选择“线性回归”，校正时使用选择“峰面积”。然后，单击“下一步”，出现“第二步：标样浓度”页面，在此页面中输入标准溶液的浓度，每一行代表一个组分。填好后单击“下一步”，出现“第三步：标样谱图文件”页面，在此页面中，单击“浓度-文件名”下面的格子中右边的位置，会出现一个小图标，单击这个图标就进入“选择谱图文件”页面，可以在其中选定所需的文件，然后单击“打开”，又返回“第三步：标样谱图文件”，再单击“下一步”，出现“第四步：设定总结”页面，单击“下一步”，Easy 2000 将会自动计算并绘制出校正曲线。每个组分有各自的一条校正曲线。单击“保存”按钮（每一个组分都要保存），校正曲线的数据将保存到色谱峰表中，最后单击“关闭”。

（18）重复步骤（16）、（17），对阳离子混合标准溶液的谱图进行处理和绘制校正曲线。

（19）样品测定（注入样品，计算结果）。采集样品溶液的谱图，采集方法同步骤（11）、（12）、（13）。当样品溶液中所有组分的峰出完后，单击“终止”按钮，并单击“是”按钮保存谱图，Easy 2000 会自动启动谱图积分，标出检测出的色谱峰，根据校正曲线计算每一个组分的含量，并形成一份分析结果报告。如果一切正常的话，单击“打印”按钮即可将分析结果报告打印到纸上。

五、实验数据及结果

（1）将阴、阳离子混合标准溶液的制备列表。

（2）根据实验数据对测定结果进行评价，计算有关误差（列表表示）。

六、注意事项

（1）离子交换柱的型号、规格不一样时，色谱条件会有很大的差异，一般商品离子色谱柱都附有常见离子的分析条件。如果所用的色谱柱与本实验不一致，应该参考所用色谱柱的说明书确定分析条件。

（2）AS14 柱、CS12A 柱和抑制器都比较忌讳有机溶剂，当需要有机溶剂淋洗时，需要用外加水或化学抑制模式。

（3）每星期至少开机一次，保持抑制器活性，长期不用应该封存抑制器。

七、思考题

（1）柱温对离子的保留时间有什么影响？

（2）离子色谱分析阳离子有什么优点？

实验 50　离子色谱法测定大气颗粒物中可溶性无机阴、阳离子

一、实验目的

（1）掌握一种快速、易操作且准确的环境样品前处理方法。

（2）掌握用离子色谱法测定痕量样品中无机离子的实验方法。

二、实验原理

大气颗粒物中可溶性无机阴、阳离子的测定分别采用阴离子交换柱和阳离子交换柱。阴离子交换柱，其填料通常为季铵盐基团［固定相，以 $R—N^{+}(CH_3)_3 \cdot OH^{-}$表示］，分离机理主要是离子交换，用 $Na_2CO_3/NaHCO_3$ 为淋洗液。用淋洗液平衡阴离子交换柱，样品溶液自进样口注入六通阀，高压泵输送淋洗液，将样品溶液带入交换柱。由于静电场相互作用，样品溶液的阴离子与交换柱固定相中的可交换离子 OH^{-} 发生交换，并暂时且选择性地保留在固定相上，同时，保留的阴离子又被带负电荷的淋洗离子（CO_3^{2-}/HCO_3^{-}）交换下来进入流动相。由于不同的阴离子与交换基团的亲和力大小不同，因此在固定相中的保留时间也就不同：亲和力小的阴离子与交换基团的作用力小，因而在固定相中的保留时间就短，先流出色谱柱；亲和力大的阴离子与交换基团的作用力大，在固定相中的保留时间就长，后流出色谱柱。于是不同的阴离子彼此就达到了分离的目的。被分离的阴离子经抑制器被转换为高电导率的无机酸，而淋洗液离子（CO_3^{2-}/HCO_3^{-}）则被转换为弱电导率的碳酸（消除背景电导率，使其不干扰被测阴离子的测定），然后电导检测器依次测定被转变为相应酸性的阴离子，与标准进行比较，根据保留时间定性，根据峰高或峰面积定量。本实验采用峰面积标准曲线（1 点）定量。

阳离子交换柱，其填料通常为磺酸基团（固定相，以 $R—SO_3^{-}H^{+}$ 表示），所用的淋洗液通常是能够提供 H^{+} 作淋洗离子的物质（如甲烷磺酸、硫酸等）。由于静电相互作用，样品阳离子被交换到填料交换基团上，又被带正电荷的淋洗离子交换下来进入流动相，这种过程反复进行，与阳离子交换基团作用力小的阳离子在色谱柱中的保留时间短，先流出色谱柱，与阳离子交换基团作用力大的阳离子在色谱柱中的保留时间长，后流出色谱柱，于是不同性质的阳离子就得到了分离。本实验采用峰面积标准曲线（1 点）定量。

三、仪器与试剂

1. 仪器

美国 Dionex 公司 DX-120 型离子色谱仪；Easy 2000 工作站；AG14 型阴离子保护柱；CG12 型阳离子保护柱；AS14 型阴离子分离柱；CS12A 型阳离子分离柱。

自动再生抑制器：阴离子 ASRS-ULTRA 型；阳离子 CSRS-ULTRA 型。

2. 试剂

(1) $Na_2CO_3/NaHCO_3$ 阴离子淋洗储备溶液。称取 37.10 g Na_2CO_3（分析纯级以上）和 8.40 g $NaHCO_3$（分析纯级以上）（均已在105℃烘箱中烘 2 h 并冷

却至室温)，溶于高纯水中，转入 1000 mL 容量瓶中，加水至刻度，摇匀。然后将此淋洗储备溶液储存于聚乙烯瓶中，在冰箱中保存。此淋洗储备溶液为：0.35 mol/L Na_2CO_3 +0.10 mol/L $NaHCO_3$。

(2) 甲烷磺酸阳离子淋洗储备溶液。取甲烷磺酸（分子式为 CH_3SO_3H，相对分子质量为 96.11，100 mL 质量为 148 g，浓度为 15.4 mol/L）32.5 mL 于 500 mL 容量瓶中，用高纯水稀释至刻度，摇匀。此溶液甲烷磺酸的浓度为 1.0 mol/L。

(3) 阴离子标准储备溶液。用优级纯的钠盐分别配制成浓度为 1000 mg/L 的 Cl^-、1000 mg/L 的 NO_3^-、1000 mg/L 的 SO_4^{2-} 的储备液。使用时用高纯水稀释成浓度为 5.00～50.00 mg/L 工作溶液。

(4) 阳离子标准储备溶液。用优级纯的钠盐和硝酸盐分别配制成浓度为 1000 mg/L 的 Na^+、1000 mg/L NH_4^+、1000 mg/L K^+ 的储备液。使用时用高纯水稀释成浓度为 5.00～50.00 mg/L的工作溶液。

四、实验步骤

1. 样品的采集及前处理方法

以大中流量采样器抽取一定体积空气，通过石英滤膜（直径 90 mm），空气中粒径在 100 μm 的悬浮物颗粒（TSP）被阻留吸附在滤膜上，以重量法测定 TSP 总质量水平后，滤膜经处理进行阴阳离子含量分析。

用重量法进行 TSP 分析后的滤膜，取适当大小并剪成小块后用 10 mL 去离子水浸泡过夜，超声波振荡 20 min，转移至离心管中离心 15 min，过滤，测上清液中阴、阳离子的含量。

2. 标准混合液的配制

(1) 称 0.163 g 于 120～130℃干燥至恒量的 KNO_3，溶于水稀释到 1000 mL，得到 NO_3^- 浓度为 100 mg/L、K^+浓度为 63 mg/L。

(2) 称 0.297 g 于 105～110℃干燥至恒量的 NH_4Cl，溶于水稀释到 1000 mL，得到 NH_4^+浓度为 100 mg/L、Cl^-浓度为 196 mg/L。

(3) 称 0.148 g 于 105～110℃干燥至恒量的 Na_2SO_4，溶于水稀释到 1000 mL，得到 Na^+浓度为 100 mg/L、SO_4^{2-} 浓度为 196 mg/L。

各取上述 KNO_3、NH_4Cl、Na_2SO_4 混合溶液 20 mL 于 100 mL 容量瓶中，加水至刻度。得到 NO_3^- 浓度为 20 mg/L、Cl^-浓度为 39.2 mg/L、SO_4^{2-} 浓度为 20 mg/L、Na^+浓度为 9.6 mg/L、NH_4^+浓度为 20 mg/L、K^+浓度为 12.6 mg/L 混合标准溶液。

3. 样品测试

(1) 在阴离子色谱柱，注入标准溶液，得到 Cl^-、NO_3^-、SO_4^{2-} 的出峰时间和峰面积。

(2) 注入待测样品溶液，得到样品中阴离子含量。

(3) 在阳离子色谱柱，注入标准溶液，得到 Na^+、NH_4^+、K^+ 的出峰时间和峰面积。

(4) 注入待测样品溶液，得到样品中阳离子含量。

五、实验数据及结果

(1) 将阴离子混合标准溶液的制备列表。

(2) 根据实验数据对测定结果进行评价，并换算为离子在颗粒物中的质量分数，计算有关误差。

六、注意事项

(1) 离子交换柱的型号、规格不一样时，色谱条件会有很大的差异，一般商品离子色谱柱都附有常见离子的分析条件。如果所用的色谱柱与本实验不一致，应该参考所用色谱柱的说明书确定分析条件。

(2) AS14 柱、CS12A 柱和抑制器都比较忌讳有机溶剂，当需要有机溶剂淋洗时，需要用外加水或化学抑制模式。

(3) 每星期至少开机一次，保持抑制器活性，长期不用应该封存抑制器。

(4) 如果没有采集的大气颗粒物样品，可以按以下方法配制样品溶液：

称取 0.163 g KNO_3、0.297 g NH_4Cl、0.148 g Na_2SO_4 溶于水稀释到 100 mL。在滤纸片上滴加 0.1～0.2 mL 上述溶液，晾干，计算出样品的质量，将样品溶于 10 mL 水中，混匀后测定。

七、思考题

简述用离子色谱法测定痕量样品中无机离子的原理。

备注

阴、阳离子储备液的配制：

(1) 称 0.163 g 于 120～130℃干燥至恒量的 KNO_3，溶于高纯水中，转入 1000 mL 容量瓶中，用水稀释到刻度，摇匀。得到 NO_3^- 浓度为 100 mg/L、K^+ 浓度为 63 mg/L。

(2) 称 0.297 g 于 105～110℃干燥至恒量的 NH_4Cl，溶于高纯水中，转入

1000 mL 容量瓶中，用水稀释到刻度，摇匀。得 NH_4^+ 浓度为 100 mg/L、Cl^- 浓度为 196 mg/L。

（3）称 0.148 g 于 105～110℃干燥至恒量的 Na_2SO_4，溶于高纯水中，转入 1000 mL 容量瓶中，用水稀释到刻度，摇匀。得 Na^+ 浓度为 100 mg/L、SO_4^{2-} 浓度为 196 mg/L。

分别移取上述 KNO_3、NH_4Cl、Na_2SO_4 溶液 20 mL 于 100 mL 容量瓶中，加高纯水稀释至刻度，摇匀。得 NO_3^- 20 mg/L、Cl^- 39.2 mg/L、SO_4^{2-} 20 mg/L、Na^+ 9.6 mg/L、NH_4^+ 20 mg/L、K^+ 12.6 mg/L 混合标准溶液。

参考文献

国家环境保护局《水和废水检测分析方法》编委会．1989．水和废水检测分析方法．北京：中国环境科学出版社

牟世芬，刘克纳．2000．离子色谱方法及应用．北京：化学工业出版社

第 14 章　气相色谱-质谱联用分析法

仪器联用技术是当代仪器分析发展的一个重要方向。其中，以色谱的联用技术最为活跃。多种结构分析仪器能够提供被测物的定性检测信息，但这些仪器方法大多只能用于纯化合物或简单混合物的直接鉴定。若将这些结构分析仪器作为色谱鉴定器而与色谱联用，则可将色谱的高分离能力与结构分析仪器的成分鉴定能力相结合，使各种色谱联用技术成为最有效的复杂混合物的分离、鉴定手段。在众多的仪器联用技术中，气相色谱-质谱联用是开发最早、仪器最为完善、应用最为广泛的，也是最为成功的一种。

14.1　基 本 原 理

气相色谱法是有力的分离手段，它具有分离效率高、分析时间短、定量结果准、设备价格低、容易自动化等特点，但在鉴定方面有很大的局限性，即使有纯样品，要鉴定未知样品也不容易；质谱是一种需样量较少、信息量较大的鉴定工具，具有灵敏度高、鉴别能力强、响应速度快等优点，但并不适合于对混合物的测定。气相色谱-质谱联用技术克服了质谱的这一缺点，在进入质谱仪以前，混合物已经被气相色谱仪成功地分离了。

气相色谱对混合物的分离是基于各种化合物对流动气相和固定液相的相对亲和性不同而进行的。样品的进样方式采用传统的分流/不分流注射。很少量的样品被注射进色谱仪中，在色谱柱前端的加热区被汽化，样品的蒸气被载气（通常用氦气）运送通过色谱柱（长度为 15～200 m），这就组成了气相部分。色谱柱的内壁包着一层液体，称为固定相。不同的化合物在色谱柱中以不同的速率前进，于是流出色谱柱的时间也就不同，在流出色谱柱时它们就被分离了。化合物在色谱柱中的运行时间被称做保留时间。保留时间是由化合物在流动相和固定相中的相对溶解度而决定的。有关气相色谱的详细原理请参阅本书的第 11 章。

质谱分析法主要是利用电磁学原理，通过对带电样品离子的质荷比（m/z）的分析，来实现对样品进行定性和定量的一种分析方法。待测样品在高真空中受热汽化后，通过一个细孔（称为漏孔）进入电离室。在电离室中，大多数样品分子被打掉一个电子成为分子离子，或进一步发生化学键的断裂而形成碎片离子。样品分子形成碎片要根据一定的原则，也就是说，形成的碎片离子对样品分子是特征的。产生的离子经加速后进入磁场中，其动能与加速电压及电荷 z 有关，即

$$E = zV = \frac{1}{2}mv^2 \tag{14-1}$$

式中：z 为离子所带电荷；V 为加速电压；m 为离子的质量；v 为离子被加速后的运动速率。

具有速率 v 的带电离子进入质量分析器中，根据所选择的分离方式，将各种离子按 m/z 进行分离，最终按 m/z 的大小顺序进行收集并记录下来，即得到质谱图。根据质谱图中峰的位置可以进行定性和结构分析，根据峰的强度可以进行定量分析。

14.2　仪器及使用方法

利用气相色谱法对混合物的高效分离能力及质谱法对纯化合物的准确鉴定能力而开发的分析方法，称为气相色谱-质谱联用法，简称 GC-MS 法。用来实现这种联用法的仪器称为气相色谱-质谱联用仪。在这种联用系统中，色谱仪相当于质谱的分离和进样装置，质谱仪相当于色谱的检测器。

GC-MS 联用仪是由合适的接口把两个分开的分析技术结合在一起，由一台计算机联结控制的系统（图 14-1）。因此，它由气相色谱单元、质谱单元、接口和计算机四部分组成。这四部分的作用是：气相色谱仪是混合样品的组分分离器；接口是样品组分的传输线和 GC、MS 两机工作流量或气压的匹配器；质谱是样品组分的鉴定器；计算机是整机工作的指挥器、数据处理器和分析结果输出器。

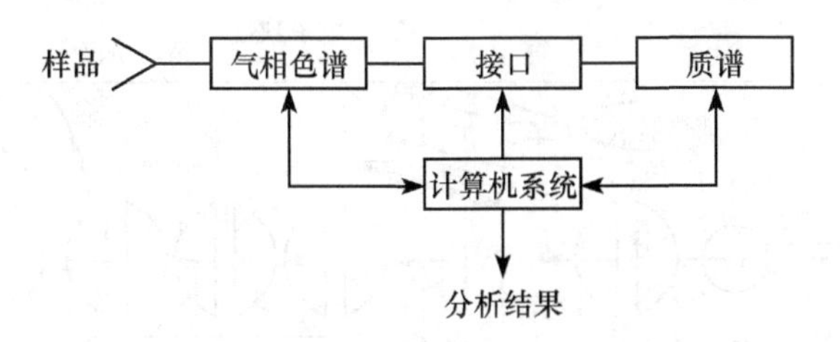

图 14-1　GC-MS 联用仪组成方框图

14.2.1　气相色谱单元

GC-MS 的气相色谱部分和一般的气相色谱仪基本相同，包括柱箱、汽化室和载气系统，也带有分流/不分流进样系统、程序升温系统及压力、流量自动控制系统等。所不同的是，在 GC-MS 仪中，气相色谱仪自身不再配有检测器，而以质谱单元作为气相色谱的一个检测器。有关气相色谱仪的详细仪器构造请参阅本书的第 11 章。

14.2.2 质谱单元

质谱单元主要由离子源、离子质量分析器和离子检测器三部分组成（图 14-2）。

14.2.2.1 离子源

质谱仪常用离子化技术有以下两种：电子轰击离子化（EI）及化学离子化（CI）。EI 是常见的离子化方法。在 EI 源中（图 14-3），将极细的钨丝或铼丝加热至 2000℃左右，灯丝发射出高能电子束，当气态试样由漏孔进入电离室时，高能电子束冲击试样的气体分子，导致试样分子电离而产生正离子：

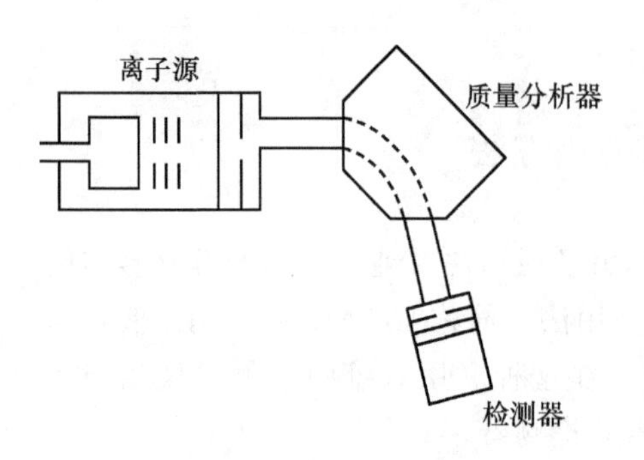

图 14-2 质谱单元组成示意图

$$M + e \longrightarrow M^{+} + 2e$$

式中：M 为试样分子；M^{+} 为分子离子或母体离子。若产生的分子离子带有较大的热力学能，有可能进一步发生化学键的断裂而形成大量的各种低质量的碎片正离子和中型自由基，例如

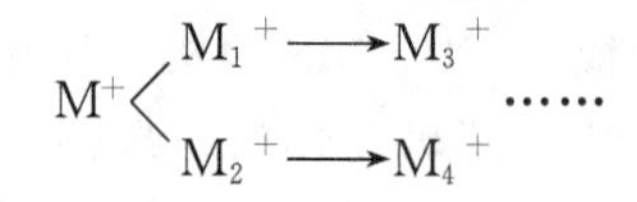

$$M^{+} \begin{cases} M_1^{+} \longrightarrow M_3^{+} \\ M_2^{+} \longrightarrow M_4^{+} \end{cases} \cdots\cdots$$

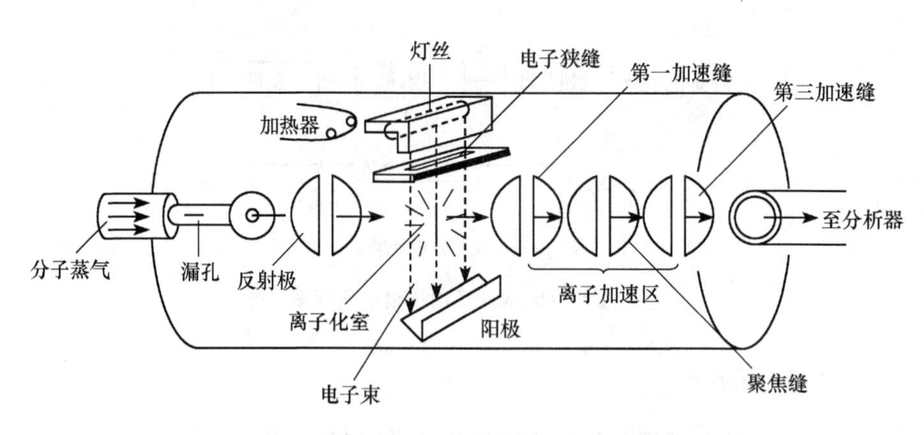

图 14-3 电子轰击源示意图

大多数有机化合物电离能为 7～15 eV，但产生正离子效率最高的能量范围是 60～80 eV，因此大多数质谱仪电子轰击能量为 70 eV。在此能量下得到的粒子流比较稳定，质谱图的重现性较好，国际上采用 70 eV 的质谱为标准谱。

EI 是质谱法中最常用的取得离子的方式，而在有些情况下，EI 将样品粉碎过度，使得样品很难被定性检测出来。此时，CI 源就显得更加有用、更加温和，可以替代 EI 源使用。CI 主要将分子变成分子离子，而不是许多碎片。CI 源和 EI 源在结构上没有多大差别，或者说主体部件是共用的。所不同的是：在 CI 源中，需要导入一种高纯度的气体（通常用甲烷、异丁烷），利用这种气体的离子与被测样品的分子之间的相互作用，形成被测样品分子的正离子或负离子。例如，用甲烷作反应气体，首先，灯丝发出的电子束将反应气电离，即

$$CH_4 + e \longrightarrow CH_4^{+}\cdot + 2e$$

$$CH_4^{+}\cdot \longrightarrow CH_3^{+} + H\cdot$$

随后，形成的反应气离子进一步与大量存在的反应气作用，即

$$CH_4^{+}\cdot + CH_4 \longrightarrow CH_5^{+} + CH_3\cdot$$

$$CH_3^{+} + CH_4 \longrightarrow C_2H_5^{+} + H_2$$

当小量的试样进入离子源时，CH_5^{+} 和 $C_2H_5^{+}$ 再与试样分子（SH）起反应，发生质子转移：

$$CH_5^{+} + SH \longrightarrow SH_2^{+} + CH_4$$

$$C_2H_5^{+} + SH \longrightarrow SH_2^{+} + C_2H_4$$

$$C_2H_5^{+} + SH \longrightarrow S^{+} + C_2H_6$$

SH_2^{+} 和 S^{+} 然后可能碎裂，最终产生质谱图，由（M＋H）或（M－H）离子很容易测得试样分子的相对分子质量。

CI 源又分为正 CI 源（CI＋）和负 CI 源（CI－）。其实，在化学电离时，形成正离子与形成负离子的反应是同时存在的，只是如果用 CI＋则只检测到化合物的正离子，而 CI－只检测到化合物的负离子。CI 常用于检测样品相对分子质量的信息，作为 EI 的补充。

14.2.2.2　质量分析器

当离子离开离子源后，便进入了质量分析器。质量分析器的功能是按质荷比（m/z）的不同，对离子进行分离。在台式小型 GC-MS 中，质量分析器按原理主要分为磁式、四极杆式、离子阱式和飞行时间式。由于不同类型的质量分析器有不同的原理、功能、指标及应用范围，并且还有可能涉及不同的实验方法，因而应该对各种质量分析器有必要的了解。

1）磁式质量分析器

这类分析器一般是利用磁场来进行质量分析，可以分为单聚焦和双聚焦两种类型。单聚焦质量分析器使用扇形磁场（图 14-4），双聚焦质量分析器则使用扇形电场及扇形磁场（图 14-5）。

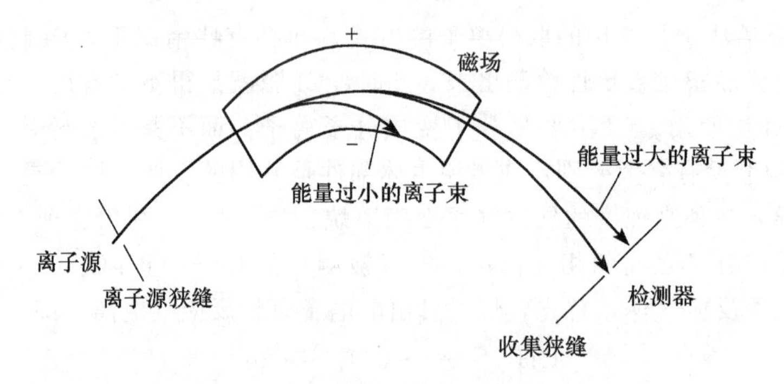

图 14-4 单聚焦质量分析器示意图

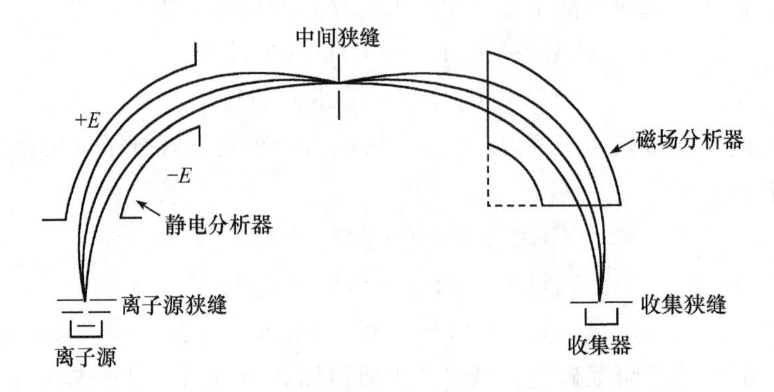

图 14-5 双聚焦质量分析器示意图

(1) 单聚焦质量分析器。重写式（14-1），在离子源中形成的各种碎片离子被加速电压加速进入分析器时，其动能为

$$E = zV = \frac{1}{2}mv^2 \tag{14-1}$$

在质量分析器磁场力的作用下，离子的运动方向将发生偏转，改做圆周运动。此时，离子所受的磁场力作用提供了离子做圆周运动的向心力

$$Bzv = \frac{mv^2}{R} \tag{14-2}$$

式中：B 为磁场强度；R 为离子在磁分析场中做圆周运动的曲率半径。

联立式（14-1）及式（14-2），最终可得

$$R = \frac{1}{B}\sqrt{2V\frac{m}{z}} \tag{14-3}$$

或

$$\frac{m}{z} = \frac{R^2B^2}{2V} \tag{14-4}$$

从式（14-3）可见，离子轨道的曲率半径 R 随离子质荷比 m/z 及加速电压

V 的增大而增大，随磁场强度 B 的增大而减小。通常，质谱仪离子接收器的位置是固定的，即 R 固定。从式（14-4）可知，为记录不同 m/z 的离子，可以固定 V，扫描 B；也可以固定 B，扫描 V。由于加速电压 V 高时，仪器的分辨率和灵敏度高，因而宜采用尽可能高的加速电压。因此，一般采取固定加速电压 V，连续改变磁场强度 B 的方法，使不同 m/z 的离子依次通过质量分析器而被逐一检出，最终获得质谱图。

（2）双聚焦质量分析器。就单聚焦质量分析器而言，其缺点是分辨率不高。这是由于离子在进入加速电场之前，其初始能量并非绝对为零，而是在某一较小的能量范围之内有一个分布。也就是说，即使是 m/z 相同的离子，其初始能量也略有差别。由于这种差别的存在，使它们在加速后的速率也略有不同，最终不能全部聚焦在一起，即静磁场具有能量色散作用，从而使仪器的分辨率不高。为了解决这一问题，可以在离子源和磁场之间外加一静电分析器，静电分析器由两个扇形圆筒组成，外电极上加正电压，内电极上加负电压。如图 14-5 所示，加速后的离子束进入静电场后，只有动能与其曲率半径相应的离子才能通过狭缝进入磁分离器。这样，在方向聚焦之前，实现了能量上的聚焦，这就是“双聚焦”。双聚焦质量分析器的最大优点是分辨率高，其缺点是价格昂贵、维护困难。

2）四极杆质量分析器

四极杆质量分析器又称四极滤质器，由四根平行对称放置的电极杆组成（图 14-6）。将相对的一对电极看成一组，组内的电极是等电位的，而组间的电位正好相反。在两组电极上分别加上直流电压 U 和射频电压 $V\cos\omega t$（V 为射频电压幅值；ω 为射频电压角频率；t 为时间）。这样，在电极包围的空间形成了一个射频场，正电极的电压为 $U+V\cos\omega t$，负电极为 $-(U+V\cos\omega t)$。当离子进入此射频场后，将在电场力的作用下边进行复杂的振动边向前运动，使只有具有一定 m/z

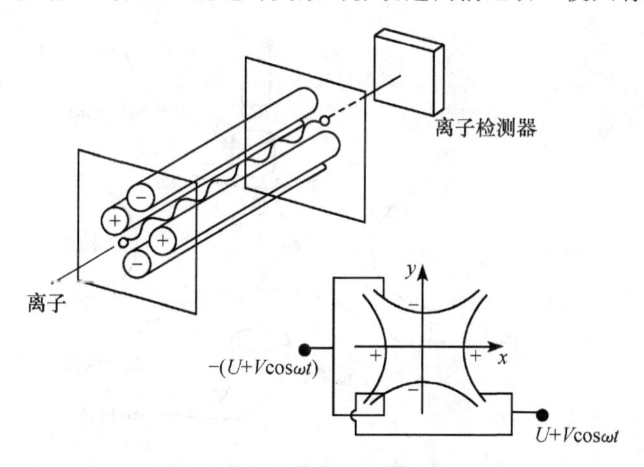

图 14-6　四极杆质量分析器示意图

的离子才能顺利通过，并最终到达检测器，其他离子则因振幅不断增大最终与电极碰撞而被“过滤”掉。这样，有规律地改变参数 U、V 和 ω，就能使离子按 m/z 的大小顺序，依次达到检测器而实现质量分离。在理想情况下，电极的截面应该为双曲线，但由于加工具有理想双曲线截面的电极杆比较困难，在仪器中往往用圆柱形电极棒替代，实际电场与理想双曲线型场的偏差小于1%。

四极杆质量分析器具有结构简单、体积小、成本低、扫描速度快、质量分辨率和检测灵敏度易于调节、对入射离子的初始能量及仪器的真空度要求不高等优点。它的缺点是分辨率不够高，对较高质量的离子有质量歧视效应。在 GC-MS 仪中，四极杆当属应用最为广泛的质量分析器，占总数的80%～90%。比较而言，四极杆式 GC-MS 具有原理成熟、操作简单、维护方便、谱库丰富、灵敏度高、定量重现性好等一系列优势。

3）离子阱质量分析器

离子阱与前面讲述的四极杆质量分析器类似，是四极杆质量分析器的三维形式，因此也称为四极离子阱（图 14-7）。离子阱本身实际上仅由三个电极（两个端罩电极和一个中央环电极）构成。端罩电极的内壁与环电极的两面均为双曲面。在通常工作状态下，端罩电极接地，在环电极上则施加以变化的射频电压。这样，离子阱内部的空腔形成射频电场，使某一 m/z 范围的离子在电场内以一定的频率稳定地振荡。当从低到高扫描射频电压时，离子按 m/z 顺序逐渐地变得不稳定，依次摆脱阱内电场的囚禁，逸出阱外到达电子倍增检测器。离子阱既是离子存储装置，又是质量分析器，因此它具有相对较高的灵敏度，且具有结构简单、成本低、易于操作等优势。它的一个缺陷就是所得质谱与标准谱图有一定的差别，这是由于在离子阱中离子有较长的停留时间，从而增大了发生离子-分子反应的可能性。

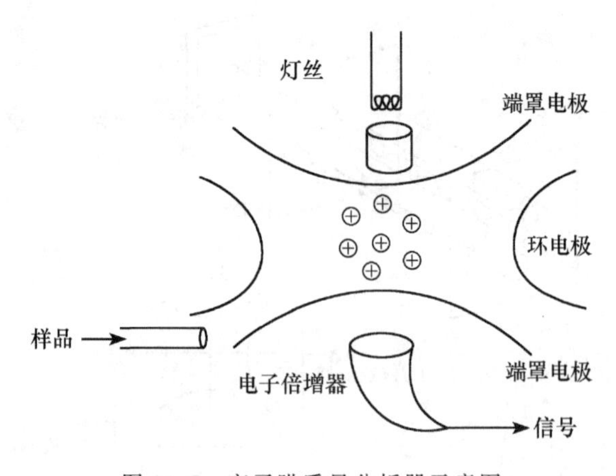

图 14-7　离子阱质量分析器示意图

4）飞行时间质量分析器

飞行时间质量分析器的核心部分是一个离子漂移管，它进行质量分析的原理非常简单：从离子源中出来的离子在加速电压的作用下加速，以相同的动能进入漂移管，它们通过漂移管的时间为

$$t = \sqrt{\frac{m}{z}} \times L \times \sqrt{\frac{1}{2V}} \tag{14-5}$$

式中：t 为离子在漂移区的飞行时间；L 为漂移区的长度；V 为加速电压。

由式（14-5）可见，离子到达检测器的时间与其质荷比的平方根成正比，也就是说，m/z 小的离子先到达检测器，而 m/z 大的离子后到达检测器（图 14-8）。

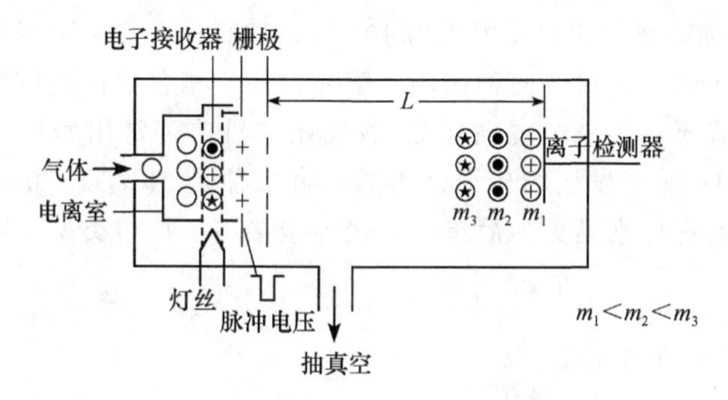

图 14-8　飞行时间质量分析器示意图

飞行时间质量分析器具有质量范围宽、扫描速度快等优势，但存在分辨率低的缺点。

14.2.2.3　检测器

在质谱仪中，离子源所产生的离子经过质量分离器分离后，到达接收、检测器。质谱单元的离子检测器主要有下列几种：电子倍增器、闪烁检测器和微通道板。其中，以电子倍增器最为常见。其简单原理如下：经质量分离器分离的离子轰击阴极导致电子发射，电子在电场的作用下，依次轰击下一级电极而被放大，电子倍增器的放大倍数一般为 $10^5 \sim 10^8$（图 14-9）。信号增益与倍增器电压有

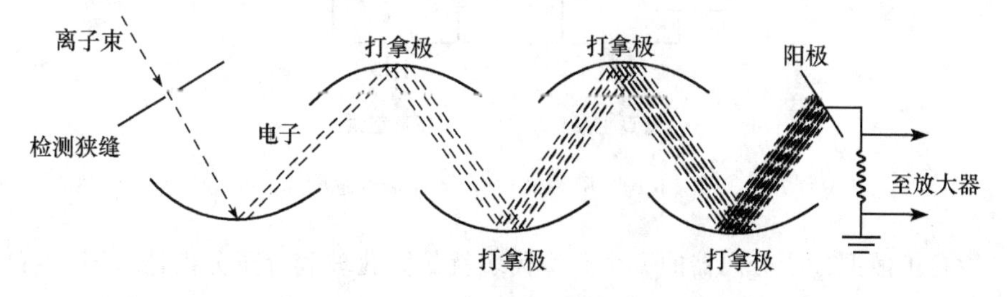

图 14-9　电子倍增器示意图

关，提高倍增器电压可以提高仪器灵敏度，但会降低倍增器的寿命。因此，应该在保证仪器灵敏度的情况下，采用尽量低的倍增器电压。由倍增器出来的电信号被送入计算机储存，这些信号经计算机处理后可以得到色谱图、质谱图和其他各种信息。

14.2.3　接口单元

GC-MS 联用的关键是气相色谱的大气出口和质谱的高真空入口如何相连，这就是接口的问题。质谱仪必须在高真空（10^{-6}～10^{-5} Pa）条件下工作，否则，电子能量将大部分消耗在大量的氮气和氧气分子的电离上。离子源的适宜真空度约为 10^{-3} Pa，而色谱柱出口压力约为 10^{5} Pa，这高达 8 个数量级的压差是联用时必须考虑的问题。接口有两种作用：第一，使气相色谱仪出口压力适应质谱仪真空条件的需要；第二，提高样品/载气比。目前，常用的接口有三种：第一种是 1964～1965 年发展的分子分离器；第二种是 20 世纪 70 年代发展的开口分流接口；第三种则是更加简单的直接连接接口。接口类型不同，其工作原理也不同。

14.2.3.1　分子分离器

分子分离器可以用于填充柱及毛细柱与质谱的连接，按其原理不同可以分为喷射型、微孔扩散型及薄膜型。其中，最常用的是喷射型分子分离器，其结构示意图如图 14-10 所示。它是基于在膨胀的超音喷射气流中，不同相对分子质量的气体有不同的扩散率这一原理设计的。色谱流出物经第一级喷嘴喷出后，相对分子质量小的载气扩散快，因而大部分被真空泵抽走，相对分子质量大的样品气扩散慢，得以继续前进，此时的压强已降至约 10 Pa，再经一次喷射压强可以降至约 10^{-2} Pa，经两次浓缩的样品气随后进入离子源。

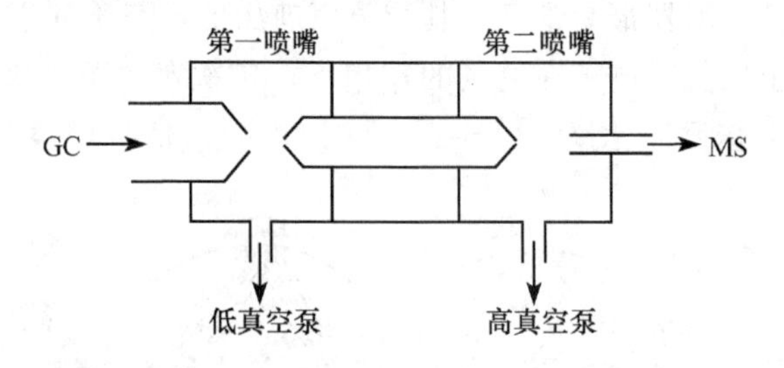

图 14-10　喷射式分子分离器示意图

微孔扩散型分子分离器的一个典型代表就是微孔玻璃分子分离器（图 14-11），这种分离器由一根烧结的微孔玻璃管所构成，微孔管装在一个抽真空的外套内。

进出口各有一段玻璃毛细管来限制气流。色谱流出物经过入口限制器，使烧结玻璃管内的气压降至约 1 torr（1 torr＝133.322 Pa）。流出物分为两股：一股渗透通过微孔被抽走；另一股则进入质谱仪。

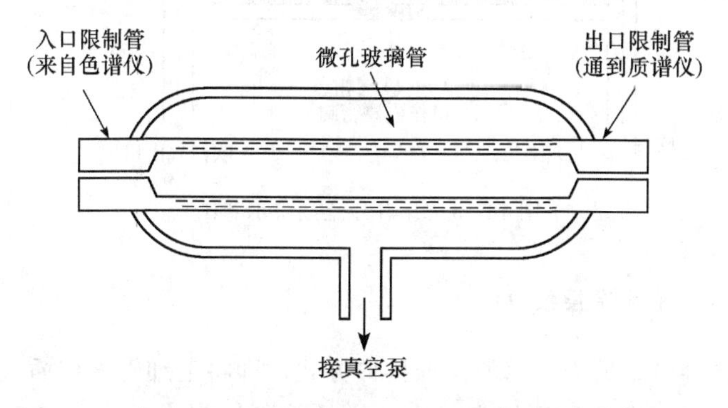

图 14-11　微孔玻璃分子分离器示意图

薄膜分离器的设计是利用有机蒸气优先通过薄的聚合物阻挡层的原理而达到对样品进行浓缩的目的。色谱流出物进入分离室时，由于有机分子溶于硅橡胶膜而扩散通过薄膜，流入质谱仪；而载气为无机气体，难溶于硅橡胶膜中，所以大部分被抽走（图 14-12）。

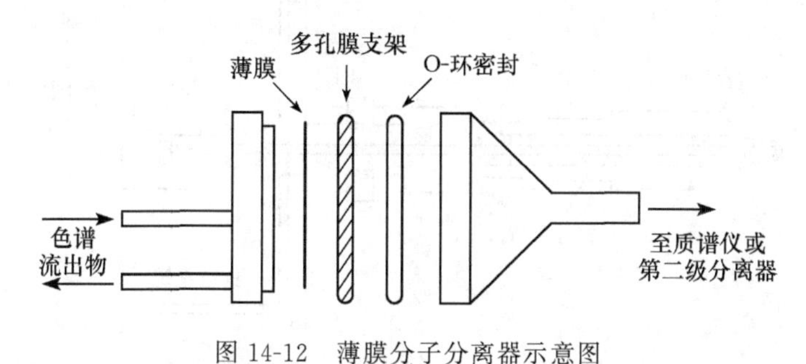

图 14-12　薄膜分子分离器示意图

14.2.3.2　开口分流接口

开口分流接口的中部为两段限流毛细管，毛细管 1 与色谱仪的出口连接，毛细管 2 与质谱仪的入口相连。同时，毛细管 1 的出口正对着毛细管 2 的入口，两者之间存在约 2 mm 的距离。将两段毛细管置于充有氦气的外套管中。当色谱流出物流量超出质谱仪要求流量时，过多的流出物将随气封氦气流出接口；当色谱流出物流量低于质谱仪要求流量时，气封氦气提供补充气（图 14-13）。开口分流器多用于毛细管柱与质谱仪的连接，这种分流器由于有常压氦气的保护，可以使色谱柱末端仍然为常压，而且可在分析过程中随时更换毛细管柱。

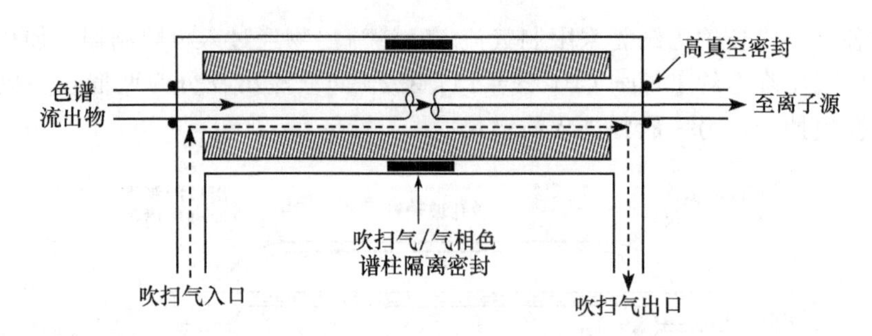

图 14-13　开口分流接口示意图

14.2.3.3　直接连接接口

直接连接接口是最为简单的一种接口方式，即将毛细管直接插入质谱的离子化室（图 14-14）。在这种连接方式中，样品的降解损失最小、灵敏度最高，因此更适用于对灵敏度较低的小峰进行定性分析。目前，各公司推出的 GC-MS 仪绝大多数采用的是这种接口方式。但就这种接口方式来说，它只适用于小口径毛细管柱，而不适用于流量较大的大口径毛细管柱和填充柱。

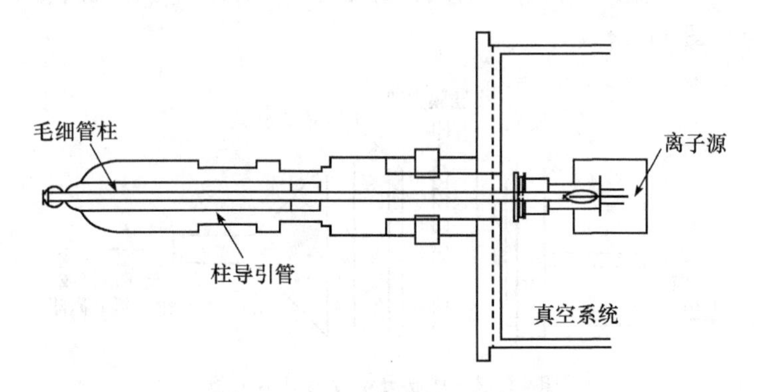

图 14-14　直接连接接口结构图

14.2.4　计算机单元

计算机单元又称化学工作站，由硬件和软件两部分组成。它的软件包括必需的系统操作软件、谱库软件和其他功能软件。GC-MS 仪配置的微型计算机或小型计算机具有多种控制功能和数据处理功能，它除了完成峰位和峰强测量、校对零点、扣除本底、显示色谱图及质谱图、打印、作图和制表以外，在质谱检索和解析上，也显示出很大的优越性。利用键盘和荧光屏实现人机对话，使计算机具有控制和调整仪器的功能，实现了仪器的智能化。

14.2.5　Finnigan Trace GC-MS 的基本操作

14.2.5.1　开机

（1）开启载气。

（2）打开气相色谱仪，GC 将自动进行自检。自检结束后 GC 将把上一次关机时的所有参数作为初始化参数。

（3）打开质谱仪，质谱仪上的“VENT”绿灯亮。

（4）打开电脑主机。

启动 WINNT。点击 WINNT 桌面上的“Tune”快捷键。仪器将进行通信联机。此时，桌面的右下角会出现一个由三个虚框叠加在一起的图标。等待几秒后，此图标将变成较暗淡的彩色图标。此时仪器的通信联机已完成，同时在 MS 部分的后面，两个数码发光二极管的数字显示为“0 0”。

自检通过后，右键单击桌面右下角的彩色图标，出现一个弹出式菜单，选择“Vacuum”中的“Pump”命令（图 14-15），让仪器抽真空，当真空度达到要求时，质谱仪上的“Vacuum”绿灯将不再跳跃。同时，彩色图标的最上面的虚框也稳定为高亮绿色。在仪器抽真空过程中，可以将“Tune”窗口中（图 14-16）

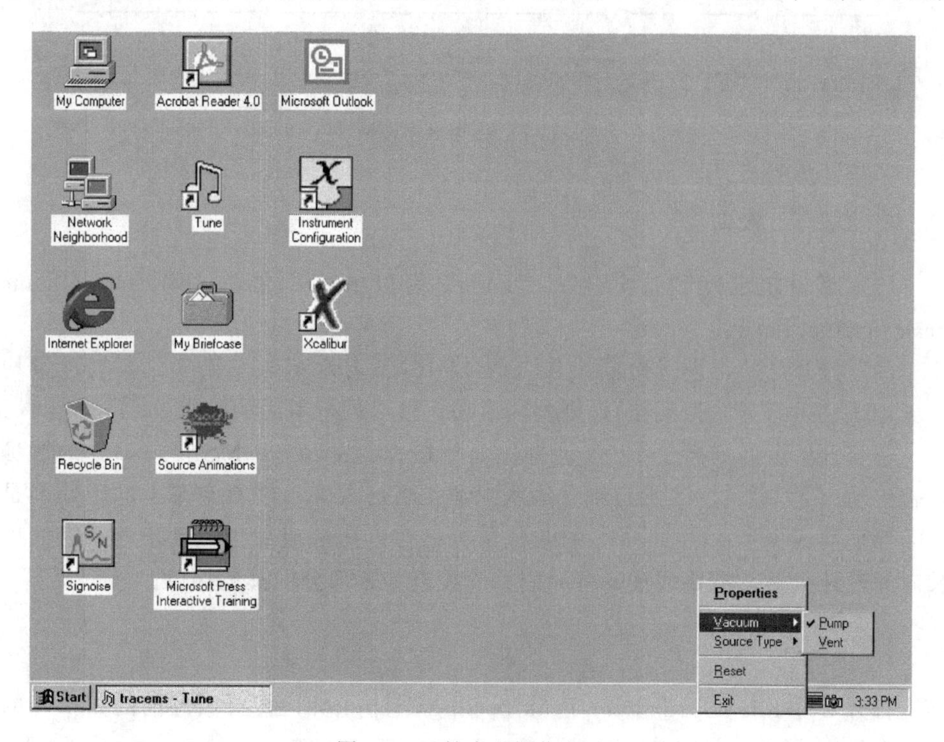

图 14-15　抽真空操作窗口

的源温设为200℃，接口温度设为250℃。抽真空结束后，仪器会自动升温并稳定在所设的温度值附近。

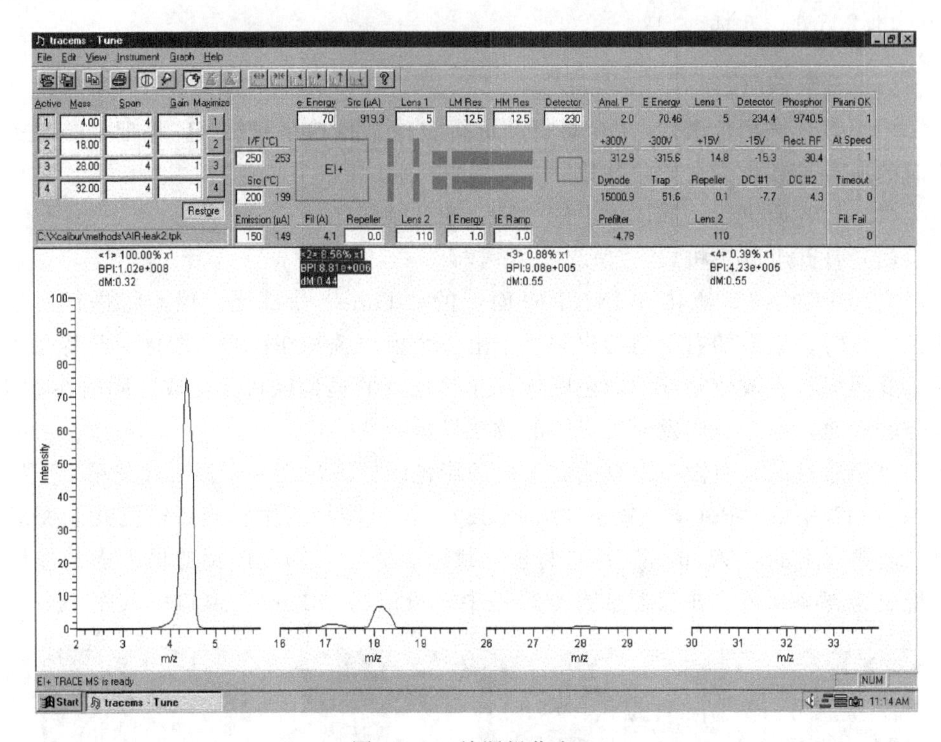

图 14-16　检漏操作窗口

14.2.5.2　检漏

(1) 等设定温度到达后，在“Tune”窗口中打开文件：File/Open/Tune Peak Setting/Leak。

(2) 打开灯丝，进行检漏操作（图 14-16）。若水蒸气、氮气、氧气含量均小于10%（小于5%为最佳），则检漏成功，可以进行下面的操作。

若其含量较高（高于10%），需作如下检查：①GC与MS接口部分的螺母是否松动；②GC与MS接口部分的密封垫是否已损坏；③真空泵上的干燥剂是否需要更换或再生；④GC-MS的载气是否已接近瓶底或载气纯度不够；⑤如果长时间没开仪器，需要多抽一些时间；⑥检查MS部分的其他接口。

14.2.5.3　调谐

打开文件 File/Open/Tune Peak Setting/Heptacos，将要做调谐的四个峰的质量数设为69.00、264.00、502.00、614.00（图 14-17）。

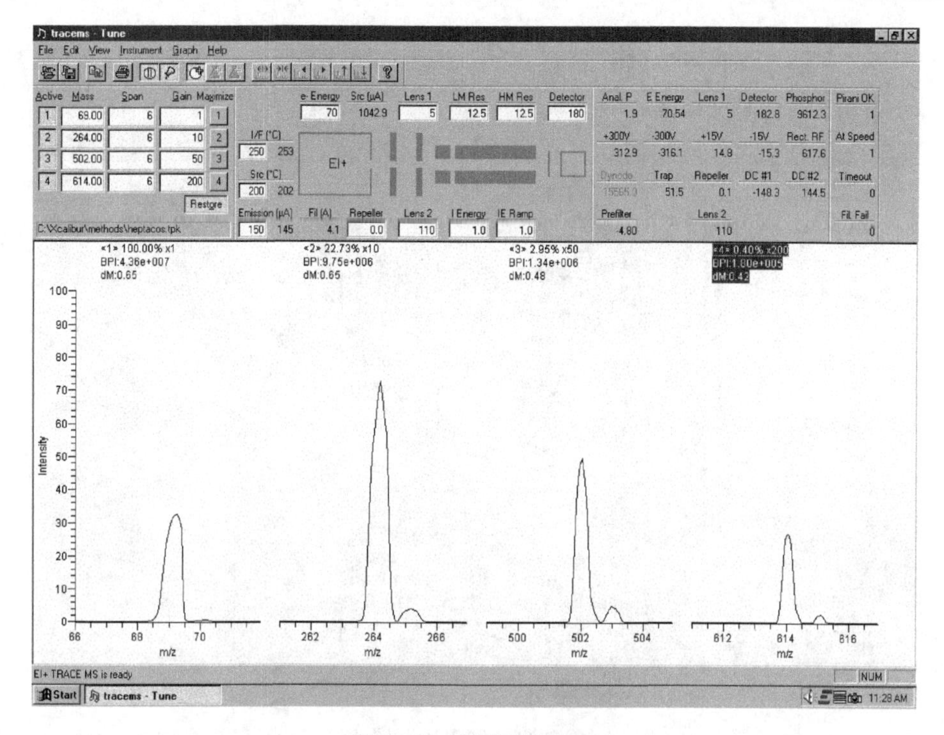

图 14-17　调谐操作窗口

打开灯丝及参考气，进行调谐操作。在调谐时可以选自动调谐（autotune）和手动调谐。如果离子源及预四极比较干净，水和氮气的峰均低于 5%，可以选择自动调谐。自动调谐后，如果有些参数离标准值偏离较大，可以手动调谐，最终的结果应该是：四个特征碎片峰与其自身的 $(m/z)+1$ 离子峰完整分开。并且要使每个峰在好的分辨情况下，峰形好，强度尽可能高。不必在每次实验过程中都进行调谐操作，只需要定期进行检查，在仪器的峰位发生漂移时再进行调谐操作即可。

14.2.5.4　输入实验条件

点击桌面上的“XCALIBUR”快捷键。在弹出的窗口（图 14-18）中双击“Instrument Setup”图标，并在其中输入相应的 GC 及 MS 实验条件（图 14-19），并存入相应的路径。

14.2.5.5　设置样品序列

双击“XCALIBUR”弹出窗口中的“Sequence Setup”图标，并在其中设置一个或一整批样品分析程序的序列，实验结果存入相应路径，实验条件可以由将在“Instrument Setup”窗口中保存的方法调出获得（图 14-20）。

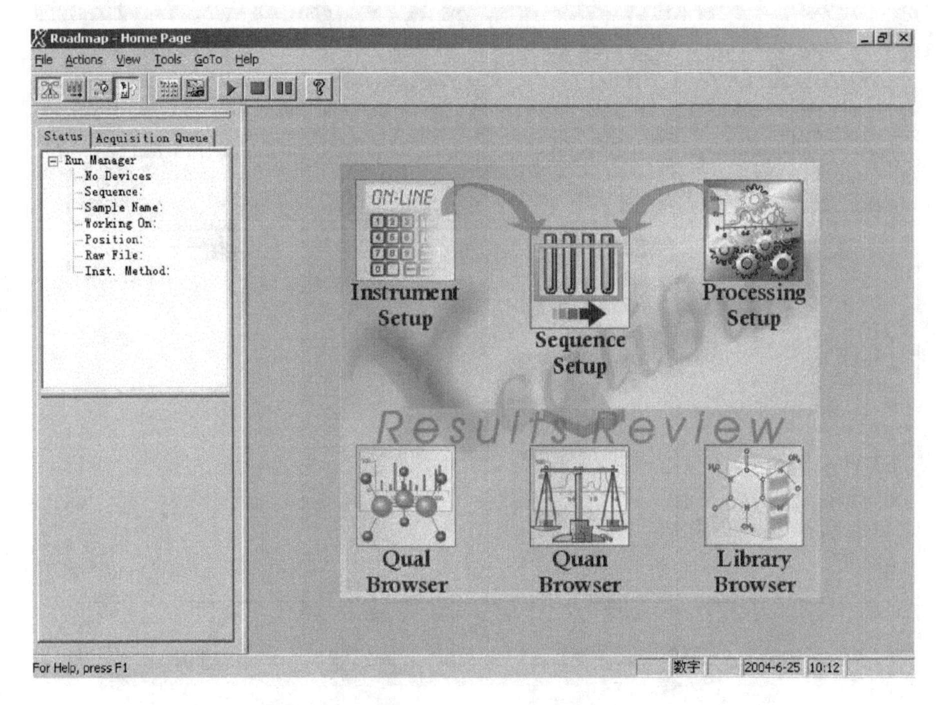

图 14-18　“XCALIBUR”图标窗口

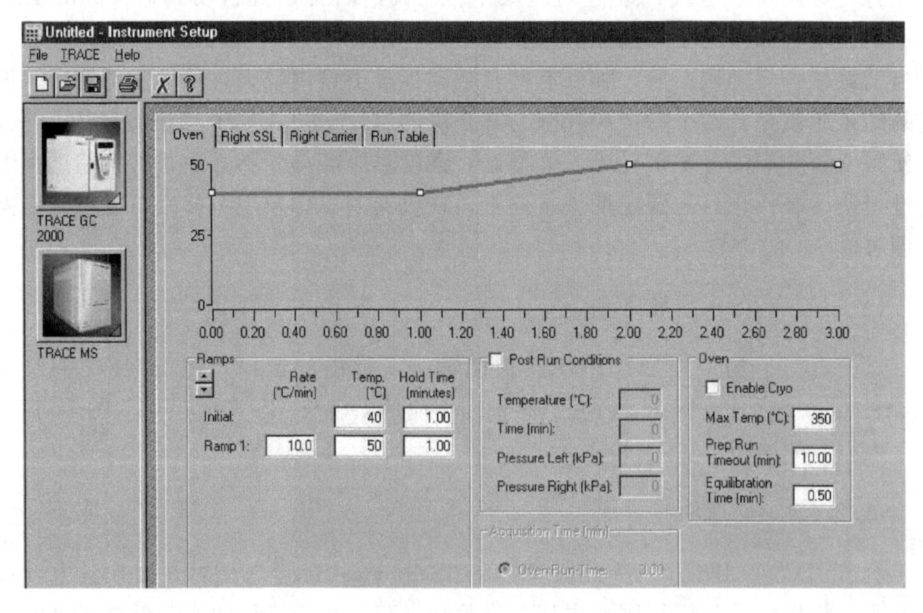

图 14-19　“Instrument Setup”图标窗口

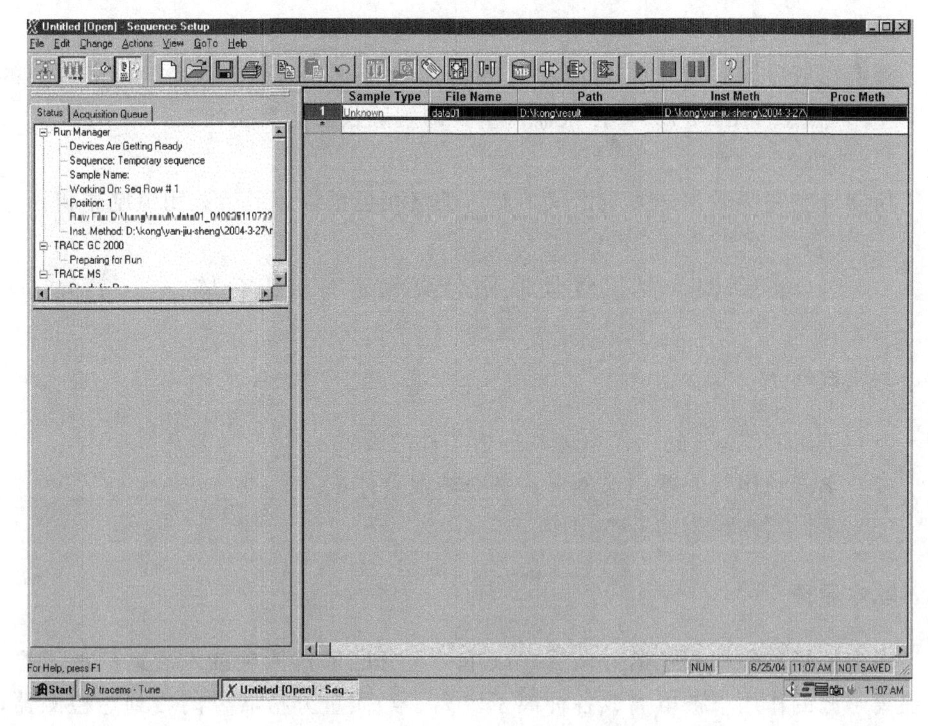

图 14-20　“Sequence Setup”图标窗口

14.2.5.6　进样

样品序列设置完成后，运行该序列，待 GC 上的“READY TO INJECT”绿灯亮后，用微量注射器进样，进样同时按下“START”键。

14.2.5.7　定性或定量条件的设置

双击“Processing Setup”图标，在弹出的窗口中设置定性或定量检测条件。对于一些简单的定性实验而言，这一步骤可以省略；对于定量实验，除了要输入标准序列的信息外，还要指定采用的是“内标”法还是“外标”法。

14.2.5.8　查看实验结果

应用上面设置的条件重新运行样品序列，并在“Qual. Browser”中查看定性结果，或在“Quan. Browser”中查看定量结果。同时打印实验结果。

14.2.5.9　关机

1）降温

将源温、接口温度、进样口温度和炉温均设为 50℃，仪器自动降温。

2）排空

降温完成后，右键单击桌面右下角的彩色图标，选择“VACUUM”中的“VENT”命令（图 14-15），让仪器排空，即解除仪器的真空状态。

3）关机

仪器排空完毕后，先关质谱仪，然后关气相色谱仪，最后关闭电脑主机。

实验 51　利用气质联用分离测定有机混合体系

一、实验目的

（1）了解 GC-MS 的工作原理及分析条件的设置。

（2）学习利用气质联用仪分离鉴别有机混合体系。

（3）掌握谱图检索的基本操作。

二、基本原理

混合物样品经气相色谱分离后，以单一组分的形式依次进入质谱的离子源，并在离子源的作用下被电离成各种离子。离子经质量分析器分离后到达检测器，并最终得到质谱图。计算机系统采集并存储质谱，适当处理后即可得到样品的色谱图、质谱图等。经过计算机检索后可以得到化合物的定性结果，由色谱图可以进行各组分的定量分析。与单纯的气相色谱法相比，GC-MS 的定性能力更高，它利用化合物分子的指纹-质谱图鉴定组分，大大优于色谱保留时间。即摆脱了对组分纯样品的依赖性，也排除了操作过程中由于进样与记录不同步而使组分保留时间变化所带来的影响。

但对于四极杆质谱仪而言，它所存在的一个缺陷就是当进样量较大时存在较为严重的质量歧视效应，从而导致组分的特征谱图与标准谱图的匹配程度不好。为了克服质量歧视效应所带来的干扰，应该在一定程度上减小进入质谱仪中的样品的量。这可以通过两种途径来实现：第一，采取分流注射的色谱进样方式；第二，用适当的溶剂对样品进行适量的稀释。当试样中待测样品的浓度较大时，稀释方法则显得更加直接、有效。

三、仪器与试剂

Finnigan Trace GC-MS；容量瓶 10 mL 4 只；吸量管 1 mL 4 支；微量注射器 1 μL。

丙酮、二氯甲烷、正己烷、苯混合物；甲苯（分析纯）；正己烷（分析纯）。

四、实验步骤

1. 有机混合物的连续稀释

以甲苯为溶剂，在 4 只 10 mL 容量瓶中，对有机混合样品进行 10 倍连续稀释，最终稀释倍数分别为 10、100、1000、10 000 倍。

2. 实验条件设置

开启 GC-MS，抽真空、检漏、设置实验条件（色谱仪进样口温度 60℃；柱温初始 40℃保持 1 min，然后梯度升温到 50℃，升温速度为 10℃/min，最后在 50℃保持 1 min；质谱扫描范围为 15～250 amu）。

3. 样品分析

用正己烷清洗微量注射器 20 次后，依次分别吸取混合样品的原始液及稀释液 1 μL 进样，记录色谱、质谱图。注意：每次进样前都要用待进样液清洗微量注射器 9～10 次。

4. 谱图检索

在“Qual. Brower”中查看定性结果，将每次进样得到的特征谱图与标准谱图进行对照检索，考察特征谱图与标准谱图的匹配程度，并在原始液与各稀释系列之间进行比较。由于有的样品受本底影响较大，在谱图检索过程中，可以先扣除本底后再进行检索。

五、实验数据及结果

显示并打印总离子色谱图，显示并打印每个组分的质谱图。对每一组分峰的质谱图进行计算机检索。并将检索结果列于表 14-1 中。

表 14-1　检索结果表

稀释倍数 / 匹配程度 / 组分名称	1		10		100		1000		10 000	
	未扣本底	扣除本底	未扣本底	扣除本底	未扣本底	扣除本底	未扣本底	扣除本底	未扣本底	扣除本底
丙酮										
二氯甲烷										
正己烷										
苯										

六、注意事项

在样品稀释过程中，使用的溶剂为甲苯。但在本实验中，甲苯的峰并未在色谱图中出现，这主要是由色谱条件的设置决定的。在实验条件设置中，色谱的记录时间只设置了 3 min，而甲苯峰在 3 min 以后出现。为了看到甲苯峰，可以适当延长色谱记录时间，例如，将柱温在 50℃的保持时间延长为 2 min。由于甲苯峰的强度较大，该峰的出现可能会使色谱图中四种样品峰的峰高相对变小。为了看到明显的样品色谱峰，可以适当选取出现甲苯峰之前的色谱图，并局部放大。

七、思考题

(1) 进样量过大或过小可以对质谱产生什么影响?

(2) 如果检索结果的匹配程度较差，还有什么办法进行辅助定性分析?

(3) 在谱图检索中，为什么有的化合物在扣除本底后匹配程度明显升高，而有的化合物几乎无变化?

(4) 如何克服四极杆质谱仪的质量歧视效应?

实验 52　空气中有机污染物的分离及测定

一、实验目的

(1) 学习并掌握一种配制标准气体的方法。

(2) 学习利用气质联用仪分离及鉴别空气中的有机污染物。

(3) 了解采用外标法进行定量检测的基本原理及操作方法。

二、基本原理

苯及甲苯等都是化工生产、油漆车间、化学实验室中常用的有机溶剂。当这些物质在空气中的浓度较大时，会对工作人员的身体造成一定的伤害。因此，对于空气中苯及甲苯等的允许浓度都有着严格的规定，例如，在空气中的最高允许浓度苯为 5 mg/m^3、甲苯为 100 mg/m^3。

在 GC-MS 联用法中，不但可以得到定性的信息，同时也可以得到目标化合物的定量结果。质量碎片谱图法（质谱选择离子检测法）是一种高灵敏度检测法，与全谱扫描法相比，其灵敏度高出了三个数量级。因此，GC-MS 联用法是一种很实用的定量测定痕量组分的方法。

首先，选定欲测定目标化合物的质量范围，然后用单离子检测法或多离子检测法进行测定。不管采用哪一种方式，都有外标法和内标法之分。

外标法定量：取一定浓度的外标物，在 GC-MS 合适的条件下，对其特征离子进行扫描，记下离子峰面积，以峰面积对样品浓度绘制校正曲线。在相同条件下，对未知样品进行 GC-MS 分析，然后根据校正曲线计算试样中待测组分的含量。由于样品在处理和转移过程中不可避免地存在损失以及仪器条件变化会引起误差，外标法的误差较大，一般在10%以内。

本实验以污染物苯的检测为例，介绍了GC-MS在空气中有机污染物检测中的应用。

三、仪器与试剂

Finnigan Trace GC-MS；容量瓶10 mL 2只；吸量管1 mL 4支；注射器50 μL 1支、100 μL 1支、1 mL 1支、100 mL 8支；锡箔。

苯（分析纯）；乙醚（分析纯）。

四、实验步骤

1. 0.01 mg/mL苯标准液的配制

用微量注射器吸取苯11.3 μL（合计10 mg），置于10 mL容量瓶中，用乙醚稀释至刻度，混匀。再吸取此溶液100 μL置于另一10 mL容量瓶中，用乙醚稀释至刻度，混匀。此时，制得的溶液中苯的含量为0.01 mg/mL。

2. 实验条件的设置

开启GC-MS，抽真空、检漏、设置实验条件（色谱仪进样口温度60℃；柱温初始40℃保持1 min，然后梯度升温到50℃，升温速度为10℃/min，最后在50℃保持1 min；质谱扫描范围为15～250 amu）。

3. 空气样品中苯的测定

1）标准曲线外标定量法

在100 mL注射器中先放置一直径约2 cm的锡箔，吸取洁净空气约10 mL，在注射器口套一个小胶皮帽。用一支100 μL微量注射器吸取上述苯标准液10 μL，从胶帽处注入到100 mL注射器中。抽动注射器活塞使管内形成负压，从而让注入的液体迅速气化。将针筒倒立，去掉胶帽，抽取洁净空气至100 mL，再带好胶帽，反复摇动针筒，使其混合均匀。此时，注射器内气体中苯的含量为1 mg/m^3。重复上述操作，配制一系列混合标准气体，其中苯的含量分别为0、1 mg/m^3、2 mg/m^3、4 mg/m^3、6 mg/m^3、8 mg/m^3、10 mg/m^3。

直接用100 mL注射器在现场采样。采样前先用现场气抽洗注射器3～5次，采样后迅速在注射器口套一个小胶皮帽。

依次分别吸取上述各标准气体及现场气体1 mL进样，记录色谱、质谱图。注意每做完一种气体需用后一种待进样气体抽洗注射器9～10次。

在程序设置窗口（processing setup）设立定量检测条件，将检测方式设定为外标法。应用设置的定量检测条件对上述标准样品及未知样品重新运行序列。并从定量浏览窗口（quan browser）查看运行结果。

2）定点计算外标定量法

其基本操作与标准曲线外标定量法基本相同，所不同的是只使用一种标准气体，但要保证标准气体与样品气的峰高近似。

打印报告，关机。

五、实验数据及结果

实验结果可以由计算机给出，也可以由操作者自行求取。

1. 标准曲线外标定量法

将标准样品中苯的浓度及相应峰面积列于表 14-2。

表 14-2　标准样品中苯的浓度及相应峰面积

样品编号	苯含量 c/(mg/m^3)	峰面积
空白	0	A_0
标样 1	1	A_1
标样 2	2	A_2
标样 3	4	A_3
标样 4	6	A_4
标样 5	8	A_5
标样 6	10	A_6
未知样品	c_s	A_s

根据表中数据绘制苯浓度 c-峰面积 A 标准曲线图。并根据未知样品中苯的峰面积 A_s，于标准曲线上查出相应的 c_s 值。

2. 定点计算外标定量法

计算标准气体中苯的浓度：

$$c_{标}(\mathrm{mg/m^3}) = \frac{V \times 0.01}{10} \times 10^3 = V$$

式中：V 为配制标准气体时加入的苯标准液体积（μL）。

计算样品气中苯的含量：

$$c_{样}(\mathrm{mg/m^3}) = \frac{A_{样}}{A_{标}} \times c_{标}$$

式中：$A_{样}$ 为样品气中苯的峰面积（mm^2）；$A_{标}$ 为标准气中苯的峰面积（mm^2）。

比较上述两种方法的结果。

六、注意事项

（1）在配制标准气体时应该考虑样品气中待测组分的含量。如果采用标准曲线外标定量法时，应该尽量使样品气中待测组分的含量处于标准序列的内部；如果采用定点计算外标定量法时，应该尽量使标准气体与样品气的峰高近似。

（2）采样以及配制标准样品时要注意容器器壁的吸附作用，为了减少吸附作用，可以针对样品性质对器壁作适当处理。

七、思考题

（1）用 GC-MS 法定量分析与 GC 法定量分析有什么相同及不同之处？

（2）外标法定量分析中误差的来源在哪里？

（3）无论是在标准气体还是在样品气的色谱图中，都存在氧气的峰，那么能否以氧气为内标物进行定量分析？

实验 53　内标法定量检测邻二甲苯中的杂质苯和乙苯

一、实验目的

（1）了解采用内标法进行定量检测的基本原理及操作方法。

（2）掌握内标物选取的方法及原则。

二、基本原理

在定量检测中，内标法的使用可以消除进样量差别等因素对检测准确度的影响，因此，它可以获得比外标法更为可靠的检测结果。内标法的原理如下：选取与被测物的化学结构相似的化合物 A 作内标物，并称取一定量加入到已知量的待测组分 B 中，质谱仪聚焦在待测组分 B 的特征离子和内标物 A 的特征离子上。用待测组分 B 的峰面积与内标物 A 的峰面积的比值与它们进样量之比作图，绘制出校正曲线。在相同条件下测出试样中的这一比值，对照校正曲线即可求出试样中待测组分 B 的含量。内标法克服了外标法误差大的缺点。

用内标法测定时需在试样中加入内标物，内标物的选择应该符合下列条件：

（1）应该是试样中不存在的纯物质；

（2）内标物质的色谱峰位置应该位于被测组分色谱峰的附近；

（3）其物理性质及物理化学性质应该与被测组分接近；

（4）加入的量应该与被测组分含量接近。

在有些情况下，要选择到合适的内标物十分困难。不少科研人员采用稳定的同位素标记物作为内标物进行定量，其效果也很好。

本实验选用甲苯作内标物，以标准曲线法，测定邻二甲苯中苯及乙苯的杂质含量。

三、仪器与试剂

Finnigan Trace GC-MS；容量瓶 10 mL 6 只；注射器 1 mL 2 支、10 mL 2 支、1 μL 1 支。

苯（分析纯）；甲苯（分析纯）；乙苯（分析纯）；邻二甲苯（分析纯）；乙醚（分析纯）。

四、实验步骤

1. 标准溶液系列的配制

按表 14-3 配制一系列标准溶液，分别置于 10 mL 容量瓶中，并用乙醚稀释至刻度，混匀备用。苯、甲苯、乙苯及邻二甲苯分别根据其相应的相对密度计算体积。

表 14-3 标准溶液配制

编号	苯/g	甲苯/g	乙苯/g	邻二甲苯/g
1	0.05	0.15	0.05	6.00
2	0.10	0.15	0.10	6.00
3	0.15	0.15	0.15	6.00
4	0.20	0.15	0.20	6.00
5	0.30	0.15	0.30	6.00

2. 未知试样溶液的配制

称取未知样品 6.00 g 置于 10 mL 容量瓶中，加入 0.15 g 甲苯后用乙醚稀释至刻度，混匀备用。

3. 实验条件的设置

开启 GC-MS，抽真空、检漏、设置实验条件（色谱仪进样口温度 80℃；柱温初始 50℃保持 2 min，然后梯度升温到 60℃，升温速度为 5℃/min，最后在 60℃保持 2 min；质谱扫描范围为 20～250 amu）。

4. 样品检测

依次分别吸取上述各标准溶液及未知试样溶液 1 μL 进样，记录色谱图。注意每做完一种溶液，需用后一种待进样溶液洗涤微量进样器 9～10 次。

在程序设置窗口（processing setup）设立定量检测方法，将检测方式设定为内标法。并将甲苯设置为内标物。应用设置的定量检测方法对上述标准样品及未知样品重新运行序列。从定量浏览窗口查看运行结果。

五、实验数据及结果

实验结果可以由计算机给出，也可以由操作者自行求取。

(1) 记录实验条件。

(2) 测量待测组分与内标物峰面积，并将其比值列于表 14-4。

表 14-4　实验结果记录表

样品编号	苯/甲苯		乙苯/甲苯	
	m_i/m_s	A_i/A_s	m_i/m_s	A_i/A_s
标样 1				
标样 2				
标样 3				
标样 4				
标样 5				
未知样品				

(3) 绘制各组分的 A_i/A_s-m_i/m_s 标准曲线图。

(4) 根据未知样品的 A_i/A_s 值，于标准曲线上查出相应的 m_i/m_s 值。

(5) 按下式计算未知试样中苯及乙苯的含量：

$$c(\%) = \frac{m_s}{m_{试样}} \times \frac{m_i}{m_s} \times 100$$

六、注意事项

(1) 注意内标物的合理选择。

(2) 在对每一个样品溶液进行进样操作前，应该注意用该样品溶液对微量注射器进行彻底清洗。

七、思考题

(1) 与外标法相比，内标法有什么优势？用内标法可以克服哪些因素造成的误差？

(2) 内标物的选取有什么具体要求？

实验 54　皮革及其制品中残留五氯苯酚检测

一、实验目的

(1) 掌握使用 GC-MS 进行皮革及其制品中残留五氯苯酚检测的基本操作。

(2) 学习并掌握同位素质谱峰的解析。

二、基本原理

随着人民生活水平的提高，人们越来越关注裘革制品中的有害物质对人体的影响。外商对中国出口的裘革制品是否符合生态标准，是否无害于环境和健康，质量是否与欧盟相关标准接轨也十分关注。

五氯苯酚是纺织品、皮革中常用的一种防腐剂。可以用于棉纤维和羊毛的储运，纺织品加工中常用作浆料、印花增稠剂的防腐剂，某些整理剂中的分散剂。五氯苯酚是一种毒性化合物，并且具有致畸、致癌性，自然降解过程十分缓慢，被列为对环境不利化学品。其使用在纺织品上受严格限制，德国法律规定禁止生产和使用五氯苯酚，服装和皮革制品中该物质的限量为 5 ppm；有的国家则要求该物质的检出率为 0。

对于皮革及其制品中残留的五氯苯酚的检测，可以采用乙酰化-气相色谱法。首先，在硫酸溶液的作用下，样品中残留的五氯苯酚及其钠盐均以五氯苯酚的形式存在，可以用正己烷对其进行提取。由于五氯苯酚具有较强的极性，直接进样分析对色谱柱及仪器系统要求很高，故通常在分析前，五氯苯酚应转化为非极性的衍生物。常用的衍生剂有五氟苯甲酰氯和乙酸酐。五氟苯甲酰氯最灵敏，然而高浓度的衍生化剂会引起高本底，需用碱溶液进行净化，同时酰化物也因水解而损失。用乙酸酐进行乙酰化，不影响五氯苯酚的电亲和力，从而有较高的选择性，并且其本底低，一般不需要净化。此外，乙酸酐价廉易得。因此，用浓硫酸将五氯苯酚的正己烷提取液净化后，再以四硼酸钠水溶液反提取。向提取液中加入乙酸酐，使五氯苯酚与其反应生成五氯苯酚乙酯。最后以正己烷提取，用无水硫酸钠脱水后检测。若以气质联用仪代替单纯的气相色谱进行检测，不仅使检测更为直观，而且可以在一定程度上提高检测的灵敏度。

三、仪器与试剂

Finnigan Trace GC-MS；分析天平；混合器；离心机；离心管 50 mL 2 只；分液漏斗 125 mL 2 只；漏斗 1 只，下端颈部装有 5 cm 高的无水硫酸钠柱（柱的两端填以玻璃棉）；容量瓶 100 mL 3 只；吸量管 10 mL 5 支、1 mL 5 支；比色管 10 mL 2 支；吸管 2 支；微量注射器 100 μL 1 支、10 μL 1 只；小烧杯；剪刀。

浓硫酸；硫酸溶液 6 mol/L；四硼酸钠（硼砂）溶液 0.1 mol/L；正己烷，全玻璃仪器加碱重新蒸馏；无水硫酸钠，经 650℃ 4 h 灼烧；乙酸酐；五氯苯酚标准品，纯度＞99%；艾氏剂[①]。除特殊规定外试剂均为分析纯，水为蒸馏水或相应的去离子水。

---

① 艾氏剂是一种很有效的杀虫剂，主要用于防治地下害虫和某些大田、饲料、蔬菜、果实作物害虫。中文名称为艾氏剂；化学命名为 1,2,3,4,10,10-六氯-1,4,4a,5,8,8a-六氢-1,4,5,8-桥，挂-二甲撑萘；英文名称为 Aldrin；英文命名为 1,2,3,4,10,10-hexachloro-1,4,4a,5,8,8a-hexahydro-exo-1,4-endo-5,8-imeth-anonaphthalene。

四、实验步骤

1. 样品中五氯苯酚的提取及乙酰化

1）提取

称取皮革样品约1.0 g，用剪刀剪成碎片，置于50 mL离心管中，加入20 mL 6 mol/L硫酸后，在混合器上混匀2 min。加入20 mL正己烷，摇荡3 min后在混合器上混匀2 min，并在3000 r/min下离心2 min。用吸管小心吸出上层的正己烷并移入一新的50 mL离心管中，残液再用10 mL正己烷重复提取一次，合并正己烷提取液于同一离心管中。弃去下层水相。

2）净化

向正己烷提取液中徐徐加入10 mL浓硫酸，振摇0.5 min，在3000 r/min下离心2 min。用吸管吸出上层正己烷提取液并移入125 mL分液漏斗中，再用2 mL正己烷冲洗离心管管壁，静置分层后，用吸管吸出上层正己烷冲洗液，与提取液合并于同一分液漏斗中。弃去硫酸层。

在上述正己烷中加入30 mL 0.1 mol/L四硼酸钠溶液，振摇1 min，静置分层。小心将下层水相放入另一个125 mL分液漏斗中。并用20 mL 0.1 mol/L四硼酸钠溶液将分液漏斗中的正己烷再提取一次，合并下层水相于同一分液漏斗中。弃去正己烷层。

3）乙酰化

向上述四硼酸钠提取液中加入0.5 mL乙酸酐，振摇2 min，再加入10 mL正己烷，振摇1 min，静置分层。弃去下层水相。再用0.1 mol/L四硼酸钠水溶液洗涤正己烷层共2次，每次20 mL，振摇，静置分层，弃去水相。从分液漏斗的上口将正己烷层倒入装有无水硫酸钠柱的漏斗中，并用10 mL比色管收集经无水硫酸钠脱水的正己烷。

2. GC-MS检测

1）以仪器的灵敏度为标准判断样品中是否存在五氯苯酚

开启GC-MS，设置实验条件（色谱仪进样口温度250℃；柱温210℃；质谱扫描范围60～350 amu）。用微量注射器吸取上述正己烷提取液5 μL进样，记录色谱、质谱图。查看是否存在某一组分的色谱峰，要求该组分的质谱图中存在m/z=266.0（偏差在±0.2之内）的离子峰。若无这样的组分，说明样品中不存在五氯苯酚；若有这样的组分，则进行谱图检索，看其是否为五氯苯酚乙酯。同时，观察其对应的质谱图中是否存在m/z为264.0、266.0、268.0、270.0及272.0的氯的同位素峰，并考察这些峰的丰度比，看其是否与氯同位素丰度比一致。

2）内标法定量检测样品中五氯苯酚的浓度

内标液的配制（浓度为0.5000 μg/mL）准确称取0.05 g艾氏剂（精确至0.0001 g）于小烧杯中，加40～50 mL正己烷溶解，并定量转入100 mL容量瓶中，用正己烷冲洗小烧杯数次，一并转入容量瓶中，用正己烷稀释至刻度，摇匀。再取此溶液100 μL于100 mL容量瓶中，用正己烷稀释至刻度，摇匀备用。

五氯苯酚标准溶液的配制。准确称取0.1 g五氯苯酚标准品（精确至0.0001 g）于小烧杯中，加40～50 mL正己烷溶解，并定量转入100 mL容量瓶中，用正己烷冲洗小烧杯数次，一并转入容量瓶中，用正己烷稀释至刻度，摇匀作为储备液。使用前定量稀释，并移取一定量稀释液按上述乙酰化步骤将五氯苯酚乙酰化后配制成标准工作液（标准液中五氯苯酚浓度应与样品提取液中被测组分浓度接近，内标物艾氏剂浓度为0.0500 μg/mL）。

移取5 mL的样品正己烷提取液于10 mL比色管中，加入1 mL内标液，用正己烷稀释至刻度。

分别将标准工作液、样品提取液注入气相色谱仪，进样量各5 μL。记录色谱、质谱图，并采用内标法进行定量分析。

五、实验数据及结果

内标法中，样品残存的五氯苯酚按如下公式计算：

$$X = 20 \times \frac{1}{m} \times \frac{A}{A_i} \times \frac{A_{si}}{A_s} \times c_s$$

式中：X为试样中五氯苯酚含量（mg/kg）；A为试样中五氯苯酚乙酯色谱峰面积（mm^2）；A_s为标准工作液中五氯苯酚乙酯色谱峰面积（mm^2）；A_i为试样中艾氏剂色谱峰面积（mm^2）；A_{si}为标准工作液中艾氏剂色谱峰面积（mm^2）；c_s为标准工作液中五氯苯酚乙酯（以五氯苯酚计）浓度（μg/mL）；m为试样总量（g）。

六、注意事项

在样品提取过程中，必须防止样品受到污染或发生残留物含量的变化。

七、思考题

（1）本实验中，五氯苯酚乙酯的质谱中，$m/z=266.0$离子峰的丰度最高，若质谱扫描范围定义在40 amu以下，则丰度最高的离子峰应为什么？

（2）在检测过程中，为什么要把五氯苯酚转化成酯的形式？

参考文献

北京大学化学系仪器分析教学组. 1997. 仪器分析教程. 北京：北京大学出版社

北京师范大学化学系分析研究室．1985．基础仪器分析实验．北京：北京师范大学出版社
陈培榕，邓勃．1999．现代仪器分析实验与技术．北京：清华大学出版社
达世禄．1999．色谱学导论．武汉：武汉大学出版社
杜斌，张振中．2001．现代色谱技术．郑州：河南医科大学出版社
范苓，夏豪刚．2001．气相色谱/质谱法测定水中五氯酚．环境监测管理与技术，13 (1)：33
葛修丽．出口皮革及皮革制品中五氯苯酚残留量检验方法．乙酰化-气相色谱法．中华人民共和国进出口商品检验行业标准。1993 \ SN0193．1-93
梁汉昌．2000．痕量物质分析气相色谱法．北京：中国石化出版社
宁永成．1989．有机化合物鉴定与有机波谱学．北京：清华大学出版社
史景江，马熙中．1995．色谱分析法．重庆：重庆大学出版社
武汉大学化学系．2001．仪器分析．北京：高等教育出版社
西北师范学院等．1987．有机分析教程．西安：陕西师范大学出版社
阎长泰．1991．有机分析基础．北京：高等教育出版社
张济新，孙海霖，朱明华．1994．仪器分析实验．北京：高等教育出版社

第 15 章　核磁共振波谱法

15.1　基本原理

核磁共振波谱学是利用原子核的物理性质，采用先进的电子学和计算机技术，研究各种分子物理和化学结构的一门学科，自从 1946 年美国斯坦福大学和哈佛大学的 F. Bloch 和 E. M. Purcell 两个研究组首次独立观察到核磁共振信号并荣获 1952 年的诺贝尔物理学奖以来，核磁共振波谱学已发展成为化学家、生物化学家、物理学家以及医学家的不可缺少的物理方法，是分子科学、材料科学和医学等领域中研究不同物质结构、动态和物性的最有效工具之一。

核磁共振最先应用于研究有机物质的分子结构和反应过程。迄今为止，利用高分辨核磁共振谱仪已经测定了几万种有机化合物的核磁共振波谱图。

核磁共振还被广泛用于物理学和医学的研究，并能应用于食品工业、化学工业和制药工业等生产部门，进行生产流程的控制和产品的检验。特别是用于药物的定性、定量分析和结构测定时，能够在不改变药物的分子化学性质的前提下，研究其活性部位与细胞受体中起反应时的分子机制。

20 世纪 60 年代末，超导核磁共振波谱仪和脉冲傅里叶变换核磁共振（简称 PFT-NMR）仪的迅速发展，以及电子计算机和波谱仪的有机结合，使核磁共振技术取得了重要突破，其功能越来越完善。它可以在不破坏生物样品并保持在液体状态下研究生物大分子（如酶、蛋白质以及一些活体组织）的动力学过程、分子结构与生物功能的关系，获得用其他分析方法无法得到的多种信息参数，极大地弥补了 X 射线技术、电子显微技术和一般光谱技术的不足。另外，双共振技术的应用对于简化复杂谱线、发现隐蔽谱线、确定谱学参数以及物质结构也是一个非常有用的方法。

核磁共振的研究对象为具有磁矩的原子核，带正电的原子核的自旋运动产生磁矩，但并不是所有同位素的原子核都有自旋运动。原子核的自旋运动与自旋量子数 I 有关，$I=0$ 的核没有自旋运动，不能用核磁共振来研究，按 I 的数值可将原子核分为三类：

（1）中子数、质子数均为偶数，则 $I=0$，如 ^{12}C、^{16}O 和 ^{32}S 等同位素。

（2）中子数与质子数其中之一为偶数，另一为奇数，则 I 为半整数，例如，$I=1/2$，^{1}H、^{13}C、^{15}N、^{19}F、^{31}P、^{77}Se、^{113}Cd、^{119}Sn、^{195}Pt、^{199}Hg 等。

$I=3/2$，^{7}Li、^{9}Be、^{11}B、^{23}Na、^{33}S、^{35}Cl、^{39}K、^{63}Cu、^{65}Cu、^{79}Br、^{81}Br 等。

(3) 中子数、质子数均为奇数，则 I 为整数，如^{2}H、^{6}Li、^{14}N 等核的 $I=1$，^{58}Co的 $I=2$，^{10}B 的 $I=3$。

当原子核自旋量子数 I 非 0 时，它具有自旋角动量 P：

$$P = \sqrt{I(I+1)} \times h/2\pi \tag{15-1}$$

式中：h 为普朗克常量；

具有自旋角动量的原子核也具有磁矩 μ，μ 与 P 之间存在下列关系：

$$\mu = \gamma P \tag{15-2}$$

式中：γ 称为磁旋比或旋磁比，是原子核的重要属性。

在静磁场中，具有磁矩的原子核存在不同的能级，此时如果运用某一特定频率的电磁波来照射样品，原子核就可能产生能级之间的跃迁，就产生了核磁共振信号。为满足核磁共振的条件，可以固定静磁感强度、扫描电磁波频率或者固定电磁波频率，扫描静磁感强度，这两种方式均为连续扫描方式，其相应的仪器称为连续波核磁共振谱仪，它的磁感强度由电磁体或永磁体提供，磁场强度非常有限，远远不能满足现代高分辨核磁共振的要求，已经被超导脉冲傅里叶变换核磁共振谱仪逐渐取代。

由于原子核所处的环境不同，具有不同的屏蔽常数，例如，抗磁屏蔽、顺磁屏蔽、邻基团各向异性及溶剂、介质的影响各不相同，导致其核磁共振谱线的位置也各不相同。在核磁谱图中采用某一标准物质作为标准，以基准物质的谱线位置作为谱图的坐标原点，不同官能团的原子核谱峰位置相对于原点的距离可以反映它们所处的化学环境，称为化学位移（chemical shift）δ，δ 按式（15-3）计算：

$$\delta = 10^{6} \times (\nu_{样品} - \nu_{标准})/\nu_{标准} \tag{15-3}$$

δ 表示的是距原点的相对距离，其单位是 ppm（百万分之一），是一个无量纲单位。

四甲基硅烷 TMS（tetremethylsilane）在^{1}H、^{13}C、^{29}Si 谱中均作为测量化学位移的基准，因为 TMS 只有一个峰（结构对称性高），分子中氢核和碳核的核外电子的屏蔽作用都很强，无论氢谱或碳谱，一般化合物的峰大都出现在 TMS 峰的左边（低场），即每个基团的 δ 均为正值。另外，TMS 沸点仅 27℃，易于从样品中除去，便于样品回收，而且 TMS 与样品之间不会发生分子缔合，所以在这些谱中都规定 $\delta_{TMS}=0$。

当测量某个核的核磁共振谱图时，往往该核附近有其他一些有磁矩的核存在，这些核会对测量核所处的化学环境产生影响。例如，它们的磁矩大体和外磁场平行时，测量核感受到的磁感强度略有增强，反之，则会略有减弱。这样测量核就不会在预定的化学位移出峰，而是在高场和低场方向分别出峰，与待测核偶合的核有 n 个的话（假设其偶合作用均相同），这些核的磁矩均有 $2I+1$（I 为自旋量子数）个取向，则这 n 个核就有 $2nI+1$ 种分布情况，待测核的谱线也就会分裂成 $2nI+1$ 条，对于 $I=1/2$ 的核如 ^{1}H、^{13}C、^{19}F、^{31}P 等来说，自旋-自旋偶合产生的谱线分裂数为 $n+1$，称为 $n+1$ 规则。

偶合产生的分裂的裂距反映了相互偶合作用的强弱，称为偶合常数（coupling constant）J，J 以赫兹为单位。偶合常数的大小和两个核在分子中相隔化学键的数目密切相关，故在 J 的左上方标以两核相距的化学键数目。例如，$^{13}C—^{1}H$ 之间的偶合标为 ^{1}J。偶合常数随化学键数目的增加而迅速下降，两个氢核相距四根键以上则很难存在偶合作用，若此时 $J\neq 0$，则称为远程偶合或长程偶合（long-range spin-spin coupling），碳谱中 ^{2}J 以上即称为长程偶合。

另外，J 是个矢量，谱线的裂距反映偶合常数的大小。有偶合作用的两核，若它们取向相同时能量较高，或它们取向相反时能量较低，这相应于 $J>0$，反之，则为 $J<0$。

傅里叶变换 NMR 中，不是通过扫描频率（或者扫描磁场）的方法找到共振条件，而是采用在恒定的磁场中，在对应某种核的整个可能频率范围内施加具有一定能量的脉冲，使所有的核自旋取向发生改变而跃迁至高能级，之后处于高能级的核会放出能量回到初始能级，通过信号接收装置来接收发出的电磁波，转变成为数字信号，即以时间为自变量的一个函数，称为 FID（free induction decay）。而傅里叶变换能够将时间域的函数转变成频率域的函数，因此 FID 经过傅里叶变换后就得到了以频率为自变量的函数，其图形表现形式就是核磁谱图。傅里叶变换的公式如下：

$$F(\omega)=\frac{1}{2\pi}\int_{-\infty}^{\infty}f(t)\mathrm{e}^{-i\omega t}\,\mathrm{d}t$$

1980 年以前，核磁共振谱主要采用一维谱图，即只有一个频率坐标，而第二个坐标为信号强度。20 世纪 80 年代以后，二维 NMR（two dimensional NMR）波谱发展成熟并被常规使用，即两个坐标轴皆为频率坐标，而信号强度出现在第三维空间。随后又发展成功三维或多维核磁，只是目前还没发展到常规应用的阶段。二维核磁共振谱的发明是核磁共振技术划时代的发展，在二维核磁共振谱方面做出突出贡献的瑞士核磁共振谱学家 R. R. Ernst 获得 1991 年诺贝尔化学奖。

二维核磁中的两个频率维通常称为 F1 和 F2，这种谱图打印到纸上有很多种方法，最常用的是等高线显示，以一定间距的等高线来表示峰的强度（类似地图的表示方法），每个峰的位置用分别对应于 F1 和 F2 维的相关来标明。通常二维谱的相关是对应于普通一维谱的在 F2 维方向的一系列相关，F2 维一般也附上相应的一维谱来强化得到的相关。

图 15-1 显示的是只有互相偶合的两个质子 A、X 的 COSY 谱示意图，F2 维

也附上了普通的一维谱，很明显，相关是以对角线(图中虚线）为对称中心的。一维谱中的偶合在二维谱中产生了分散，变为正方形或是矩形的外形。谱中的相关分为两种：一种是 F1 维和 F2 维相同的峰产生的相关，它们位于对角线上；另一种 F1 维和 F2 维中不同的峰产生的相关，它们以对角线为对称轴对称，在 COSY 谱中表示这两个氢的距离在叁键以内，所以根据 COSY 谱可以确定整个分子中的偶合关系。

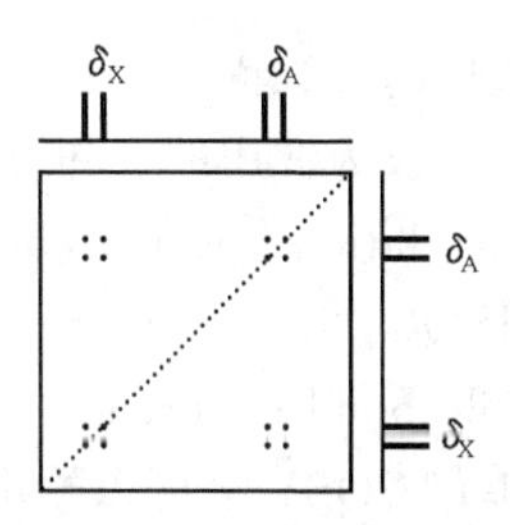

图 15-1　两个自旋偶合系统 A、X 的 COSY 示意图

在一维的脉冲调制的傅里叶变换核磁中，记录的信号是一个时间变量的函数，然后经过傅里叶变换成为一个以频率为变量的函数的谱图。在二维谱中，记录的信号是两个时间变量 t_1 和 t_2 的函数，而且将得到的数据进行两次傅里叶变换来得到一个两个频率变量的函数，一般的二维谱的形式见图 15-2。

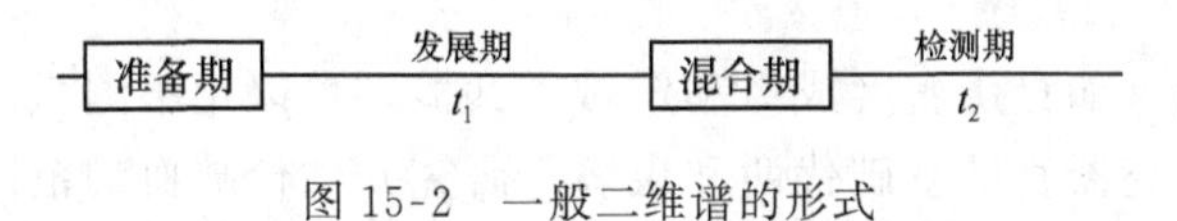

图 15-2　一般二维谱的形式

第一个时期称为预备期，样品被一个或多个脉冲激发。得到的磁化矢量处于不平衡阶段，不断演化，即处于发展期 t_1 阶段。后面的称为混合期，由另一些脉冲组成，混合期并不是必不可少的。混合期之后信号记录为第二个时间变量 t_2 的函数，称为检出期 t_2。以上的组合称为一个脉冲序列，预备期和混合期的本质决定了二维谱能够给出的信息。比较重要的一点是信号并不是在 t_1 时间段内记录的，而仅仅是在 t_2 时间段内、脉冲序列的终点处记录。记录的数据在 t_1 和 t_2 方向均有规则的时间间隔。

二维信号的记录方式如下：首先，t_1 设为 0，脉冲序列开始执行，然后记录得到的自由感应衰减（FID)，随后核的自旋被允许回到平衡状态。t_1 随后被设为 Δ1，即 t_1 方向的时间间隔，重复脉冲序列，再次记录一个 FID，和第一个 FID 分别记录。自旋再次回到平衡状态，t_1 设为 2Δ1，重复以上过程，重复的次数根据 Δ 的大小而定，可以自行调整仪器参数，但是必须足够多，保证二维谱的分辨率足够高，一般在 50～500 次。这样就通过在不同的 t_1 时刻重复执行脉冲序列并记录以 t_2 为函数的 FID 记录了一个二维数据。

发展期和混合期的不同决定了二维谱的种类的不同，一般二维谱可以分为三大类，J 分辨谱、化学位移相关谱和多量子谱。J 分辨谱也称 J 谱或 γ-J 谱，它把化学位移和自旋偶合的作用分辨开来，包括异核 J 谱及同核 J 谱。化学位移相关谱也称 γ-γ 谱，是二维核磁共振谱的核心。它表明共振信号的相关性，包括同核偶合、异核偶合以及 NOE 和化学交换。多量子谱是用脉冲序列检出多量子跃迁的二维谱。

较为常用的二维谱包括 COSY（correlation spectroscopy）、TOCSY（total correlation spectroscopy）、HMQC（heteronuclear multi-quantum coherence）、HSQC（heteronuclear single-quantum coherence）、HMBC（heteronuclear multiple bond coherence）和 NOESY（nuclear Overhause effect spectroscopy）等。H-H COSY 谱可以给出氢之间的近程偶合关系，帮助确定分子中氢的连接顺序，而 H-H TOCSY 则不仅给出近程偶合关系，还能给出远程的偶合关系，可以确定独立的自旋体系。HMQC 和 HSQC 给出的是异核的直接键连关系。例如，H-C HMQC 能够指出哪些氢和哪些碳是直接相连的；HSQC 是检测单量子跃迁的异核相关谱，灵敏度更高，效果更好；HMBC 提供异核的远程键连信息；而 NOESY 则测量分子中可能存在的 NOESY 效应，NOE 效应是空间距离小于 5Å 的核之间产生的一种效应，由此可以判断溶液中各种核的空间距离，推断分子的空间结构。

其他的应用（如自旋密度成像和定域磁共振）可以用于测量活体动物的全身和某一器官。研究器官的基础代谢和疾病，研究并估价缺血的范围，详细评价药物的疗效，研究移植器官的活性。总之，它为研究生物大分子的动态变化提供有用的信息，是现代科学技术中十分重要并有广泛发展前途的新技术之一。

15.2 仪器及使用方法

根据化学位移和偶合常数的概念，我们知道对于某种同位素来说，由于其所处基团不同以及原子核之间相互偶合作用的存在，对应某一化合物有一核磁共振谱图。当使用连续波仪器时（无论是扫场方式还是扫频方式），是连续变化一个参数使不同基团的核依次满足共振条件而画出谱线来的。在任一瞬间最多只有一种原子核处于共振状态，其他的原子核都处于“等待”状态。为记录无畸变的核磁谱，扫描速度必须很慢（如常用 250 s 记录一张氢谱），以使核自旋体系在整个扫描期间与周围介质保持平衡。

当样品量小时，为记录到足够强的信号，必须采用累加的方法。信号 S 的强度和累加次数 n 成正比；但噪声 N 也随累加而累加，其强度和$\sqrt{n}$成正比，因此信噪比 S/N 和$\sqrt{n}$成正比。如果需要把 S/N 提高到 10 倍，就需要累加 100 次，即需 2500 s。如果 S/N 需要进一步提高，所需时间更长，这不仅造成时间的浪费，而且谱仪也难于保证信号长期不漂移。

为克服上述缺点，必须采用新型仪器脉冲-傅里叶变换核磁共振（pulse and Fourier transform NMR）波谱仪，使所有的原子核同时都共振，从而能在很短的时间间隔内完成一张核磁共振谱图的记录。

傅里叶变换波谱仪具有以下优点：

（1）在脉冲（一束包含一定频率范围的短而强的电磁波）作用下，该同位素所有的核（不论处于何官能团）同时共振。

（2）脉冲作用时间短，为微秒数量级。若脉冲需重复使用，时间间隔一般也小于几秒（具体数值决定于样品的 T_1）。在样品进行累加测量时，相对 CW（连续波）仪器远为节约时间。

（3）脉冲 FT 仪器采用分时装置，信号的接受在脉冲发射之后，因此不会有 CW 仪器中发射机能量直接泄漏到接收机的问题。

（4）可以使用各种脉冲序列（pulse sequence），达到不同的目的。

前三点使 FT 仪器灵敏度远较 CW 仪器为高，样品用量可以大为减少。以氢谱而论，样品可以从 CW 仪器的几十毫克降到 1 mg 以下，测量时间也大为缩短。后两点使 FT 仪器可以进行很多 CW 仪器无法进行的工作。

实验 55　核磁共振谱法测定乙酰乙酸乙酯互变异构体的相对含量

一、实验目的

（1）了解超导核磁共振谱仪的基本结构。

（2）掌握核磁实验的基本原理和操作步骤。

二、实验原理

乙酰乙酸乙酯除具有酮的典型反应（例如，与 $NaHSO_3$、HCN 加成，与苯脎、羟氨作用，碘仿反应等）外，还能与三氯化铁水溶液发生颜色反应；使溴水褪色；与金属钠作用放出氢。这些实验事实是无法用前面所写的结构式解释的。经过许多物理和化学方法的研究确定，乙酰乙酸乙酯实际上是由酮式和烯醇式两种异构体组成的一个互变平衡体系（图 15-3）。

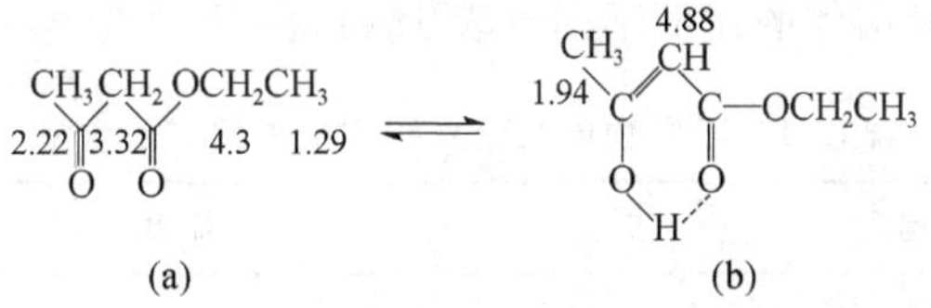

图 15-3　乙酰乙酸乙酯的酮式与烯醇式动态平衡示意图

酮式和烯醇式异构体之间以一定比例呈动态平衡存在。在室温下，彼此互变的速率很快，不能将二者分离。这种同分异构体间以一定比例平衡存在，并能相互转化的现象叫作互变异构现象。

互变异构体的平衡混合物遇到与羰基反应的试剂，则酮式异构体发生反应，烯醇式异构体便随之转化为酮式，在足够量试剂的作用下，最后全部转化为酮式异构体的衍生物。反之，如果在平衡混合物中加入足够量的溴水或金属钠，则最后得到的都是烯醇式异构体的衍生物。从上述表现出来的化学性质看，可以说乙酰乙酸乙酯具有酮和烯醇的双重反应性能。但必须明确的是，乙酰乙酸乙酯并不是一种单一的物质，而是酮式和烯醇式两种异构体的互变平衡混合物。

互变异构现象是有机化学中常见现象。从理论上讲，凡有 α-H 的羰基化合物都有互变异构现象，但不同结构的羰基化合物，其酮式和烯醇式的比例差别很大（图 15-4）。

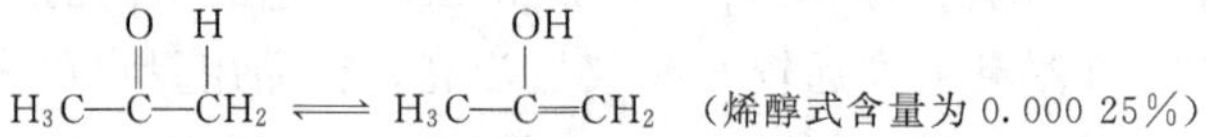

$$H_3C—\overset{\overset{O}{\|}}{C}—\overset{\overset{H}{|}}{C}H_2 \rightleftharpoons H_3C—\overset{\overset{OH}{|}}{C}=CH_2$$ （烯醇式含量为 0.000 25%）

图 15-4　丙酮的酮式与烯醇式的动态平衡

丙酮的 α-H 只受到一个羰基的活化，因此烯醇式结构不稳定，所占比例太小，可以忽略不计。而在乙酰乙酸乙酯分子中，亚甲基由于受羰基和酯基的双重影响，其上的氢原子较活泼，因此能够形成一定数量的烯醇式异构体；而且形成的烯醇式异构体，因羟基上的氢原子与酯基中羰基上的氧原子形成分子内的氢键而稳定（图 15-5）。

乙酰乙酸乙酯的互变异构是由质子移位而产生的。除乙酰乙酸乙酯外，还有许多物质（如 β-二酮以及某些糖和含氮的化合物等）也能产生这类互变异构现象（图 15-6）。

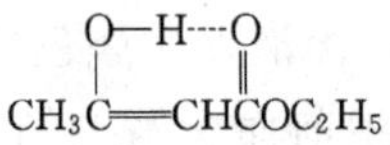

$$CH_3\overset{\overset{O—H\cdots O}{|\qquad\quad \|}}{C{=}CHCOC_2H_5}$$

图 15-5　乙酰乙酸乙酯的分子内氢键

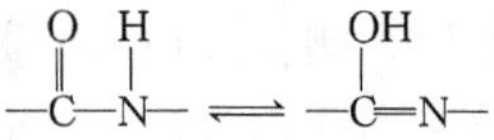

$$—\overset{\overset{O}{\|}}{C}—\overset{\overset{H}{|}}{N}— \rightleftharpoons —\overset{\overset{OH}{|}}{C}=N—$$

图 15-6　含氮化合物的互变异构现象

酮式与烯醇式的相对含量与分子结构、浓度、温度等因素有关。不同物质的互变平衡体系中，异构体的比例不同（表 15-1）。

表 15-1　不同物质互变异构体中烯醇式的含量

结构式	烯醇式含量（液态）/%
CH_3COCH_3	0.000 25
$CH_3COCH_2COOC_2H_5$	7.5
$CH_3COCH_2COCH_3$	80
$CH_3COCH(COOC_2H_5)_2$	69
环己酮	0.02

同一物质在不同溶剂中的烯醇式含量也不同（表 15-2）。

表 15-2　乙酰乙酸乙酯在不同溶剂中烯醇式在互变异构体中所占含量

溶剂	烯醇式含量/%	溶剂	烯醇式含量/%
水	0.4	乙酸乙酯	12.9
50%甲醇	0.25	苯	16.2
乙醇	10.52	乙醚	27.1
戊醇	15.33	二硫化碳	32.4
氯仿	8.2	己烷	46.4

用化学法测定乙酰乙酸乙酯两种互变异构体的相对含量，操作麻烦，条件与终点也不好控制。用核磁共振谱法测定，具有简单、快速的优点，实验结果与化学法相近。

酮式的羰甲基［图 15-3（a)］和烯醇式的甲基［图 15-3（b)］在谱图中不互相重叠，均为单峰且质子数较多，测定的准确度较好，故选择它们做定量测定较为合适。

三、仪器与试剂

Mercury Vx300 超导核磁共振谱仪；核磁样品管 5 mm；微量进样器 100 μL、0.5 mL。

乙酰乙酸乙酯（分析纯)。

四、实验步骤

1. 进样

用 100 μL 微量进样器将样品装进核磁管，再用 0.5 mL 的微量进样器加入 0.5 mL 氘代氯仿作为溶剂，盖上盖子。将核磁管插入转子中，放进量规里，使溶液中部大约处于量规中的虚线格中间，这样样品中部在进入磁体后会处于超导线圈中部。然后将鼠标移至显示器上半部分的输入窗口中，输入字母 e 并回车（e↙)，即弹气（eject)。再将样品管放到核磁仪器的进样口中，最后在窗口中输入 i 并回车（i↙)，弹气逐渐减小，样品缓慢进入磁体，进样（insert）完毕。

2. 设置

在显示器下半部窗口右侧竖排选项中用鼠标点击设置栏（setup exp)，出现该栏的内容后用左键点住其右上角的溶剂（solvent）栏，不松按键在下拉的菜单中选取所加入的溶剂（$CDCl_3$)，然后在该窗口中间部位的基本一维实验（basic 1D experiment）栏中以同样操作选取一维氢谱实验（proton 1D)，随后系统会自动调出做一维氢谱实验的所需参数，包括实验激发核、去偶核、采样宽度、采样时间、采样点数、累加次数等内容。

3. 自动匀场

在命令输入窗口中输入 gmapsys↙，系统会自动调出自动匀场的程序，输入命令 gzsize＝4，表示将要调整的匀场参数的个数，最后点击菜单栏中的 AutoSHIM on Z，系统则会开始自动匀场。听到“嘀”的一声并看到系统提示匀场完毕后（acquisition complete），点击菜单栏中的退出钮（quit），重新回到做氢谱的参数下。

4. 采样

点击菜单栏中的 acqi，依次点击 lock 和 spin 中的 on 钮，打开旋转，在样品转速稳定后输入命令 ga↙，开始实验。同样系统提示实验完毕（acquisition complete）后，输入命令 aph dc↙，进行自动调整相位和调整基线的高度、平整度。

5. 谱图处理

在主命令栏下面的第二命令栏中点击积分钮（＊＊＊ integral），直到出现 full integral 为止，这时谱图中间会出现一条贯穿始终的绿色积分线。点击积分钮右边的 reset 钮，用鼠标左键在谱图中的每个峰左右两边各点一下，然后输入命令 bc↙和 cz↙，表示整平基线和重新积分。在新的积分线上再次积分，这次积分可以不包括溶剂峰和 TMS 峰，如果点错位置可在出错的地方点右键取消并重新用左键点击进行积分。一般只需积分 1.94 ppm 和 2.22 ppm 处的两个峰，为使积分准确，可以将该段谱图放大。放大的方法是分别用鼠标的左右键先后在欲放大的范围左右两边各点一下，随后点击菜单栏中的 expand 钮。积分完两个峰后输入命令 vp＝12，将谱图纵向位置提高，以方便在下方显示积分值。系统还提供设定积分值的功能，用鼠标左键在已积分的峰上点一下，然后点击菜单栏中的 set int 钮，在出来的询问语句后输入 1（任何你想设定的积分值），回车即可。然后可以点击菜单栏中的 full 钮，将谱图还原到全谱状态，在内标峰上用鼠标左键点一下，输入 nl 命令，将红线和内标峰对证，点击 ref 钮，在询问语句后输入 0，表示将该峰的化学位移定为 0。

6. 打印

输入打印命令 pl（传递文件参数等到打印机）、pscale（打印标尺）、pap（打印页面左上角的实验参数）、pir（打印积分）、ppf（打印峰的位置）、page（打印立即执行）↙。

五、实验数据及结果

由于两个异构体的质量分数等于其摩尔分数，也等于峰面积比。若以 I_a 和

I_b 表示 a 和 b 两组质子的积分值，w_a 和 w_b 表示两种异构体的含量，则

$$w_a\% = w_a/(w_a + w_b) \times 100\% = I_a/(I_a + I_b) \times 100\%$$

$$w_b\% = w_b/(w_a + w_b) \times 100\% = I_b/(I_a + I_b) \times 100\%$$

把实验数据代入上式，求出酮式和烯醇式的各自含量。

六、注意事项

进样前一定注意要弹气：一方面弹出磁体中原有的样品；另一方面待测样品进样时应有压缩空气托着慢慢下落，防止核磁管跌破，样品污染探头等部件。

七、思考题

（1）试比较化学法与核磁共振法测定乙酰乙酸乙酯互变异构体的相对含量的优缺点。

（2）酮式与烯醇式的相对含量除了与分子结构、浓度和温度有关外，还与哪些因素有关？为什么用极性强的溶剂测出的酮式的质量分数高？

（3）为什么在实验开始前要匀场？

实验 56　二维核磁同核相关实验 gCOSY 的使用

一、实验目的

（1）了解超导核磁共振谱仪的简单工作原理及主要组成部分。

（2）gCOSY 实验做法及谱图分析。

二、实验原理

COSY 是 correlation spectroscopy 的简称，而 gCOSY 则是使用了梯度场的 COSY。COSY（或 gCOSY）是最经典的二维核磁实验，它可以用来观测不同 ^1H之间通过化学键的相互作用，从而分析分子结构（图 15-7）。

当含 ^1H 的样品放入外加磁场后，原来简并的原子核状态发生变化，原子核按照新的能量状态进行分布。此时，若用一频率适当的电磁波辐射以脉冲的形式照射样品，核的分布将会按照照射时间长短发生变化。照射结束后，原子核将会逐步回到初始的能级分布状态。若在照射后立即跟踪观测核磁化矢量，将会得到它随时间而变化的信号，即 free induction decay（FID）。将 FID 作傅里叶变换，即可得到一维核磁共振谱图。如果在第一个脉冲结束后不立即记录 FID，而是等待时间 τ 之后再给一个与第一个脉冲相同的脉冲，然后再记录 FID。对 FID 作傅里叶变换后，可以得到一个与 τ 有关的一维核磁共振谱图。

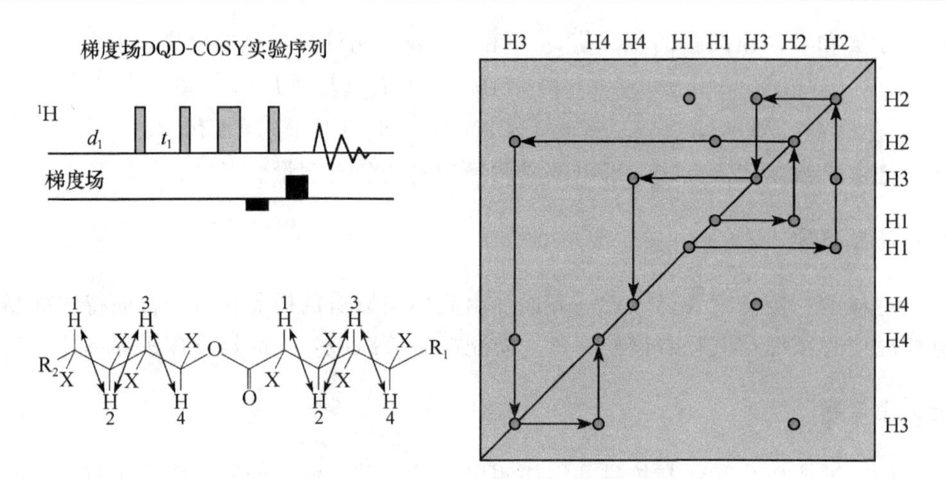

图 15-7　gCOSY 的实验的脉冲序列和实例

按一定增量幅度延长 τ，并将所得信号作二次傅里叶变换，可以得 COSY 核磁共振谱图，图中非对角线峰，即为处于不同环境^{1}H 通过化学键相互作用的峰（如同一维核磁中的偶合），它能告诉我们有关结构的重要信息。传统的 COSY 实验需要相位循环，故需要时间较长。引入磁强度梯度场后，可以避免相位循环，大大地缩短了实验的时间。

三、仪器与试剂

Varian Mercury Vx300 超导核磁共振谱仪；核磁管 5 mm。

3-庚酮（3-heptone）；氘代氯仿。

四、实验步骤

1. 装样及进样

将盛有样品的核磁管插入转子中，放进量规里，使溶液中部大约处于量规中的虚线格中间，这样样品中部在进入磁体后会处于超导线圈中部。

输入命令 e（即 eject）并回车，会有压缩空气弹出磁体中原有的样品。取出原有的样品后将插着核磁管的转子从磁体的进样口放入，转子会在压缩空气的浮力作用下浮于进样口的上端。再输如关气的命令 i（即 insert）并回车，样品管就会在逐渐减小的气流中慢慢掉到磁体的中部（探头上方）待测部位。

2. 二维谱的操作

在做二维实验之前，需要先做一个一维氢谱，氢谱的具体操作方法请参考实验《核磁共振谱法测定乙酰乙酸乙酯互变异构体的相对含量》。

在某个实验区（如 exp1）中做好一维氢谱后，输入命令 mf(1，2)，表示将 1 区中的氢谱参数转移到 2 区，然后输入命令 jexp2，进入 2 区（各实验区间相互独立，可以单独存储实验数据）。

输入命令 gCOSY 并回车即可调出即将进行的二维 gCOSY 实验的参数，分别包括 F1 维和 F2 维的各种参数，如谱宽、扫描次数、采样中心等。根据实验所需时间，可以将扫描次数 nt 设为 4 次（nt=4↙），ni 设为 128(ni=128↙)。

开始采样（ga↙）。

系统提示采样结束后点击菜单栏中的 auto process 即可自动处理谱图。

打印使用 plcosy 命令，如 plcosy(20，1.2，1)。其中，20 代表打出的等高线谱图中线的圈数，1.2 为线之间的距离，1 代表氢谱的数据从实验区 1 中调取。

五、实验数据及结果

得到的 gCOSY 谱图分为 F1 和 F2 两维，都对应着^{1}H 谱，对角峰都是某个氢核和它自己的相关，可以不考虑，对角峰两侧的相关峰都是对称的，只看一侧的就可以了。相关峰表示该处对应的两种 H 在分子中的距离是叁键以内（化学位移不同的同碳氢或者相邻碳上的氢）。

六、注意事项

进样前一定注意要弹气：一方面弹出磁体中原有的样品；另一方面待测样品进样时应有压缩空气托着慢慢下落，防止核磁管跌破，样品污染探头等部件。

七、思考题

（1）为什么要使样品溶液中部大约处于量规中的虚线格中间？

（2）为什么在 setup 实验时要选择溶剂？

（3）对应于^{1}H 共振频率为 900 MHz 的超导磁体的磁场强度是多少？

实验 57　二维核磁异核相关实验 gHSQC 的操作与应用

一、实验目的

（1）了解傅里叶变换超导核磁的简单原理及各主要部分的初步认识。

（2）掌握 gHSQC 实验的做法、数据处理及简单谱图分析。

二、实验原理

20 世纪 70 年代以来核磁共振技术在有机物的结构，特别是天然产物结构的阐明中起着极为重要的作用。目前，利用化学位移、裂分常数、H-H COSY 谱等来获得有机物的结构信息已成为常规测试手段。近 20 年来核磁共振技术在谱仪性能和测量方法上有了巨大的进步。在谱仪硬件方面，由于超导技术的发展，磁体的磁场强度平均每五年提高 1.5 倍，如今已有数台 900 兆投入商业应用，由于各种先进而复杂的射频技术的发展，核磁共振的激发和检测技术有了很大的提高。此外，随着计算机技术的发展，不仅能对激发核共振的脉冲序列和数据采集作严格而精细的控制，而且能对得到的大量的数据作各种复杂的变换和处理。在谱仪的软件方面最突出的技术进步就是二维核磁共振（2D-NMR）方法的发展。它从根本上改变了 NMR 技术用于解决复杂结构问题的方式，大大提高了 NMR 技术所提供的关于分子结构信息的质和量，使 NMR 技术成为解决复杂结构问题的最重要的物理方法。

2D-NMR 技术能提供分子中各种核之间的多种多样的相关信息。例如，核之间通过化学键的自旋偶合相关，通过空间的偶极偶合（NOE）相关；同种核之间的偶合相关，异种核之间的偶合相关；核与核之间直接的相关和远程的相关等。根据这些相关信息，就可以把分子中的原子通过化学键或空间关系相互连接，这不仅大大简化了分子结构的解析过程，并且使之成为直接可靠的逻辑推理方法。

2D-NMR 的发展，不仅大大提高了大量共振信号的分离能力，减少了共振信号间的重叠，并且能提供许多 1D-NMR 波谱无法提供的结构信息。例如，互相重叠的共振信号中每一组信号的精细裂分形态、准确的偶合常数、确定偶合常数的符号和区分直接和远程偶合等。

运用 2D-NMR 技术解析分子结构的过程就是 NMR 信号的归属过程，解析过程的完成也就同时完成了 NMR 信号的归属。完整而准确的数据归属不仅为分子结构测定的可靠性提供了依据，而且为复杂生物大分子的溶液高次构造的测定奠定了基础。

异核单量子相关（heteronuclear single-quantum coherence，HSQC），即把 ^{1}H 核和与其直接相连的 ^{13}C 核关联起来，它的作用相当于 H，C-COSY。其脉冲序列和实例见图 15-8。

三、仪器与试剂

Varian Mercury Vx300 超导核磁共振谱仪；核磁管 5 mm。

3-庚酮（3-heptone）；氘代氯仿。

四、实验步骤

1. 装样及进样

将盛有样品的核磁管插入转子中，放进量规里，使溶液中部大约处于量规中的虚线格中间，这样样品中部在进入磁体后会处于超导线圈中部。

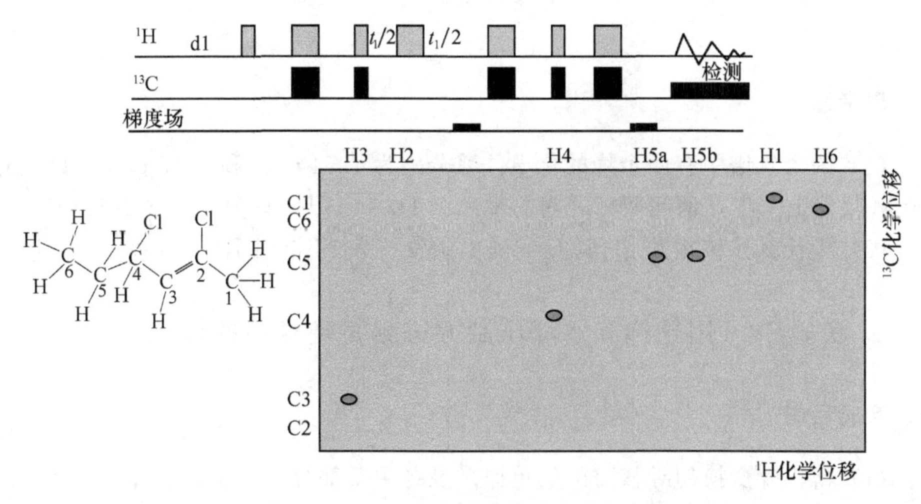

图 15-8　gHSQC 实验的脉冲序列和实例

输入命令 e（即 eject）并回车，会有压缩空气弹出磁体中原有的样品。取出原有的样品后将插着核磁管的转子从磁体的进样口放入，转子会在压缩空气的浮力作用下浮于进样口的上端。再输如关气的命令 i（即 insert）并回车，样品管就会在逐渐减小的气流中慢慢掉到磁体的中部（探头上方）待测部位。

2. gHSQC 实验的操作

（1）先在某个实验区（experiment X）做一个该样品的一维氢谱。

（2）将一维氢谱数据复制到另外一个实验区（experiment Y），即 mf（X，Y）；进入 Y 实验区，即 jexpY；输入命令 gHSQC 调出该实验的脉冲序列和参数。

（3）修改部分实验参数，如 nt＝4，ni＝128。

（4）开始实验（ga）。

（5）实验结束后进行谱图的自动处理，即点击菜单上的 autoprocess 钮，便可得到二维谱图。

五、实验数据及结果

得到的 gHSQC 谱图分为 F1 和 F2 两维，分别对应^{13}C 谱和^{1}H 谱，谱图中的相关峰则表示该处对应的 H 和 C 核在分子中是直接相连的。

六、注意事项

（1）进样前一定注意要弹气：一方面弹出磁体中原有的样品；另一方面待测样品进样时应有压缩空气托着慢慢下落，防止核磁管跌破，样品污染探头等部件。

（2）二维谱采样前应修改采样次数等参数，防止实验时间过长，影响实验进度。

七、思考题

(1) 一个氢谱中有两个峰的化学位移分别为 1.54 ppm 和 5.43 ppm，谱图在 400 M 仪器上采集，请问两峰之间的距离以 Hz 和 rad/s 计分别是多少？

(2) 为什么异核相关 gHSQC 实验中激发核为^{1}H 核而不是^{13}C 核？

实验 58 用预饱和水峰压制方法测 β-环糊精的核磁氢谱

一、实验目的

(1) 傅里叶变换超导核磁的简单原理及各主要部分的初步认识。

(2) 解预饱和水峰压制技术。

二、实验原理

由于溶解度小，有时溶剂中的^{1}H 的信号大大强于被测样品的信号，造成样品信号淹没在溶剂信号中，或者造成积分困难。因此，应采取措施抑制溶剂水峰信号。水中氢弛豫较慢，而样品中氢一般弛豫较快，因此，可以先用一组脉冲使水信号饱和，再测试样品的氢谱，从而得到水峰压制的核磁结果。

三、仪器与试剂

Varian Mercury Vx300 超导核磁共振谱仪；核磁管 5 mm。

β-环糊精；氘代水 (D_2O)。

四、实验步骤

1. 样品的配制及进样

将大约 2.8 mg 的 β-环糊精样品放入核磁管内，加入 0.5 mL 的氘代水，配成大约 5×10^{-3} mol/L 的溶液，振荡并放置几分钟后，样品全部溶解。将核磁管盖上帽后放入转子中，用量规定好溶液的位置。取出转子，在仪器操作界面中输入命令 e 并回车，在弹气状态下放入转子。输入 i 并回车，样品进入磁体。

2. 一维氢谱的获得

在某个实验区选择好所用溶剂和将做的实验后进行自动匀场（输入 gmapsys gzsize=4 后回车，点击 autoshim on Z），匀场完毕后打开旋转（20Hz）并采样（ga）。

3. 预饱和水峰压制的操作

res（自动对准谱图中最大的信号，即水峰）；
gxd（调整参数至水峰压制状态）；
sd（将水峰的频率赋予参数 dof）；
satfrq＝dof（将参数 dof 值赋予 satfrq）；
tof＝dof；
satpwr＝1（将水峰压制的脉冲强度设置为 1）；
at＝0.5（将采样时间设置为 0.5 s）；
pw＝2.7（将脉冲宽度设置为 2.7 μs）；
nt＝32（采样次数，4 的倍数）；
ga（采样开始）。

4. 对谱图进行处理

五、实验数据及结果

压制水峰后应该观测到谱图中水峰强度大大减弱，样品峰明显地增强。这样有利于减少采样次数、缩短采样时间。积分环糊精氢谱，并对照环糊精结构进行简单归属。

六、注意事项

由于预饱和水峰压制实验可能会导致水峰相位的扭曲，aph（自动调正相位的命令）经常起不到应有的作用，此时需要用鼠标来手动调正谱图的相位。

七、思考题

（1）在什么情况下需要水峰压制？
（2）预饱和为什么能压制水峰？

参考文献

杭州大学化学系．1999．分析化学手册第七分册——核磁共振波谱分析．第二版．北京：化学工业出版社
宁永成．2000．有机化合物结构鉴定与有机波谱学．第二版．北京：科学出版社
严宝珍．1995．核磁共振在分析化学中的应用．第二版．北京：化学工业出版社

第 16 章　热 分 析 法

16.1　基 本 原 理

物质在加热过程中，往往会发生脱水、挥发、相变（熔化、升华、沸腾等）以及分解、氧化、还原等物理或化学变化。

热分析法（thermal analysis）就是在程序温度下，测量物质的物理、化学性质与温度关系的一类仪器分析技术。通常有热重法（thermal gravity，TG）和差热分析（differential thermal analysis，DTA）或差示扫描量热法（differential scanning calorimetry，DSC）。

热重分析法（thermeogravimetric analysis，TGA）是在程序温度下，测量物质的质量与温度关系的技术，使用的仪器为热重分析仪，又称热天平。它是测定在温度变化时由于物质发生某种热效应（如化合、分解、失水、氧化还原等）而引起质量的增加或减少，从而研究物质的物理化学过程。测定时将样品放置于天平臂上的坩埚内，升温过程中发生质量变化，天平失去平衡，由光电位移传感器及时检测出失去平衡信号，测重系统自动改变平衡线圈中的平衡电流，使天平恢复平衡，平衡线圈中的电流改变量正比于样品质量变化量，记录器将记录不同温度的电流变化量即得到热重曲线（图 16-1）。以质量为纵坐标，以温度（或加热时间）为横坐标。图中 AB 为平台，表示 TG 曲线中质量不变的部分；B 点为起始温度（T_i），是指积累质量变化达到天平能检测程度时的温度；C 点为终止温度（T_f），是指积累质量变化达到最大时的温度；$T_f \sim T_i$（B、C 点间温度差）为反应区间。测定曲线上平台之间的质量差值，可以计算出样品在相应温度范围

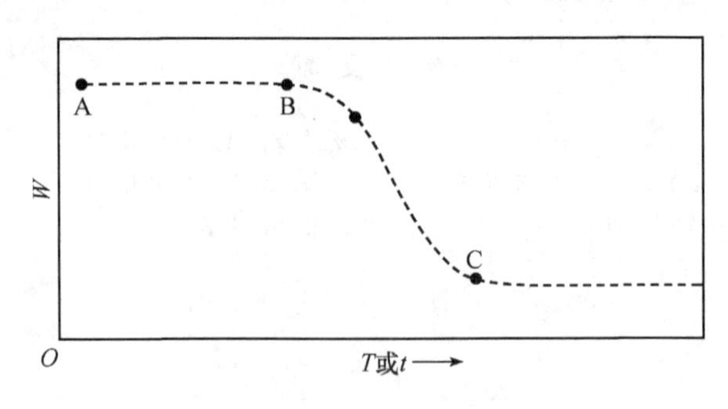

图 16-1　TG 曲线示意图

内减失质量分数。热重分析的特点是能够准确地测量物质的质量变化及变化速率，样品用量少（1～20 mg），比常用干燥失重法测定速度快。

差热分析是在程序温度下，测量物质（样品）与参比物的温度差与温度关系的技术。参比物在受热过程中不发生热效应，样品与参比物同时置于加热炉中，以相同的条件升温或降温，当样品发生相变、分解、化合、升华、失水、熔化等热效应时，样品与参比物之间就产生差热，利用差热电偶可以测量出反映该温度差的差热电势，并经微伏直流放大器放大后输入记录器即可得到差热曲线。

DTA曲线是以温度（或加热时间）为横坐标，以测量样品与参比样品之间的温差（ΔT）为纵坐标作图而得的，如图16-2所示。

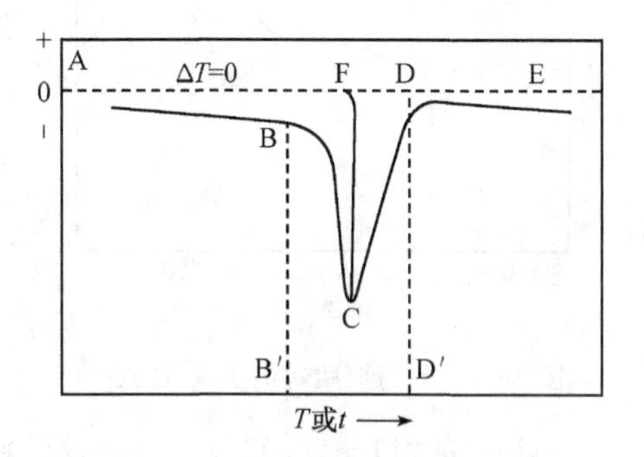

图16-2　DTA曲线示意图

图中AB及DE为基线，是DTA曲线中ΔT不变的部分（表示样品未发生吸热反应）；BCD为吸热峰，是指样品产生吸热反应，则温度低于参比物质，ΔT为负值（峰形凹起于基线）；若为放热反应，则图中出现放热峰，温度高于参比物质，ΔT为正值（峰形凸起于基线）；BD′为峰宽，为曲线离开基线与回至基线之间的温度（或时间）之差；CF为峰高，是自峰顶C至补插基线BD间的距离。在DTA曲线中物理变化常得到尖峰，而化学变化则峰形较宽。DTA法可用来测定物质的熔点。根据吸热或放热峰的数目、形状和位置还可以对样品进行定性分析，并估测物质的纯度。

DTA法所用样品质量为0.1～10 mg，加热速率一般为10～20℃/min。有许多物质在加热过程中往往同时产生挥发失重，或由于化学反应产生挥发性物质，故可将DTA法与TGA法结合使用，即同时作TGA和DTA。

差示扫描量热法（DSC）是在整个分析过程中，维持样品与参比物质的温度相同，测定维持在相同温度条件下所需的能量差。因此，当样品发生吸热变化时，温度要下降，必须补充较参比物质更多的能量才能使其温度与参比物质相同。反之，当样品发生放热反应时，温度升高，则供给的能量应较参比物质为少，方能使其温度仍与参比物质相同。由于供给的能量差相当于样品发生变化时所吸收或释放的能量，记录这种维持平衡的能量即是所需的转化热量。因此，DSC较DTA更适用于测量物质在物理变化或化学变化中焓的改变。DSC曲线与DTA曲线稍有不同，它是以热流率（mJ/s）为纵坐标，温度（或加热时间）为横坐标，通常为吸热反应峰向上，放热反应峰向下的曲线（也有仪器记录的吸热

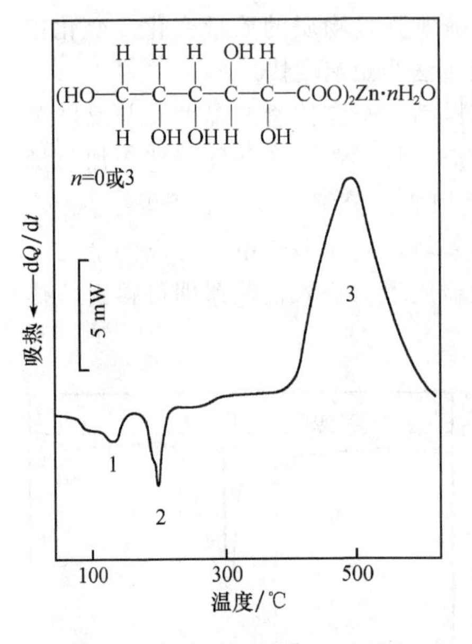

图 16-3 葡萄糖酸锌的 DSC 曲线

峰或放热峰方向与 DTA 曲线相同)。它们的共同特点是峰在温度轴(或时间轴)的位置、形状、数目与物质的性质有关,可以用来鉴别物质、检查纯度以及测定相变温度等。而峰的面积与反应热焓有关,可以用来定量地估计参与反应的物质的量或测定热化学参数。

图 16-3 为葡萄核酸锌的 DSC 曲线,曲线显示三个峰,峰 1 为样品脱水的吸热峰。

$$C_{12}H_{22}O_{14}Zn \cdot nH_2O \xrightarrow{103\sim159℃} C_{12}H_{22}O_{14}Zn + nH_2O$$

峰 2 为样品熔化和分解造成的吸热峰。

$$C_{12}H_{22}O_{14}Zn \xrightarrow{159\sim211℃} CO + CO_2 + C + \text{有机物残渣} + ZnCO_3$$

峰 3 为 211～566℃氧化分解及碳粒燃烧的放热峰,最终产物为 ZnO。

热分析技术有以下基本特征:

(1) 采用热分析技术(如 TG、DTA、DSC、DMA、TMA 等)仅用单一试样就可以在很宽的温度范围内进行观测,依此种方式按所谓非等温动力学参数是很方便的。

(2) 采用各类试样容器或附件,便可适用几乎任何物理状态的试样(固体、液体或凝胶)。

(3) 仅用少量试样(0.1 μg～10 mg)。

(4) 可在静态或动态气氛进行测量,如有需要可采用氧化性气氛、惰性气体、还原气氛、腐蚀性气体、含水样的气体、减压(或真空)等各种气氛。

(5) 完成一次实验所需的时间从几分钟到几小时。

(6) 热分析结果受实验条件的影响,如试样尺寸和量,升、降温速率,试样周围气氛的性质和组成以及试样的热历史和在加工过程形成的内应力等。

16.2 仪器及使用方法

16.2.1 热分析仪器的基本结构

热分析仪器通常是由物理性质检测器,可控制气氛的炉子、温度程序器和记录装置等各部组成，如图 16-4 所示。现代热分析仪器通常是连接到监控仪器操作的一台计算机（工作站）上，来控制温度范围、升（降）温度速率、气流和数据的累积、存储，并由计算机进行各类数据分析。

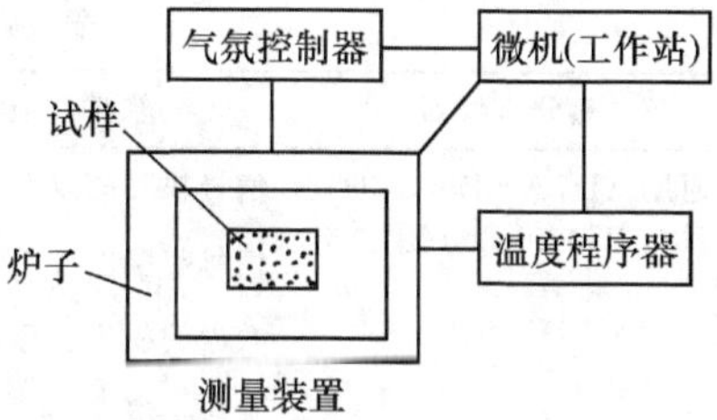

图 16-4　热分析仪的方块图

16.2.2　商品热分析仪器

表 16-1 列出了各类常用商品热分析仪器，如热天平（TG）、差热分析仪（DTA）、差示扫描量热计（DSC）以及热机械测量中的热机械分析仪（TMA）、动态热机械分析仪（DMA）等黏弹测量仪。表 16-1 中列出了它们通常使用的温度范围。

表 16-1　常用商品热分析仪

热分析仪	使用的温度范围/℃	热分析仪	使用的温度范围/℃
TG（高温型）	室温～ 约 1500	功率补偿式 DSC	－150～750
TG-DTA（标准型）	室温～1000	TMA	－150～700
DTA（高温型）	室温～1600	DMA	－150～500
热流式（标准式）	－150～750	黏弹测量仪	－150～500
（高温型）	－120～1500		

表 16-2　一些非标准型商品热分析仪器及与其他仪器联用型仪器

高压 DTA
TG-气质色谱（TG-GC）
TG-傅里叶变换红外光谱仪（TG-FTIR）
TG-质谱仪（TG-MS）
TG-MS-GC
DTA-X 射线衍射仪
DTA-偏光显微镜（DTA-POL）
高灵敏 DSC

表 16-2 列出了非标准型热分析仪器以及热分析与其他分析仪器，如质谱仪、傅里叶变换红外光谱仪、X 线衍射分析仪和气相色谱仪等的联用型仪器。

在特殊条件下使用的热分析仪器，如高压（10 MPa 以上）、高温（1700℃以上）和大试样量（几克以上），有时尚需使用者自行组装。

16.2.3　计算机软件

热分析仪商品软件的若干功能见表 16-3。对于更为特殊目的的软件一般要由使用者编制。利用计算机软件进行数据分析要比手工分析更方便，不过在使用软件之前须了解分析数据的特征。

表 16-3 商品热分析软件

热分析仪器	软件功能	热分析仪器	软件功能
通用（DTA、DSC、TG、TMA、DMA）	信号幅度的改变	DSC	转变焓的显示与计算热容测定
	信号和温度校正		纯度计算
	数据的积累、存储		反应速率计算
	基线平滑	TMA、DMA	热膨胀系数计算
	转变温度的显示与计算		应力-应变曲线的显示
	多条曲线的显示		蠕变曲线的显示
	曲线的背景扣除		应力松弛曲线的显示
	TA 曲线的微商		Arrhcnius 图和相关参数组合曲线的计算和显示
	基线校正		
TG	从质量变化转换为质量分数反应速率计算		

16.2.4 常用热分析仪

16.2.4.1 热重法

热重法是测量试样的质量变化与温度（扫描型）或时间（恒温型）关系的一种技术。如熔融、结晶和玻璃化转变之类的热行为试样确无质量变化，而分解、升华、还原、解吸附、吸附、蒸发等伴有质量的变化的热变化可用 TG 来测量。这类仪器通称热天平。

1）基本结构

热重曲线是用热天平记录的。热天平的基本单元是微量电天平、炉子、温度程序器、气氛控制器以及同时记录这些输出的仪器。热天平的示意图如图 16-5 所示。通常是先由计算机存储一系列质量和温度与时间关系的数据，完成测量后，再由时间转换成温度。

2）微量天平

商品微量天平包括天平梁、弹簧、悬臂梁和扭力天平等各种设计，图示如图 16-6 所示。炉子的加热线圈采取非感应的方式绕制，以克服线圈和试样间的磁性相互作用。线圈可选用各种材料，如镍铬（$T<1300$ K）、铂（$T>1300$ K）、铂-10%铑（$T<1800$ K）和碳化硅（$T<1800$ K）。也有的不采用通常的炉丝加热，而用红外线加热炉，这种炉子通常是用到 1800 K。使用椭圆形反射镜或抛物柱面反射镜使红外线聚焦到样品支持器上。这种红外线炉只需几分钟就可使炉温升到 1800 K，很适于恒温测量。

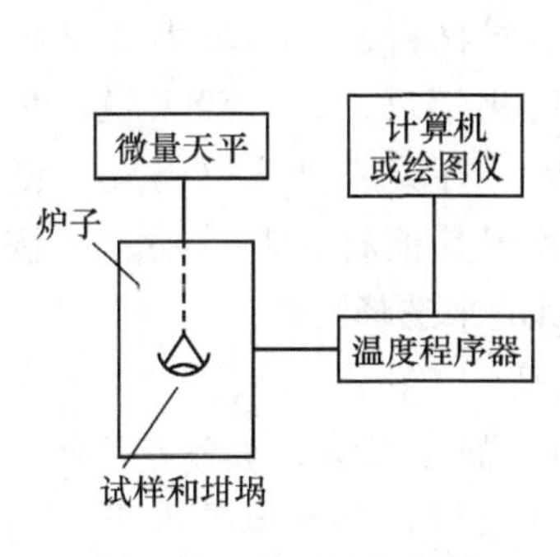

图 16-5　热天平方块图

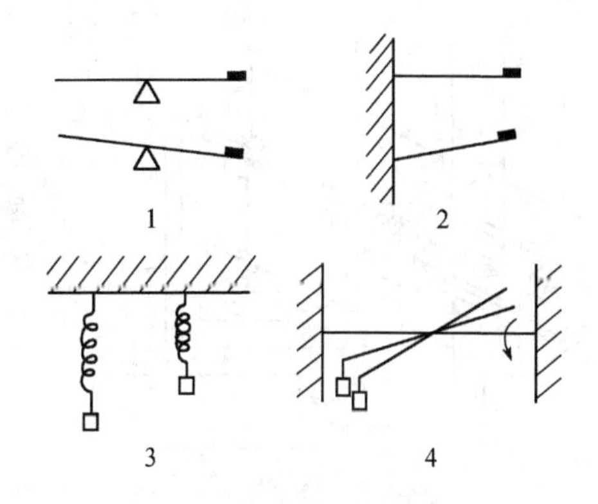

图 16-6　各种类型的微量天平

1—天平梁；2—悬臂梁；3—弹簧；4—扭丝

(1) 商品热天平。按天平与炉子的配置，样品支持器可用如下三种类型之一：下皿式天平、上皿式天平、平行式天平。下皿式天平一般用于单一的 TG 测量（而非联用测量）。图 16-7 是样品支持器在天平之下的一种商品 TG 仪的典型实例。对于 TG 与差热分析（DTA）的同时测量通常示采用上皿式和水平式天平，这两种类型商品 TG-DTA 仪的有代表性的配置如图 16-8 和图 16-9 所示。

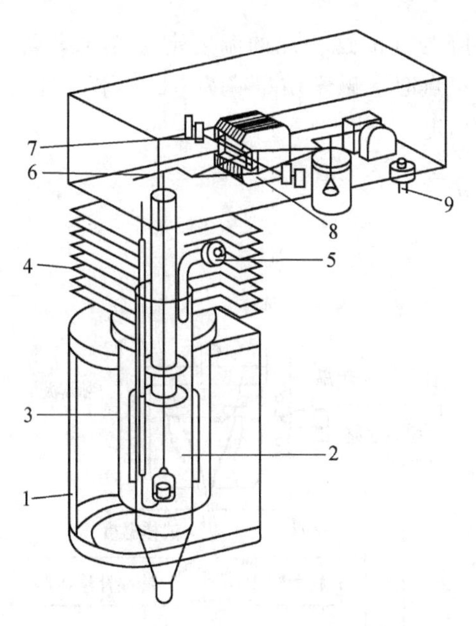

图 16-7　岛津下皿式 TG 仪

1—试样；2—加热炉；3—热电偶；4—散热片；5，9—气体入口；6—天平梁；7—吊带；8—磁铁

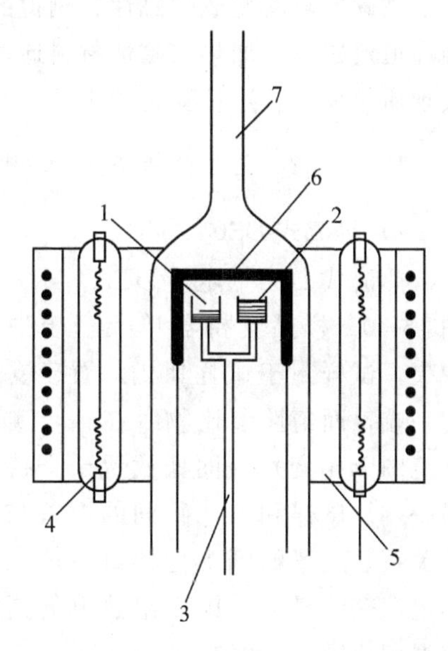

图 16-8　红外加热的上皿式 TG 装置

1—参比物；2—试样；3—样品支持器；4—红外灯；5—椭圆聚光镜；6—均热炉套；7—玻璃保护管

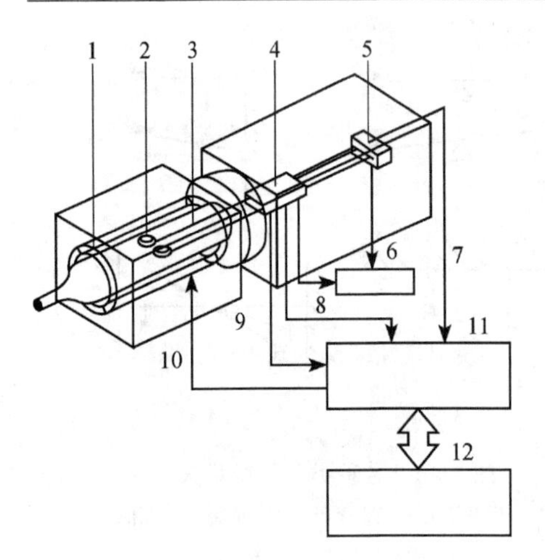

图 16-9　水平式 TG 装置

1—炉子；2—试样支持器；3—天平梁；4—支点；5—检测器；6—天平电路；7—TG 信号；8—TDA 信号；9—温度信号；10—加热功率；11—TG-DTA 型主机；12—计算机

（2）坩埚。坩埚具有各种尺寸、形状，并由不同材料制成。坩埚和试样间必须无任何化学反应。一般来说，坩埚是由铂、铝、石英或刚玉（陶瓷）制成的，但也有用其他材料制作的。可按各自实验的目的来选择坩埚。

3）气氛

TG 可在静态流动的动态等各种气氛条件下进行测量。在静态条件下，当反应有气体生成时，围绕试样气体组成会有所变化。因而试样的反应速率会随气体的分压而变。一般建议在动态气流下测量，TG 测量使用的气体有：Ar、Cl_2^*、CO_2、H_2、HCN、H_2O、N_2、O_2 和 SO_2，对注有 * 号的有毒气体应该确保安全使用，并采用有效地消除措施。

4）温度标定

铁磁性材料变成顺磁性、测得的磁力降为 0 的这一点的温度定义为居里点。当在恒定磁场下加热铁磁性材料通过其居里点时，磁学质量降为 0，天平表现出表现质量损失。这种变化用于 TG 的温度标定。

16.2.4.2　*差热分析与差示扫描量热法*

1）热流式 DSC

热流式 DSC（定量 DTA）示意图见图 16-10。样品支持器单元置于炉子的中央，试样封于试样皿内、置于支持器的一端，而惰性参比物（在整个实验温度范围无相变）等同地放置于支持器的另一端。试样和参比物间的温差与炉温的关系是用紧贴到支持器每一侧底部的热电偶来测量的。第 2 组热电偶是测量炉温和热敏板温度的。

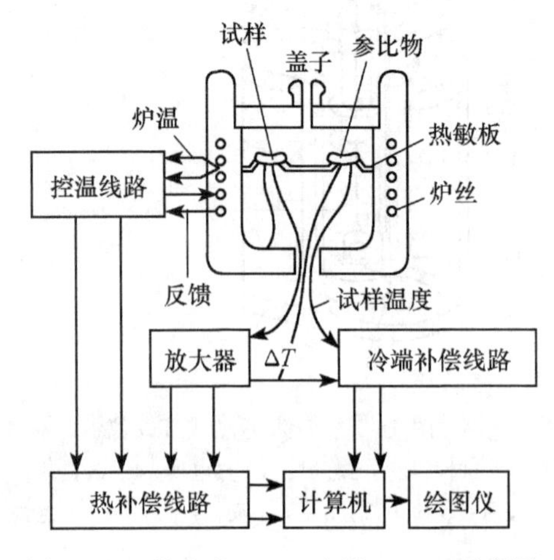

图 16-10　热流式 DSC（定量 DTA）示意图

2）功率补偿 DSC

对于功率补偿差示扫描量热剂（DSC）样品支持其单元的底部直接与冷

媒存储器接触（图 16-10）。试样和参比物支持其分别装有测量支持器底部温度的电阻传感器和电阻加热器。按着试样相变而形成的试样和参比物间温差的方向来提供电功率，以使温差低于额定值，通常是小于 0.01 K 的。

DSC 曲线是描绘试样热容成比例的单位时间的功率输入与程序温度或时间的关系。功率补偿 DSC 的最大灵敏度是 35 mW。温度和能量标定用标准参比进行。与定量 DTA 相比，功率补偿 DSC 可以在更高的扫描速率下使用，最快的可靠扫描速率是 60 K/min。在高温或室温以下仪器基线的线性会受到一定的影响。

3）灵敏度 DSC

一种灵敏度 DSC（HSC-DSC）是根据热流式 DSC 设计的。通过如下措施来改善灵敏度：①加大所用的试样量；②采用几组热电堆来测量试样和参比物的温度；③加大散热片的体积，减少温度波动。这种设计的仪器的灵敏度应在 1.0～0.4 mW。

16.2.5　ZRY-ZP 型综合热分析仪器

ZRY-ZP 型综合热分析仪主要由热天平主机、加热炉、冷却风扇、微机温控单元、天平放大单元、微分单元、差热放大单元、接口单元、气氛控制单元、PC 微机、打印机等组成，其整体结构见图 16-11。

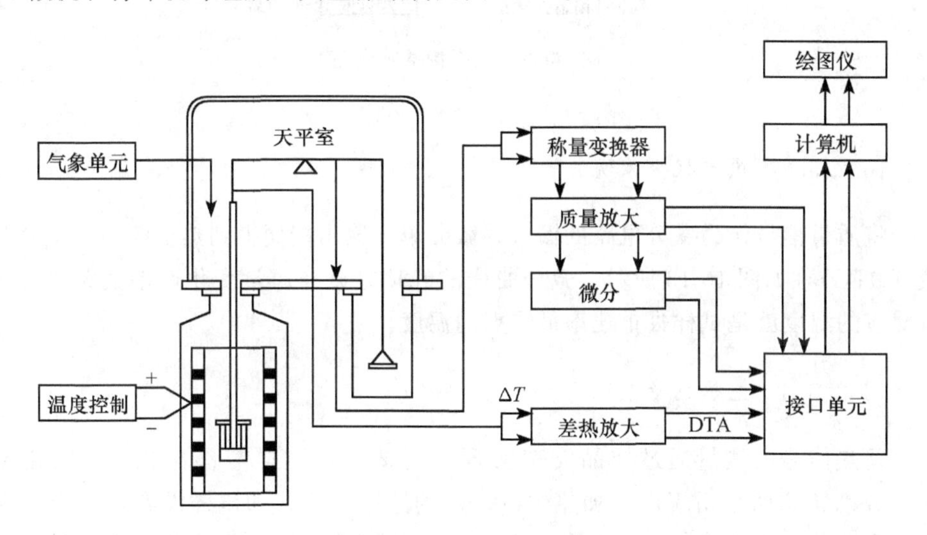

图 16-11　整机装置示意图

16.2.5.1　热天平测量系统

当天平左侧样品支架上加入参比物，横梁连同线圈和遮光旗发生逆时针变化，只是检测电路输出电流 I，此电流经过传导最后到地。线圈电流在磁钢磁场作用下产生力矩，使横梁顺时针转动，当试样质量产生力矩与线圈产生的力矩相等时，天平平衡。这样试样质量正比于电流 I，电阻 R 上的电压信号经放大电路、模数转换系统等处理后送入计算机。在升温过程中，微机不断采集试样质量，就可以获得一条试样质量随温度变化得到热重曲线，其构造如图 16-12 所示。

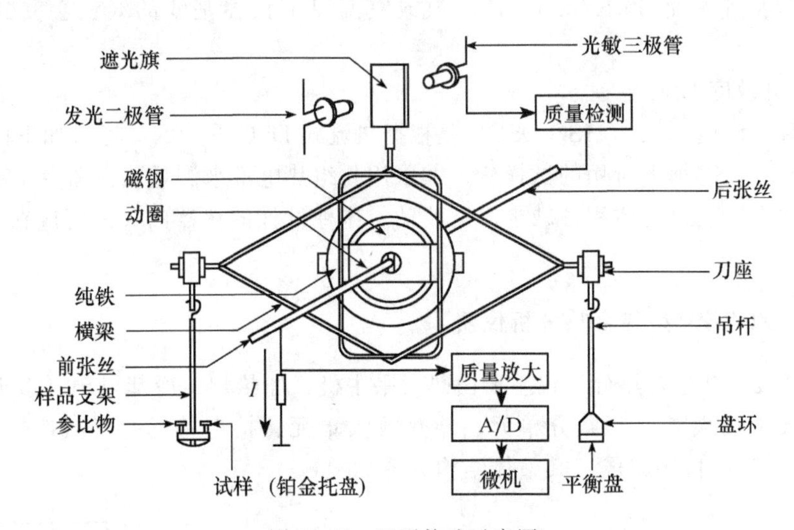

图 16-12 天平构造示意图

16.2.5.2 热重微分系统

将质量信号作为微分电路的输入，微分单元输出端便得到热重的一次微分曲线（DTG），如图 16-13 所示。微分曲线的峰顶是试样质量变化速率最大值，该点对应的温度就是试样失重速率最快点的温度。

16.2.5.3 差热测量系统

差热信号的测量通过样品支架实现，测试时将试样与参比物（α-氧化铝粉）分别置于两个坩埚内，加热炉以一定的速率升温，如试样没有热效应，则它与参比物的温差为 $\Delta T=0$；如试样在某一定温度范围内有吸热（或放热）反应，如熔融（或凝固），则试样温度将停止（或加快上升），试样与参比物间产生温差 ΔT，把 ΔT 热电势放大后经微机实时采集，可以得到如图 16-14 所示的峰形曲线。

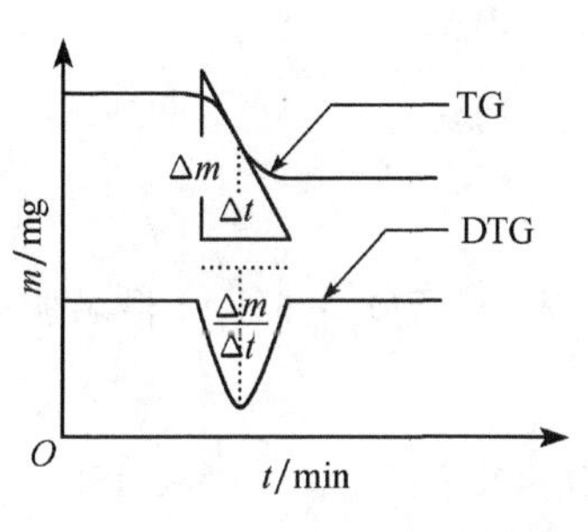

图 16-13　TG 和 DTG 曲线

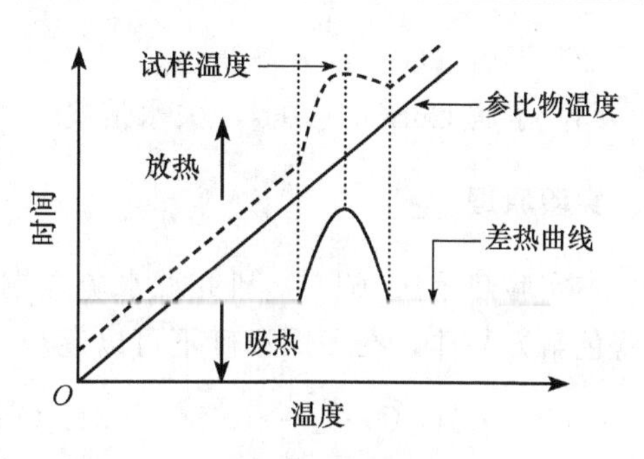

图 16-14　差热曲线

16.2.5.4　加热炉和温度控制系统

1）加热炉

炉子采用管状电阻炉结构，由螺纹氧化炉管、铂加热丝、高温保温棉、控温热电偶等组成（图 16-15）。

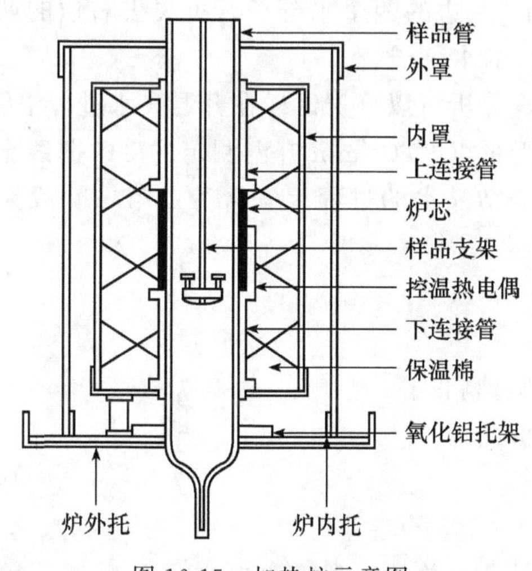

图 16-15　加热炉示意图

2）样品支架

样品支架由铂铑热电偶、四孔氧化铝管、氧化铝托架等组成。

3）智能型温度调节器

通过智能型温度调节器设定机器升降温程序。

实验 59　五水硫酸铜失水过程的 TG 测量

一、实验目的

（1）学习 ZRY-ZP 型综合热分析仪的结构和使用。

(2) 了解 TG 曲线及解析。

(3) 了解 $CuSO_4 \cdot 5H_2O$ 失水情况。

二、实验原理

本实验热重法（TG）研究五水硫酸铜失水过程。$CuSO_4 \cdot 5H_2O$ 俗名胆矾，是蓝色斜方晶体，在不同温度下可以逐步失水：

$$CuSO_4 \cdot 5H_2O \xrightarrow{375\ K} CuSO_4 \cdot 3H_2O \xrightarrow{423\ K} CuSO_4 \cdot H_2O \xrightarrow{523\ K} CuSO_4$$

可见，各个水分子的结合力不完全相同，实验证明，四个水分子与 Cu^{2+} 以配位键结合，第五个水分子与 SO_4^{2-} 结合。因此 $CuSO_4 \cdot 5H_2O$ 可以写成 $[Cu(H_2O)_4]SO_4 \cdot H_2O$ 简单的平面结构式如下：

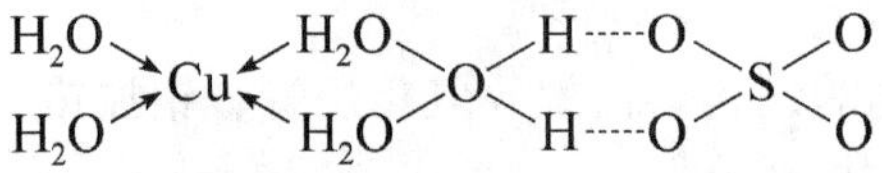

H_2O→Cu←H_2O ＞O＜ H┈O ＞S＜ O
H_2O↗　　↖H_2O　　H┈O　　O

加热时先失去 Cu^{2+} 左边的两个水分子，再失去右边的两个水分子，最后失去以氢键与 SO_4^{2-} 结合的水分子。

利用高分辨的热重分析可以分辨试样在升温失水过程中靠得较近的多阶质量变化。而用普通的热天平以 20℃/min 升温测定的 TG 曲线金表现为两个失重阶段：第一阶段失去四个结晶水的过程无法区分；第二阶段为最后一个结晶水的失去。

三、仪器与试剂

ZRP-ZP 型综合热分析仪。

五水硫酸铜（分析纯）。

四、实验步骤

(1) 打开天平、微分、差热、温度控制单元的电源开关；如果需要使用气氛，其电源也同时打开。当打开温控单元时，按住“∧”使“stop”出现。

(2) 打开计算机。

(3) 调零。将称有 α-Al_2O_3 的坩埚（参比，为便于操作一般放在左边）和一个空的坩埚放到样品支架上，并将炉子推上去，并固定好；数据站接口单元调到“TG”档，调节天平放大单元的电解码，直到 TG 小于 0.0030 为止，但不能为负值；打开计算机的快捷方式，选“采集”并选定各个参数，点“调零结束”。

(4) 样品称量。调零结束后将炉体放下来，取下空的坩埚，放入一定量的样品，样品重 4.5～5 g。将坩埚放到支架上，样品的质量不能超过量程（从数据接口单元的显示的数据确定）。

（5）升温控制。按起始键“<”，出现 C01（起始温度），输入数值，确定；T01（所需时间），输入数值，确定；C02（终点温度），输入数值，确定；T02（固定为-120），结束点时间，即程序结束关闭数处；等候 2 s，出现“stop”；本实验为室温开始，结束温度为 300℃，选定升温速率并计算所需时间。

（6）采样控制。在计算机页面上设置。

（7）开启电炉。当以上各步完成以后，按“∨”使“run”出现，温控单元显示数值开始增加，当超过“2”或“3”后，若输出电压值不大于 10，则可启动电炉；若大于 10，则按“∨”使出现“hold”，待电压下降后，按“∨”使“run”出现，启动电炉。

（8）数据处理：①调用文件；②处理设置；③处理完成，存盘返回；④调用文件打印。

五、实验数据及结果

根据 TG 曲线，计算五水硫酸铜在各温度下失结晶水数，并写出数据报道，报道热分析数据应注明：

（1）用确切的名称、化学式（或相当于组成的资料）表明所有物质（试样、参比物、稀释剂）。

（2）说明所有物质的来源、详述其热历史、预处理和化学纯度。

（3）清楚阐明试样在反应期间的温度程序，如起、止温度，在所示范围的线性变温速率，如为非线性变温必须详加说明。

（4）表明气氛的压力、组成和纯度，气氛的状态是静态、自生还是动态。对实验室的气压、湿度也应有所规定。如为非常压应详细叙述控制方法。

（5）说明试样尺寸、几何形状和用量。

（6）以时间或温度为横坐标，自左向右表示增加。

对 DTA 或 DSC 还应说明：

（1）样品支持器尺寸、剂和形状和材料，装样方法。

（2）鉴定中间产物或最终产物的方法。

（3）应尽可能确认每个热效应的归属，并陈述补充的支持证据。

（4）仪器的型号、热电偶的几何形状和材料及温差和温度测量元件所放的位置。

（5）纵坐标表示温差 ΔT 或热流速率 $\mathrm{d}q/\mathrm{d}t$。对于 DTA 曲线和热流式 DS 曲线，放热峰向上，表示试样对参比物的正偏差；吸热峰向下，为负温差。而对功率补偿 DSC 曲线，则吸热向上，为正偏差。应在实验报告的实验部分写明所用量程，其单位通常分别为 MV（DTA）和 MJ/s（DSC）。

对 TG 的补充要求：纵坐标表示质量变化或质量变化速率，TG 曲线或 DTG

曲线质量损失向下质量向上。

六、注意事项

(1) 开机时一定要在温控单元上按“∧”使“stop”出现。

(2) 炉子的上下移动时，要用手托住，并且炉子位置稳定后要固定好。

(3) 炉子打开后，一定要把托盘盖在炉口上，以免样品等掉入炉体中；炉子关上之前，一定要把托盘取下，以免损坏样品支架。

(4) 当开启电炉运行后，要注意电压值的变化，电压值开始时不能超过10，若超过10，要按“∨”使“hold”出现，待电压下降后在开启电炉。

(5) 电扇必须在炉子关闭后才能开启。

(6) 当连续测量样品时，测定一个样品后待温度降到一定的温度后再测另一个样品。

(7) 实验时炉体很热，注意烫伤。

七、思考题

(1) 热分析技术的基本原理是什么？

(2) 五水硫酸铜样品如不够纯和不够干燥对实验结果会有什么影响？

实验60 石膏变为熟石膏程度的DSC测定

一、实验目的

(1) 熟悉DSC曲线及解析。

(2) 掌握熟石膏中石膏含量的DSC测量方法。

二、实验原理

熟石膏（硫酸钙半水合物）是由石膏（硫酸钙二水合物）部分失水制得：

$$CaSO_4 \cdot 2H_2O \longrightarrow CaSO_4 \cdot \frac{1}{2}H_2O + 1\frac{1}{2}H_2O$$

在类似的条件下，该反应可进一步进行，生成无水硫酸钙。因此，欲完全转化为熟石膏，必须控制好煅烧温度。

石膏定量向熟石膏转化，在工业生产上十分重要。由于熟石膏易吸湿又转变成石膏，储藏和运输过程中要检测熟石膏中石膏含量的变化，采用DSC技术可完成此测定。该法是测定石膏转变为熟石膏的反应热。利用纯硫酸钙的水化合物为标准物质进行标定，定量计算材料中的石膏含量。

三、仪器与试剂

ZRP-ZP 型综合热分析仪；分析天平。

$CaSO_4 \cdot 2H_2O$（分析纯）；熟石膏样品。

四、实验步骤

准确称取 2～5 mg 试样，置于金制的 DSC 容器中，加盖压封。以同样的容器为参比端。在室温至 220℃范围内以 5℃/min，升温进行测量。详细步骤参考实验 59。

五、实验数据及结果

用求积仪或剪纸称重测量 DSC 曲线吸热反应峰面积，计算热反应。

$$\text{石膏的质量分数} = \frac{\text{试样的 } \Delta H}{100\% \text{纯石膏的 } \Delta H} \times 100\%$$

纯石膏的 ΔH 可由标准物质测得，为 122.2 J/g。

六、注意事项

（1）开机时一定要在温控单元上按“∧”使“stop”出现。

（2）炉子的上下移动时，要用手托住，并且炉子位置稳定后要固定好。

（3）炉子打开后，一定要把托盘盖在炉口上，以免样品等掉入炉体中；炉子关上之前，一定要把托盘取下，以免损坏样品支架。

（4）当开启电炉运行后，要注意电压值的变化，电压值开始时不能超过 10，若超过 10，要按“∨”使“hold”出现，待电压下降后在开启电炉。

（5）电扇必须在炉子关闭后才能开启。

（6）当连续测量样品时，测定一个样品后待温度降到一定的温度后再测另一个样品。

（7）实验时炉体很热，注意烫伤。

七、思考题

TG 和 DSC 测试原理和应用方面的区别是什么？

参 考 文 献

杭州大学化学系．1999．分析化学手册（第八分册）热分析．第二版．北京：化学工业出版社

第 17 章　毛细管电泳法

17.1　基 本 原 理

17.1.1　背景知识

毛细管电泳（capillary electrophoresis）是近年来发展起来的新型液相分离、分析技术。它以毛细管为分离通道，以高压直流电场为驱动力，利用分析物间电泳淌度和分配系数的差别而实现分离。该技术可用于小至无机离子、大至生物大分子如蛋白质、核酸等的分离，已经有多种液体样本如血清或血浆、尿液及环境水样等分析的报道。

毛细管电泳可追溯到 1976 年 Hjerten 提出的用窄孔毛细管在高电场下进行的自由溶液电泳；1981 年 Jorgenson 和 Lukacs 首先提出了在 75 μm 内径毛细管柱内利用高电压进行分离；1984 年 Terabe 等建立了胶束毛细管电动色谱；1987 年 Hjerten 发展了毛细管等电聚焦，Cohen 和 Karger 提出了毛细管凝胶电泳的概念；1988～1989 年出现了第一批商品化的毛细管电泳仪器。近年来，由于毛细管电泳符合以生物工程为代表的生命科学对多肽、蛋白质（包括酶、抗体）、核苷酸乃至脱氧核糖核酸（DNA）的分离分析要求，得到了迅速的发展。

作为经典电泳技术和现代微柱分离相结合的产物，毛细管电泳和高效液相色谱法相比，其相同处表现在都是高效分离技术，操作便于自动化，并且二者均有多种不同分离模式。二者之间的差异在于：毛细管电泳用迁移时间取代液相色谱中的保留时间，毛细管电泳的分析时间通常不超过 30 min，比液相色谱速率快。对毛细管电泳而言，理论上推得的理论塔板高度和溶质的扩散系数成正比，对扩散系数小的生物大分子而言，其柱效要比液相色谱高得多；同时与液相色谱所需微升级样品、几百毫升流动相消耗相比，毛细管电泳的试剂、样品消耗量更低；但与液相色谱相比，毛细管电泳的制备能力不足。与普通电泳相比，毛细管电泳具有分离速率快、定量精度高的特点。同时毛细管电泳操作自动化程度也比普通电泳高得多。毛细管电泳一般使用内径小于 100 μm 的毛细管，同时由于毛细管具有良好的散热效能，因而允许在毛细管两端施加上万伏的高压，纵向电场强度可达 300 V/cm，从而表现出普通电泳高得多的分离效率。

综上所述，毛细管电泳的优点可概括为三高二少：高灵敏度，常用紫外检测

器的检测限可达 10^{-15}～10^{-13} mol，激光诱导荧光检测器则达 10^{-21}～10^{-19} mol；高分离效率，其每米理论塔板数为几万，而液相色谱一般低于 1 万；高速率，已有在 250 s 内分离 10 种蛋白质，1.7 min 分离 19 种阳离子，3 min 内分离 30 种阴离子的报道，并且多数分离低于 30 min；样品少，仅需纳升（10^{-9} L）级的进样量；成本低，只需少量（几毫升）分离缓冲溶液和价格低廉的毛细管。由于以上优点以及分离生物大分子的能力，使毛细管电泳成为近年来发展最迅速的分离分析方法之一。

17.1.1.1　电泳淌度

带电粒子在电场作用下的定向移动称为电泳。不同溶质分子因所带电荷性质、多少不同，形状、大小各异，在一定 pH 的缓冲液或其他溶液内，受电场作用，各溶质分子的迁移速率不同，对于特定的溶质，单位电场强度下的电泳速率称为该溶质的电泳淌度，即

$$u = v/E$$

式中：v 为该溶质的迁移速率；E 为电场强度（$E=V/L$，V 为电压，L 为毛细管总长度）；u 为电泳淌度。不同分析物电泳淌度的差别是实现电泳分离的基础。

17.1.1.2　电渗淌度

毛细管电泳中一般采用细内径的熔硅毛细管作分离通道，其内表面在不同 pH 条件下的示意图见图 17-1。在高 pH 缓冲溶液条件下，一些硅羟基发生电离使毛细管内表面带负电荷。这种电荷为定域电荷，根据电中性要求，这些定域电荷吸引溶液中的反号离子，使其聚集在自己的周围，形成双电层。毛细管内固液界面形成双电层的结果是，在靠近管壁的溶液层中形成高于溶液本体的电荷。在电场作用下，这些表面电荷通过碰撞作用给毛细管内溶液施加单向推动力，使之同向运动，形成电渗流。对于未修饰的融硅毛细管，在电压作用下电渗流方向指向负极。在电场作用下，单位电场强度下的电渗流速率称为电渗淌度。电渗速率 v_{eo} 和电场强度 E 成正比，定义电渗速率 v_{eo} 和场强 E 的比值为电渗淌度 u_{eo}，即

$$u_{eo} = \frac{v_{eo}}{E}$$

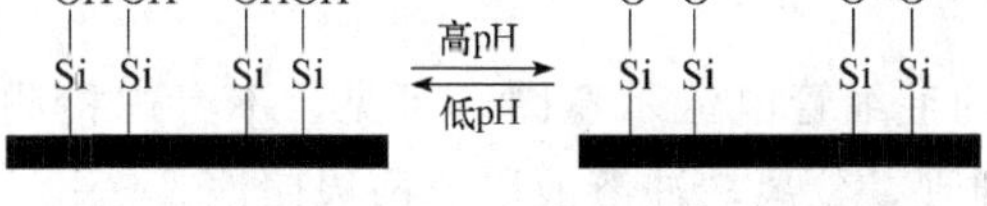

图 17-1　不同条件下毛细管内表面示意图

毛细管电泳的诸多优点都得益于电渗流：①电渗流是毛细管电泳中推动流体前进的驱动力，它使整个流体像塞子一样以均匀速率向前运动，使整个流型呈近

似扁平形的“塞式流”。原则上它不会使溶质区带在毛细管内扩张。相反，在高效液相色谱中，采用的压力驱动方式使柱中流体呈抛物线形，其中心处速率约为平均速率的两倍，导致溶质区带本身扩张而降低柱效，使其分离效率不如毛细管电泳；②因为电渗淌度约为普通溶质电泳淌度的5～7倍，若同时含阳离子、阴离子和中性分子组分的样品从正极端引入到毛细管，在外加直流电场作用下，阳离子组分因电泳方向与电渗一致，因此迁移速率最快，最先到达检测窗口。中性组分的电泳速率为零，随电渗而行。阴离子组分的电泳方向与电渗方向相反，它在中性组分之后到达检测窗口。即仅有电渗和电泳作用条件下，毛细管电泳出峰顺序为：阳离子→中性分子→阴离子，所以毛细管电泳可同时用于带正电荷、负电荷和中性分析物的分析。带电粒子在毛细管内实际移动的速度为电泳流和电渗流的矢量和，分析物的表观电泳速度（v_{app}）可用式（17-1）表示（其中，v_{ep} 和 v_{eo} 分别为分析物的电泳速率和电渗速率）

$$v_{app} = v_{ep} + v_{eo} \tag{17-1}$$

17.1.1.3 理论塔板数和分离度

毛细管电泳图与色谱图类似，多数毛细管电泳的基本理论沿用传统气相、液相色谱理论。其中，理论塔板数和分离度是最常用于表征毛细管电泳效率的参数。理论塔板数 N 用于表征毛细管电泳的分离效率，对于高斯型电泳峰，理论塔板数 N 的计算与液相色谱相似，可按式（17-2）计算：

$$N = 5.545\left(\frac{t_m}{W_h}\right)^2 \tag{17-2}$$

式中：t_m 为电泳图中起点至峰最大值间的距离，即该峰的迁移时间；W_h 为半高峰宽；R_s 为分离度，也称分辨率，是指淌度相近组分分开的程度。它是分离技术中的一个重要指标。与色谱类似，通常在电泳图中读出两相邻峰的迁移时间和它们的峰宽，按式（17-3）计算毛细管电泳中的分离度 R_s：

$$R_s = 2(t_{m2} - t_{m1})/(W_1 + W_2) \tag{17-3}$$

式中：t_{m1} 和 t_{m2} 为两相邻峰的迁移时间；$(W_1 + W_2)/2$ 为峰底的平均峰宽（以时间计）。

17.1.2 毛细管电泳类型

图17-2是典型的毛细管电泳示意图。可见，不考虑检测，毛细管电泳的基本组成部分包括毛细管、分离缓冲溶液以及两边储池。

根据上述几部分的不同可以将毛细管电泳分为以下几种类型：毛细管区带电泳（capillary zone electrophoresis，CZE）；毛细管等速电泳（capillary isotachophoresis，CITP）；毛细管胶速电动色谱（micellar electrokinetic capillary

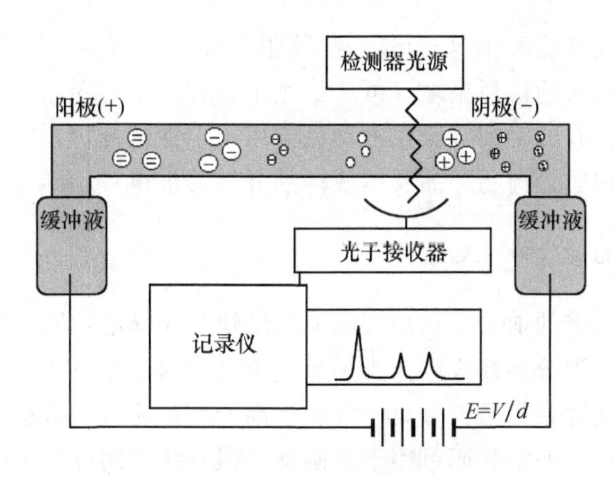

图 17-2 典型的毛细管电泳紫外检测示意图

chromatography，MECC)；毛细管凝胶电泳（capillary gel electrophoresis，CGE)；毛细管等电聚焦（capillary isoelectric focusing，CIEF)；毛细管电色谱法（capillary electrochromatography，CEC）等，不同类型有不同组成形式和不同的分离原理。

17.1.2.1 毛细管区带电泳

如果采用普通的分离缓冲溶液（如磷酸盐或硼酸盐缓冲液）使用空的且未涂层的毛细管作分离通道，这一类毛细管电泳称为毛细管区带电泳。它是毛细管电泳中最基本的操作模式，实验条件包括缓冲液浓度、pH、电压、温度、改性剂(乙腈、甲醇等)。因为中性物质在电场作用下随电渗流同时流出因而中性物质之间无法实现分离。毛细管区带电泳具有分离方便、快速、样品用量小的特点，在无机离子、有机物、氨基酸、蛋白质及各种生物样品的测试中有着广泛的应用。毛细管区带电泳要求缓冲液具有均一性，毛细管内各处具有恒定的电场强度。

17.1.2.2 毛细管胶束电动色谱

如果在分离缓冲溶液中添加超过临界胶束浓度的表面活性剂，使用空的毛细管作分离通道，这一类毛细管电泳称为毛细管胶束电动色谱。它在缓冲液中加入离子型表面活性剂作为胶束相，是一种基于胶束增溶和电动迁移的新型液相色谱。在电场作用下，胶束相也会沿着毛细管做定向移动，我们把这个移动的胶束固定相称“准固定相”。毛细管胶束电动色谱利用溶质分子在水相和胶束相分配的差异实现分离。对于中性粒子，由于它们本身的疏水性的不同，与胶束的相互作用不同，疏水性强的作用力大，保留时间长；反之，保留时间短。最常用的表面活性剂是十二烷基硫酸钠（SDS）。各种阴阳离子表面活性剂和环糊精等添加剂使得该法有相当大的选择余地，可广泛用于各种类型的样品，在手性分离中也有成功的应用。已有的毛细管胶束电动色谱用于手性化合物、氨基酸、肽类、小分子物质、手性物质、药物样品及体液样品分析的报道。

17.1.2.3 毛细管等速电泳

如果在样品区带的前后分别加入电泳淌度快的先导电解质和电泳淌度较慢的后继电解质，这一类分离模式则称为毛细管等速电泳。它采用不连续缓冲体系，基于溶质的电泳淌度差异进行分离，常用于离子型物质（如有机酸）的分离，并因适用于较大内径的毛细管而可用于微制备，但本法空间分辨率较差。

17.1.2.4 毛细管等电聚焦电泳

如果毛细管两端的储池使用不同 pH 的缓冲溶液，在电场作用下，在毛细管内会产生沿毛细管分布的 pH 梯度，对于像蛋白质、肽类这样的两性分析物会集中在自己等电点（pI）的 pH 区域而实现分离，这种分离模式称为毛细管等电聚焦电泳。毛细管等电聚焦电泳广泛用于蛋白质、肽类这样的两性物质的分离，已成功用于等电点仅差 0.001 的物质的分离。

17.1.2.5 毛细管凝胶电泳

如果毛细管内填充具线状缠结聚合物结构的物理凝胶，使样品中各组分通过净电荷差异和分子大小差异双重机制得以分离，这一类分离模式称为毛细管凝胶电泳。被分离物通过装入毛细管的凝胶时，按照各自分子的体积大小逐一分离，它主要用于蛋白质、核苷酸片段的分离，已成为生命科学基础和应用研究中有力的分析工具。

17.1.2.6 毛细管电色谱法

如果将细粒径固定相填充在毛细管柱中制成填充毛细管柱或把固定相的官能团键合在毛细管内壁表面而形成开管柱，使用这样的毛细管柱作分离通道称为毛细管电色谱法。它同时利用分析物在固定相和流动相分配比的不同以及分析物电泳淌度的不同而实现分离，是很有前途的分析方法。

除了上述几种类型还有非水毛细管电泳（nonaqueous capillary electrophresis，NACE），顾名思义就是分离缓冲液无水或含水很少，可用于水溶性差的物质和易与水反应物质的分析。但从某种意义上讲，非水毛细管电泳也可归为毛细管区带电泳的一种。

17.1.3　毛细管电泳的基本原理

毛细管区带电泳和胶束电动色谱是两种最常用的毛细管电泳类型，下面以两种方法为例来说明毛细管电泳的原理。

17.1.3.1　毛细管区带电泳

毛细管区带电泳一般选用内径为 50 μm（经典的毛细管电泳一般选用内径为 20～100 μm 的毛细管），外径为 375 μm，有效长度为 50 cm（一般长度从7～100 cm）的融硅毛细管。毛细管两端分别浸入两缓冲液中，同时两缓冲液中分别插入高压电源的电极，施加电压使分析样品沿毛细管迁移，当分离样品通过检测器时，可对样品进行分析处理。毛细管区带电泳一般采用电动力学进样或流体力学进样（压力或抽吸）。在毛细管区带电泳系统分析物在电渗流和电泳双重作用下，以不同的速率向阴极方向迁移。溶质的迁移速率受其所带电荷数和相对分子质量大小的影响，同时还受缓冲液的组成、性质、pH 等多种因素影响。在电场作用下，最终导致带正电荷组分、中性组分、带负电荷的组分依次通过检测器。

17.1.3.2　胶束电动色谱

胶束电动色谱是在毛细管区带电泳的基础上使用表面活性剂来充当胶束相，在电场作用下，毛细管中存在溶液的电渗流和胶束相的电泳，使胶束相和水相有不同的迁移速率。同时，由于溶质在水相、胶束相中的分配系数不同，利用胶束增溶分配原理，使待分离物质在水相和胶束相中被多次分配，在电渗流和这种分配过程的双重作用下实现分析物间的分离。胶束电动色谱是电泳技术与色谱法的结合，适合同时分离分析中性和带电的样品分子。

17.1.4　毛细管电泳检测技术

17.1.4.1　紫外检测

传统的液相色谱紫外检测器经适当改造可用作毛细管电泳检测器，多数的毛细管电泳检测器也是由液相色谱检测器发展而来。紫外吸收检测已经成为非常成熟毛细管电泳检测技术，是多数商品化仪器的主要检测手段。常用的紫外检测可分为柱上检测和柱后检测。柱上检测简单，仅需在毛细管出口端适当位置上除去不透明的保护层，让透明部位对准光路即可；柱后检测适用于毛细管电色谱或毛细管凝胶电泳等采用填充管的分离模式或需要柱后衍生才能检测的情况。比较方便的方法是采用鞘流（sheath-flow）检测池，鞘流溶液将毛细管流出物有效带出。紫外检测结构简单、通用性好，但同样存在灵敏度较低、共存物种干扰等缺点。

17.1.4.2 激光诱导荧光检测

毛细管电泳的荧光检测，特别是激光诱导荧光检测（laser-induced fluorescence，LIF）是比较灵敏的一种检测方法。激光诱导荧光检测器由激光器、光路、检测池或在柱检测窗口、光电转换器组成。按入射光、毛细管和荧光采集方向的相对位置，毛细管电泳的激光诱导荧光检测系统可分为正交型和共线型。荧光检测的缺点是大多数化合物本身不发荧光，需要衍生后再进行测定，但这同时是它的优点，因为只有标记过分析物才被检测到，所以无需实现标记分析物与其他未标记干扰物的分离而简化分离过程。毛细管电泳激光诱导荧光检测在人类基因组计划中发挥了巨大作用。

17.1.4.3 质谱检测

质谱本身就是一种重要的分析手段，与其他检测技术相比，它可以提供分析物的结构和相对分子质量信息，具有专属性强的优点，可以弥补毛细管电泳定性不足的缺点。毛细管电泳高效分离与质谱的高鉴定能力结合，可为纳升级样品提供结构和相对分子质量信息，已成为微量生物样品分析的强有力工具。毛细管电泳在线质谱检测关键问题是联用接口，电喷雾（ESI）、离子喷雾（ISP）、基体辅助激光解吸离子化（MALDI）和时间飞行质谱（TOF/MS）接口都有用作毛细管电泳检测器的报道。

17.1.4.4 电化学、电化学发光检测

电化学、电化学发光检测可用于紫外吸收差、但有电化学或电化学发光活性的无机离子、有机小分子的检测，因其样品消耗量低、易于微型化特别适合用于毛细管电泳检测。毛细管电泳－电化学/电化学发光技术已用于单细胞、活体分析。毛细管电泳－电化学/电化学发光检测实现需要考虑以下因素：改善电化学、电化学发光效率，降低基线噪声，这方面一般采用微电极；降低毛细管电泳分离高压对电化学、电化学发光的影响，一般采用细内径毛细管、低电导率分离缓冲液或设计合适的场分离器。

17.1.4.5 原子光（质）谱检测

毛细管电泳的分辨率高、快速、样品消耗低的特点使其十分适合于形态分析，与元素选择性检测器——原子光（质）谱联用不仅可以消除不同元素共迁移物种间的干扰，检测器的高灵敏还可以进一步降低毛细管电泳的检出限。自从1995年关于毛细管电泳与电感耦合等离子体质谱（ICP-MS）联用报道以来，毛细管电泳的元素性检测器已扩展到电感耦合等离子体原子发射（ICP-AES）、氢

化物发生原子荧光（HG-AFS）、火焰原子吸收（FAAS）和电热原子吸收(ETAAS)。近年来，南开大学严秀平教授课题组设计出毛细管电泳-原子荧光联用的氢化物发生接口、毛细管电泳-火焰原子吸收/电热原子吸收联用的热喷雾接口。

17.2　仪器及使用方法

17.2.1　P/ACE MDQ 毛细管电泳系统组成的概述

P/ACE MDQ 毛细管电泳系统的主要组成部分有放置样品瓶、缓冲液和其他溶液的盛盘、系统连接装置、电极和高压电源、检测器和连接光纤、温度控制装置以及自动进样装置等。各个部件的详细配置情况见图 17-3，图 17-4 为紫外检测连接示意图。

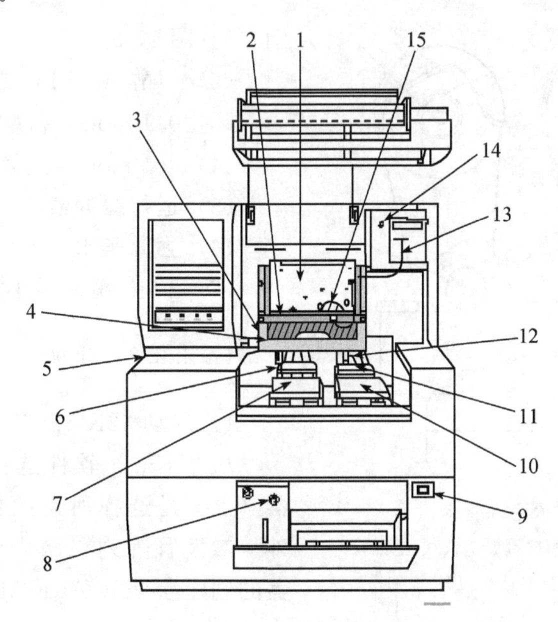

图 17-3　P/ACE MDQ 仪器的主要部件图解

1—氘灯光源组件；2—插杆；3—挡板；4—高压电极；5—高压电源（在内部）；6—进样盘；7—进口缓冲液托盘；8—冷却液加入口；9—电源开关；10—出口托盘；11—出口缓冲液托盘；12—接地电极；13—滤光片光纤；14—检测器；15—毛细管卡盒

17.2.2　P/ACE MDQ 仪器的操作

17.2.2.1　开机前的准备

(1) 已安装好的卡盒（75 μm I. D.，总长 60 cm，有效长度 50 cm 的石英毛

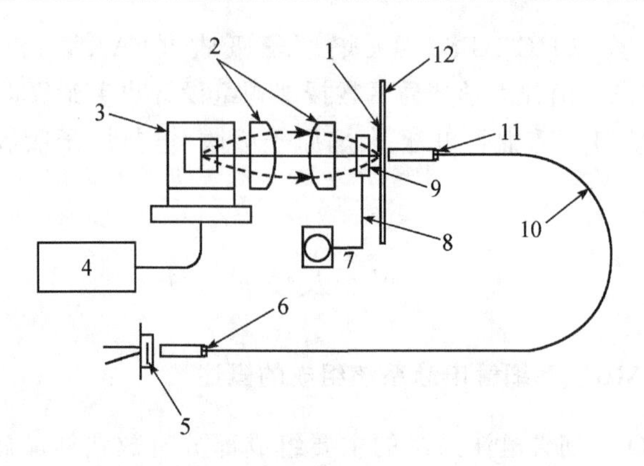

图 17-4　UV 检测器光纤的连接方式示意图

1—毛细管窗口；2—融硅透镜；3—氘灯；4—灯电源；5—发光二极管；6—光纤接头；7—马达；8—滤光片位置调节轴；9—滤光片；10—光纤电缆；11—光纤接头；12—毛细管

细管）（图 17-5）。

（2）甲醇（HPLC 级）。

（3）0.1 mol/L 盐酸水溶液。

（4）0.1 mol/L 氢氧化钠水溶液。

（5）运行缓冲液。

（6）去离子水。

（7）2 mL 缓冲液小瓶。

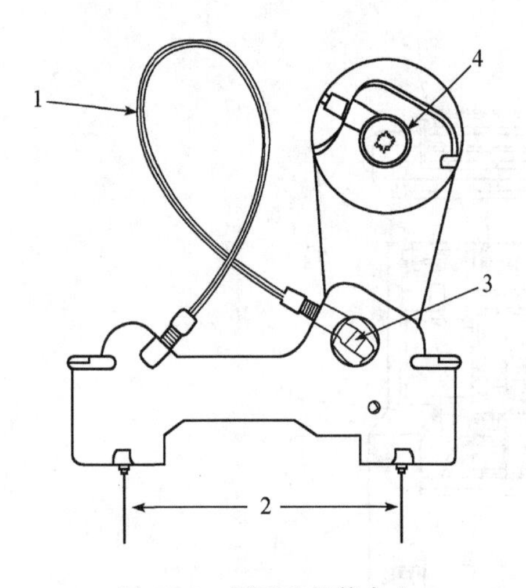

图 17-5　图示毛细管卡盒

1—内可容纳毛细管的制冷剂管道；2—毛细管；3—UV 和 PDA 检测窗口；4—LIF 检测窗口

17.2.2.2　开机

1）启动 32Karat 软件

从 32Karat 软件选择一已创建的仪器（主要是选择所用的检测方式，如紫外、二极管阵列或激光诱导荧光；新仪器的创建参见 P/ACE MDQ 用户手册）。

仪器自检：检测缓冲液托盘和样品托盘的类型。

2）手动控制仪器

进入一已创建的仪器，并且经过仪器自检，即仪器的硬件与打开的检测模式相匹配，就可直接把屏幕当作仪器的面板来控制各种操作。可以实现对仪器的操作参数的即时修改，如手动设置紫外检测器的参数——波长、直接重洗毛细管等。直接控制对操作准备、维修保养和故障排除非常有用。

将安装好的卡盒安装到仪器，将甲醇、盐酸、氢氧化钠、缓冲液和去离子水注入到缓冲液小瓶，将这些缓冲液小瓶放到缓冲液托盘的适当位置。

通过直接控制屏幕选择压力区域，手动设置压力冲洗毛细管。冲洗完成后，新毛细管已处理好并充满分离缓冲液。打开电压设置对话框，手动设置电压分离参数。

3）自动运行方法

将安装好的卡盒安装到仪器，将甲醇、盐酸、氢氧化钠、缓冲液和去离子水注入到缓冲液小瓶，将这些缓冲液小瓶放到缓冲液托盘的适当位置。

点击单次运行，你需要提供 Sample ID、Method 和 Data file。数据文件将保存在数据路径指定的目录下，其中 Method 是仪器运行序列（32Karat 软件新方法编辑参见 P/ACE MDQ 用户手册，方法包括毛细管的冲洗、进样、分离以及检测等程序，是一次分离的整个过程，运行前必须把检测器的光源打开）。完成一次操作后得到一电泳谱图，经处理得到电泳峰面积、峰高、迁移时间等数据。通过 32Karat 软件 Report s/View/Area %，还可以打开系统的内置报告模板，如果有打印机连接便可按右键选择 Print，还可以打印出报告。

实验 61　毛细管电泳在抗氧化剂测定中的应用

一、实验目的

（1）掌握 Beckman P/ACE MDQ 毛细管电泳仪的使用。

（2）掌握毛细管电泳的基本原理，了解电渗淌度、电泳淌度等基本概念。

（3）掌握抗氧化剂丙基没食子酸（PG）和叔丁基对苯二酚（TBHQ）的分离测定。

二、实验原理

为保证食品、化妆品质量，常添加一定量的抗氧化剂。但过量的抗氧化剂会损害人类健康，因此检测抗氧化剂含量显得尤为重要。传统的方法有薄层法、比色法、气相色谱、液相色谱等，但这些方法存在样品、试剂消耗量大，分析时间长的缺点。毛细管电泳简单、快速，而且丙基没食子酸（PG）和叔丁基对苯二酚（TBHQ）分子中含有苯环（图 17-6），有较强的紫外吸收，十分方便利用毛细管电泳紫外检测测定其含量。

虽然两种物质在弱碱性条件下带负电荷，但是由于电渗流的存在，它们可以很容易地到达检测器。硫脲本身不带电荷，它随电渗流迁移至检测，在本实验中作为电渗流标志物。

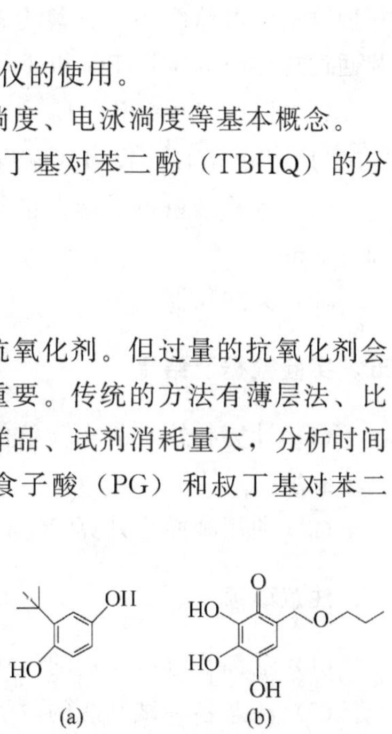

OH
HO
(a)
O
HO
HO
OH
(b)

图 17-6　叔丁基对苯二酚（a）和丙基没食子酸（b）的分子结构

三、仪器与试剂

Beckman P/ACE MDQ 毛细管电泳仪。

5 mmol pH=8.0 的磷酸盐缓冲溶液作为分离缓冲溶液；100 mmol/L PG 和 TBHQ 乙醇溶液作储备液，1×10^{-5} mol/L 硫脲作为电渗流标志物。

四、实验步骤

（1）打开紫外检测器，打开仪器。

（2）将甲醇、氢氧化钠、缓冲液、去离子水和样品注入到小试剂瓶，将这些小试剂瓶放到缓冲液托盘的适当位置。

（3）手动设置分别用甲醇、0.1 mol/L NaOH、蒸馏水、分离缓冲溶液各冲洗毛细管 2 min。

（4）根据小试剂瓶在托盘的位置设定分析方法［方法包括用甲醇、0.1 mol/L NaOH、蒸馏水、分离缓冲溶液各冲洗毛细管 2 min，压力进样（1psi）5 s，20 kV电压分离，214 nm 检测］。

（5）分别以 5×10^{-5} mol/L PG、TBHQ 和硫脲作样品运行上述方法，得到三种物质的电泳图用于计算电渗淌度，PG 和 TBHQ 的表观淌度和电泳淌度以及通过迁移时间定性 PG 和 TBHQ。

（6）以 5×10^{-4} mol/L、1×10^{-4} mol/L、5×10^{-5} mol/L、1×10^{-5} mol/L 和 0.5×10^{-5} mol/L PG、TBHQ 的混合溶液作样品运行上述方法，得到的电泳图。

（7）实验结束再手动设置分别用甲醇、0.1 mol/L NaOH、蒸馏水各冲洗毛细管 5 min。

（8）关闭仪器。

五、实验数据及结果

（1）计算在给定的实验条件下的电渗淌度以及 PG 和 TBHQ 的表观淌度和电泳淌度。

（2）利用峰面积计算 PG 和 TBHQ 工作曲线，计算相关系数。

六、注意事项

（1）毛细管电泳使用的高压经常超过 1 万 V，注意避免高压触电。

（2）注意各种试剂瓶的放置位置，根据试剂瓶的放置位置编制或使用特定的运行程序。

（3）注意观察仪器前面板的冷却液液面，保持冷却液液面超过刻度线。

七、思考题

为什么硫脲的迁移时间小于PG和TBHQ的迁移时间。

实验62 毛细管区带电泳分离硝基苯酚异构体

一、实验目的

（1）运用毛细管区带电泳分离硝基苯酚异构体。

（2）以硝基苯酚异构体分离为例，掌握毛细管电泳中的理论塔板数，分离度等基本参数的计算。

二、实验原理

硝基苯酚是弱酸性物质，其邻、间、对位异构体由于 pK_a 值不同，在一定pH的缓冲溶液中电离程度不同。因此，在毛细管电泳过程中表现出不同的迁移行为，从而实现分离。

虽然两种物质在弱碱性条件下带负电荷，由于存在电渗流它们可以很容易地到达检测器。硫脲本身不带电荷，它随电渗流迁移至检测，它可以作为电渗流标志物。

三、仪器与试剂

Beckman P/ACE MDQ 毛细管电泳仪。

20 mmol pH＝5.0、7.0和9.0的磷酸盐＋5 %甲醇溶液作为分离缓冲溶液；0.2 mg/mL 邻硝基苯酚、间硝基苯酚、对硝基苯酚甲醇溶液及其混合溶液；甲醇、0.1 mol/L NaOH、蒸馏水（用于毛细管的预处理）。

四、实验步骤

（1）打开紫外检测器，打开仪器。

（2）将甲醇、氢氧化钠、缓冲液、去离子水和样品注入到小试剂瓶，将这些小试剂瓶放到缓冲液托盘的适当位置。

（3）根据小试剂瓶在托盘的位置设定分析方法［方法包括用甲醇、0.1 mol/L NaOH、蒸馏水、分离缓冲溶液各冲洗毛细管 2 min，压力进样（1psi）5 s，20 kV电压分离，254 nm 检测］。

（4）以 20 mmol pH＝7.0 的磷酸盐＋5％甲醇溶液作为分离缓冲溶液，分别以 0.2 mg/mL 邻硝基苯酚、间硝基苯酚、对硝基苯酚甲醇溶液作样品运行上述方法，通过迁移时间定性各组分，计算各组分的理论塔板数。

(5) 以 20 mmol/L pH=7.0 的磷酸盐+5%甲醇溶液作为分离缓冲溶液，以 0.2 mg/mL邻硝基苯酚、间硝基苯酚、对硝基苯酚甲醇混合溶液作样品运行上述方法，得电泳图，计算相邻电泳峰的分离度。

(6) 分别以 20 mmol/L pH=5.0 和 9.0 的磷酸盐+5%甲醇溶液作为分离缓冲溶液，重复第 (5) 步，计算不同条件下的分离度。

(7) 实验结束再手动设置分别用甲醇、0.1 mol/L NaOH、蒸馏水各冲洗毛细管 5 min。

(8) 关闭仪器。

五、实验数据及结果

计算三种条件下三种分析物的理论塔板数和相邻电泳峰的分离度。

六、注意事项

(1) 毛细管电泳使用的高压经常超过 1 万 V，注意避免高压触电。

(2) 注意各种试剂瓶的放置位置，根据试剂瓶的放置位置编制或使用特定的运行程序。

(3) 注意观察仪器前面板的冷却液液面，保持冷却液液面超过刻度线。

七、思考题

为什么不同 pH 条件下，相邻电泳峰的分离度会不同？想像一下如果采用 pH=2 或 pH=11 的缓冲溶液是否还能分开三种物质？

参考文献

陈义. 2000. 毛细管电泳技术及应用. 北京：化学工业出版社

邓延倬，何金兰. 2000. 高效毛细管电泳. 北京：科学出版社

傅若农. 2000. 色谱分析概论. 北京：化学工业出版社

第18章　流动注射-原子光谱联用分析法

18.1　基本原理

流动注射（flow injection，FI）这一溶液处理新方法是Ruzicka和Hansen于1975年首次提出的。经过三十多年的发展，FI技术已广泛应用于溶液分析的各个领域。FI与原子光谱检测器联用是其最为成功的应用范例之一。FI原子光谱分析与传统原子光谱分析相比其独特优点主要表现在：①显著减少试样消耗，在某些试样（如血、唾液、汗液）分析中有重要意义；②对试样中盐分及黏度有高耐受性；③具备间接测定有机成分的广泛功能；④具备在线分离浓集试样功能；⑤在氢化物发生原子光谱分析中显著降低干扰。

对于复杂样品中超痕量元素的测定需要预富集分离步骤，以便降低检测限、提高选择性及灵敏度。常用的手工和间歇式预富集操作不仅费时、耗样量大，并且样品易受玷污和损失。FI在线预富集分离技术不仅能够克服手工和间歇式预富集分离操作的这些缺点，而且为一些元素的价态分析提供了可能性。现已证明，FI在线预富集分离与原子光谱技术的联用是实现复杂样品中超痕量元素全自动测定的行之有效的方法。通常用于原子光谱分析的FI在线预富集分离技术根据吸着手段的不同可分为填充柱预富集和编结反应器（KR）预富集。

18.1.1　FI在线KR吸附预富集原子光谱联用技术

KR通常是由疏水性材料如聚四氟乙烯（PTFE）等微管编结而成，将KR应用于FI在线预富集最早是为了实现在线共沉淀分离与原子吸收光谱（AAS）的联用。Fang等成功地发展了以KR为吸附介质的流动注射在线预富集与火焰原子吸收光谱（FAAS）联用新技术。初步研究表明：分析物与反应试剂所形成的中性配合物是通过分子吸附而被富集于以PTFE微管编结而成的KR内壁上。与FI在线微柱预富集分离体系相比，KR体系不需要填料作吸附剂，反压低，可以较大样品流速补偿其富集效率低的缺点，并且使用寿命几乎无限长。至今，以KR为吸附介质的FI在线预富集与FAAS、电热原子吸收（ETAAS）、电感耦合等离子体发射光谱（ICP-AES）和等离子体质谱（ICP-MS）联用技术已经广泛地应用于环境和生物样品中（超）痕量元素（形态）分析。

18.1.2 FI在线置换吸附预富集原子光谱联用技术

18.1.2.1 置换吸附的原理

置换吸附预富集是指通过选择适当的元素 M_1，使其与配合剂R形成的配位化合物 RM_1 的稳定性比被分析元素配位化合物（RM_2）的稳定性低，但比共存元素配位化合物（RM_3）的稳定性高。这样，使样品溶液通过预先被 RM_1 吸附的KR或填充微柱，由于置换反应 $M_2 + RM_1 \longrightarrow RM_2 + M_1$ 使分析元素配位化合物 RM_2 吸附在KR或填充微柱上，并排除共存元素的竞争吸附。

18.1.2.2 FI在线KR置换吸附预富集与FAAS/ETAAS联用技术

基于置换反应的原理，利用不同金属离子与二乙基二硫代氨基甲酸钠（DDTC）形成的有机金属配位化合物的稳定性不同，Yan等提出了FI在线置换吸附预富集FAAS联用技术测定复杂样品中痕量铜的高选择性方法。Li等实现了FI在线KR置换吸附预富集与ETAAS的联用，并将其应用于环境、生物和食品样品中痕量汞的无干扰测定。

18.1.2.3 FI在线微柱置换吸附预富集与ETAAS联用技术

Yan将置换吸附应用于FI在线微柱预富集ETAAS联用技术中，实现了鱼肉中甲基汞的选择性测定。利用香烟过滤嘴对中性有机分子的强吸附作用，将其填充于PTFE微柱中作为吸附剂。选用Cu(Ⅱ)与DDTC形成的配位化合物预涂覆在填充纤维表面，由于MeHg-DDTC的稳定性比Cu-DDTC高，MeHg(Ⅰ)通过与Cu-DDTC置换反应而富集于纤维表面。基体中那些与DDTC的配位化合物的稳定性比Cu-DDTC低的共存重金属离子，由于不能与Cu-DDTC进行置换反应，不会干扰甲基汞的置换、吸附、富集及检测。

18.2 仪器及使用方法

18.2.1 FIA-3100流动注射仪

FIA-3100流动注射仪具有双6通道蠕动泵，16孔8通道多功能注入阀，9步编程设定泵与阀的工作状态，可以通过机内单片机或外接PC机自动控制全部操作，1～99次或无限循环操作，RS-232C标准通信接口，提供通信代码和编程要求，模块化设计，便于更换与维修，结构紧凑，占据实验台面积仅420 mm×200 mm。适用于流动注射及其他连续或间歇流动操作模式的试样处理，尤其适合与原子吸收等光谱分析检测仪器联用。其与原子光谱分析联用可完成自动在线吸着柱预浓集、自动蒸气发生-气液分离（配气液分离附件）、自动在线稀释、微量进样功能（与自动进样器联用）。

仪器的操作方法如下：

（1）接好电源，打开仪器电源开关，显示屏显示“FIA-3100”，采样阀处于采样位置。

（2）检查各部件及管路、流路是否连接正常。

（3）按“编程、存储、检查及修改程序”的要求进行操作。

18.2.2　原子吸收分光光度计

AA-6800/6650 具有两种背景校正功能，D2 法（氘灯法）和 SR 法（自吸收法或自蚀法），用户可根据测定的样品，选择使用合适的方法。AA-6800 通过计算机控制平台的自动上下、前后移动，进行快速、简单的火焰和石墨炉自动切换。此外，可以手动测定，也可以使用自动进样器（ASC-6100）进行全自动多元素连续测定。可以根据测定元素、测定样品的多少以及操作人员的具体情况进行适当的选择。

控制 AA-6800/6650 的 PC 软件在 MS-Windows 环境下运行，应用 Wizard（魔块）功能引导用户进行参数设定，即使是原子吸收分析的初学者都能简单地编制测定条件。

GFA-6500 是岛津原子吸收分光光度计 AA-6800 的石墨炉原子化器。GFA-6500 的特点如下：

（1）采用高灵敏度的光-热探头，电流控制范围采用自动温度校正，具有良好的温度准确性和重现性。

（2）光控温度范围降至 400℃左右，因此从灰化到原子化都能得到良好的控制。

（3）样品原子化阶段可采用高灵敏度方式，与传统的石墨炉比，灵敏度和精度都有提高。

（4）精密控制内部保护气流和可根据测定样品的情况切换气体类型，适应各种样品的分析。

18.2.2.1　AA-6800F 原子吸收分光光度计的使用方法

1）FAAS 操作方法

（1）开乙炔气，减压表示数调节为 0.09 MPa（注：乙炔钢瓶主阀表气体压力不应该低于 0.5 MPa）。

（2）打开计算机和原子吸收分光光度计。

（3）听到三声蜂鸣后打开 WizAArd 软件。

（4）选择元素并编辑参数。

（5）发送和连接参数，同时仪器自动检查漏气（至少需等待 11 min）。

(6) 燃烧头高度和乙炔流量的确定（一般使用仪器自动给出的数值）。

(7) 点火测定（按绿色 IGNITE 按钮直到有火焰出现，即为点火成功）。

(8) 测定完毕后操作：① 先关闭乙炔气；② 再按 EXTINGUISH 按钮关火；③ 然后按 PURGE 键，使乙炔表压降为零；④ 关闭空气压缩机；⑤ 分别打开两个旋钮放废水，废油，放完后关闭。

(9) 退出软件系统。

(10) 关闭仪器。

2) ETAAS 操作方法

(1) 打开主机、石墨炉及自动进样器电源。

(2) 三声蜂鸣后启动 AA 控制软件，基本操作步骤为

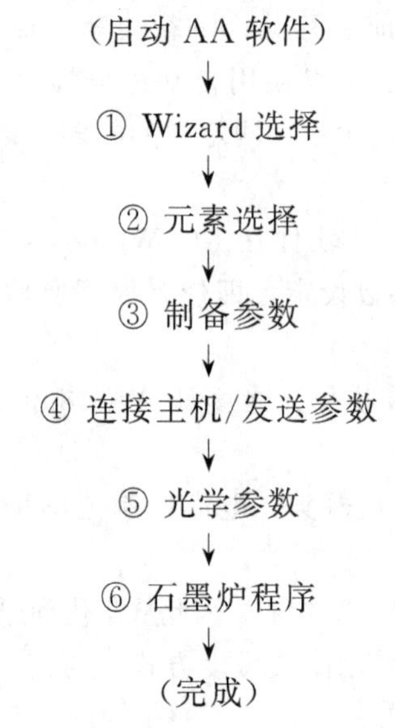

(3) 打开冷却水和氩气，并调节好流量。

(4) 编辑 MRT 工作单。

(5) 开始测定。

(6) 测定完成后，先关闭水和气体的主阀，然后退出软件。

(7) 关闭主机及外围设备电源。

实验 63　流动注射 KR 在线吸附-火焰原子吸收光谱联用技术测定痕量 Pb

一、实验目的

(1) 了解并掌握流动注射 KR 在线吸附-火焰原子吸收光谱联用技术的基本

原理。

（2）学习流动注射仪的工作原理并学会使用 FIA-3100 型流动注射仪。

（3）学习火焰原子吸收分光光度计的工作原理并学会使用 AA-6800F 型火焰原子吸收分光光度计。

二、实验原理

KR 通常是由疏水性材料如 PTFE 等微管编结而成，分析物与反应试剂所形成的中性配合物是通过分子吸附而被富集于以 PTFE 微管编结而成的 KR 内壁上。FI 在线 KR 吸附预富集分离与 FAAS 联用技术，操作程序基本上分为两步：第一步为分析物与配位剂在线形成中性配位化合物，并吸附在 KR 内壁上；第二步为被吸附在 KR 内壁上的分析物的洗脱及 FAAS 在线检测。在 FI 吸附预富集分离与 FAAS 在线联用体系中，常用的配位剂有二乙基二硫代氨基甲酸钠（NaDDC）和吡咯烷二硫代甲酸铵（APDC）。本实验选用 Pb^{2+} 为分析物，采用 APDC 作为配位剂，以 HCl 水溶液作为洗脱剂，实现流动注射 KR 在线吸附-FAAS 联用技术测定水样中的痕量 Pb。

三、仪器与试剂

AA-6800F 原子吸收分光光度计（日本岛津）；FIA-3100 型流动注射仪（北京万拓仪器有限公司）；Pb 空心阴极灯；内径 0.5 mm、长度 250 cm 的 PTFE 管编结成 KR 管。

1000 mg/L 的 Pb 标准储存溶液，使用前均逐级稀释到所需浓度；0.01%（质量分数）APDC（配位剂）；4.5 mol/L HCl 3 mL（洗脱剂）。

四、实验步骤

1. 流动注射程序的设置

（1）Pb 与配位剂 APDC 在线络合形成的 Pb-PDC 流经 KR 管并被吸附于 KR 管上；

（2）一段空气泵入推空微柱内的残余混合溶液；

（3）采用 4.5 mol/L HCl 作洗脱剂洗脱分析物，FAAS 进行检测，如图18-1所示。富集时间 30 s，Pb 标准溶液消耗体积 1.8 mL，洗脱剂 4.5 mol/L HCl 消耗体积 2.0 mL，0.01%（质量分数）APDC 消耗体积 1.8 mL。

2. 火焰原子吸收分光光度计仪器参数的设置

检测波长 283.3 nm，狭缝宽 1.3 nm，灯电流 7.5 mA，乙炔气体流量 2.2 L/min，空气流量 9.4 L/min。

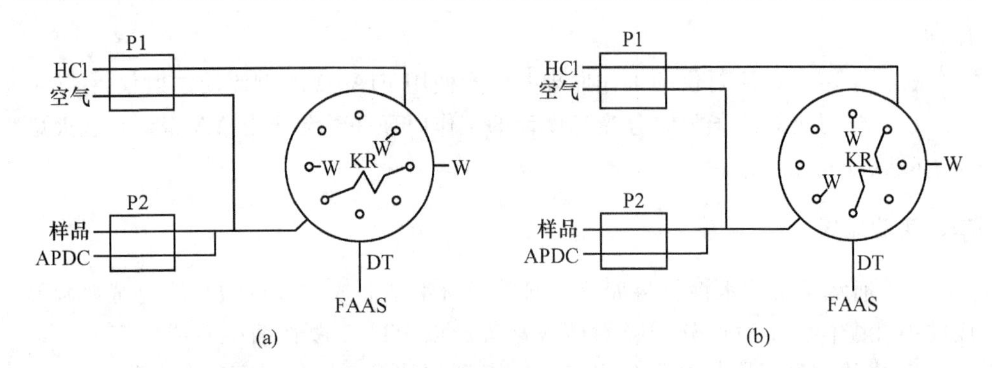

图 18-1　流动注射 KR 在线预富集火焰原子吸收检测示意图

3. 工作曲线的绘制

分别取 2.0 mg/L 的 Pb 标准溶液 1 mL、2 mL、3 mL、4 mL、5 mL 于 50 mL 容量瓶中，进行流动注射 KR 在线预富集-FAAS 检测，绘制标准曲线。

4. 样品分析

将河水样品过滤后，用硝酸酸化至 pH＝1.6。如上述方法分别对样品进行测量，计算出样品中 Pb 的含量。

五、实验数据及结果

（1）根据实验数据采用 Origin 或 Excel 软件，绘制工作曲线。

（2）由工作曲线计算样品中 Pb 的含量。

六、注意事项

（1）流动注射仪使用后要使用清洗程序清洗仪器管道。

（2）流动注射仪使用后先关闭控制程序再关闭仪器的电源。

（3）流动注射仪使用过后注意将泵头的压杆螺丝松开，以保护蠕动管。

（4）流动注射仪关掉电源开关后，稍等 3～4 s，方可再开机。

（5）保证经 KR 富集后进入 FAAS 的样品为澄清液，以免堵塞雾化器中的毛细管。

（6）实验室保持通风。

七、思考题

（1）与传统原子光谱分析相比，FI 原子光谱分析有哪些独特的优点？

（2）简述原子吸收分光光度分析法的基本原理。

实验 64　流动注射微柱在线置换吸附-电热原子吸收光谱联用技术测定痕量钯

一、实验目的

（1）了解并掌握流动注射在线置换吸附-电热原子吸收光谱联用技术的基本原理。

（2）学习流动注射仪的工作原理并学会使用 FIA-3100 型流动注射仪。

（3）学习电热原子吸收分光光度计的工作原理并学会使用 AA-6800F 型原子吸收分光光度计。

二、实验原理

FI 在线预富集分离技术可以有效地克服手工和间歇式预富集分离操作的缺点。FI 与原子光谱的联用是实现复杂样品中超痕量元素全自动测定的行之有效的方法。20 世纪 80 年代末至 90 年代初期，FI 与原子光谱的重要进展是 FI 与 ETAAS 的联用。将在线分离富集手段应用于 ETAAS，可以明显地提高ETAAS 的测定灵敏度和选择性。

众所周知，钯在环境和生物样品中的含量非常低，通常样品基体中的干扰元素很多并且含量高，这就给钯的检测带来了困难，迫切需要更加精密、准确的分析测试手段。FI 在线吸附预富集-ETAAS 联用体系具有高灵敏度、简单、易操作等优点，非常适合于这种复杂样品中低含量元素的检测。香烟过滤嘴纤维具有韧性好、机械强度大、孔径致密均匀、表面积非常大等优点，是一种良好的吸附富集材料。该材料对有机金属络合物具有很好的吸附作用，但对游离的金属离子却几乎没有吸附。本实验使用普通的配位剂 APDC 和简单、易得的吸附剂（香烟过滤嘴纤维），将 Cu 与 APDC 形成的络合物预涂覆在填充纤维表面。由于 Pd-PDC 的稳定性比 Cu-PDC 高，Pd(Ⅱ) 通过与 Cu-PDC 发生置换反应富集在纤维表面，基体中的那些与 APDC 络合稳定性比 Cu 低的共存金属离子，由于不能与 Cu-PDC 进行置换反应，不会干扰 Pd 的测定，从而可对 Pd 进行选择性的测定。同时将该方法用于路旁土壤中的钯的测定。

三、仪器与试剂

AA-6800F 原子吸收分光光度计、GFA-6500 石墨炉原子化器、ASC-6100 自动进样器钯空心阴极灯（日本岛津）；FIA-3100 型流动注射仪（北京万拓仪器有限公司）；内径 0.35 mm 的 PTFE 管；PTFE 微柱（6 mm×2 mm I. D.）。

1000 mg/L 的 $(NH_4)_2PdCl_4$ 标准储存溶液，1000 mg/L 的 Cu 标准储存溶

液，使用前均逐级稀释到所需浓度；0.005%（质量分数）吡咯烷二硫代甲酸铵（APDC）（配位剂）；无水乙醇（洗脱剂）。

四、实验步骤

1. 流动注射参数的设置

程序和操作顺序如下：①Cu 与配位剂 APDC 在线络合形成的 Cu-PDC 流经微柱并被吸附于过滤嘴纤维上；②当阀位切换到注射位，电磁阀关闭，泵 1 将一段空气泵入推空微柱内的残余混合溶液；③阀位和泵状态不变，开启阀，样品或标准液泵入微柱，Pd(Ⅱ) 与预涂覆的 Cu-PDC 发生置换反应，Pd-PDC 络合物被富集于纤维表面；④阀位保持注射位，泵 1 运转，电磁阀关闭，空气流将微柱内的残余溶液排空；⑤阀位切换至采样位，泵 1 运转，电磁阀关闭，乙醇溶液注满洗脱环；⑥阀位切换至注射位，自动进样器臂的顶端插于石墨管口上，并使其尽量接近对面石墨管内壁；⑦空气推动乙醇以洗脱被吸附在填充纤维上的 Pd-PDC，送入 ETAAS 检测；⑧阀位切换至采样位，洗脱液传输管的顶端退出石墨管的进样孔，启动 ETAAS 加热程序。整个过程如图 18-2 所示。

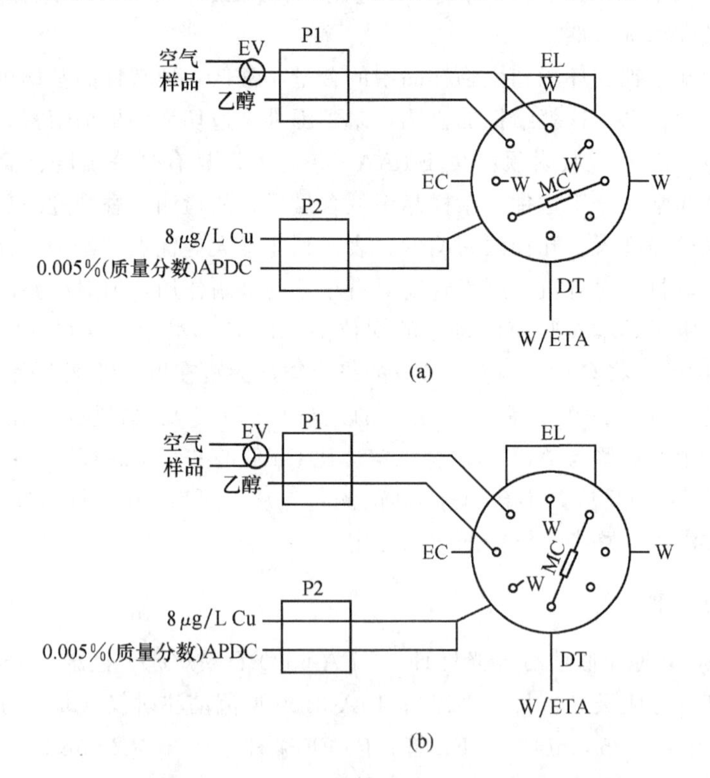

图 18-2 流动注射微柱在线置换吸附-电热原子吸收光谱检测示意图

富集时间 60 s，Pd 标准溶液消耗体积 2.8 mL，洗脱剂乙醇消耗体积 0.04 mL，8 μg/L Cu 消耗体积 0.9 mL，0.005%（质量分数）APDC 消耗体积 0.5 mL。

2. 石墨炉程序的设置

石墨炉升温程序见表 18-1。

表 18-1　石墨炉升温程序

过程	温度/°C	时间/s	Ar 流速/(mL/min)
干燥	60～120	60	200
灰化	400	20	200
原子化	2550	7	0
净化	2650	3	200

3. 工作曲线的绘制

分别取 100 μg/L 的 Pd 溶液（pH＝3）0.5 mL、1 mL、2 mL、3 mL、4 mL、5 mL于 50 mL 容量瓶中，进行 FI 在线预富集-ETAAS 检测，绘制标准曲线。

4. 样品分析

将道路两旁的土壤样品放于烘箱内 60℃烘干，然后平行称取样品 0.3～0.4 g 三份加入一定量的王水（HCl：HNO_3＝3：1，体积比）放入微波消解炉中，逐渐升温至 180℃消解 30 min。冷却后，慢慢加热将余酸赶尽，再用稀盐酸溶解、过滤、冷却、定容至 50 mL。用氨水调节 pH 约为 3。如上述方法分别对样品进行测量，计算出样品中 Pd 的含量。

五、实验数据及结果

（1）根据实验数据，采用 Origin 或 Excel 软件绘制工作曲线。

（2）由工作曲线，计算样品中 Pd(Ⅱ）的含量。

六、注意事项

（1）流动注射仪使用后要使用清洗程序清洗仪器管道。

（2）流动注射仪使用后先关闭控制程序再关闭仪器的电源。

（3）流动注射仪使用过后注意将泵头的压杆螺丝松开，以保护蠕动管。

（4）流动注射仪关掉电源开关后，稍等 3～4 s，方可再开机。

（5）实验室保持通风。

七、思考题

（1）原子吸收法定量分析的依据是什么？

（2）比较常见重金属离子 Hg(Ⅱ)、Pd(Ⅱ)、Cu(Ⅱ)、Ni(Ⅱ)、Ag(Ⅱ)、Bi(Ⅲ)、Tl(Ⅲ)、Pb(Ⅱ)、Co(Ⅱ)、Cd(Ⅱ)、Sb(Ⅲ)、Fe(Ⅲ)、Zn(Ⅱ)、In(Ⅲ)、Te(Ⅳ)、Mn(Ⅱ) 与 APDC 的配位化合物的稳定性顺序。

参考文献

方肇伦. 1997. 关于流动注射分析今后发展的若干见解. 岩石测试，(16)：138

严秀平等. 2005. 原子光谱联用技术. 北京：化学工业出版社

Fang Z L，Xu S K，Dong L P et al. 1994. Determination of cadmium in biological materials by flame atomic absorption spectrometry with flow injection on-line sorption preconcentration. Talanta，(41)：2165

Li Y，Jiang Y，Yan X P. 2002. Determination of trace mercury in environmental and foods samples by on-line coupling of flow injection displacement sorption preconcentration to electrothermal atomic absorption spectrometry. Environ Sci Technol，(36)：4886

Liu P，Su Z X，Wu X Z et al. 2002. Application of isodiphenylthiourea immobilized silica gel to flow injection on-line microcolumn preconcentration and separation coupled with flame atomic absorption spectrometry for interference-free determination of trace silver，gold，palladium and platinum in geological and metallurgical samples. J Anal At Spectrom，(17)：125

Ruzicka J，Hansen E H. 1975. Flow injection analyses. Part 1. A new concept of fast continuous flow analysis. Anal Chim Acta，(78)：145

Yan X P，Li Y，Jiang Y. 2002. A flow injection on-line displacement sorption preconcentration and separation technique coupled with flame atomic absorption spectrometry for determination of trace copper in complicated matrices. J Anal Atom Spectrom，(17)：610

Yan X P，Li Y，Jiang Y. 2003. Selective measurement of ultratrace methylmercury in fish by flow injection on-line microcolumn displacement sorption preconcentration and separation coupled with electrothermal atomic absorption spectrometry. Anal Chem，(75)：2251

第 19 章　圆二色光谱分析法

19.1　基本原理

19.1.1　背景知识

随着人们对生命科学的日益关注，分析化学的深入发展将越来越多地突出、加强生物分析。特别是人类基因测序工程完成后，生物、医学上的需要，使蛋白质的相关研究成为生物分析中的重要课题。

自 Kendrew 采用 X 射线技术，首次揭示肌红蛋白的折叠结构以来，蛋白质的研究从氨基酸残基序列的测定，深入到空间结构-构象的确定。近年来，人们发现疯牛病、克-雅氏病、震颤病等神经退行性疾病是由 Prion 病蛋白所致，而构象变化在 Prion 病蛋白的致病因素中起着至关重要的作用。这使人们进一步认识到蛋白质的构象对其生理功能的巨大意义，要深入理解蛋白质的生物活性，就必须了解它的构象及其相关变化。目前，确定蛋白质构象最准确的方法是 X 射线晶体衍射，但对结构复杂、柔性的生物大分子来说，得到所需的晶体结构较为困难。二维、多维核磁共振技术能测出溶液状态下较小蛋白质的构象，可是对相对分子质量较大蛋白质的计算处理非常复杂。相比之下，圆二色（circular dichroism，CD）光谱是研究稀溶液中蛋白质构象的一种快速、简单、较准确的方法。

一个光学活性物质对各种波长的光都产生旋光。但假如该光学活性物质有吸收峰，对某一波长的光产生吸收，这时如有一个平面偏振光，它的波长与该物质的吸收带相应，当它入射到该物质时，除产生旋光外，还有光吸收性质的各向异性。可以将上述的平面偏振光分解成两束位相相同、振幅绝对值相等、旋光方向相反的两束圆偏振。光吸收的各向异性可表现在对此两束圆偏振光的吸收率 A_L 与 A_R 不相等，此时可以有

$$\Delta A \equiv A_L - A_R \neq 0 \tag{19-1}$$

对于圆偏振所表现的光吸收的各向异性称为圆二色性。ΔA 可以用来定量描述圆二色性。

一束光透过有吸收的物质，它的光量子的振幅 $|E|$ 与吸光率 A 遵守朗伯-比尔定律［式（19-2)］。

$$I_\lambda = |E_\lambda|^2, I_{0\lambda} = |E_{0\lambda}|^2, \qquad \frac{|E_\lambda|}{|E_{0\lambda}|} = e^{-\frac{\varepsilon c l}{2}} \tag{19-2}$$

当两束旋转方向相反、位相相同而振幅绝对值相等的圆偏振光透过一个光学活性物质，其波长正好能产生圆二色性时，透射的两束圆偏振光有两点变化：第一，位相变化，其改变量与 $n_L - n_R$ 有关；第二，振幅改变。但是这两束圆偏振的频率即波长不变。设两个长度不等的矢量 E_1、E_2，它们有共同的原点。如果这两个矢量以相同的角速度但旋转方向相反而旋转，矢量的端点各扫出两个圆的轨迹。它们的合成端点轨迹是椭圆，椭圆的长轴是 $|E_1|+|E_2|$，短轴是 $|E_1|-|E_2|$。因此，如前所述，从光学各向异性物质透射的两束圆偏振迭加的结果已不是平面偏振而是椭圆偏振。此椭圆的长轴与入射的平面偏振光夹角即是该时刻的旋光角。由此可见，由于物质的圆二色性，一束平面偏振光或有它分解成的两束圆偏振光射入物质时，物质的圆二色性既可以直接用 $\Delta A = A_L - A_R$ 表示，也可以用所成椭圆的特征来表示。

1969 年，Greenfield 最早用 CD 光谱数据估计了蛋白质的构象，相关的研究方法陆续有报道。特别是近十几年来，用远紫外圆二色（far-UV CD）数据分析蛋白质二级结构，不但在计算方法和拟合程序上有了极大地发展，而且随着 X 射线晶体衍射和核磁共振技术的提高，越来越多的蛋白质的精确构象得到测定，为 CD 数据的拟合提供了更精确的数据库。研究者还发现用 CD 光谱研究蛋白质三级结构具有独特优点，发展了远紫外 CD 光谱辨认蛋白质三级结构的方法及相关程序。此外，近紫外圆二色（near-UV CD）作为一种灵敏的光谱探针，可以反映蛋白质中芳香氨基酸残基、二硫键微环境的变化。CD 光谱技术作为研究溶液状态下蛋白质或多肽构象的一种手段，已受到研究者的广泛关注。

19.1.2 蛋白质的圆二色性

蛋白质是由氨基酸通过肽键连接而成的具有特定结构的生物大分子。蛋白质一般由一级结构、二级结构、超二级结构、结构域、三级结构和四级结构几个结构层次。在蛋白质或多肽中，主要的光学性基团是肽链骨架中的肽键、芳香氨基酸残基及二硫桥键。当平面圆偏振光通过这些光活性的生色基团时，光活性中心对平面圆偏振光中左、右圆偏振光的吸收不相同，产生吸收差值。由于这种吸收差的存在，造成了偏振光矢量的振幅差，圆偏振光变成了椭圆偏振光，这就是蛋白质的圆二色性。圆二色性的大小常用摩尔吸光系数差 $\Delta\varepsilon$[L/(mol · cm)] 来度量，也可用摩尔椭圆率 [θ] 来度量，它与摩尔吸光系数差之间的换算关系式为

$$[\theta] = \frac{4500}{\pi}(\varepsilon_L - \varepsilon_R)\ln 10 \tag{19-3}$$

通常近似为

$$[\theta] = 3300\Delta\varepsilon \tag{19-4}$$

蛋白质的 CD 光谱一般分为两个波长范围：178～250 nm 为远紫外区 CD 光谱；250～320 nm 为近紫外区 CD 光谱。远紫外区 CD 光谱反映肽键的圆二色性。在蛋白质或多肽的规则二级结构中，肽键是高度有规律排列的，排列的方向性决定了肽键能级跃迁的分裂情况。因此，具有不同二级结构的蛋白质或多肽所产生 CD 谱带的位置、吸收的强弱都不相同。α-螺旋结构在靠近 192 nm 有一正的谱带，在 222 nm 和 208 nm 处表现出两个负的特征肩峰谱带；β-折叠的 CD 谱在 216 nm 有一负谱带，在 185～200 nm 有一正谱带；β-转角在 206 nm 附近有一正 CD 谱带，而在左手螺旋 P2 结构相应的位置有负的 CD 谱带。因此，根据所测得蛋白质或多肽的远紫外 CD 谱，能反映出蛋白质或多肽链二级结构的信息。虽然处于不对称微环境的芳香氨基酸残基、二硫键也具有圆二色性，但它们的 CD 信号出现在 250～320 nm 近紫外区，这些信息可以作为光谱探针研究它们不对称微环境的扰动，对肽键在远紫外区的 CD 信号并不造成干扰。

19.1.3　CD 测量的样品准备及条件选择

由于 CD 是一种定量的、灵敏的光谱技术，样品的准备及测量条件的选择对分析计算蛋白质构象的准确性至关重要，尤其是一些蛋白质的构象信息出现在低 195 nm 的真空紫外区，对试剂和缓冲体系的要求更高。测试用的蛋白质样品中应避免含有光吸收的杂质，缓冲剂和溶剂在配制溶液前最好做单独的检查，透明性极好的磷酸盐可用作缓冲体系。

蛋白质最佳浓度的选择和测定，决定 CD 数据计算二级结构的准确性。CD 光谱的测量一般在蛋白质含量相对低（0.01～0.2 mg/mL）的稀溶液中进行，溶液最大的吸收不超过 2。稀溶液可减少蛋白质分子间的聚集，但如果太稀，则导致蛋白质过多地吸附在容器壁上，影响实验的准确性。确定蛋白质的精确浓度是计算样品的二级结构的关键，一般蛋白质在 280 nm 附近的消光系数可以用来计算浓度，但此处吸收信号与蛋白质的构象有关，该方法的误差一般可达到 5%。更精确的方法有：定量氨基酸分析；用缩二脲方法测量多肽骨架浓度或测氮元素的浓度；也可以在完全变性条件下测芳香氨基酸残基的吸收，来确定蛋白质的准确浓度。

真空紫外 CD 谱的测试要求很高，光路必须使用大通量、高纯度的 N_2 洗涤，一般选用光路径为 0.05～1 mm 的圆形石英测试池，以减少光吸收。此外，为减少光谱的失真，响应波长应该小于 CD 峰半高度的 1/10（通常蛋白质是 15 nm）。采用慢的扫描速率和较长的响应时间可以提高 CD 的信噪比。必要时，用数据平滑算法和傅里叶变换对谱图进行平滑处理，可得到较高质量的光谱图。

19.1.4 远紫外CD数据拟合计算蛋白质二级结构

由于222 nm和208 nm是α-螺旋结构的特征峰，早期就曾利用这两处的摩尔椭圆率［θ］$_{208}$或［θ］$_{222}$来简单估计α-螺旋的分量：

$$f_{\alpha}=-([\theta]_{208}+4000)/29\,000 \tag{19-5}$$

或

$$f_{\alpha}=-([\theta]_{222}+3000)/33\,000 \tag{19-6}$$

式中：f_{α}为α-螺旋所占分量，即α-螺旋所含的氨基酸残基与整个蛋白质氨基酸的残基数的百分比。式（19-6）中的常数是根据实验推出的经验值。由于该方法只考虑了α-螺旋单波长的贡献，而忽略了蛋白质中其他二级结构对［θ］的贡献，因而具有误差。但它的优点是可以快速地收集这两点的数据，特别是在动力学和热力学的研究中，可作为光谱针对α-螺旋的变化作简单的推算。

利用CD数据更完全拟合计算二级结构的基本原理是，假设蛋白质在波长λ处的CD信号C_{λ}是蛋白质中各种二级结构组分的线性加合，则有如下等式：

$$C_{\lambda}=\sum f_i C_{\lambda i} \tag{19-7}$$

式中：$C_{\lambda i}$为第i种二级结构在波长λ处的CD数据；f_i为第i种二级结构所占的分量。若忽略噪声与其他因数CD光谱的影响，并假设溶液态蛋白质与晶体中的二级结构相同，则可利用已知结构的蛋白质或多肽的CD光谱作为参考根据，对未知蛋白质的二级结构进行拟合计算，能得出α-螺旋、β-折叠、β-转角、无规卷曲等结构所占的分量f_i。对α-螺旋、β-折叠结构还能分别计算出规则和扭曲两种不同结构的分量。已用于拟合的参考蛋白质共有48种，其精确结构主要是通过X射线晶体衍射或核磁共振技术测定，包括有Johnson等报道的29种，Keiderling等报道的五种，Yang等报道的六种，及Sreerama等最近报道的三种球蛋白和五种失活蛋白质。已报道的计算方法及拟合程序较多，按先后分别有：多级线性回归（multilinear regression）拟合程序为the G&F，LINCOMB，MLR；峰回归（ridge regression）拟合程序为CONTIN；单值分解（singular value decomposition）拟合程序为SVD；凸面限制（convex constraint analysis）拟合程序为CCA；神经网络（neural net）拟合程序为K2D；自洽方法（self-consistent method）拟合程序为SELCON，以及最近发展的一种联用方法，拟合程序为CDSSTR等。下面将简单介绍几种比较准确、现在最常用的计算拟合方法。

SELCON是Sreerama和Woody在原有的一些计算方法上进行改造得到，其最新的计算程序为SELCON3。该程序采用自洽算法，假设待测蛋白质的二级结构与某种已准确测定结构的参考蛋白相同，用测量的CD谱取代参考蛋白的CD谱，用单值分解算法（SVD）和多种局部线性化模型，反复计算取代后的收敛性。正确的拟合结果满足四个规则：①总数规则，拟合后各二级结构分量之和应处于 0.95～1.05；②分数规则，每种二级结构的分量应大于－0.025；③光谱规则，实验和计算光谱之间的均方根应该小于 0.25Δε；④螺旋规则，α-螺旋结构的分量有参考蛋白质来决定。最后的拟合结果是能满足以上四个规则所有结果的平均值。SELCON3 不但运算的速度快，而且能较好地估计球蛋白中 α-螺旋、β-折叠、β-转角结构的分量。对计算程序补充后，还可计算左手螺旋 P2 的分量，但对高的 β-折叠结构的估计上不令人满意。

CONTIN 是由 Provencher 和 Glökner 提出，最新的拟合程序是 CONTIN/LL。该方法采用峰回归（ridge regression）算法，假设待测蛋白质的 CD 光谱（C_λ^{obs}）是 N 个已知构象的参考蛋白质 CD 光谱的线性组合，进行拟合计算，使下面函数式（19-8）的值最小：

$$\sum_{\lambda=1}^{n}(C_\lambda^{calc}-C_\lambda^{obs})^2+\alpha^2\sum_{j=1}^{N}(\nu_j-N^{-1})^2 \tag{19-8}$$

式中：C_λ 为波长 λ 处的 CD 光谱；α 为调节因子；ν_j 为用第 j 个参考蛋白质线形拟合得出的计算光谱 C_λ^{calc} 的拟合系数。其约束条件是：每种二级结构的分量≥0，且各种二级结构的分量之和为 1。通过调节因子 α 可以对拟合范围进行调整。CONTIN/LL 对 β-转角的估计较好，由于拟合的结果直接决定于参考蛋白质的选择，适当的增补不同类型的参考蛋白质可提高该方法拟合的准确性。

CDSSTR 是 Johnson 综合了几种方法的特点，发展起来的一种新的计算拟合方法。其特点是只需要最少量的参考蛋白质，就能得到较好的分析结果。拟合计算时，先从已知精确构象的蛋白质中任意挑选，组成参考蛋白质。每次组合结果应满足三个基本选择条件：①各二级结构分量之和应在 0.95～1.05；②各二级结构的分量应大于－0.03；③实验光谱和计算光谱的均方根应小于 0.25Δε。最后的拟合结果是能满足以上三个规则所有结果的平均值。研究表明对 CD 数据进行拟合时，联用以上三种程序，可以提高预测蛋白质二级结构的可信度。

K2D 是 Böhm 等首先提出、采用神经网络的算法。在神经网络中有三种单元：输入单元能接受外部的 CD 光谱信号，并送到其他单元；输出单元能接受其他单元的信号，并输出拟合蛋白质二级结构的结果；隐藏单元能接受其他单元的信号，并能发出信号到其他单元。Böhm 的神经网络算法中，输入层包含有 83 个单元，对应 260～178 nm 范围中 83 个波长数据；在隐藏层中有 45 个神经元。输出层有 5 个神经元，分别是 α-螺旋、平行和反平行 β-折叠、β-转角和其他二级结构的分量。在神经网络中有两项不同的状态，学习状态（或训练状态）和回忆状态。学习状态联系在 CD 数据和拟合结果之间，出现错误时进行权重调节，直到拟合结果和真实二级结构的差别最小。该方法对 α-螺旋、反平行 β-折叠的拟合结果好。Sreerama 和 Woody 研究表明，用两个隐藏层可以得到更好的结果，但缺点是耗时较长。

Sreerama 等对采用不同波长 CD 数据，不同数量、种类的参考蛋白质，不同计算拟合方法所得出的结果进行了详细的对比研究，并将 CD 数据计算得出的二级结构与 X 射线晶体衍射的结果进行对比，其相关系数和平均方差都较理想，尤其是 α-螺旋、β-折叠的计算结果准确性很高，这说明利用远紫外 CD 数据来计算蛋白质的二级结构，具有较高的准确性。

19.1.5 圆二色数据分析蛋白质三级结构

远紫外 CD 数据除了能用来计算蛋白质二级结构的分量外，研究者发现它也能提供有关蛋白质三级结构的信息。1976 年，Levitt 和 Chothia 曾在 *Nature* 上报道，规则蛋白质的三级结构模型可分为四类，分别是：①全 α 型，以 α-螺旋这种结构为主，其分量大于 40%，而 β-折叠的分量小于 5%；②全 β 型，以 β-折叠这种结构为主，其分量大于 40%，而 α-螺旋的分量小于 5%；③$\alpha+\beta$ 型，α-螺旋及 β-折叠分量都大于 15%，这两种结构在空间上是分离的，并且超过 60%的折叠链是反平行排列；④α/β 型，α-螺旋及 β-折叠分量都大于 15%，这两种结构在空间上是相同的，且超过 60%的折叠链平行排列。

1983 年，Manavalan 和 Johnson 在 *Nature* 上报道，发现蛋白质这四种不同类型的三级结构具有特征的 CD 光谱，可以用来辨认蛋白质的三级结构类型。全 α 型、$\alpha+\beta$ 型、α/β 型蛋白质具有一些共同的 CD 光谱特征：它们在 222 nm 和 208 nm 都表现出明显的负峰，而在 190～195 nm 波长范围都有正峰，这些特征能使这三种类型与全 β 型蛋白区别开来。全 α 型蛋白的正、负 CD 信号交叉在低于 172 nm 波长位置。若交叉发生在更高的波长位置，则很可能是含有 β 型结构，此处的细微差别可以将全 α 型蛋白与 $\alpha+\beta$ 和 α/β 型蛋白区别开来。通过 222 nm 和 208 nm 两处的 CD 数据比，能区分 $\alpha+\beta$ 和 α/β 两种不同类型的蛋白质。$\alpha+\beta$ 类型的蛋白质 208 nm 比 222 nm 的 CD 值要大；而 α/β 型蛋白的 CD 谱特征正好相反。Johnson 等在大量的研究基础上发现，利用蛋白质的 CD 谱特征来辨认三级结构类型具有较好的准确性。根据这些研究结果，Venyaminov 等用簇分析算法及相应的 Cluster 程序，输入 236～190 nm 波长范围的 CD 数据，可以计算拟合出蛋白质三级结构的类型。

19.1.6 近紫外圆二色光谱探针反映氨基酸残基的微环境

蛋白质中芳香氨基酸残基［如色氨酸（Trp）、酪氨酸（Tyr）、苯丙氨酸（Phe）及二硫键］处于不对称微环境时，在近紫外区 250～320 nm，表现出 CD 信号。研究表明，Phe 残基的 CD 信息表现在 255 nm、261 nm、268 nm 附近；Tyr 残基的信息表现在 277 nm 左右；而在 279 nm、284 nm、291 nm 是 Trp 残基的信息；二硫键的变化信息反映在整个近紫外 CD 谱上。因此，近紫外 CD 谱可作为一种灵敏的光谱探针，反映 Trp、Tyr、Phe 及二硫键所处微环境的扰动，能用来研究蛋白质三级结构精细变化。Carter 等用近紫外 CD 光谱探针较好地揭示了人血清蛋白（HSA）及其三个结构域中的芳香氨基酸残基、二硫键在不同的 pH 条件下所处微环境的改变。研究发现：近紫外 CD 光谱灵敏地反映出微量 Ag^{+} 诱导 HSA 中芳香氨基酸残基及二硫键所处的微环境发生缓慢的扰动。近紫外 CD 光谱的测量与远紫外 CD 测量相似，值得注意的是，近紫外 CD 光谱测量所需蛋白质溶液的浓度一般比远紫外 CD 测量要大 1～2 个数量级，其测量可在 1 cm 的方形石英池中进行。

19.1.7 小结

综上所述，远紫外 CD 数据快速地计算出稀溶液中蛋白质的二级结构、辨别三级结构类型；近紫外 CD 光谱可灵敏地反映出芳香氨基酸残基、二硫键的微环境变化。由此可见，CD 光谱技术不但能快速、简单、较准确地研究溶液中蛋白质和多肽的构象，而且运用断流、电化学等附加装置，结合温度、时间等变化参数，CD 光谱已经广泛地用于了解蛋白质-配体的相互作用，监测蛋白质分子在外界条件诱导下发生的构象变化，探讨蛋白质折叠、失活过程中的热力学与动力学等多方面的研究。随着 CD 光谱技术的进一步发展，它必将在蛋白质研究领域中发挥重要的作用。

19.2 仪器及使用方法

圆二色光谱仪是一种高精度的比较复杂的设备，它的安装调整要由专业人员来完成。仪器的性能调整到规定的指标后，使用者通过键盘就可以操作仪器，测量圆二色光谱。使用圆二色光谱仪进行样品的圆二色光谱测定时，要考虑实验参数的选择。

19.2.1 样品与样品杯

样品的浓度根据该样品的性质、测量的波长范围等因素来决定，一般在每毫升为几微克到几十微克。样品杯由高度均匀的熔融石英制作，它不会带来附加的圆二色性，也不会对光产生散射。杯的光径（决定测量中试样的厚度）在 0.1～50 mm 的范围。

样品的浓度与样品杯光径配合，将装满样品的杯子置入样品室，若光电倍增管电压在 200～500 V，则浓度与光径的配合是适宜的，但一般希望提高样品浓度而用较短光径的杯子以将溶剂的影响减小到最低限度。若 PM 电压超过 800 V，则必须降低样品浓度或选用更短光径的杯子。一般被测样品的 O.D. 值不大于 2。

19.2.2 波长范围

如果已经知道试样光学活性吸收带的波长范围，一般将起始波长定在吸收带开始前 50～100 nm，在吸收带过后圆二色光谱为 0 时即可终止波长扫描。当不知道吸收带的波长范围时，可以用较快的扫描速度在较宽的波长范围进行扫描以确定之，然后将比此波长范围稍微宽些的波长区域作为测量的波长范围。

19.2.3 波长标尺

圆二色光谱仪波长标尺有五挡：0.5 nm/cm、1 nm/cm、2 nm/cm、5 nm/cm 和 10 nm/cm（若与 DP-500N 数据处理机联用，可以有 1 nm/cm、2 nm/cm、5 nm/cm、10 nm/cm、20 nm/cm、50 nm/cm、100 nm/cm、200 nm/cm 八挡）。当几个圆二色光谱带出现在较窄的波长范围内时，则应选取较小的波长标尺。例如，在磁圆二色性（MCD）测量中可能出现许多尖锐的带，取 2 nm/cm 或 5 nm/cm 是适宜的；如果吸收带较宽，或者扫描范围很大，则选用较大的标尺，例如 20 nm/cm，50 nm/cm 或 100 nm/cm。

19.2.4 圆二色光谱标尺（灵敏度）

灵敏度分为九挡：0.1 m/cm、0.2 m/cm、0.5 m/cm、1 m/cm、2 m/cm、5 m/cm、10 m/cm、20 m/cm 和 50 m/cm。当样品的 O.D. 值小而椭圆度较大时，样品的浓度可提高，同时选用较长光径的杯子，这种情况下可用较低的灵敏度，如 10～50 m/cm。调整样品的浓度和杯子的光径，保持样品的 O.D. 值低于 2，利用较低的灵敏度进行测量，可得最佳信噪比（S/N）。

19.2.5 时间常数

时间常数可以用来改善圆二色光谱的信噪比（S/N）。S/N 正比于时间常数（s）的平方根。它的选择要考虑所用的圆二色光谱标尺（灵敏度），一般是灵敏度越低（即每厘米对应的毫度数 m/cm 越大），时间常数应越小，例如，圆二色光谱标尺是 20 m/cm、5 m/cm、1 m/cm、0.5 m/cm，则时间常数应该分别选为 0.25 s、0.5～1 s、0.5～8 s、1～16 s。

19.2.6 扫描速度

波长扫描速度选择的一般考虑是：

（1）样品的谱特征。例如，样品的圆二色光谱曲线是尖锐、很宽还是窄，样品的吸收是强还是弱，样品的椭圆率是大还是小。

（2）所用的时间常数的大小。

（3）测量的波长范围。关于走纸速度或波长扫描速度具体选择多大为好，可以请教有经验的谱仪操作人员或参阅仪器手册。

19.2.7　狭缝宽度

“谱带宽度”选择开关提供了四挡恒定的谱带宽度，即 2 nm、1 nm、0.5 nm、0.2 nm；在手动控制状态，狭缝宽度从 10～2000 μm 随意调整。在标准操作时谱带宽度选为 1 nm。

对于高分辨率测量，要用较窄的狭缝宽度，此时光电倍增管的电压较高、谱的信噪比差。虽然对于正常测量最佳谱带宽度是 1～2 nm，但是在下列情况下，要牺牲分辨率而需要较宽的狭缝宽度。

当样品的光密度很高，但是圆二色光谱很小时，就要保持测定圆二色光谱峰所需要的足够浓度，并用较宽的狭缝宽度。不过此时要特别小心，因为在样品的 O.D. 值过高的情况下可能存在由荧光或杂散光引起的某些假象。

实验 65　圆二色光谱研究蛋白质与小分子作用后的构象变化

一、实验目的

（1）了解圆二色光谱研究蛋白质二级构象的基本原理和方法。

（2）学会设计用圆二色光谱监测蛋白质与小分子作用后的构象变化的实验。

（3）学习并掌握用简单的方法计算二级结构中 α-螺旋的含量。

二、实验原理

1. CD 光谱的基本知识

圆二色性是研究分子立体构型和构象的有力手段。早在 19 世纪末，柯顿（Cotton）在研究 Cu(Ⅱ) 和 Cr(Ⅱ) 的酒石酸配合物时，发现在可见光吸收带区域内有旋光异常色散和圆偏振光二色性。这两种现象后被称为柯顿效应，并且广泛地应用于配位化合物的研究。但直到 1960 年，CD 光谱仪问世后，有关 CD 的研究应用才得以广泛开展，在金属有机化学、配位化学、生物化学、药物化学等领域起着越来越重要的作用。

一个光学活性物质对各种波长的光都产生旋光。但假如该光学活性物质有吸收峰，对某一波长的光产生吸收，这时如有一个平面偏振光，它的波长与该物质的吸收带相应，当它入射到该物质时，除产生旋光外，还有光吸收性质的各向异性。可以将上述的平面偏振光分解成两束位相相同、振幅绝对值相等、旋光方向相反的两束圆偏振。其中，电矢量相互垂直、振幅相等、位相相差四分之一波长的左和右圆偏振光重叠而成的是平面圆偏振光。平面圆偏振光通过光学活性分子时，这些物质对左、右圆偏振光的吸收不相同，产生的吸收差值，就是该物质的圆二色性。圆二色性可用摩尔吸收系数差 $\Delta\varepsilon_M$ 来度量，并且有如下关系式：

$$\Delta\varepsilon_M = \varepsilon_L - \varepsilon_R$$

式中：ε_L 和 ε_R 分别为左和右圆偏振光的摩尔吸收系数。如果 $\varepsilon_L - \varepsilon_R > 0$，则 $\Delta\varepsilon_M$ 为"+"，有正的圆二色性，相应于正科顿效应；如果 $\varepsilon_L - \varepsilon_R < 0$，则 ε_M 为"－"，有负的圆二色性，相应于负科顿效应。

由于吸收差的存在，造成了矢量的振幅差，因此圆偏振光通过介质后变成了椭圆偏振光。因此，圆二色性也可用椭圆率 θ 或摩尔椭圆率 $[\theta]$ 来度量。$[\theta]$ 和 $\Delta\varepsilon_M$ 之间的关系式为

$$[\theta] = 3300\Delta\varepsilon_M$$

圆二色光谱表示的是 $[\theta]$ 和 $\Delta\varepsilon_M$ 与波长之间的关系，可用圆二色光谱仪来测定。一般仪器直接测定的是椭圆率 θ，可换算成 $[\theta]$ 和 $\Delta\varepsilon_M$，换算关系式如下：

$$[\theta] = 100\theta/cl$$

$$\Delta\varepsilon_M = \theta/33cl$$

式中：c 为物质在溶液中的浓度（mol/L）；l 为光程长度（液池的长）（cm）。输入 c 和 l 的值，一般仪器能自动进行换算，给出所需要的关系。

圆二色光谱仪需要将平面偏振调制成左、右圆偏振光，并用很高的频率交替通过样品，因而设备复杂，完成这种调制的是电致或压力致晶体双折射的圆偏振光发生器（也称为 Pocker 池或应力调制器）。圆二色光谱仪一般采用氙灯作光源，其辐射通过由两个棱镜组成的双单色器后，就成为两束振动方向互相垂直的偏振光，由单色器的出射狭缝排出一束非寻常光后，寻常光由 CD 调制器调制成交变的左、右圆偏振光，这两束圆偏振光通过样品产生的吸收差由光电倍增管接受检测。图 19-1 表示了圆二色光谱仪测定装置示意图。

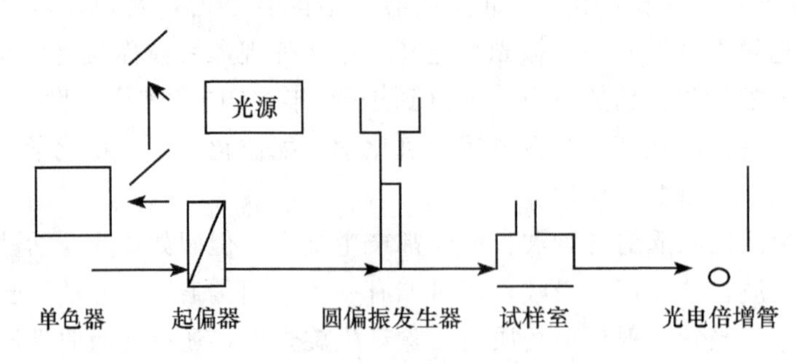

图 19-1　圆二色光谱仪测定装置示意图

另外，除了产生 CD 现象外，圆偏振光通过光学活性分子还产生旋光色散（ORD）的现象。这是由于光活性分子对左、右圆偏振光的折射率不同，因此左、右圆偏振光以不同的速率传播，引起偏振光面的旋转，旋转角度称为旋光度，表示旋光度随波长变化的关系称为旋光色散（ORD）。CD 和 ORD 是同现象的两个不同的表现方面。

2. CD 测蛋白质二级结构的基本原理

目前，确定蛋白质构象最准确的方法是 X 射线晶体衍射，但能得到单晶的蛋白质很少，且晶体状态和接近生理状态的溶液还是有些区别的。NMR 谱的方法虽然可以得到溶液中蛋白质结构信息，但对相对分子质量相对较大、结构复杂的一些蛋白质分子计算就很复杂，难以得到满意的结果。另外，与 X 射线衍射以及 NMR 谱相比较，CD 可快速地测得稀溶液中蛋白质的二级构象变化。

蛋白质是由氨基酸通过肽链组成的具有特定结构的生物大分子。蛋白质中氨基酸残基的排列次序是蛋白质的一级结构，而肽链中局部肽段骨架形成的构象称为二级结构，二级结构是靠肽链骨架中的羰基上的氧原子和亚氨基上的氢之间的氢键来维系的，根据肽链的旋转方向与氢键之间的夹角不同，蛋白质的二级结构主要分为：α-螺旋、β-折叠、β-转角、环形和任意性较大的无规卷曲几类。这些二级结构的不对称性，使蛋白质具有光学活性，也就具有特征 CD 谱。其中，α-螺旋在222 nm 和 208 nm 处有负的科顿效应，表现出两个负的肩峰谱带，在靠近 192 nm 有一正的谱带。β-折叠的 CD 谱在 216 nm 有一负谱带，而在 195～200 nm 有一正的谱带。

由于 222 nm 和 208 nm 是 α-螺旋的特征峰，因此估计 α-螺旋的含量可从这两点的平均椭圆度得到，关系式如下：

$$f_\alpha = -([\theta]_{222} + 3000)/33\,000$$

或

$$f_\alpha = -([\theta]_{208} + 4000)/29\,000$$

式中：f_α 为 α-螺旋所含的残基与整个蛋白质分子的残基数的百分比；$[\theta]_{222}$ 和 $[\theta]_{208}$ 分别为在 222 nm 和 208 nm 时的摩尔椭圆率，其他常数是根据实验推出的经验值。虽然上面两式中仅考虑了单波长时 α-螺旋的贡献，而忽略了其他组分对 $[\theta]$ 的贡献，具有一定的误差，但可利用上面两式做快速简单的推算。

另外，多级线形回归是一种更完全、较简单的分析二级结构的方法。假设所得到的光谱是单个二级结构的光谱的线形加合，又令 f_i 是每种二级结构的含量。则有

$$\sum f_i = 1$$

并有

$$[\theta]_\lambda = \sum f_i[\theta]_{\lambda,i} + \text{Noise}$$

式中：$[\theta]_\lambda$ 为实测的CD曲线在波长λ处的摩尔椭圆度；$[\theta]_{\lambda,i}$为每种构象在波长λ处的摩尔椭圆度。从已知晶体结构的蛋白质可以知道在不同波长λ处的蛋白质的各种二级结构含量。解一系列的方程可以得到 $[\theta]_{\lambda,i}$的值，进而可求出未知蛋白质每种二级结构的含量，用最小二乘法等几种拟合方法使 $\sum f_i$ 等于或近似为100%。有关的计算方法较多，如Bǒhm等首先提出用神经网络（K2D）的方法可用于分析CD，并且使用这种技术能有效地提高观测二级结构的正确性。

三、仪器与试剂

JASCO715，或其他型号的CD分光光度计；紫外-可见分光光度计；精确天平（万分之一）。注射器1 mL 3支；容量瓶25 mL 20只；分度吸量管1 mL、2 mL各3支。

人血清蛋白、牛血清蛋白（分析纯）；维生素B_{12}（A. R.）；缓冲剂（分析纯），pH＝4.0HAc-NaAc、pH＝7.0～9.0磷酸盐体系；0.06%d-10-樟脑磺酸铵溶液（$\Delta\varepsilon_{M,290.5}$＝2.36，$\Delta\varepsilon_{M,192.5}$＝－4.90）；二次去离子水。

四、实验步骤

1. 测试条件

1）蛋白质浓度

蛋白质最佳浓度的选择和测定，决定CD数据计算二级结构的准确性。CD测量一般在相对低的稀溶液（0.01～0.2 mg/mL）中进行，溶液最大的UV吸收不超过2，稀溶液可减少蛋白质之间的聚集，但如果太稀，则导致蛋白质过多地吸附在容器壁上。蛋白质的精确浓度对计算样品的二级结构至关重要。一般用光度法测量，该方法的误差一般可达到5%。

2）样品池

CD有圆形和方形两种石英测试池。方形测试池光路径是1 cm。在二级结构的测试中一般选光路径为1 mm的圆形测试池，以减少光吸收。

3）测试波长

不同的计算程序要求输入的波长范围不同。一般在260～180 nm可以满足要求。但低于195 nm的远紫外波长范围的测试，对真空度、缓冲剂溶液等测试条件的要求很高。

4）测试参数

为提高信噪比，可以采用慢的扫描速率和较长的响应时间。例如，响应时间4 s、扫描速率20 nm/s可得到较高质量的光谱图。

为减少光谱偏差，响应波长宽度应小于半峰宽（通常蛋白质是 15 nm）的 1/10。

2. 测试步骤

1）准备样品

准确量取蛋白质和维生素 B_{12} 的溶液，用分光光度法测蛋白质的浓度。对比配制 A、B、C、D 四种溶液：A 为 pH＝4.0 蛋白质，B 为 pH＝4.0 蛋白质＋维生素 B_{12}，C 为 pH＝7.0～9.0 蛋白质，D 为 pH＝7.0～9.0 蛋白质＋维生素 B_{12} 溶液。且 A、B、C、D 溶液具有相同的离子强度和温度。另外蛋白质溶液中加入维生素 B_{12} 后，需要放置一段时间，使蛋白质与维生素 B_{12} 分子作用达到平衡。

2）开机

打开高纯氮气，通入光路。打开计算机，进入操作界面。开启氙灯。等约 30 min，待仪器充分预热后，方可使用。

3）点法校正 CD 读数

进入测试界面，输入测试参数。用注射器将 0.06％*d*-10-樟脑磺酸铵溶液注入 1 mm 的测试池中，扫描 300～195 nm 波长范围。按 290.5 nm 和 192.5 nm 两点读数分别为 18.7 mdeg 和－38.9 mdeg 进行校准。

4）测试

进入测试界面，输入测试参数。对 A、B、C、D 分别扫描两次。输入文件进行保存，并比较四者的相似与差异。

5）数据处理

测试后，仪器自动保存的为椭圆度 θ 和波长的关系图。进入数据处理界面，输入要处理的文件名，选择转换成 $\Delta\varepsilon_M$ 与波长之间的关系图，并另存为 TXT 数据文件。

6）关机

（1）打开样品室，取出测试池。

（2）退出操作界面，关闭氙灯。

（3）关闭氮气，关闭主机电源。

（4）从“Windows”操作关闭计算机主机，关闭打印机、显示器等电源。

（5）断开墙上电源开关。

（6）清洗测试池，清洁环境，盖好仪器罩，认真填写仪器操作记录。

五、实验数据及结果

以“用 CD 研究牛血清蛋白与 Co(Ⅱ) 作用后的构象变化”为例：生理 pH＝7.43 条件下，浓度为 1.442×10^{-6} mol/L 的蛋白质与适量的 Co(Ⅱ) 作用 8 min 后，对比测量 CD 的变化。根据实验得到的 TXT 文本用“origin”作图，如图 19-2 所示。图中纵坐标表示平均残基摩尔椭圆率，横坐标为波长。从图中可明显看到 BSA 在 222 nm 和 208 nm 的两个负科顿效应的峰，而在 195 nm 有一个正科顿效应的峰。这与 α-螺旋的特征相似。BSA 与 Co^{2+} 作用 8 min 后，在 222 nm、208 nm 及 195 nm 的平均椭圆度的绝对值都减小。简单估计 α-螺旋的含量变化，可将 222 nm 和 208 nm 两点的平均椭圆度分别代入：$f_\alpha = -([\theta]_{222} + 3000)/33\ 000$，或 $f_\alpha = -([\theta]_{208} + 4000)/29\ 000$ 两式计算得到。结果见表 19-1。

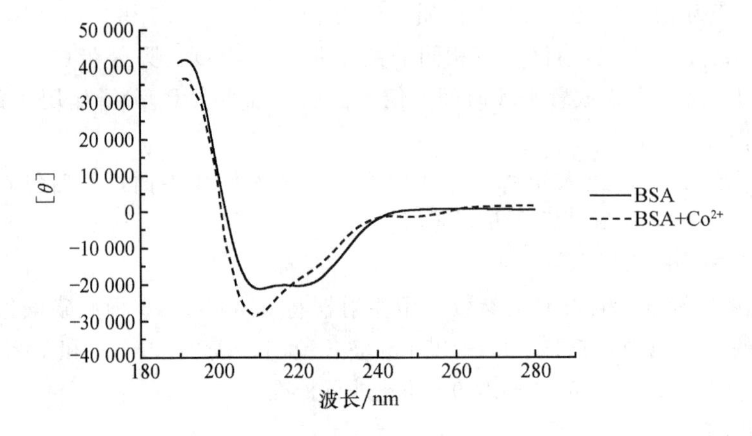

图 19-2　牛血清白蛋白与 Co^{2+} 作用后的构象变化

表 19-1　简单估计 α-螺旋的含量变化

项目	BSA 体系	BSA+Co^{2+} 体系	项目	BSA 体系	BSA+Co^{2+} 体系
$[\theta]_{208}$	−20 877.6	−20 444.3	$[\theta]_{222}$	−20 931.5	−18 290.1
$f_{\alpha,208}$	58.20%	56.71%	$f_{\alpha,222}$	54.43%	46.42%

除上述简单的处理方法外，常用 SELCON3、CONTINLL、CDSSTR 软件处理 CD 数据，分别计算六种二级结构的含量。并用 CLUSTER 得到三级结构的变化。用以上软件处理时，要注意使用残基的平均 $\Delta\varepsilon_M$ 作为计算单位，并根据不同的波长范围，选择相对应的蛋白质数据库进行拟合计算。在上述的例子中，计算结果见表 19-2。

表 19-2　用三种软件处理 CD 数据所得各二级结构的含量变化

程序	体系	α-螺旋（r）	α-螺旋（d）	β-折叠（r）	β-折叠（d）	β-转角	无规卷曲
SELCON3	BSA	0.381	0.201	0.038	0.037	0.123	0.232
	BSA+Co^{2+}	0.339	0.193	0.040	0.044	0.136	0.227
CONTINLL	BSA	0.367	0.205	0.001	0.051	0.197	0.179
	BSA+Co^{2+}	0.371	0.216	0.005	0.036	0.157	0.216
CDSSTR	BSA	0.416	0.198	0.060	0.033	0.134	0.158
	BSA+Co^{2+}	0.384	0.203	0.043	0.035	0.127	0.211

六、注意事项

(1) 实验中打开通风。

(2) 开机前确认高纯氮气已经打开。做完实验后，及时关闭高纯氮气。

(3) 爱护石英测试池，应轻拿轻放，避免磕碰。

七、思考题

(1) 查阅相关资料，了解 CD 研究蛋白质的原理，和各种计算拟合方法的特点。

(2) 根据所做的实验，查阅相关蛋白质的数据库，对比 CD 计算结果和 X 射线衍射或 NMR 方法得出的结果的不同。

实验 66　圆二色光谱研究核酸与小分子作用后的构象变化

一、实验目的

(1) 了解圆二色（CD）光谱研究核酸构象的基本原理和方法。

(2) 学会设计用圆二色（CD）光谱监测核酸与小分子作用后的构象变化的实验。

二、实验原理

和蛋白质一样，核酸的结构通常也可分为四级结构。核酸分子主要有四种不同的碱基组成，实验证明这些碱基的含量和组成顺序对核酸的 CD 行为有影响，因而 CD 可提供核酸一级结构的信息。核酸的骨架链由磷酸和核糖基团组成。骨架链中每个核苷酸单位长度含有六个可转动的单健。另外，核糖环构象和糖苷键的扭角也有各种变化。这些因素使核酸的构象分析相对于蛋白质或多糖来说要复杂得多。

DNA 以双螺旋构象存在，在这种构象中，两条方向相反的主链处在螺旋外侧，碱基则处于内侧。两条链形成右手螺旋，有共同的螺旋轴。双螺旋构象由链间的碱基配对和碱基间的疏水作用维系。普遍认为 DNA 在水溶液中的双螺旋属 B 型。这种类型的双螺旋中，碱基平面垂直于螺旋轴，相邻两个碱基上下间隔 3.4A，每十对碱基组成一个螺旋，一条链中相邻两个碱基的方向相差 36°。溶液条件改变时，如加入乙醇或提高盐浓度等，DNA 的双螺旋会从 B 型转变成 A 型、C 型。在 A 型双螺旋中，碱基平面和螺旋轴成 70°倾斜角，由 11 个碱基组成一个螺旋，碱基间夹角、螺距等均和 B 型不同。C 型双螺旋的各种结构参数和 B 型的相差不大。

RNA 单链的局部区域由于互补碱基的存在也能形成双螺旋，其类型为 A 型。

Gratzer 等测定了 16 个 DNA 的 CD 谱，发现他们的谱形基本上是相同的，在 75～280 nm 处有正峰，在 245～250 nm 是负峰。这些峰的绝对值因它们的组成不同而变化。RNA 在近紫外区的正峰通常在 260～265 nm，而 DNA 则在 270～275 nm。

Johnson 和 Tinoco 根据 RNA 和 DNA 的不同构象计算得到的两者的 CD 曲线与实际观察到的相似。根据他们的解释，B 型 DNA 中碱基平面互相平行，并且垂直于螺旋轴。各种跃迁距中，有的产生正 CD 贡献，有的产生负 CD 贡献。由于螺旋中存在四种不同碱基，存在各种各样的跃迁距，因而大体上也就互相抵消，不显出正 CD 贡献的优势。但在 RNA 中，碱基平面也倾斜于螺旋轴，上述情况就不会发生，因而表现出右手螺旋的正 CD 贡献。另外，由于 RNA 中碱基平面的倾斜，某碱基和其第二、第三邻近碱基的相互作用合起来可能会比其和第一邻近碱基的相互作用产生更大的 CD 贡献。此种效应加上上述效应就造成 RNA 的 CD 值比 DNA 大的情况。

RNA 或 DNA 的 CD 值皆比相应的同聚物的 CD 值小得多。尤其是 DNA，其 200 nm 以上的 CD 值并不比碱基单体的大多少。这可能由于 RNA 或 DNA 分子中四种不同碱基间的多种多样的相互作用大部分互相抵消的缘故。

三、仪器与试剂

JASCO 715，或其他型号的 CD 分光光度计；精确天平（万分之一）；容量瓶 25 mL；分度吸量管 1 mL、2 mL、5 mL。

青鱼精子 DNA（生化试剂）。

汞形态储备液：10 g/L（以 Hg 计）的 $HgCl_2$ 标准水溶液，10 g/L（以 Hg 计）的氯化甲基汞和氯化乙基汞的甲醇溶液，10 g/L（以 Hg 计）氯化苯基汞的丙酮溶液。工作溶液在使用时由储备液逐级稀释制得。

缓冲剂（分析纯）：pH＝7.4 的磷酸盐体系。

0.06％*d*-10-樟脑磺酸铵溶液（$\Delta\varepsilon_{M,290.5}=2.36$，$\Delta\varepsilon_{M,192.5}=-4.90$）；次去离子水。

四、实验步骤

1. 测试条件

1）核酸浓度

核酸最佳浓度的选择和测定，决定 CD 数据计算二级结构的准确性。CD 测量一般在相对低的稀溶液（0.01～0.2 mg/mL）中进行，溶液最大的 UV 吸收不超过 2。

2）样品池

CD 有圆形和方形两种石英测试池。方形测试池光路径是 1 cm。在二级结构的测试中一般选光路径为 1 mm 的圆形测试池，以减少光吸收。

3）测试波长

不同的计算程序要求输入的波长范围不同。扫描 CD 光谱测试样品在 200～350 nm 波长范围的变化。但低于 195 nm 的远紫外波长范围的测试，对真空度、缓冲剂溶液等测试条件的要求很高。

4）测试参数

为提高信噪比，可以采用慢的扫描速度和较长的响应时间。例如，响应时间 4 s，扫描速度 20 nm/s 可得到较高质量的光谱图。

为减少光谱偏差，响应波长宽度应小于半峰宽的 1/10。

2. 测试步骤

1）准备样品

准确量取核酸和不同形态汞的溶液。

对比配制 A、B、C、D、E 四种溶液：A 为 pH＝7.4 核酸，B 为 pH＝7.4 核酸＋无机汞溶液，C 为 pH＝7.4 核酸＋甲基汞溶液，D 为 pH＝7.4 核酸＋苯基汞溶液。并且 A、B、C、D 溶液具有相同的离子强度和温度。另外核酸溶液中加入汞的溶液后，需要放置一段时间，使核酸溶液中加入不同形态汞作用达到平衡。

2）开机

打开高纯氮气，通入光路。打开计算机，进入操作界面。开启氙灯。等约 30 min，待仪器充分预热后，方可使用。

3）点法校正 CD 读数

进入测试界面，输入测试参数。用注射器将 0.06％*d*-10-樟脑磺酸铵溶液注入 1 mm 的测试池中，扫描 195～300 nm 波长范围。按 290.5 nm 和 192.5 nm 两点读数分别为 18.7 mdeg 和－38.9 mdeg 进行校准。

4）测试

进入测试界面，输入测试参数。对 A、B、C、D 分别扫描两次。输入文件进行保存，并比较四者的相似与差异。

5）数据处理

测试后，仪器自动保存的为椭圆度 θ 和波长的关系图。进入数据处理界面，输入要处理的文件名，选择转换成 $\Delta\varepsilon_M$ 与波长之间的关系图，并另存为 txt 数据文件。

6）关机

（1）打开样品室，取出测试池。

（2）退出操作界面，关闭氙灯。

（3）关闭氮气，关闭主机电源。

（4）从“Windows”操作关闭计算机主机，关闭打印机、显示器等电源。

（5）断开墙上电源开关。

（6）清洗测试池，清洁环境，盖好仪器罩，认真填写仪器操作记录。

五、实验数据及结果

将四种形态的汞（0.5 mmol/L，以 Hg 计）与 DNA（0.5 mmol/L，以 b. p. 计）在含 100 mmol/L NaCl 的 10 mmol/L 磷酸盐缓冲液（pH=7.4）中温育12 h 后，用于 CD 光谱检测。如图 19-3 所示，天然 DNA 表现出 B 构型的典型特征：①在308 nm 到 261 nm 之间出现较大的正峰，在 280 nm 处摩尔椭圆率为[θ]=+7934(deg・cm^2/dmol)；②在 261 到 234 nm 间出现较大的负峰，在 245 nm 处的摩尔椭圆率为 [θ]=−3398(deg・cm^2/dmol)；③较小的正峰出现在 234～218 nm，在 227 nm 处摩尔椭圆率为 [θ]=−957(deg・cm^2/dmol)；④较小的负峰出现在 218～207 nm，在 212 nm 处摩尔椭圆率为 [θ]=−3038(deg・cm^2/dmol)。

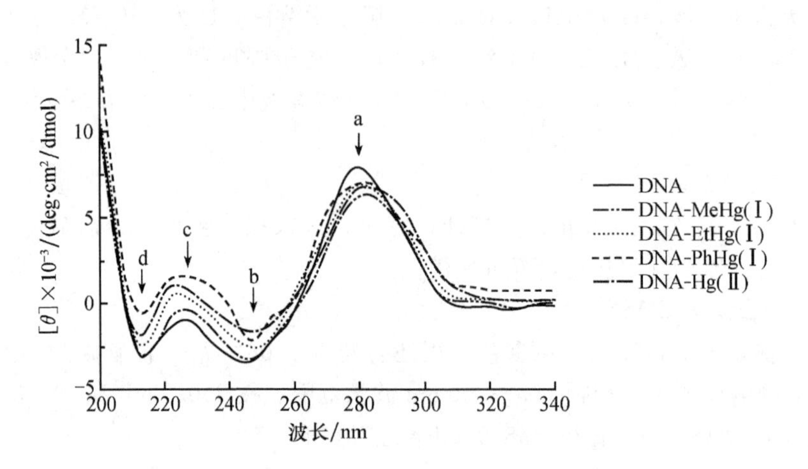

图 19-3 青鱼精子 DNA 与不同形态汞相互作用的圆二色谱

当 0.5 mmol/L DNA 与 0.5 mmol/L 四种形态的汞反应 12 h 后，DNA 的 CD 光谱特征峰的强度有所减弱并发生不大明显的红移（如谱带 a 的特征峰从 279 nm 移至 282 nm，以及谱带 b 的特征峰从 245 nm 移至 248 nm）。上述结果表明在本实验条件下，汞与 DNA 的摩尔浓度比为 1∶1 时，四种形态的汞与 DNA 的结合对 DNA 的双螺旋结构只有轻微的扰动。可能汞与 DNA 的碱基键合形成了稳定的配合物，部分破坏链间碱基配对（即 A 和 T，G 和 C 间形成的氢键）和碱基间的疏水作用，对 DNA 的二级结构有所影响，但并不会改变 DNA 分子的构型。

六、注意事项

（1）实验中打开通风。

（2）开机前确认高纯氮气已经打开。做完实验后，及时关闭高纯氮气。

（3）爱护石英测试池，应轻拿轻放，避免磕碰。

七、思考题

（1）查阅相关资料，了解 CD 研究核酸的原理。

（2）根据所做的实验，理解 CD 研究不同形态汞与 DNA 作用，及其对 DNA 构象的不同影响。

参考文献

鲁子贤，崔涛，施庆洛．1987．圆二色性和旋光色散在分子生物学中的应用．北京：科学出版社

阎隆飞，孙子荣．1999．蛋白质分子结构．北京：清华大学出版社

杨频，高飞．2002．生物无机化学原理．北京：科学出版社

Gratzer W B，Hill L R，Owen R J．1970．Circular dichroism of DNA．Eur J Biochem，(15)：209～214

Gruenwedel D W，Cruikshank M K．1990．Mercury-induced DNA polymorphism：Probing the conformation of Hg(Ⅱ)-DNA via staphylococcal nuclease digestion and circular dichroism measurements．Biochemistry，(29)：2110～2116

Johnson W C Jr，Tinoco I Jr．1969．Circular dichroism of folynucleotides：A simple theory．Biopolymers，(7)：727～749

Masaaki T，Ashish K S，Elvis N．2003．Enhanced conformational changes in DNA in the presence of mercury(Ⅱ)，cadmium(Ⅱ) and lead(Ⅱ) porphyrins．J Inorg Biochem，(94)：50～58

第 20 章　X 射线光电子能谱法

20.1　基本原理

X 射线光电子谱仪（X-ray photoelectron spectroscopy，XPS），经常又被称为化学分析用电子谱（electron spectroscopy for chemical analysis，ESCA），是一种最主要的表面分析工具。自 19 世纪 60 年代第一台商品化的仪器开始，已经成为许多材料实验室的必不可少的成熟的表征工具。XPS 发展到今天，除了常规 XPS 外，还出现了包含有 Mono XPS（monochromated XPS，单色化 XPS）X 射线源已从原来的激发能固定的射线源发展到利用同步辐射获得 X 射线能量单色化并连续可调的激发源），SAXPS（small area XPS or selected area XPS，小面积或选区 XPS，X 射线的束斑直径微型化到 6 μm）和 iXPS（imaging XPS，成像 XPS）的现代 XPS。目前，世界首台能量分辨率优于 1 meV 的超高分辨光电子能谱仪（通常能量分辨率低于 1 meV）在中日科学家的共同努力下已经研制成功，可以观察到化合物的超导电子态。现代 XPS 拓展了 XPS 的内容和应用。

XPS 是当代谱学领域中最活跃的分支之一，它除了可以根据测得的电子结合能确定样品的化学成分外，XPS 最重要的应用在于确定元素的化合状态。XPS 可以分析导体、半导体甚至绝缘体表面的价态，这也是 XPS 的一大特色，是区别于其他表面分析方法的主要特点。此外，配合离子束剥离技术和变角 XPS 技术，还可以进行薄膜材料的深度分析和界面分析。XPS 表面分析的优点和特点可以总结如下：

（1）固体样品用量小，不需要进行样品前处理，从而避免引入或丢失元素所造成的错误分析。

（2）表面灵敏度高，一般信息采样深度小于 10 nm。

（3）分析速度快，可多元素同时测定。

（4）可以给出原子序数 3～92 的元素信息，以获得元素成分分析。

（5）可以给出元素化学态信息，进而可以分析出元素的化学态或官能团。

（6）样品不受导体、半导体、绝缘体的限制等。

（7）是非破坏性分析方法。结合离子溅射，可作深度剖析。

目前，XPS 主要用于金属、无机材料、催化剂、聚合物、涂层材料、纳米材料、矿石等各种材料的研究，以及腐蚀、摩擦、润滑、粘接、催化、包覆、氧化等过程的研究，也可以用于机械零件及电子元器件的失效分析，材料表面污染物分析等。

XPS 方法的理论基础是爱因斯坦光电定律。用一束具有一定能量的 X 射线照射固体样品，入射光子与样品相互作用，光子被吸收而将其能量转移给原子的某一壳层上被束缚的电子，此时电子把所得能量的一部分用来克服结合能和功函数，余下的能量作为它的动能而发射出来，成为光电子，这个过程就是光电效应。

该过程可用式（20-1）表示：

$$h\gamma = E_k + E_b + E_r \tag{20-1}$$

式中：$h\gamma$ 为 X 光子的能量（h 为普朗克常量，γ 为光的频率）；E_k 为光电子的能量；E_b 为电子的结合能；E_r 为原子的反冲能量。

其中 E_r 很小，可以忽略。对于固体样品，计算结合能的参考点不是选真空中的静止电子，而是选用费米能级，由内层电子跃迁到费米能级消耗的能量为结合能 E_b，由费米能级进入真空成为自由电子所需的能量为功函数 Φ，剩余的能量成为自由电子的动能 E_k，式（14.1）又可表示为

$$E_k = h\gamma - E_b - \Phi \tag{20-2}$$

$$E_b = h\gamma - E_k - \Phi \tag{20-3}$$

式中：$h\gamma$ 为入射光子能量（已知值）；E_k 为光电过程中发射的光电子的动能（测定值）；E_b 为内壳层束缚电子的结合能（计算值）；Φ 为谱仪的功函数（已知值）。

仪器材料的功函数 Φ 是一个定值，约为 4 eV，入射光子能量已知。这样，如果测出电子的动能 E_k，便可得到固体样品电子的结合能。原子能级中电子的结合能（binding energy，B. E.），其值等于把电子从所在的能级转移到费米能级时所需的能量。在 XPS 分析中，由于采用的 X 射线激发源的能量较高，不仅可以激发出原子价轨道中的价电子，还可以激发出芯能级上的内层轨道电子，其出射的光电子能量仅与入射光子的能量（即辐射源能量）及原子轨道结合能有关。因此，对于特定的单色激发源和特定的原子轨道，此时其光电子能量是特征的。当固定激发源能量时，其光电子能量仅与元素的种类和所电离激发的原子轨道有关。因此，可以根据光电子的结合能，判断样品中元素的组成，定性分析除 H 和 He（因为它们没有内层能级）之外的全部元素。

一方面芯能级轨道上的电子受到原子核强烈的库仑作用而具有一定的结合能，另一方面又受到外层电子的屏蔽作用。当外层电子密度减少时，屏蔽作用将减弱，内层电子的结合能增加；反之则结合能将减少。因此，当被测原子的氧化价态增加，或与电负性大的原子结合时，都导致其 XPS 峰将向结合能增加的方

向位移。这种由化学环境不同引起的结合能的微小差别叫化学位移（chemical shift）。利用化学位移值可以分析元素的化合价和存在形式，这也是 XPS 分析的最重要的应用之一。

在表面分析研究中，不仅需要定性地确定试样的元素种类及其化学状态，而且希望能测得它们的含量。X 射线光电子能谱谱线强度反应的是原子的含量或相对浓度，测定谱线强度便可进行元素的半定量分析。光电子的强度不仅与原子浓度有关，而且也与光电子平均自由程、样品表面光洁程度、元素所处化学状态、X 射线源强度、仪器状态等条件有关，因此，XPS 技术一般不能给出所分析的某个元素的绝对含量，只能给出所分析各元素的相对含量，而且分析误差在 10%～15%（质量分数）。还需要指出的是，XPS 是一种很灵敏的表面分析方法，具有很高的表面检测灵敏度，可以达到 10^{-3} 原子单层。但是，对于体相的检测灵敏度仅为 0.1%（原子分数，即元素的检测限）左右。

X 光电子能谱法作为表面分析方法，提供的是样品表面的元素含量与形态，而不是样品整体的成分。XPS 其表面采样深度（$d=3\lambda$）与材料性质、光电子的能量有关，也同样品表面和分析器的角度有关。通常，对于金属样品取样深度为 0.5～2 nm，氧化物样品为 1.5～4 nm；有机物和高分子样品为 4～10 nm。它提供的仅是表面上的元素含量，与体相成分会有很大的差别，因而常会出现 XPS 和 X 射线粉末衍射（XRD）或者红外光谱（IR）分析结果的差异，后两者给出的是体相成分的分析结果。如果利用氩离子束溅射作为剥离手段，利用 XPS 作为分析方法，还可以实现对样品的深度分析。

20.2 仪器及使用方法

XPS 仪器设计与最早期的实验仪器相比，有了非常明显的进展，但是所有的现代 XPS 仪器都基于相同的构造：进样室、超高真空系统、X 射线激发源、离子源、电子能量分析器、检测器系统、荷电中和系统及计算机数据采集和处理系统等组成。这些部件都包含在一个超高真空（ultra high vacuum, UHV）封套中，通常用不锈钢制造，一般用 μ 金属作电磁屏蔽。下面对仪器各部件构造及功能进行简单介绍。图 20-1 是 Kratos Axis Ultra DLD 型多功能电子能谱仪的外形图。

图 20-1 Kratos Axis Ultra DLD 型多功能电子能谱仪

20.2.1　超高真空系统

超高真空系统是进行现代表面分析及研究的主要部分。XPS 谱仪的激发源，样品分析室及探测器等都安装在超高真空系统中。通常超高真空系统的真空室由不锈钢材料制成，真空度优于 1×10^{-9} torr。在 X 射线光电子能谱仪中必须采用超高真空系统，原因是：①使样品室和分析器保持一定的真空度，减少电子在运动过程中同残留气体分子发生碰撞而损失信号强度；②降低活性残余气体的分压。因在记录谱图所必需的时间内，残留气体会吸附到样品表面上，甚至有可能和样品发生化学反应，从而影响电子从样品表面上发射并产生外来干扰谱线。

一般 XPS 采用三级真空泵系统。前级泵一般采用旋转机械泵或分子筛吸附泵，极限真空度能达到 10^{-2} Pa；采用油扩散泵或分子泵，可获得高真空，极限真空度能达到 10^{-8} Pa；而采用溅射离子泵和钛升华泵，可获得超高真空，极限真空度能达到 10^{-9} Pa。这几种真空泵的性能各有优缺点，可以根据各自的需要进行组合。现在新型 X 射线光电子能谱仪，普遍采用机械泵-分子泵-溅射离子泵-钛升华泵系列，这样可以防止扩散泵油污染清洁的超高真空分析室。标准的 AXIS Ultra DLD 就是利用这样的泵组合。样品处理室（sample treatment center，STC）借助于一个为油扩散泵所后备的涡轮分子泵进行抽真空。样品分析室（sample analysis center，SAC）借助于一个离子泵和附加于其上的钛升华泵（TSP）来抽空。

20.2.2　快速进样室

为了保证在不破坏分析室超高真空的情况下能快速进，X 射线光电子能谱仪多配备有快速进样室。快速进样室的体积很小，以便能在 40～50 min 内能达到 10^{-7} torr 的高真空。

20.2.3　X 射线激发源

XPS 中最简单的 X 射线源，就是用高能电子轰击阳极靶时发出的特征 X 射线。通常采用 Al Kα（光子能量为 1486.6 eV）和 Mg Kα（光子能量为 1253.8 eV）阳极靶，它们具有强度高、自然宽度小（分别为 830 meV 和 680 meV）的特点。这样的 X 射线是由多种频率的 X 射线叠加而成的。为了获得更高的观测精度，实验中常使用石英晶体单色器（利用其对固定波长的色散效果），将不同波长的 X 射线分离，选出能量最高的 X 射线。这样做有很多好处，可降低线宽到 0.2 eV，提高信号与本底之比，并可以消除 X 射线中的杂线和韧致辐射。但经单色化处理后，X 射线的强度大幅度下降。

20.2.4 离子源

离子源是用于产生一定能量、一定能量分散、一定束斑和一定强度的离子束。在 XPS 中，配备的离子源一般用于样品表面清洁和深度剖析实验。在 XPS 谱仪中，常采用 Ar 离子源。它是一个经典的电子轰击离子化源，气体被放入一个腔室并被电子轰击而离子化。Ar 离子源又可以分为固定式和扫描式。固定式 Ar 离子源，将提供一个使用静电聚焦而得到的直径从 125 μm 到毫米量级变化的离子束。由于不能进行扫描剥离，对样品表面刻蚀的均匀性较差，仅用作表面清洁。对于进行深度分析用的离子源，应采用扫描式 Ar 离子源，提供一个可变直径（直径从 35 μm 到毫米量级）、高束流密度和可扫描的离子束，用于精确的研究和应用。

20.2.5 荷电中和系统

用 XPS 测定绝缘体或半导体时，由于光电子的连续发射而得不到足够的电子补充，使得样品表面出现电子“亏损”，这种现象称为“荷电效应”。荷电效应将使样品出现一个稳定的表面电势 VS，它对光电子逃离有束缚作用，使谱线发生位移，还会使谱锋展宽、畸变。因此，XPS 中的这个装置可以在测试时产生低能电子束，来中和试样表面的电荷，减少荷电效应。

20.2.6 能量分析器

能量分析器的功能是测量从样品中发射出来的电子能量分布，是 X 射线光电子能谱仪的核心部件。常用的能量分析器，基于电（离子）在偏转场（常用静电场而不再是磁场）或在减速场产生的势垒中的运动特点。通常，能量分析器有两种类型，半球型分析器和筒镜型能量分析器。半球型能量分析器由于对光电子的传输效率高和能量分辨率好等特点，多用在 XPS 谱仪上。而筒镜型能量分析器由于对俄歇电子的传输效率高，主要用在俄歇电子能谱仪上。对于一些多功能电子能谱仪，由于考虑到 XPS 和 AES 的共用性和使用的侧重点，选用能量分析器的主要依据是哪一种分析方法为主。以 XPS 为主的采用半球型能量分析器，而以俄歇为主的则采用筒镜型能量分析器。

20.2.7 检测器系统

光电子能谱仪中被检测的电子流非常弱，一般在 10^{-19}～10^{-13} A/s，因此现在多采用电子倍增器加计数技术。电子倍增器主要有两种类型：单通道电子倍增器和多通道电子检测器。单通道电子倍增器可以有 10^6～10^9 倍的电子增益。为提高数据采集能力、减少采集时间，近代 XPS 谱仪越来越多地采用多通道电子检测器。最新应用于光电子能谱仪的延迟线检测器（delay line detector，DLD），采用多通道电子检测器，尤其在微区（10 μm 左右）分析时，可以大大提高收谱和成像的灵敏度。

20.2.8　成像 XPS

表面分析时的成像 XPS 可以提供表面相邻区中空间分布的元素和化学信息。对使用其他表面技术难以分析的样品而言，成像 XPS 是特别有用途的。这包括从微米到毫米尺度范围内非均匀材料、绝缘体、电子束轰击下易损伤的材料或要求了解化学态在其中如何分布的材料。在成像 XPS 中，除了提供元素和化学态分布外，还能用于标出覆盖层稠密度，以估算 X 射线或离子束斑大小和位置，或检验仪器中电子光学孔径的准直。因而成像 XPS 成为能得到空间分布信息的常规应用方法。

XPS 成像把小面积能谱的接收与非均质样品的光电子成像结合起来，可以在接近 15 μm 的空间分辨率下通过连续扫描的方法采集。商品化的仪器现在组合了成像和小束斑谱采集的能力，能够在微米尺度上进行微小特征的表面化学分析。该技术的未来方向是在更小的区域内达到更高的计数率，将 XPS 成像推向真正的亚微米化学表征技术。

20.2.9　数据系统

X 射线电子能谱仪的数据采集和控制十分复杂，涉及大量复杂的数据的采集、储存、分析和处理。数据系统由在线实时计算机和相应软件组成。在线计算机可对谱仪进行直接控制并对实验数据进行实时采集和处理。实验数据可以由数据分析系统进行一定的数学和统计处理，并结合能谱数据库，获取对检测样品的定性和定量分析知识。常用的数学处理方法有谱线平滑、扣背底、扣卫星峰、微分、积分、准确测定电子谱线的峰位、半高宽、峰高度或峰面积（强度），以及谱峰的解重叠（peak fitting）和退卷积、谱图的比较等。当代的软件程序包含广泛的数据分析能力，复杂的峰型可在数秒内拟合出来。

20.3　实验技术

20.3.1　样品的制备和处理

XPS 能谱仪对分析的样品有特殊的要求，因此，待分析样品需要根据情况进行一定的预处理。

由于在实验过程中样品必须通过传递杆，穿过超高真空隔离阀，送进样品分析室。因此，对样品的尺寸有一定的大小规范，以利真空进样。通常固体薄膜或块状样品要求切割成面积大小为 0.5 cm×0.8 cm 大小，厚度小于 4 mm。为了不影响真空，要求样品要尽量干燥。另外，装样品不要使用纸袋，以免纸纤维污染样品表面。

对于粉体样品，可以用胶带法制样，即用双面胶带直接把粉体固定在样品台上。这时要求粉末样品要研细。这种方法制样方便，样品用量少，预抽到高真空的时间较短，可缺点是可能会引进胶带的成分。另外一种制样方法是压片制样，即把粉体样品压成薄片，然后再固定在样品台上，有利于在真空中对样品进行处理，而且其信号强度也要比胶带法高得多，不过样品用量太大，抽到超高真空的时间太长。在普通的实验过程中，一般采用胶带法制样。

考虑对真空度影响，对于含有挥发性物质的样品（如单质 S 或 P 或有机挥发物），在样品进入真空系统前必须通过对样品加热或用溶剂清洗等方法清除掉挥发性物质。

对于表面有油等有机物污染的样品，在进入真空系统前必须用油溶性溶剂（如环己烷、丙酮等）清洗掉样品表面的油污。最后再用乙醇清洗掉有机溶剂，为了保证样品表面不被氧化，一般采用真空干燥。

光电子带有负电荷，在微弱的磁场作用下，可以发生偏转。在能量分析系统中，装备了磁头镜。因而，当样品具有磁性时，由样品表面出射的光电子就会在磁场的作用下偏离接收角，最后不能到达分析器，从而得不到正确的 XPS 谱。此外，当样品的磁性很强时，还可能磁化分析器头及样品架。因此，绝对禁止带有磁性的样品进入分析室。对于具有弱磁性的样品，需要退磁，才可以进行 XPS 分析。

20.3.2　氩离子束溅射技术

为了清洁被污染的固体表面，在 X 射线光电子能谱分析中，常利用离子枪发出的离子束对样品表面进行溅射剥离，以清洁表面。利用离子束定量地剥离一定厚度的表面层，然后再用 XPS 分析表面成分，这样就可以获得元素成分沿深度方向的分布图，这是离子束最重要的应用。作为深度分析的离子枪，一般采用 0.5～5 keV 的 Ar 离子源。扫描离子束的束斑直径一般在 1～10 mm 范围，溅射速率范围为 0.1～50 nm/min。为了提高深度分辨率，一般应该采用间断溅射的方式。为了减少离子束的坑边效应，应该增加离子束的直径。为了降低离子束的择优溅射效应及基底效应，应该提高溅射速率和降低每次溅射的时间。在 XPS 研究溅射过的样品表面元素的化学价态时，要特别注意离子束的溅射还原作用，它可以改变元素的存在状态，许多氧化物可以被还原成较低价态的氧化物（如 Ti、Mo、Ta 等）。此外，离子束的溅射速率不仅与离子束的能量和束流密度有关，还与溅射材料的性质有关。

20.3.3　荷电校正

对于绝缘体样品或导电性能不好的样品，光电离后将在表面积累正电荷，在表面区内形成附加势垒，会使出射光电子的动能减小，也即荷电效应的结果，使得测得光电子的结合能比正常的要高。样品荷电问题非常复杂，一般难以用某一种方法彻底消除。在实际的 XPS 分析中，一般采用内标法进行校准。最常用的方法是用真空系统中最常见的有机污染碳的 C 1s 的结合能（284.6 eV）作为参照峰，进行校准。

深度分析过程，剥离到一定深度，污染碳信号减弱或者消失，这时可以通过 Ar $2p^{3/2}$ 特征峰或者是样品中稳定元素的特征峰作为参照进行校准。

20.3.4　XPS 谱图分析技术

在 XPS 谱图中，包含极其丰富的信息，从中可以得到样品的化学组成、元素的化学状态及其各元素的相对含量。

XPS 谱图分为两类：第一类，是宽谱（wide）。当用 Al Kα 或 Mg Kα 辐照时，结合能的扫描范围常在 0～1200 eV 或 0～1000 eV。在宽谱中，几乎包括了除氢和氦元素以外的所有元素的主要特征能量的光电子峰，可以进行全元素分析；第二类，为高分辨窄谱（narrow），范围在 10～30 eV，每个元素的主要光电子峰几乎是独一无二的。因此，可以利用这种“指纹峰”非常直接而简捷地鉴定样品的元素组成。

20.3.4.1　定性分析

利用宽谱可以实现对样品的定性分析。通常 XPS 谱图的横坐标为结合能(B. E.)，纵坐标为光电子的计数率（count per second，CPS）。一般来说，只要该元素存在，其所有的强峰都应存在，否则应考虑是否为其他元素的干扰峰。激发出来的光电子依据激发轨道的名称进行标记。如从 C 原子的 1 s 轨道激发出来的光电子用 C 1s 标记。由于 X 射线激发源的光子能量较高，可以同时激发出多个原子轨道的光电子，因此在 XPS 谱图上会出现多组谱峰。大部分元素都可以激发出多组光电子峰，可以利用这些峰排除能量相近峰的干扰，以利于元素的定性标定。由于相近原子序数的元素激发出的光电子的结合能有较大的差异，因此相邻元素间的干扰作用很小。

定性分析的流程为：宽扫→指认最强峰对应的元素→标出该元素副峰在谱中所对应的位置→寻找剩余峰所属元素。由于光电子激发过程的复杂性，在 XPS 谱图上不仅存在各原子轨道的光电子峰，同时还存在部分轨道的自旋裂分峰，

$K\alpha_2$产生的卫星峰，携上峰以及 X 射线激发的俄歇峰等伴峰，在定性分析时必须予以注意。在分析谱图时，尤其对于绝缘样品，要进行荷电效应的校正，以免导致错误判断。使用计算机自动标峰时，同样会产生这种情况。

20.3.4.2　半定量分析

XPS 对于研究而言，并不是一种很好的定量分析方法。它给出的仅是一种半定量的分析结果，即相对含量而不是绝对含量。现代 XPS 提供以原子百分比含量和质量分数来表示的定量数据。

由于各元素的灵敏度因子是不同的，而且 XPS 谱仪对不同能量的光电子的传输效率也是不同的，并随谱仪受污染程度而改变，这时 XPS 给出的相对含量也与谱仪的状况有关。因此，进行定量分析时，应经常较核能谱仪的状态。此外，XPS 仅提供几个纳米厚的表面信息，其组成不能反映体相成分。样品表面的 C、O 污染以及吸附物的存在也会大大影响其定量分析的可靠性。

20.3.4.3　元素的化学态分析

1）结合能分析

表面元素化学价态分析是 XPS 的最重要的一种分析功能，也是 XPS 谱图解析最难、比较容易发生错误的部分。在进行元素化学价态分析前，首先必须对结合能进行校准。因为结合能随化学环境的变化较小，而当荷电校准误差较大时，很容易标错元素的化学价态。其次，有一些化合物的标准数据依据不同的作者和仪器状态存在很大的差异，在这种情况下这些标准数据仅能作为参考，最好是自己制备标准样，这样才能获得正确的结果。最后，元素可能的化学状态有时也要结合实验过程来分析。

还有一些元素的化学位移很小，用 XPS 的结合能不能有效地进行化学价态分析，在这种情况下，就需要借助谱图中的线形，伴峰结构及俄歇参数法来分析。在 XPS 谱中，经常会出现一些伴峰［如携上峰、X 射线激发俄歇峰（XAES）以及 XPS 价带峰］。这些伴峰虽然不太常用，但在不少体系中可以用来鉴定化学价态，研究成键形式和电子结构，是 XPS 常规分析的一种重要补充。

2）XPS 的携上峰分析

在光电离后，由于内层电子的发射引起价电子从已占有轨道向较高的未占轨道的跃迁，这个跃迁过程就被称为携上过程。在 XPS 主峰的高结合能端出现的能量损失峰即为携上峰。携上峰在有机体系中是一种比较普遍的现象，特别是对于共轭体系会产生较多的携上峰。携上峰一般由 π-π^* 跃迁所产生，也即由价电子从最高占有轨道（HOMO）向最低未占轨道（LUMO）的跃迁所产生。某些过渡金属和稀土金属，由于在 3d 轨道或 4f 轨道中有未成对电子，也常表现出很强的携上效应。因此，也可以作为辅助手段来判定元素的化学状态。

3）X 射线激发俄歇电子能谱分析

在 X 射线电离后的激发态离子是不稳定的，可以通过多种途径产生退激发。其中一种最常见的退激发过程就是产生俄歇电子跃迁的过程。因此，X 射线激发俄歇谱是光电子谱的必然伴峰。对于有些元素，XPS 的化学位移非常小，不能用来研究化学状态的变化。这时 XPS 中的俄歇线随化学环境的不同会表现出明显的位移，并且与样品的荷电状况及谱仪的状态无关。因此，可以用俄歇化学位移（如测定 Cu、Zn、Ag）及其线形来进行化学状态的鉴别。通常，通过计算俄歇参数来判断其化学状态。俄歇参数是指 XPS 谱图中窄俄歇电子峰的动能减去同一元素最强的光电子峰动能。它综合考虑了俄歇电子能谱和光电子能谱两方面的信息。因此，可以更为精确地研究元素的化学状态。

4）XPS 价带谱分析

XPS 价带谱反应了固体价带结构的信息，由于 XPS 价带谱与固体的能带结构有关，可以提供固体材料的电子结构信息。例如，在石墨、碳纳米管和 C_{60} 分子的价带谱上都有三个基本峰。这三个峰均是由共轭 π 键所产生的。在 C_{60} 分子中，由于 π 键的共轭度较小，其三个分裂峰的强度较强。而在碳纳米管和石墨中由于共轭度较大，特征结构不明显。而在 C_{60} 分子的价带谱上还存在其他三个分裂峰，这些是由 C_{60} 分子中的 σ 键所形成的。由此可见，从价带谱上也可以获得材料电子结构的信息。由于 XPS 价带谱不能直接反映能带结构，还必须经过复杂的理论处理和计算。因此，在 XPS 价带谱的研究中，一般采用 XPS 价带谱结构的进行比较研究，而理论分析相应较少。

20.3.5　元素沿深度分析

XPS 可以通过多种方法实现元素组成在样品中的纵深分布。最常用的两种方法是 Ar 离子溅射深度分析和变角 XPS 深度分析。

变角 XPS 深度分析是一种非破坏性的深度分析技术，只能适用于表面层非常薄（1～5 nm）的体系。其原理是利用 XPS 的采样深度与样品表面出射的光电子的接收角的正弦关系，可以获得元素浓度与深度的关系。取样深度（d）与掠射角（α，进入分析器方向的电子与样品表面间的夹角）的关系如下：$d=3\lambda\sin\alpha$。当 α 为 90°时，XPS 的采样深度最深，减小 α 可以获得更多的表面层信息；当 α 为 5°时，可以使表面灵敏度提高 10 倍。在运用变角深度分析技术时，必须注意下面因素的影响：①单晶表面的点阵衍射效应；②表面粗糙度的影响；③表面层厚度应小于 10 nm。

Ar 离子溅射深度分析方法是一种使用最广泛的深度剖析的方法，是一种破坏性分析方法，会引起样品表面晶格的损伤，择优溅射和表面原子混合等现象。

其优点是可以分析表面层较厚的体系，深度分析的速度较快。其分析原理是先把表面一定厚度的元素溅射掉，然后再用 XPS 分析剥离后的新鲜表面的元素含量，从而获得元素沿样品深度方向的分布。XPS 的 Ar 离子溅射深度分析，灵敏度不如二次离子质谱（简称为 SIMS），但在定量分析中显示的基体效应相对较小。另外，XPS 的溅射深度分析的优点是对元素化学态敏感，并且 XPS 谱图比溅射型 AES 谱图容易解释。现代 XPS 仪器由于采用了小束斑 X 光源（微米量级），空间分辨率已经发展到优于 10 μm，尤其对绝缘性材料，XPS 深度分析变得较为现实和常用。

实验 67　XPS 法测定 TiO_2 粉末的元素组成、含量及其价态分析

一、实验目的

（1）了解和掌握 XPS 分析的基本原理以及在未知物定性鉴定上的应用。

（2）了解 XPS 的半定量分析及其元素化学价态测定。

（3）熟悉和了解 X 射线光电子能谱仪的使用和实验条件的选择。

二、实验原理

通过 XPS 分析技术扫描得到全元素的宽谱，测得各未知元素的原子轨道的特征结合能，从其结合能来鉴定未知元素的种类，进行定性分析。利用元素浓度和 XPS 信号强度的线性关系进行定量分析。然后根据所收集各元素的窄谱，测得各元素的结合能和化学位移，来鉴定元素的化学价态。

三、仪器与试剂

英国 Kratos Axis Ultra DLD 型多功能电子能谱仪；TiO_2 粉末；导电胶带；铜片；仪器专用金属样品台；金属样品夹；样品药匙；螺丝刀；洗耳球；酒精棉（处理铜片和样品台用）；一次性塑料手套（进样用）；工业氮气源；高纯氮气源。

四、实验步骤

1. 样品处理和进样

将干燥的已制备好的涂有 TiO_2 薄膜的硅片切割成大小合适的片，固定到铜片的导电胶带上。然后将铜片固定在样品台上，送入快速进样室。开启低真空阀，用机械泵和分子泵抽真空到 10^{-8} torr。然后关闭低真空阀，开启高真空阀，使快速进样室与分析室连通，把样品送到分析室内的样品架上，关闭高真空阀。

2. 检查硬件和软件

首先，要检查水箱压力、电源、气源是否处于正常状态；检查双阳极是否退到最后；检查样品处理室（简称为 STC）和样品分析室（简称为 SAC）的真空（应优于 3×10^{-9} torr）；检查 STC-SAC 之间阀门的开关状态。

其次，打开光纤灯和摄像机显示器，检查计算机软件中各操作界面中的指示灯是否正常。

3. 仪器参数设置

在仪器手动控制“instrument manual control”窗口，在“Acquisition”界面，设置几个关键性参数 type：Snap shot；technique：XPS；lens mode：hybrid；B. E；Pass energy（通能）：80 eV；Energy region 中一般输入 O 1s，即由 O 1s 的信号强度来作为样品最佳测试位置判断标准。在“Xray PSU”界面，参数设置为：Al（mono）（铝单色器）；emission（发射电流）：10 mA；Anode（阳极电压）：15 kV。

4. 开启 X 射线源

在“Xray PSU”界面，按“standby”键，等待“filament”一项中灯丝电流值上升稳定至 1.37 A 左右，点击“on”键。在“Neutraliser gun”界面打开中和枪，按“on”键。

5. 样品最佳测试位置调节

在“Acquisition”界面，按“on”键，开始收 snapshot 谱，对样品最佳测试位置进行手动调节。根据软件中的“Real time display”实时监控窗口中谱峰面积 area 值的变化，在“manipulator”界面，调节各个坐标轴方向的按键（主要是 z 轴方向）找到信号最强的位置（即 area 值最大）。在“position table”界面点击“update position”，存储位置坐标到该样品名称下。在“Acquisition”界面先后按“restart”、“off”键。

6. 数据采集

在仪器管理“vision instrument manager”窗口下，创建文件名和路径，建立宽谱（wide）和窄谱（narrow）的相关操作文件。具体参数为 wide（定性分析）：扫描的能量范围为 0～1200 eV，通能（P. E.）为 80 eV，步长（Steps）为 1 eV/步，扫描时间（Dwells）为 100 s，扫描次数（Sweeps）为 1 次。narrow（化学价态分析）：扫描的能量范围依据各元素而定，按照结合能由大到小的顺序

(O 1s、Ti 2p、C 1s) 输入，通能为 40 eV，扫描步长为 0.1 eV/步，扫描次数可以为 1～5 次，收谱时间为 5～10 min，其中对应于非导电性样品要多收 C 1s 谱来进行荷电校正。

设置完成后，按“resume”键回到自动控制状态，按“submit”键，开始按照预设路径自动收谱并存储。

7. 退样

数据采集结束后，按“manual now”键，按“off”键关掉 X 射线枪和电子中和枪，并将样品退出分析室，送到快速进样室。

五、实验数据及结果

1. 数据转化

在数据处理“vision processing”窗口，点黑文件块，点右键，在“display”窗口的谱图中点右键，在“Export File”下点击“data to an ASCII file”，将所有文件块数据保存。

2. 定性分析

用计算机采集宽谱图后，首先标注每个峰的结合能位置，然后再根据结合能的数据在标准手册中寻找对应的元素。最后再通过对照标准谱图，一一对应其余的峰，确定有哪些元素存在。原则上当一个元素存在时，其相应的强峰都应在宽谱图上出现。现在新型的 XPS 能谱仪，可以通过计算机进行智能识别，自动进行元素的鉴别。由于结合能的非单一性和荷电效应，所以计算机自动识别经常会出现一些错误的结论，要特别注意。

3. 元素化学价态分析

从“processing window”窗口下，点击“quantify”中的“qualification region”，对每个元素窄谱谱峰扣背底；在“components”界面，进行分峰拟合，有几个谱峰输入几次该元素光电子标识（如 Ti 2p）。这时在计算机系统上会自动定出各元素窄谱谱峰的结合能位置。依据所测 C 1s 光电子峰结合能数据判断是否有荷电效应存在。如有，先校准每个结合能数据，然后再依据这些结合能数据，参考各元素结合能标准数据库，鉴别这些元素的化学价态。

4. 半定量分析

在定量分析程序中，根据已经进行扣背底的每个元素谱峰的面积计算和元素的灵敏度因子，计算机会自动计算出每个元素的原子分数和质量分数。

在“processing window”下，按住 ctrl 键，选中已经扣背底的 C、O、Ti 各元素块，点击“options”下的“Browser actions”，点击“profile spectra”，选中“region”和“area”两项，点击“display in window”框，出现“quantification report”窗口，即给出表面元素 C、O、Ti 的原子分数和质量分数的数据报告。拷贝这些数据到写字板，保存即可。

5. 数据校正

首先，分析所测样品中 C 1s 谱峰。将该谱图中显示 C 1s 峰的结合能与基准值 284.6eV［通常，以污染碳（CH_2）n 中的 C 1s 峰（284.6 eV）作为基准］相比较。若所测样品中的 C 1s 的结合能比 284.6 eV 小，则将所有元素结合能坐标加上二者差值；若所测样品中的 C 1s 的结合能比 284.6 eV 大，则将所有元素结合能坐标减去二者差值，进行校正。

六、注意事项

（1）测试前，一定要保证工业氮气瓶压力表的压力在 0.7 MPa 以上，否则 X 射线枪不能开启。

（2）测试过程中，一定要注意检查软件中 Analyser 界面的 analyser 和 channel plate 指示灯状态，保证待机状态和不收谱是为橙色，收谱过程中为黄色。

（3）制样时，一定要将粉末样品压制结实，并用洗耳球吹去表面未压实的粉末，以保证仪器真空度，并避免粉末在抽真空时进入分析器内。

（4）粉末样品的制样要求尽量薄而均匀，以减少荷电效应。

七、思考题

（1）在 XPS 的定性分析谱图上，经常会出现一些峰，在 XPS 的标准数据中难以找到它们的归属，这些峰应该如何归属？

（2）对于一个不导电的有机样品，是否可以直接用结合能的数据进行化学价态的鉴别？应该如何处理才能保证价态分析的正确性？

实验 68　CeO_2/Si 界面元素组分的 XPS 深度剖析

一、实验目的

（1）熟悉并掌握利用 XPS Ar 离子束溅射法进行深度分析的原理，了解它在材料深度分析上的优、缺点。

（2）学会分析不同元素的 XPS 谱随 Ar 离子溅射时间的变化图。

二、实验原理

XPS 深度分析常被用于表征界面反应以及在薄固体膜中鉴别界面反应产物。该分析方法原理是，利用离子源产生一定能量、一定束斑、一定强度的一次离子束。一次离子被加速入射到样品上，就会从样品表面附近区移走原子，从而把样品表面一定厚度的元素溅射掉，然后再用 XPS 分析剥离后的新表面的元素含量，这样就可以获得元素沿深度分布的信息。它是一种破坏性分析方法，会引起样品表面晶格的损伤，择优溅射和表面原子混合等现象。但其优点是可以分析表面层较厚的体系，深度分析的速度较快。

三、仪器与试剂

英国 Kratos Axis Ultra DLD 型多功能电子能谱仪；涂有 CeO_2 薄膜的硅片（CeO_2/Si）；导电胶带；专用的样品台；金属样品夹；螺丝刀；酒精棉（处理铜片和样品台用）；一次性塑料手套（进样用）；工业氮气源；高纯氮气源；高纯氩气源。

四、实验步骤

（1）进样和检查仪器硬件、计算机软件，打开光纤灯和摄像机显示器。设置“Acquisition”界面参数。Type，Snap shot；Technique，XPS；Hybrid，B. E；Pass energy，80 eV；Energy region，O 1s。开启 X 射线枪和电子中和枪，对样品测试位置进行调整，并储存该位置。

（2）未剖析前样品表面 XPS 谱收集。在“vision instrument manager”窗口，创建文件名和路径。设置宽谱和窄谱参数：Wide，0～1200 eV；Pass energy，160 eV；Steps，0.1 eV；Dwells，100 s，Sweeps，1；Narrow，扫描的能量范围按照结合能由大到小（Ce 3d，O 1s，C 1s，Si 2p）的顺序输入；Pass energy，40 eV；Steps，0.1 eV；Dwells，100 s，Sweeps，1。点击“resume”和“submit”键，收集表面 XPS 谱并存储。

（3）在“vision instrument manager”窗口，按“manual”键到手动状态；在“instrument manual control”窗口，手动先关 X 射线枪和电子中和枪。

（4）点击计算机软件上仪器线路图中的“close SAC-STC Valve”框，关闭 SAC 与 STC 间的真空阀。

（5）开启 Ar 气源；点开气路中的“ion gun gas on”框，等程序完成后，点“ion gun gas off”框，进行一次表面清洗。

（6）点击“ion gun”界面中“table”下的“high sample”一行，然后点击

“restore row”。

(7) 再次开启气路中的“ion gun gas on”，等到仪器主控面板上气体压力为 2.9×10^{-8} torr 后，点击“ion gun”界面中的“stand by”，等离子枪灯丝“filament”电流先升后降至 1.42 A 后，点击“on”键（亮绿灯）开启离子枪。溅射时间依据离子枪的溅射速率而定（1～10 min），循环次数依据样品需要剖析的厚度而定。

(8) 刻蚀完成后，切换 ion gun 灯为“stand by”，点击“off”键关掉离子枪。然后点击“ion gun gas off”框关闭 Ar 气源。

(9) 收集不同溅射时间下的样品表面的 XPS 谱图。先开计算机仪器线路图中 SAC-STC 真空阀，后开 X 射线枪为“stand by”状态，开启电子中和枪为“on”，自动进行宽谱和窄谱收取。

(10) 所有测试结束后，点击“manual now”，关掉 X 射线枪和中和枪，并将样品退出分析室，送到快速进样室。

五、实验数据及结果

通过深度分析程序，作出不同元素的 XPS 谱随 Ar 离子溅射时间的变化图。再通过定量处理可以获得样品各原子百分比与溅射时间的关系。而溅射时间与样品的深度有线性关系，可以通过标定获得剥离深度。

需要注意的是：未溅射剥离的表面 XPS 分析时用 C 1s（284.6 eV 基准）校正，如果要刻蚀多次，第二次收谱则要在窄谱中加上 Ar 2p 峰来校正，因为随着刻蚀进行，污染 C 元素含量在不断减少，不能用于校正了。此外，在进行元素化学状态的分析时，一定要注意溅射还原现象。

六、注意事项

(1) 在使用离子枪气源时，务必保证 STC 和 SAC 之间阀门是关闭的；而且保证 SAC 中的 Ar 气压力达到 2.9×10^{-8} torr 以上，否则离子枪不能正常开启。

(2) 长时间不使用离子枪，要先对开关离子枪气体一次，以清洁仪器内部气体，然后再开离子枪气体来进行刻蚀。

(3) 数据分析时，一定要注意荷电效应的校正。

七、思考题

(1) 在 Ar 离子剥离深度分析中，溅射时间与深度有何联系？

(2) 深度剖析分析中，荷电效应如何校正？

参 考 文 献

黄惠忠. 2002. 论表面分析及其在材料研究中的应用. 北京：科学技术文献出版社

周清．1995．电子能谱学．天津：南开大学出版社
朱永发．1996．电子能谱学．北京：清华大学出版社
Briggs D．1984．X射线与紫外光电子能谱．桂琳琳，黄惠忠，郭国霖等译．北京：北京大学出版社